材料新技术丛书

化学纤维鉴别与检验

Chemical Fiber Identification and Inspection

沈新元　主　编

顾晓华　杨秀英　副主编

U0241292

中国纺织出版社

内 容 提 要

本书是一本关于化学纤维鉴别与检验的著作。全面阐述了化学纤维的基本概念、化学纤维鉴别与检验的内容与方法。重点介绍了化学短纤维与化纤长丝的检验，并介绍了部分差别化纤维、功能纤维、智能纤维和生态纤维新品种的检验。

本书内容丰富，实用性强。适用于纤维工业领域的检验人员、技术人员和管理人员等。也可以作为相关专业本科生的教学参考书。

图书在版编目（CIP）数据

化学纤维鉴别与检验/沈新元主编.—北京：中国纺织出版社,2013.3

（材料新技术丛书）

ISBN 978-7-5064-9098-6

Ⅰ.①化 … Ⅱ.①沈… Ⅲ.①化学纤维—鉴别 ②化学纤维—检验 Ⅳ.①TQ340.7

中国版本图书馆 CIP 数据核字（2012）第 206485 号

策划编辑：朱萍萍 责任编辑：范雨昕 特约编辑：张晓蕾
责任校对：余静雯 责任设计：李 然 责任印制：储志伟

中国纺织出版社出版发行
地址：北京东直门南大街 6 号 邮政编码：100027
邮购电话：010—64168110 传真：010—64168231
http://www.c-textilep.com
E-mail：faxing @ c-textilep.com
三河市华丰印刷厂印刷 各地新华书店经销
2013 年 3 月第 1 版第 1 次印刷
开本：787×1092 1/16 印张：20.5
字数：397 千字 定价：48.00 元

前　言

一百多年来,世界化学纤维技术取得了令人惊叹的进步。目前,世界纤维的总用量约为7000万吨,其中2/3是化学纤维。我国的化学纤维工业虽然起步较晚,但发展迅速,自1997年以来,产量一直雄居世界首位,并且还将继续发展。

在我国化学纤维业由大转强的演变过程中,一方面化学纤维的产量持续增加,用途不断扩展;另一方面,一批新型化学纤维品种相继问世,并在尖端技术、国防建设和国民经济各个领域发挥了重要作用。在这种新形势下,对化学纤维的检验与质量控制提出了更高的要求。可以说,化学纤维产业的进一步发展,将极大地依赖于化学纤维鉴别与检验的水平。基于这一认识,我们编写了本书。

本书各章的编写人员如下:第一章由东华大学沈新元教授编写,第二章、第三章、第五章由齐齐哈尔大学顾晓华教授编写,第四章由齐齐哈尔大学杨秀英副教授编写。全书由沈新元统一整理定稿。

本书获得纤维材料改性国家重点实验室、安徽省纤维检验局和海斯摩尔生物科技有限公司的资助,在此表示诚挚的感谢。

本书在编写过程中,参阅了一些相关专利,在此向相关作者表示化学纤维鉴别与检验涉及面广,内容日新月异,加之作者水平有限,疏漏之处在所难免,恳请专家和读者批评指正。

编　者
2012年9月

目 录

第一章

绪论

第一节　纤维的基本概念与分类

本书是一本关于化学纤维鉴别与检验的著作。化学纤维的鉴别与检验涉及许多有关纤维的术语,因此在讨论化学纤维鉴别与检验之前,有必要简单阐述一下纤维的基本概念及其分类。

一、纤维的基本概念

一般认为,纤维(Fiber)是一种独立的、纤细的、毛发状的物质。其长度对其最大平均横向尺寸比,至少为$10:1$,其截面积小于$0.05mm^2$,宽度小于$0.25mm$。美国 AATCC 技术手册将纤维定义为"形成纺织品的最基本的元素,可以是任意一种类别的物质,通常具有弹性、线密度以及较大的长度与横截面之比的特性。"一般认为,作为组成织物基本单元的纺织纤维,其直径或者宽度一般为几微米至几十微米,长度一般为几厘米或者更长,长径比或者长宽比一般大于$1000:1$,并且具有一定的强度、模量,较大的断裂伸长和其他某些性能(如耐热性能、可染性能等)。

但随着纤维的制备技术进步和用途拓宽,其定义也在变化。一方面,一些一维尺度的材料也经常以纤维命名,如纳米纤维。最细的碳纳米管直径小于$1nm$,长度可达数微米,长径比达千倍以上,也属于纤维范围;另一方面,一些作为结构材料的纤维,对于长径比或者长宽比、韧度等的要求已没有纺织纤维那么严格。

二、纤维的分类

纤维的种类有许多,其分类方法按不同的基准有多种。最常用的方法是按原料来源分类。按照这种方法,纤维可分为两大类,一类是天然纤维,另一类是化学纤维。

天然纤维指由纤维状的天然物质直接分离、精制而成的纤维。化学纤维指用天然或人工合成的高分子化合物为原料制成的纤维,构成纤维的高分子化合物至少为85%(质量分数)。

根据原料的不同,化学纤维可分为人造纤维(Artificial fiber)和合成纤维(Synthetic fiber)两大类。人造纤维是用天然高分子化合物为原料,经化学和机械加工制得的化学纤维的总称。合成纤维是用单体经人工合成获得的聚合物为原料制得的化学纤维。

在人造纤维中,用天然高分子化合物为原料,经化学方法制成的,与原高分子化合物在化学组成上基本相同的化学纤维称为再生纤维(Regenerated Fiber)。按照原料、化学成分等不同,再生纤维可以分为再生纤维素纤维和再生蛋白质纤维等。再生纤维素纤维(regenerated cellulose fiber)是一种用纤维素为原料制成的、结构为纤维素Ⅱ的再生纤维。再生蛋白质纤维(regenerated protein fiber)指用天然蛋白质为原料制成的再生纤维。蛋白质是由多种氨基酸经缩合失水形成的含肽键线型高分子化合物。表1-1列出了主要的天然纤维和化学纤维。

表1-1   纤维的分类

类　别		纤　维　名　称
天然纤维	植物纤维	棉、亚麻、黄麻等
	动物纤维	羊毛、兔毛、驼毛、蚕丝、蜘蛛丝等
	矿物纤维	石棉等
化学纤维	人造纤维	再生纤维素纤维:粘胶纤维、铜氨纤维、莱赛尔(Lyocell)纤维
		纤维素酯纤维:二醋酯纤维、三醋酯纤维
		再生蛋白质纤维:大豆蛋白纤维、花生蛋白纤维、玉米蛋白纤维、乳酪(牛奶)蛋白纤维、胶原蛋白纤维
		海藻纤维
		甲壳素纤维、壳聚糖纤维
		橡胶纤维
	合成纤维	聚酰胺纤维
		芳族聚酰胺纤维
		聚酯纤维
		生物可降解聚酯纤维
		聚丙烯腈纤维
		改性聚丙烯腈纤维
		聚乙烯醇系纤维
		聚氯乙烯系纤维
		聚烯烃纤维
		聚氨酯弹性纤维
		聚氟烯烃纤维
		二烯类弹性体纤维
		聚酰亚胺纤维

第二节　化学纤维的主要品种及基本概念

一、常规化学纤维

目前世界上生产的化学纤维品种繁多,据统计有几十种,主要的常规品种列于表1-2。

表1-2　化学纤维的主要品种

学　名		国际代码	英文名称缩写	商品名	
				国内	国外(举例)
再生纤维素纤维	粘胶纤维	CR	—	粘胶纤维(粘纤)	Fibro、Courtaulds、Beau-Grip、Topel、Vistra
	铜氨纤维	CUP	—	铜氨纤维(铜氨纤)	—
纤维素酯纤维	二醋酯纤维	CA	—	二醋酯纤维(二醋纤)	Celanese、Celarate、Estron
	三醋酯纤维	CTA	—	三醋酯纤维(三醋纤)	
聚酯纤维	聚对苯二甲酸乙二酯纤维	PES	PET	涤纶	Dacron、Trevira、Terylene、Micromattigue、Thermax、Fortrel、Tetoron、Lavsan
	聚对苯二甲酸丁二酯纤维	—	PBT	—	Finecell、Sumola
	聚对苯二甲酸丙二酯纤维	—	PTT	—	Corterra
聚酰胺纤维	聚己内酰胺纤维	PA	PA6	锦纶6	Perlon、Amilan、Kapron
	聚己二酰己二胺纤维		PA66	锦纶66	Antron、Tactel、Supplex
聚丙烯腈纤维		PAN	PAN	腈纶	Orlon、Acrilan、Creslan、Courtelle、Cashmere、Nitron
聚烯烃纤维	聚丙烯纤维	PP	PP	丙纶	Pylen、Meraklon
	聚乙烯纤维	PE	PE	乙纶	Eltextil、Norfil、Firestone-PEDM、Hi-Zex、Pex、
聚乙烯醇缩甲醛纤维		PVAL	PVA	维纶、维尼纶	Vinylon、Kuralon、Mewlon
聚氯乙烯纤维	聚氯乙烯纤维	—	—	氯纶	Teviron、Rhovyl、Leavil
	氯化聚氯乙烯纤维	—	—	过氯纶	PeCe-U
	聚偏氯乙烯纤维	—	—	偏氯纶	Saran
聚氟烯烃纤维		PTFE	PTFE	氟纶	Teflon
聚氨酯纤维		EL	PU	氨纶	Lycra、Glospan、Dorlustan、Vairin

(一)常规人造纤维

表 1-2 中列出的常规人造纤维有以下 2 种。

1. 再生纤维素纤维

(1)粘胶纤维。粘胶纤维(Viscose Fiber)是一种用粘胶法制成的再生纤维素纤维。

①普通粘胶纤维。具有一般的物理机械性能和化学性能的粘胶纤维称为普通粘胶纤维。

②高强力粘胶纤维。具有较高的强力和耐疲劳性能的粘胶纤维称为高强力粘胶纤维。

③高湿模量粘胶纤维。具有较高的聚合度、强力和湿模量的粘胶纤维称为高湿模量粘胶纤维,该纤维在湿态下的断裂强度为 22.0cN/tex,伸长率不超过 15%。

④富强纤维。用高黏度、高酯化度的低碱粘胶,在低酸、低盐纺丝浴中纺成的高湿模量纤维称为富强纤维,该纤维具有良好的耐碱性和尺寸稳定性。

⑤变化型高湿模量纤维。用加有变性剂的粘胶,在锌含量较高的纺丝浴中纺成的高湿模量纤维称为变化型高湿模量纤维,该纤维具有较高的勾接强度和耐疲劳性。

(2)铜氨纤维。铜氨纤维(Cupro Fiber,Cuprene Fiber,Cuprammonium Fiber)是一种用铜氨法制成的再生纤维素纤维。它是用纤维素为原料溶解在氢氧化铜或碱性铜盐的浓氨溶液内配成纺丝液,在凝固浴中铜氨纤维素分子化学物分解再生出纤维素,生成的水合纤维素经后加工制成的化学纤维。

2. 纤维素酯纤维　纤维素酯纤维指用天然纤维素为原料经化学方法转化为衍生物后制成的化学纤维,又称为半合成纤维(Semi-synthetic Fiber)。其中用纤维素为原料,经化学方法转化成醋酸纤维素酯制成的化学纤维,称为醋酯纤维或醋酸纤维素纤维(Acetate Fiber)。

(1)二醋酯纤维(Secondary Cellulose Acetate Fiber):用纤维素为原料,经化学方法转化成二醋酸纤维素酯制成的化学纤维,其中至少有 74%,但不到 92% 的羟基被乙酰化。

(2)三醋酯纤维(Triacetate Fiber):以纤维素为原料,经化学方法转化成三醋酸纤维素酯制成的化学纤维,其中至少有 92% 的羟基被乙酰化。

(二)常规合成纤维

常规合成纤维的品种比较多,表 1-2 中列出的有以下几类。

1. 聚酯纤维　聚酯纤维(Polyester Fiber)指由二元醇与二元酸或 ω-羟基酸等聚酯线型大分子所构成的合成纤维,在大分子链中至少有 85% 的这种酯的链节。包括聚对苯二甲酸乙二酯纤维、聚对苯二甲酸丙二酯纤维和聚对苯二甲酸丁二酯纤维等。

2. 聚酰胺纤维　聚酰胺纤维(Polyamide Fiber,Nylon)指由酰胺键与脂族基或脂环基连接的线型分子构成的合成纤维。可根据缩聚组分的碳原子个数来简称各相应的脂族聚酰胺纤维。例如表 1-2 中列出的聚己内酰胺纤维称为聚酰胺 6 纤维,聚己二酰己二胺纤维称为聚酰胺 66 纤维。

3. 聚丙烯腈纤维　聚丙烯腈纤维(Acrylic Fiber)指由聚丙烯腈或其共聚物的线型大分子构

成的合成纤维,大分子链中至少有85%的丙烯腈链节。

4. 聚烯烃纤维 聚烯烃纤维(Polyolfin Fiber)指由烯烃聚合成的线型大分子构成的合成纤维。聚烯烃纤维包括由等规聚丙烯形成的饱和脂肪烃的线型大分子构成的聚丙烯纤维(Polypropylene Fiber)和由聚乙烯形成的未被取代的饱和脂肪烃的线型分子构成的聚乙烯纤维(Polyethylene Fiber)。

5. 聚乙烯醇系纤维 聚乙烯醇系纤维(Polyvinyl Alcohol Fiber)指由聚乙烯醇的线型大分子构成的合成纤维。

6. 聚氯乙烯系纤维 聚氯乙烯系纤维(Chlorofiber)也称含氯纤维,指由聚氯乙烯(或其衍生物)或其共聚物组成的线型大分子构成的合成纤维。

(1)聚氯乙烯纤维。由聚氯乙烯或其共聚物组成的线型大分子所构成的聚氯乙烯系纤维,称为聚氯乙烯纤维(Polyvinyl Chloride Fiber),该纤维大分子链中至少有50%的氯乙烯链节(当与丙烯腈共聚时,则至少有65%)。

(2)聚偏氯乙烯纤维。用偏聚乙烯和氯乙烯共聚物为原料制成的聚氯乙烯系纤维,称为聚偏氯乙烯纤维(Polyvinylidene Chloride Fiber)。

(3)氯化聚氯乙烯纤维。聚氯乙烯树脂经氯化后制成的聚氯乙烯系纤维,称为氯化聚氯乙烯纤维(过氯乙烯纤维)(Chlorinated Polyvinyl Chloride Fiber)。

7. 聚氟烯烃纤维 聚氟烯烃纤维(Fluorofiber)也称含氟纤维,指由氟化脂族碳化合物聚合成的线型大分子所构成的合成纤维,如聚四氟乙烯纤维。

8. 弹性纤维 弹性纤维(Elastane Fiber)指具有高延伸性、高回弹性的合成纤维,这种纤维被拉伸为原长的三倍后再予以放松时,可以迅速地基本恢复到原长。包括二烯类弹性纤维(Elastodiene Fiber)、聚氨酯弹性纤维(Polycarbaminate Fiber)等。二烯类弹性纤维是由合成的聚异戊二烯,或由一种或多种二烯类聚合物构成的弹性纤维。聚氨酯弹性纤维是由与其他聚合物嵌段共聚时至少含有85%的氨基甲酸酯的链节单元组成的线型大分子所构成的弹性纤维。

上述化学纤维常规品种中,产量比较大的有聚对苯二甲酸乙二酯纤维、粘胶纤维、聚酰胺纤维、聚丙烯腈纤维、聚丙烯纤维和聚乙烯醇缩甲醛纤维,这六种纤维被称为化学纤维大品种或者通用化学纤维。近年来,聚氨酯弹性纤维的产量也较大。

二、新型化学纤维

按性能特点,新型化学纤维可分为差别化纤维(Differential Fiber)、高性能纤维(High-performance Fiber)、功能纤维(Functional Fiber)和智能纤维(Intelligent Fiber)等。从另外一个角度,按原料的属性不同,化学纤维又可分为两大类,一类是非生物质纤维;另一类是生物质纤维(Biopolymer Fiber),生物质纤维也属于新型化学纤维的范畴。

（一）差别化纤维

差别化纤维一般泛指对常规化学纤维产品有所创新或赋予某些特性的化学纤维。主要是指经过化学改性或物理改性，使常规化学纤维的服用性能得以改善，并具有一些新的性能，使同一化学纤维大品种的产品多样化和系列化。主要包括以下几类纤维。

1. 仿真纤维　仿真纤维指模仿天然纤维而制造的化学纤维，包括仿真丝纤维、仿棉纤维、仿毛纤维和仿麻纤维等。例如，蚕茧双孔吐出的丝单丝截面为三角形，8 只蚕茧抽出的丝平均线密度为 23.1dtex（21 旦），丝胶成分约占 1/4，脱胶后的单丝平均为 1.1dtex（1 旦）左右。因此，仿真丝纤维一般为 1.1dtex（1 旦）左右的单丝，截面呈三叶形、五星形、8 ~ 16 多叶形，制成的织物光泽柔和，增强丝感。采用强碱后处理能使涤纶丝的表面产生不规则的凹凸面，再经过强捻合股，能使织物在手感与光泽方面更接近蚕丝。

2. 异形纤维　异形纤维指经一定的几何形状（非圆形）的喷丝孔纺制的具有特殊横截面形状的化学纤维，也称异形截面纤维。贯通纤维轴向，具有空腔的化学纤维称为中空纤维（Hollow Fiber），一般也将其归入异形纤维。异形纤维具有特殊的光泽，并具有蓬松性、耐污性和抗起球性，纤维的回弹性与覆盖性也可得到改善。

3. 超细纤维　超细纤维指线密度约在 0.44dtex（0.4 旦）以下的化学纤维。一些国家和地区习惯上对各类细旦纤维的线密度分类为：0.11 ~ 0.27tex ×（1.0 ~ 2.4 旦）/单丝为细旦纤维、0.033 ~ 0.11tex（0.3 ~ 1.0 旦）/单丝属于超细纤维，而 0 ~ 0.033tex（0 ~ 0.3 旦）/单丝则叫做超极细纤维。细旦纤维可广泛用于桃皮绒、鹿皮绒、高密防水防毡绒面料、高感性仿真丝绸面料、高档针织时装及内衣、高性能擦拭布、医用防护、超洁净工作服以及直接用于功能吸附材料、过滤材料、保湿材料等。

4. 高收缩纤维　高收缩纤维指沸水收缩率为常规纤维 5 ~ 10 倍的化学纤维。一般而言，把沸水收缩率在 20% 左右的纤维称为一般收缩纤维，而把沸水收缩率为 35% ~ 45% 的纤维称为高收缩纤维。目前，常见的有高收缩型腈纶和涤纶。

5. 抗起球纤维　起球是指衣服经摩擦后，纤维尾端浮于织物表面，缠结成小球后依附于衣服表面的现象。抗起球纤维是指织制成织物后，在穿着过程中不易起球的纤维。抗起球化学纤维是经过对原有纤维进行特殊处理后，使其由于摩擦引起的毛、球很快脱落。目前，常见的有抗起球涤纶。

6. 三维卷曲纤维　三维卷曲纤维又称螺旋形卷曲或者立体形卷曲纤维，是一种呈螺旋状卷曲的纤维。目前，常见的有三维卷曲型腈纶和涤纶。

7. 着色纤维　着色纤维又称色纺纤维，指在纤维生产过程中加着色剂制成的有色化学纤维。着色剂可以加入纺丝溶液、熔体或凝胶丝的微孔中。

（二）高性能纤维

高性能纤维指具有高强度、高模量、耐高温、耐化学药品、耐气候等优异性能的一类新型纤维,主要品种示于图 1-1。

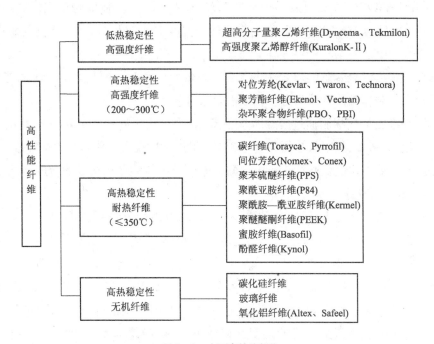

图 1-1　主要高性能纤维

1. 芳族聚酰胺纤维　芳族聚酰胺纤维是指由酰胺键与芳基连接的芳族聚酰胺的线型分子构成的合成纤维,其中至少有 85% 的酰胺键直接与两个芳基连接(并可在不超过 50% 的情况下,以亚酰胺代替酰胺键)。可根据取代基在芳基上的位置来简称各相应的芳族聚酰胺纤维。例如,聚间苯二甲酰间苯二胺纤维(间位芳纶),简称为芳纶 1313;聚对苯二甲酰对苯二胺纤维(对位芳纶),简称为芳纶 1414。

聚对苯二甲酰对苯二胺(PPTA)纤维采用 PPTA 液晶溶液,通过干湿法纺丝制备。其强度为 19.4cN/dtex,模量为 423.8cN/dtex,分解温度为 560℃,极限氧指数为 28% ~30%。

聚间苯二甲酰间苯二胺(PMIA)纤维采用 PMIA 溶液,通过湿法纺丝或者干法纺丝制备。其强度为 4.7cN/dtex,模量为 61.7cN/dtex,分解温度为 415℃,长期使用温度为 205℃,极限氧指数为 29% ~30%。

2. 碳纤维　碳纤维指含碳量不低于 90% 的纤维。由粘胶纤维、聚丙烯腈纤维和沥青纤维等有机纤维经碳化而得到。按原料来源,碳纤维可分为粘胶基碳纤维、聚丙烯腈基碳纤维和沥青基碳纤维等。按力学性能,碳纤维分为通用级(GP)(T-300)、高性能级(HP)、高强(T-1000)、高模(M40)以及高强高模(M60J)碳纤维。高强型聚丙烯腈基碳纤维的强度为 3 ~7GPa,高模型聚丙烯腈基碳纤维的模量为 300 ~900GPa,在惰性气体中耐热性优良,耐化学腐蚀性好,有导电性。

3. 超高分子量聚乙烯纤维 超高分子量聚乙烯(UHMWPE)纤维,又称高强度高模量聚乙烯纤维,指采用 UHMWPE 通过凝胶纺丝或者增塑熔融纺丝工艺制得的合成纤维。其强度为 29 ~ 39cN/dtex,模量为 934 ~ 1246cN/dtex,最高使用温度 100 ~ 110℃,具有优良的耐酸碱性、抗水解性。

4. 聚苯硫醚纤维 聚苯硫醚(PPS)纤维国外的名称为 Sulfar,商品名为 Ryton,指由苯环和硫原子交替排列的聚苯硫醚的线型分子构成的合成纤维。

聚苯硫醚纤维由 PPS 树脂通过熔融纺丝制备,其强度为 1.8 ~ 2.6cN/dtex,模量为 21.5 ~ 35.3cN/dtex,熔点 285℃,极限氧指数 34% ~ 35%,耐化学性仅次于聚四氟乙烯纤维。

5. 聚酰亚胺纤维 聚酰亚胺纤维指由含酰亚胺链节的线型分子构成的合成纤维,大分子链中至少有 85% 的酰亚胺链节。

聚酰亚胺纤维有醚类均聚纤维和酮类共聚纤维,前者由均苯四甲酸酐与 4,4′-二氨基对苯醚溶液缩聚成聚酰胺酸后,通过湿法纺丝和高温环化制得;后者由二苯基甲酮-3,3′,4,4′-四甲酸酐与甲苯二异氰酸酯及 4,4′-二亚苯基甲烷二异氰酸酯进行溶液共缩聚后,通过湿法纺丝制得。醚类均聚纤维的强度为 4 ~ 5cN/dtex,模量为 10 ~ 12GPa,在 300℃ 经 100h 后强度保持率为 50% ~ 70%,极限氧指数为 44%,耐射线性好;酮类共聚纤维的强度为 3.8cN/dtex,模量为 35cN/dtex。经改性的聚酰亚胺纤维的强度 ≥17.6cN/dtex,模量为 529 ~ 882cN/dtex,分解温度 650℃,极限氧指数为 68%。

6. 聚酰胺—酰亚胺纤维 聚酰胺—酰亚胺纤维指由含芳酰胺—酰亚胺链节的线型分子构成的合成纤维,商品名为 Kermel。

聚酰胺—酰亚胺纤维由聚酰胺—酰亚胺通过干法纺丝或者湿法纺丝制备。纤维的强度为 4.4cN/dtex,模量为 61.7cN/dtex,可耐 350℃ 高温,极限氧指数 30% ~ 33%。

7. 聚醚醚酮纤维 聚醚醚酮(PEEK)纤维指由含亚苯基醚醚酮链节的线型分子构成的合成纤维。

聚醚醚酮纤维有单丝和复丝,复丝由 PEEK 通过普通熔融纺丝制成,单丝由 PEEK 采用类似制备锦纶鬃丝的方法制成。拉伸强度为 400 ~ 700MPa,模量为 3 ~ 6GPa,熔点为 334 ~ 343℃,长期使用温度为 250℃,极限氧指数为 35%。

8. 酚醛纤维 酚醛纤维指由线型酚醛树脂经缩醛化或络合化而制成的交联纤维,商品名为 Kynol。

酚醛纤维是由甲醛和苯酚在酸催化下缩聚而成的酚醛树脂,通过熔融纺丝或熔喷法制成的纤维。其强度为 1.14 ~ 1.58cN/dtex,极限氧指数 30% ~ 34%,瞬时可耐 2500℃ 高温,长期使用温度为 150 ~ 180℃。绝热性好。

9. 蜜胺纤维 蜜胺纤维又称三聚氰胺纤维、三聚氰胺缩甲醛纤维,商品名为 Basofil。

蜜胺纤维指将三聚氰胺与甲醛缩聚,并溶于有机溶剂中通过湿法纺丝和后处理而得的纤维。其强度为 1.76cN/dtex,极限氧指数为 32% ,无熔点,不熔滴,连续使用温度为 180~200℃。

10. 高强度聚乙烯醇纤维　高强度聚乙烯醇纤维由聚乙烯醇树脂通过溶剂湿法冷却凝胶纺丝制成,商品名为 Kuralon K-11。其强度为 15cN/dtex,耐碱性能优良。

11. 碳化硅纤维　碳化硅纤维指具有 β-碳化硅结构的无机纤维。由有机硅化合物经纺丝、碳化或气相沉积而制成。其强度为 1960~4410MPa,模量为 176.4~294GPa,最高使用温度为 1200℃,化学稳定性良好。

12. 玻璃纤维　玻璃纤维指主要成分为二氧化硅和钙、硼、镁、钡、钾等金属氧化物的无机纤维,其种类繁多,主要有 E-玻璃纤维、S-2 玻璃纤维等。

玻璃纤维由玻璃球或废旧玻璃为原料,经高温熔制、拉丝、络纱等工艺制造而成。E-玻璃纤维的强度为 1722MPa,模量为 654GPa。玻璃纤维的绝缘性好,耐热性强,抗腐蚀性好,但性脆、耐磨性较差。

13. 氧化铝纤维　氧化铝纤维指主要成分为氧化铝,还含有 5% 左右二氧化硅的多晶质无机纤维。主要的工业制法多用先驱物法,将氧化铝和二氧化硅的先驱物制成胶体溶液,借助离心喷吹或喷丝头纺丝加空气流喷吹等方法制成凝胶状短纤维,然后通过加热干燥、高温烧制使两种先驱物分别转变成氧化铝和二氧化硅,同时生成晶体结构。氧化铝纤维导热率、加热收缩率和比热容都较低。长期使用温度为 1300~1400℃,具有较好的化学稳定性,可在酸性环境、氧化气氛、还原气氛和真空条件下使用,对碱性环境也有一定耐蚀性,但易受铅蒸气和五氧化二钒的侵蚀。

(三)功能纤维

材料的功能是指当从外部向材料输入信号时,材料内部发生质和量的变化而产生输出的特性,使材料产生如导电、传递、储存及生物相容性等方面的能力。功能纤维是指是在常规服饰用纤维原有性能的基础上,又增加了某种特殊功能的一大类纤维的总称,它具有吸附、分离、螯合、超吸水、吸油、吸烟、导电、导光、光变色、远红外蓄热、蓄光、芳香、生物体吸收、生物降解、抗菌消臭、释放负氧离子、光催化、发光等新功能。当纤维中兼有多种功能,称为多功能纤维。

功能纤维品种有许多,按功能属性的分类如表 1-3。

表 1-3　功能纤维的分类

类　　别	举　　　例
物理功能纤维	光功能纤维:光导功能、光折射功能、光干涉功能、耐光功能、偏光功能、光催化功能、光致变色功能、光反射显色功能、蓄光功能、发光功能和光吸收功能等
	电功能纤维:导电功能、抗静电功能、电磁波屏蔽功能、光电功能和信息记忆功能等
	热功能纤维:耐高温功能、绝热功能、热致变色功能、蓄热功能和耐低温功能等
物理化学功能纤维	物质分离功能纤维:超滤功能、微滤功能和反渗透功能等
	吸附功能纤维:金属螯合功能、超吸水功能、吸油功能、吸烟功能和选择吸附功能等

类　别	举　例
化学功能纤维	化学反应功能纤维:光降解功能、光交联功能、催化功能和消异味功能等
	离子交换功能纤维:阳离子交换功能和阴离子交换功能等
生物功能纤维	保健功能纤维:抗菌功能、防臭功能、释放负离子功能和释放香味功能等
	生物工程用纤维:净化功能和浓缩功能等
	生物医学功能纤维:生物相容性、生物活性和生物降解吸收性等
其他特殊功能纤维	防护功能纤维:防辐射功能(防中子射线,防 X 射线,防紫外线、红外线,防电磁波,防微波)和阻燃功能等
	舒适功能纤维:吸热功能、放热功能、吸湿功能、放湿功能、调温调湿、防水透气功能、吸湿排汗功能、抗浸透功能和"防暑"功能等

下面简述表 1 – 3 中的一些功能纤维的基本概念。

1. 导光纤维　导光纤维也称光导纤维,是一种能够传导光波和各种光信号的纤维。通常以石英或高分子材料为原料制成,具有不同折射率的皮芯结构,其主要由于皮层的全反射作用而具有传导光线的功能。

2. 导电纤维　导电纤维指具有导电功能的纤维,在标准状态(温度为 20℃ ,相对湿度为65%)下电阻率小于 $10^5\Omega \cdot cm$ 。它可以通过电子传导和电晕放电而消除静电。

3. 抗静电纤维　抗静电纤维指不易积聚静电荷的纤维,在标准状态(温度为 20℃ ,相对湿度为 65%)下,电阻率小于 $10^{10}\Omega \cdot cm$ 。

4. 光反射显色纤维　光反射显色纤维又称结构生色纤维。由日帝人公司和日产汽车公司、田中贵金属工业公司联合研究并开发成功,商品名为 Morphotex。它模仿南美洲闪蛱蝶翅膀上的"鳞粉"特性,通过对光的散射、干涉和衍射作用,使纤维产生颜色。

5. 光致变色纤维　光致变色纤维指在太阳光和紫外光等的照射下颜色会发生可逆变化的纤维,通过在纤维中引入光致变色物质而制得。

6. 蓄光纤维　也称自发光纤维、夜光纤维,指在黑暗中能自动发光的纤维。该纤维在自然光或日光灯照射 10～20min 后,可在黑暗处持续发光 6h 以上,且吸光、发光可永久进行。如将稀土材料等蓄光物质,与 PET、PP 等共混纺丝所得纤维。

7. 热致变色纤维　热致变色纤维指纤维的颜色能随着温度的改变而发生可逆变化的纤维,通过向纤维中引入热致变色物质而制得。

8. 中空纤维分离膜　中空纤维分离膜是一种具有分离功能的中空纤维,具有自支撑作用。其用途是作选择障碍层,凭借外部能量或化学位差允许混合体系中某些组分透过而保留其他组分,从而达到分离、分级、提纯、富集的目的。根据分离机理的不同,中空纤维分离膜有中空纤维反渗透膜、中空纤维超滤膜、中空纤维微滤膜、中空纤维纳滤膜、中空纤维渗透蒸发膜、中空纤维气体分离膜、中空纤维透析膜、中空纤维离子交换膜、中空纤维缓释膜和中空纤维生物反应器等。

9. 吸附纤维 吸附纤维指具有超吸附速率和吸附容量的纤维,包括高吸水(湿)纤维、吸油纤维、活性碳纤维和一些具有吸附毒性物质的纤维。

10. 高吸水(湿)纤维 疏水性纤维经物理变形和化学改性后,在一定条件下,在水中浸渍和离心脱水后仍能保持15%以上水分的纤维,称为高吸水纤维,也称为超吸水纤维;在标准温、湿度条件下,能吸收气相水分,回潮率在6%以上的纤维,称为高吸湿纤维。高吸水纤维吸水时具有高度的膨润和密封特性、有效的阻水性、非常好的湿态完整性和强度保持率,被吸附物难以从干湿态纤维中迁移出来。

11. 吸油纤维 吸油纤维是一种具有亲油性、能迅速吸收本身重量数十倍的油污而且不吸水的纤维。通常做成吸油毛毡使用。

12. 活性碳纤维 活性碳纤维是一种高效的吸附材料,其比表面积达 $950 \sim 1550 \mathrm{m}^2/\mathrm{g}$,微孔直径为 $0.5 \sim 10\mathrm{nm}(5 \sim 100\text{Å})$;吸附率是普通颗粒活性炭的 100 倍,吸附容量大于普通颗粒活性炭;脱附方便,且脱附以后吸附性能基本不变。从各种原料纤维到活性碳纤维的制备工艺归纳为预处理、碳化、活化三个主要阶段。

13. 离子交换纤维 离子交换纤维指在成纤高分子中引入某些活性基团(如磺酸基、羧基、氨基、磷酸酯基或巯基等)而具有离子交换或捕捉重金属离子能力的纤维。如将 PET,PVA,PAN 等材料做纤维基材,经官能团转换形成自由基的方法引入强碱、强酸、弱碱、弱酸、两性或螯合功能基团,可制备出具有各种离子交换功能的螯合纤维。

14. 保健功能纤维 保健功能纤维是对人体健康具有防护和促进作用的一类功能纤维,包括抗菌纤维、防臭纤维、负离子纤维、远红外纤维、抗紫外线纤维和芳香纤维等。

15. 远红外纤维 远红外纤维是指能吸收远红外线并将吸收的太阳能转换成人体所需热能的纤维。通常由能吸收远红外线的陶瓷粉末与成纤高分子流体混合后喷丝而制成。能吸收远红外线的陶瓷粉末通常为金属氧化物或碳化物,如氧化铝、碳化锆等,其粒径应为 $0.2\mu\mathrm{m}$ 左右。

16. 负离子纤维 负离子纤维是指一种具有负离子释放功能的纤维,由该纤维所释放产生的负离子对改善空气质量,保护环境具有明显的作用。负离子纤维主要是通过在纤维的生产过程中,添加一种具有负离子释放功能的纳米级电气石粉末,使这些电气石粉末镶嵌在纤维的表面,通过这些电气石发射的电子击中纤维周围的氧分子,使之成为带电荷的负氧离子。

17. 芳香纤维 芳香纤维指能释放香味并具有保健功能的纤维。通常通过将精油掺入纤维中而制成。

18. 抗菌纤维 抗菌纤维是指具有抑制或者杀灭细菌功能的纤维。通常通过将抗菌剂掺入纺丝流体中而制成,其中以含纳米级银沸石的抗菌纤维最出名。

19. 生物医学纤维 生物医学纤维是指用于对生物体进行诊断、治疗、修复或替换其病损组织、器官或增进其功能的一类功能纤维。它除了具有一定的力学性能外,还必须具备生物相容性,有些用途还需要具有生物活性或者生物降解吸收性。

20. 生物降解吸收性纤维 生物降解吸收性纤维是指可生物降解并且可被生物组织吸收的纤维。生物医学纤维的降解吸收过程一般分为两个阶段,即生物降解和吸收,它们相互有联系也有区别。一般认为通过增溶、水解或生物体中的酶以及其他生物活性物质的作用使材料转化成一些较小的复杂的中间产物或终产物即为生物降解。在降解的过程中,成纤高分子不一定非得断裂成较小的碎片,但它的完整性会变差。降解可使生物医学纤维的强度和弹性模量等理化性质劣化,甚至解体而失效。生物吸收是指生物医学纤维降解为可被生物体通过自然通道从体内消除的低分子量的物质而从其应用部位消失的现象。在生物吸收过程中已被分散的高分子不一定非得发生生物降解。

21. 防水透气纤维 防水透气纤维也称呼吸纤维,它能透过人体汗液蒸发的水蒸气,但却透不过雨水。

22. 调温调湿纤维 调温调湿纤维通常通过调整纤维结构,使纤维吸湿放热和脱湿吸热过程较为平稳缓慢,从而使服装内温度调节较为缓和,有效减轻了出汗后的冷感。

23. 高导湿纤维 高导湿纤维是指能将皮肤上的汗液用芯吸传导到织物表面使其蒸发冷却的纤维。

24. 抗浸透湿纤维 抗浸透湿纤维是指具有很高的透气性和吸水性,浸入海水中能阻止海水向含有该纤维制成的衣服内部渗透的纤维。通常由丙烯酸系聚合物纺丝加工而成,由于丙烯酸系聚合物吸水后膨胀,因此能堵塞服装上的孔隙,从而阻止海水向衣服内部渗透,起到救生作用。

25. "防暑"纤维 "防暑"纤维是一种具有防出汗、防闷热作用的纤维。通常用亲水化合物对疏水性合成纤维进行后处理而制成。

26. 防辐射纤维 防辐射纤维是指受高能辐射后不发生降解或交联并能保持一定力学性能的纤维以及能抵抗对人体造成伤害的射线辐射的纤维。高能辐射线主要包括中子射线、α射线、β射线、γ射线、紫外线、红外线、电磁波、宇宙射线、激光和微波等。受高能辐射后不发生降解或交联并能保持一定力学性能的纤维有芳杂环聚酰亚胺和聚酰胺纤维(如聚酰亚胺纤维、聚间苯二甲酰间苯二胺纤维)等。离子交换纤维吸附锂离子或硼酸后可用于中子射线的防护;从非金属为基体(如环氧树脂)填充吸波材料(铁氧体、石墨等)及低介电性材料(玻璃等)制成的纤维可以屏蔽与吸收电磁辐射;导电纤维可用于防高压屏蔽服。能抵抗造成人体伤害的射线辐射的纤维有抗紫外线纤维、防微波辐射纤维、防 X 射线纤维和防中子辐射纤维等。

27. 防 X 射线纤维　防 X 射线纤维是指对 X 射线具有防护功能的纤维。通常利用聚丙烯和固体 X 射线屏蔽剂材料复合制成。成品纤维的线密度在 2.2dtex 以上,纤维的断裂强度可达 20~30cN/tex,断裂伸长率为 25%~45%,由防 X 射线纤维制成的具有一定厚度的非织造布的定重在 600g/m² 以上时,对中、低能 X 射线的屏蔽率可达 70% 以上。

28. 防中子辐射纤维　防中子辐射纤维是指对中子流具有突出抗辐射性能的纤维,在高能辐射下它仍能保持较好的力学性能和电气性能,并同时具有良好的耐高温和抗燃性能。中子对人体产生的危害比相同剂量的 X 射线更为严重。防中子辐射纤维的作用是将快速中子减速和将慢速(热)中子吸收。通常的中子辐射防护服装只能对中、低能中子防护有效。将锂和硼的化合物粉末与聚乙烯复合纺丝制成的皮芯纤维中锂或硼化合物的含量高达纤维重量的 30%,其定重为 430g/m² 的机织物的热中子屏蔽率可达 40%。采用硼化合物、重金属化合物与聚丙烯等复合纺丝制成的皮芯纤维中的碳化硼含量可达 35%,可使中子辐射防护屏蔽率达到 44% 以上。

29. 防紫外线纤维　防紫外线纤维也称为抗紫外线纤维,指具有抗紫外线能力的纤维,包括本身具有紫外线破坏能力的纤维或含有抗紫外线添加剂的纤维。腈纶是本身具有紫外线破坏能力的纤维。含有抗紫外线添加剂的合成纤维通常由无机紫外线散射剂与成纤高分子流体混合后纺丝而制成,对紫外线的屏蔽率可达 92% 以上。

30. 阻燃纤维　阻燃纤维也称耐燃纤维、难燃纤维、防燃纤维,指在火焰中仅阴燃,自身不产生火焰,离开火源后,阴燃自行熄灭的化学纤维,其极限氧指数约在 28% 以上。

(四)智能纤维

智能的概念是由生物体而来的。狭义的智能是指高等动物的思维活动和思维能力;广义的智能则是指一切生物体皆具备的对外界刺激的反应能力。师昌绪院士主编的《材料大辞典》中对于智能材料(Smart Materials)的解释是:模仿生命系统同时具有感知和驱动双重功能的材料。即不仅能够感知外界环境或内部状态所发生的变化,而且通过材料自身的或外界的某种反馈机制,能够实时地将材料的一种或多种性质改变,做出所期望的某种响应的材料,又称机敏材料。因此,感知、反馈和响应是智能材料的三大要素。因此,从智能程度来看,智能高于功能,功能高于性能。

智能纤维(Intelligent Fiber)是一维的纤维状智能材料,它是纤维科学与智能材料科学交叉的产物。一方面,它能够像其他智能材料一样能感知机械、热、光、化学、湿度、电和磁等环境的变化或刺激并做出反应,是一种长度、形状、温度、颜色和渗透速率等能随环境变化而发生敏锐变化,具有传感、执行和调节适应能力的新型功能纤维;另一方面,它具有普通纤维长径比大的特点,而且其力学性能由于取向度较高等原因而远高于大部分智能材料(如智能凝胶),从而能加工成多种产品。

1. 形状记忆纤维　形状记忆纤维是指具有形状记忆效应(Shape Memory Effect, SME)的纤维,具有防皱、耐洗、免烫等性能。

所谓形状记忆效应,是指一定形状的固体材料,在某一低温状态下经过塑性变形后,通过加热到这种材料固有的某一临界温度以上时,材料又恢复到初始形状的现象。使纤维具有形状记忆效应的外部因素有温度、光、电场等物理因素和 pH 值等化学因素,因此形状记忆纤维可分为热致形状记忆纤维、光致形状记忆纤维、电致形状记忆纤维和化学敏感型形状记忆纤维。

2. 智能凝胶纤维 智能凝胶纤维是指纤维状的智能凝胶。高分子凝胶是由聚合物的三维交联网络结构和介质(溶剂)共同组成的复合体系。其中交联网络结构能固定介质的位置。智能高分子凝胶是一类受到温度、光、电场等物理因素和 pH 值、盐浓度等化学因素刺激,使性质发生明显变化,并且具有感知、反馈和响应功能的高分子凝胶。

智能凝胶纤维可分为 pH 敏性凝胶纤维、电场敏性凝胶纤维和磁电场敏性凝胶纤维等。

3. 蓄热调温纤维 蓄热调温纤维是一种具有双向温度调节(温度升高时纤维冷却,温度降低时纤维发热)作用的纤维。纤维的蓄热调温效应源于某些物质在相变过程中的吸热和放热现象,因此又称介质相变调温纤维。当外界环境温度升高或降低时,它们相应地改变物理状态,从而可以实现储存或释放能量。利用这种现象,可以进行热能储存和温度调节,具有这种功能的物质称为相变材料(Phase Change Materials,PCM)。

蓄热调温纤维能够根据外界环境温度的变化,从环境中吸收热量储存于纤维内部,或放出纤维中储存的热量,在纤维周围形成温度基本恒定的微气候,从而实现温度的调节功能。蓄热调温纤维的这种吸热和放热过程是自动的、可逆的、无限次的。

(五)生物质纤维

生物质纤维也称生物源纤维,是指来源于生物质的一类纤维。生物质是指利用大气、水、土地等通过光合作用而产生的各种有机体,即一切有生命的可以生长的有机物质通称为生物质。它包括所有的动物及其产生的废弃物、植物以及微生物。以石油、煤等为原料制成的合成纤维,不属于生物质纤维的范畴。

根据原料来源和生产过程,生物质纤维可分为三大类:生物质原生纤维,即用自然界的天然动植物纤维经物理方法处理加工成的纤维;生物质再生纤维,即以天然动物和植物为原料制备的化学纤维;生物质合成纤维,即来源于生物质的合成纤维。生物质纤维的主要品种如表 1-4 所示。

表 1-4 生物质纤维的分类

类 别		纤 维 名 称
生物质原生纤维	植物质纤维	棉纤维、亚麻纤维、黄麻纤维、苎麻纤维、竹原纤维等
	动物质纤维	羊毛、兔毛、驼毛、蚕丝、蜘蛛丝等

类　别		纤　维　名　称
生物质再生纤维	植物质纤维	再生植物纤维素纤维:粘胶纤维、铜氨纤维、竹浆纤维、莱赛尔(Lyocell)纤维
		植物纤维素酯纤维:二醋酯纤维、三醋酯纤维
		再生植物蛋白质纤维:大豆蛋白纤维、花生蛋白纤维、玉米蛋白纤维、海藻纤维
	动物质纤维	再生动物蛋白质纤维:乳酪(牛奶)蛋白纤维、丝朊蛋白纤维、胶原蛋白纤维
		甲壳素纤维、壳聚糖纤维
生物质合成纤维	聚酯纤维	生物可降解聚酯纤维
		聚对苯二甲酸丙二酯纤维
	聚醚酯纤维	聚羟基脂肪酸酯纤维

生物质原生纤维属于天然纤维的范畴,其主要品种的定义在许多专著中已经述及。部分生物质再生纤维的基本概念已在前面叙述。下面简述表1-4中的一些新型生物质纤维的基本概念。

1. 竹纤维　竹纤维包括竹原纤维和竹浆纤维。竹原纤维是一种全新的天然纤维,是采用物理、化学相结合的方法制取的天然竹纤维,属于天然纤维。竹浆纤维是采用天然竹为原料制成的再生纤维素纤维,属于化学纤维。

2. 莱赛尔纤维　莱赛尔(Lyocell)纤维是指将纤维素溶解在有机溶剂中,纺丝加工后制成纤维素Ⅱ的再生纤维。

3. 甲壳素纤维　甲壳素纤维是指用甲壳素为原料通过湿法纺丝制成的化学纤维。甲壳素也称几丁质、甲壳质、壳多糖,俗名蟹壳素。

4. 壳聚糖纤维　壳聚糖纤维是指用壳聚糖为原料通过湿法纺丝制成的化学纤维。壳聚糖是脱去部分乙酰基的甲壳素,有实际用途的壳聚糖,脱乙酰度必须在55%以上。壳聚糖也称脱乙酰甲壳素、可溶性甲壳素、黏性甲壳素、聚氨基葡萄糖和甲壳胺。

5. 海藻酸纤维　海藻酸纤维又称藻朊酸纤维,是指用天然海藻中所提取的海藻酸盐为原料通过湿法纺丝制成的化学纤维。

6. 生物可降解聚酯纤维　生物可降解聚酯纤维是指由脂肪族聚酯线性大分子所构成的、生物可降解的合成纤维,主要包括聚乳酸(PLA)纤维、聚乙交酯(PGA)纤维和聚己内酯(PCL)纤维等。

聚乳酸纤维又称聚丙交酯纤维。聚乳酸纤维通常以玉米、小麦、甜菜等为原料,将其发酵制成乳酸,通过化学合成制得PLA,通过熔体纺丝制得PLA纤维。该纤维的抗张强度为3.6~4.8cN/dtex初始模量为47.6~55.6cN/dtex,吸湿率为0.6%,沸水收缩率为8%~15%,在自然条件下,降解速度较慢,在淡水、海水、活性污泥和活性组织中可降解为二氧化碳和水。

7. 聚对苯二甲酸丙二酯纤维　聚对苯二甲酸丙二酯(PTT)纤维属于聚酯纤维的范畴。

当PTT的单体1,3-丙二醇(PDO)以石油为原料时,聚对苯二甲酸丙二酯纤维不属于生物质纤维。生物质聚对苯二甲酸丙二酯纤维是以谷物为原料,将其发酵制成 1,3 - 丙二醇 (PDO),与对苯二甲酸(PTA)或与对苯二甲酸二甲酯(DMT)通过化学合成制得 PTT,再采用熔体纺丝制备而成。

8.聚羟基脂肪酸酯纤维　聚羟基脂肪酸酯(PHA)是一类生物合成的聚酯的统称,主要是聚羟基丁酸酯(PHB)和羟基丁酸酯—羟基戊酸酯共聚物(PHBV)。PHBV 纤维由真氧产碱菌以戊酸和丁酸为碳源,直接通过生物合成制得 PHBV,采用熔体纺丝或者干法纺丝制备纤维。

参考文献

[1] 梅自强.纺织词典[M].北京:中国纺织出版社,2007.

[2] 美国纺织化学家和染色家协会.AATCC 技术手册[M].中国纺织信息中心编译,NO85,北京:中国纺织出版社,2010.

[3] 董纪震,罗鸿烈,王庆瑞,等.合成纤维生产工艺学:上册[M].2 版.北京:中国纺织出版社,1994.

[4] 沈新元.化学纤维手册[M].北京:中国纺织出版社,2008.

[5] B.V.法凯.合成纤维(上册)[M].张书绅,陈政,林其凌,等译.北京:纺织工业出版社,1987.

[6] 贺昌诚,顾振亚.关于智能材料概念的探讨[J].天津工业大学学报,2001(5):42 - 47.

[7] 罗益锋.世界功能纤维发展概况[J].高科技纤维与应用,2009,34(1):9 - 17.

[8] 师昌绪.材料大辞典[M].北京:化学工业出版社,1994.

[9] 施楣梧,肖红.智能纺织品的现状和发展趋势[J].高科技纤维与应用,2010,35(4):5 - 8.

第二章
化学纤维的鉴别

第一节 概　述

一、化学纤维鉴别的基本概念

化学纤维的鉴别,是指采用物理方法、化学方法和仪器方法测定未知化学纤维所具有的性质,同已知化学纤维具有的各种性能相比较,从而对化学纤维进行鉴别的一种定性试验方法。

为了鉴定准确,对未知的化学纤维要进行必要的前处理,将化学纤维表面的浆料、树脂及染料脱掉,具体方法如下:

1. 退浆料　在稀盐酸(0.5%,质量分数,下同)中煮沸 30min 后,充分水洗。若使用淀粉分解酶时,要先在 50~60℃、2%~5% 浓度的溶液中浸渍 1h,再用水清洗。

2. 脱树脂

(1)脲醛树脂。在带回流冷凝器的圆底烧瓶或微型化学实验的蒸馏精制仪中,用稀盐酸(0.02%)溶液煮沸 30min,再用温水洗净。

(2)三聚氰胺甲醛树脂。在含有 2% 磷酸、0.15% 尿素的溶液中,在 80℃ 条件下处理20min,用温水洗净。

(3)硅树脂。用肥皂及 0.5% 碳酸钠的溶液清洗,但不可能完全去除。

3. 去染料

(1)还原处理。

①中性还原处理法。将 10mL 的水配制成含亚硫酸氢钠 0.5g 及 2 滴 1% 氨水的溶液,加热至沸腾,一直保持微沸而使其脱色,脱色后用温水洗净。

②5% 亚硫酸氢钠法。用含有 1% NaOH 的 5% $NaHSO_3$ 沸腾液处理纤维,然后用温水洗净,但此法不适用于动物纤维及醋酯纤维。

(2)溶剂处理。

①吡啶。采用 20% 吡啶溶液,用萃取器洗涤,能除去直接染料、分散染料。

②二甲基甲酰胺。用萃取方式,能除去棉上的偶氮染料及某些还原染料。

③氯苯。在100℃以下可从醋酯纤维上除去分散染料,用萃取器或微型精密装置则可从聚酯纤维上除去分散染料。

④5%醋酸。在沸液中处理,可除去碱性染料。

二、化学纤维鉴别方法的分类及特点

(一)化学纤维鉴别方法的分类

化学纤维的鉴别方法,一般分为物理法、化学法和仪器法三大类。

1. 物理法　物理法是指不破坏纤维的成分,只是根据纤维的物理参数就可以对纤维进行鉴别。主要包括相对密度法、熔点法、热分析法、感官、手感、外观判定法等方法。

2. 化学法　化学法是指利用化学分析的方法,对纤维进行鉴别。主要包括燃烧法、热失重分析法、溶解法、显色法等。

3. 仪器法　仪器法是指利用化学仪器进行分析的方法,对纤维进行鉴别。主要包括显微镜法(光学显微镜法、加热显微镜法、反相显微镜法)、折射率法、电子显微镜法、紫外可见分光光度法、红外分光光度法、裂解气相色谱法、高效液相色谱法(GPC法)、纸色谱法、薄层色谱法、热分析仪器法、投影仪法等。

化学纤维的分析鉴别,通常需要多种测定方法的配合。如热效应、熔点、溶解度、溶胀力学性能等的测定,染色显微镜观察,进行化学分析和仪器分析等。因此,要得出正确、完整的结果,花时甚多,且需要较多的纤维样品。

(二)化学纤维鉴别的特点

化学纤维鉴别的一般特点如表2-1所示。

表2-1　化学纤维鉴别的一般特点

鉴别法	适用性	特点
显微镜观察	所有纤维	(1)操作简单,但在观察截面时,切片的制作比较麻烦 (2)天然纤维鉴别容易 (3)合成纤维虽然相互区别,但鉴别有时较困难 (4)异形截面纤维鉴别比较困难 (5)染色较深者不易判断
相对密度测定	所有纤维	(1)操作较简单,但前处理要充分 (2)中空纤维测定困难
熔点测定	合成纤维	(1)操作比较麻烦 (2)最终熔融不易看清 (3)要求技术熟练

鉴别法	适用性	特　　点
燃烧试验	所有纤维	(1)操作简单,随时随地可做 (2)要求技术熟练 (3)鉴别混纺纱时可能分辩不清 (4)作为其他鉴别法的预备试验
热可塑性、石蕊反应以及有无氯、氮存在的测定	所有纤维	(1)作为鉴别前大致分类时采用 (2)仅用此法不能正确鉴别
溶解性试验	所有纤维	(1)操作简单,但必须特别注意观察 (2)纤维类别不明确,则鉴别较困难特别是合成纤维 (3)鉴别要认真进行
着色试验	所有纤维	(1)操作简单,但必须遵守染色规定条件 (2)已着色的试样不能用原样作鉴定 (3)经树脂加工的试样,因加工助剂清除不彻底而易发生差错 (4)合成纤维之间相互区别,但有时鉴别比较困难
特殊试剂着色法	特殊纤维	(1)试剂的调整比较麻烦 (2)仅特殊纤维采用,故应用范围较窄
仪器分析法	所有物质	(1)准确 (2)操作复杂,难度大

第二节　化学纤维的主要鉴别方法

一、物理鉴别法

化学纤维的物理鉴别法,主要包括感观法、相对密度法和熔点法三种方法。

(一)感观法鉴别纤维

感观法是通过人们的感觉器官,即用手摸、眼看、耳听等一系列方法,对纺织品的外观、风格等特性进行考察来鉴别纤维的方法。这种方法最简便,不需要任何药品和仪器,但需要鉴别人员日积月累的经验。它既可作为纺织从业人员和商检人员鉴别纤维的方法之一,也可供广大纺织品经销人员识别和介绍纺织原材料时使用,还可为消费者在选用衣料时辨别真假、优劣之用。

1.看标识　服装的标识包括标签(通常缝在上衣领部、裤子腰部)、各种缝入标志(通常上衣在大身左侧缝处或口袋处)、吊牌等。随着市场管理的规范,大多数服装同时具有缝入标志、吊牌和商标,而且这类服装缝入标志大多能较客观地反映服装材料的类别。区分缝入标志是否客观地反映服装材料的类别,可以从以下几方面来判别:

(1)吊牌上是否有生产厂家的地址、电话等详细资料。

(2)吊牌上品名商标是否与标签上的相一致。如针织服装的标签标注为纯羊毛,缝入标志为80%羊毛,这显然是以假充真的羊毛衫。

(3)缝入标志是否为服装缝合线所缝合。在缝合好的衣服侧缝处用另外的缝线缝入标志,通常是标识与实物不符,目的是以次充好。国内市场上流通的服装缝入标志有两种,其中大部分采用中文标识,而有一部分出口转内销产品则采用英文或英、日文标识。中文标识中大多数采用通俗的纤维命名方法,而有些则采用纤维材料的学名命名,如"涤纶"有时用"涤"或"聚酯纤维",其实表示的是同一种纤维。

2. 看纤维状态　对于呈散纤维状态的纺织原料或从织物边上拆下来的纤维,可根据外观形态、色泽、手感、伸长和强度等来区分。不同的化学纤维又有其自身的特征。

(1)粘胶纤维:手感滑软,其光泽根据是有光丝还是无光丝而有很大的差别,湿强低。判别它的最简单的方法是在纱或丝的任意部位润湿,拉伸时在润湿部位拉断的即是粘胶纤维,其他纤维则不一定在润湿部位拉断。

(2)涤纶:手感爽挺、强力高、弹性好、有金属光泽、拉伸时伸长小。

(3)锦纶:手感比涤纶柔软、强力高、弹性较好、有蜡状光泽。

(4)腈纶:手感涩滞、强力较大、弹性比羊毛差、伸长小、有蜡状光泽、用手揉搓时有"嘶鸣"的响声。

3. 手感目测区别织物　如果是纤维材料单一的纯纺织物用手感目测法区分较为可靠,经验积累较多时区分不同材料的混纺织物和交织物也是具有一定的可信度。但须注意:经过多种变形加工和整理加工的织物会改变手感,使判断出现严重偏差。而且不同编织方法编织的织物手感、弹性等均有明显差别。如同样纤维材料的针织物和机织物在手感、弹性等方面有较大不同。

下面是各类织物的主要特征。

(1)人造纤维织物。手感柔软、有光丝有类似金属的光泽,比同厚度蚕丝织物重,悬垂性特别好,用手攥织物时产生皱折且不易恢复,花色布较纯棉织物艳丽。

(2)涤纶织物。手感挺括有涩滞感、刚性较好、垂感好、不易皱折、具有金属光泽。

(3)锦纶织物。有蜡状光泽、身骨比涤纶差。

(4)腈纶织物。用食指和拇指搓捏织物时有涩滞感,缺少羊毛那种滋润感、光泽不柔和。

(5)维纶织物。外观与棉制品相似,手感稍硬,抗皱性差,但光泽比棉要好。

表2-2是几种主要化学纤维手感、目测结果的比较。

表 2-2 几种主要化学纤维手感、目测结果的比较

纤维名称	手　　感	目　　测
涤纶(PET)	凉感、有弹性、光滑	光泽明亮、色泽淡雅
锦纶(PA)	凉感、有弹性、光滑	色泽鲜艳
丙纶(PP)	温暖、有弹性、光滑、有蜡状感	光泽差、蜡状、色浅
腈纶(PAN)	凉感、有弹性、光滑和干爽	人造毛感强、蜡状
维纶(PVA)	凉感、弹性差	—
氯纶(PVC)	温暖	—

目前,通常把感官检验法与后述的其他检验法结合使用,这是减小检验强度、缩短检验时间、提高检验准确度的可靠方法。虽然感官检验在技术鉴定性检验中是一种辅助检验方法,但它却能在检验工作中发挥其独有的作用。但必须指出,仪器化检验代替感官检验是国外纤维检测的发展趋势。这种改革要求我国的检验技术手段和方法要有质的更新。

(二)密度法鉴别纤维

各种化学纤维材料具有不同的密度,因此可以通过测定密度来鉴别纤维。测定方法有:液体浮力法、比重瓶法、韦氏天平法、气体容积法、液体比重悬浮法和密度梯度法等。

化学纤维事先用醚试剂将油分等萃取掉,然后将纤维两头剪掉,留中间 20mm 长,充分干燥,否则纤维含水将影响精度。

温度影响密度,因此一般都在 30℃恒温水浴中进行测定,通过比重瓶、韦氏天平等可直接测出化学纤维的密度,与各种化学纤维的密度表对照,从而判定是哪类哪种化学纤维。测定方法可以分为直接测定法和间接测定法两大类。

1. 直接测定法　将试样烘干称量,用比重计从试样排出的液体重量求得密度。一般使用对纤维不发生任何作用而且对纤维渗透性好的液体。通常采用石油醚、苯、松节油、混合二甲苯、乙醇等。为了排除纤维中的空气,使液体渗入纤维,利用减压法使之沸腾。当测定时,要严格控制温度。纤维的密度由式(2-1)求得:

$$S = (a \cdot \rho)/[b - (c - a)] \qquad (2-1)$$

式中:S 表示纤维密度(g/cm^3);a 表示试样绝对干重(g);b 表示液体与瓶重(g);c 表示试样、液体与瓶重(g);ρ 表示液体相对密度(g/cm^3)。

又假如 W 为所置换的液体重(g),V 为试样容积(cm^3),则得出式(2-2):

$$W = b - (c - a) = V \cdot \rho$$

$$V = [b - (c - a)]/\rho \qquad (2-2)$$

2. 间接测定法   间接测定法又称为密度梯度试验法,该鉴别方法仅适用于定性地检验化学纤维。采用的仪器主要为密度梯度管。测定的原理是将要鉴别的化学纤维投入已知相对密度的液体中,从观察其浮沉状态来测定。常用液体中,轻液以混合二甲苯或苯为主。改变两液的混合比,可制成几种相对密度不同的液体,将纤维投入其中而加以测定。为使混合液渗入化学纤维,可加热排除纤维中的空气。

用测高仪测出纤维球及其上、下标准玻璃小球的高度,通过式(2-3)计算纤维的密度。

$$X = d_1 + (d_2 - d_1)(h_1 - y)/(h_1 - h_2) \qquad (2-3)$$

式中:X 表示纤维密度;d_1 表示标准上球密度;d_2 表示标准下球密度;y 表示纤维小球高度;h_1 表示标准上球高度;h_2 表示标准下球高度。

表2-3 所示为部分化学纤维的密度。

表2-3　化学纤维的密度

纤　　维	密度/$g \cdot cm^{-3}$	纤　　维	密度/$g \cdot cm^{-3}$	纤　　维	密度/$g \cdot cm^{-3}$
聚丙烯	0.91	维纶	1.26~1.30	粘胶纤维	1.50
锦纶(6,66)	1.14	维氯纶	1.32	聚偏氯乙烯	1.70
PAN-g-DB	1.22	聚酯(涤纶)	1.38	玻璃纤维	2.5~2.8
变性聚丙烯腈	1.23~1.28	氯乙烯(氯纶)	1.39	碳纤维	1.77
锦纶4	1.25	芳纶1414	1.44	石墨纤维(气相法)	2.03
腈氯纶	1.23~1.28	聚酰亚胺纤维	1.47	硼纤维	2.36

(三)熔点法鉴别纤维

大多数纤维受热会软化,并都有一定的熔点,故可通过测定纤维熔点来鉴别纤维。操作步骤是:将二三根纤维交叉放在载玻片上,上面再覆盖玻片,然后置于熔点显微镜电热板上,调整目镜直到纤维清晰可见为止。旋转加热开关,并把加热速度刻度盘调到90℃。观察温度计和试样。当温度达100℃时,降低加热速度(在预计熔点以下10~20℃时,每分钟升温10℃),靠近熔点时加热速度应降低至约每分钟2℃,并观察纤维的变化。在达到熔点时,可以看到纤维熔融,变成液态并逐渐润湿载玻片,直至纤维消失并全部变成液态。在实验进行过程中,用镊子轻压盖玻片,使纤维拉平。假使由于加热速度快,超过了纤维熔点,则取试样重新进行实验。

加热对各种化学纤维的影响及其熔点如表2-4所示。将试样所测得的熔点与表2-5中所列的各种纤维的熔点作比较,借此初步鉴定纤维。纤维的熔点还可用差热分析法来测定。

表2-4 化学纤维的热行为与熔点

纤维种类	热 行 为	纤维种类	热 行 为
粘胶纤维	在260~300℃着色分解	聚酯纤维	软化点238~240℃ 熔点255~260℃ 一边熔融,一边缓慢燃烧 无自燃性
铜氨纤维	软化不熔融		
二醋酯纤维	软化点200~230℃ 熔点260℃ 一边软化收缩,一边缓慢燃烧	腈纶	软化点190~240℃ 熔点不明了 一边收缩熔融,一边燃烧硬黑块状
三醋酯纤维	软化点250℃ 熔点300℃ 一边软化收缩,一边缓慢燃烧	改性腈纶	软化点150℃ 熔点不明了 一边熔融,一边分解 无燃烧性
锦纶6	软化点180℃ 熔点215~220℃ 一边熔融,一边缓慢燃烧 无自燃性	聚乙烯纤维(低压法)	软化点100~115℃ 熔点125~135℃ 一边熔融,一边缓慢燃烧
锦纶66	软化点230~235℃ 熔点250~260℃ 一边熔融,一边缓慢燃烧 无自燃性	聚丙烯纤维	软化点140~160℃ 熔点165~173℃ 一边熔融,一边缓慢燃烧
偏氯纶	软化点145~165℃ 熔点165~185℃ 一边软化收缩,一边熔融 同时碳化分解 无自燃性	氯纶	熔点200~230℃ 一边熔融,一边缓慢燃烧
		聚氯乙烯/醋酸乙烯共聚纤维	软化点180~200℃ 熔点不明了 开始收缩温度170~180℃ 无自燃性
氯纶	熔点200~210℃ 开始收缩温度 短纤维(耐热)105~110℃ 短纤维(普通)90~100℃ 短纤维(强力)60~70℃ 长丝60~70℃ 无自燃性	锦纶涤纶混合纤维	软化点180℃ 熔点215~220℃ 一边熔融,一边缓慢燃烧 无自燃性

表2-5 化学纤维熔点

纤维种类	熔点/℃	纤维种类	熔点/℃
二醋酯纤维	260	聚酯纤维(涤纶)	255~260
三醋酯纤维	300	聚丙烯腈纤维(腈纶)	不明
维纶	不明	丙烯腈系纤维(改性腈纶)	不明
锦纶6	214~250	聚乙烯纤维(乙纶)	125~135
锦纶66	250~260	聚丙烯纤维(丙纶)	165~173

纤维种类	熔点/℃	纤维种类	熔点/℃
锦纶610	215~233	聚三氟氯乙烯纤维	210~222
锦纶11	182~220	聚四氟乙烯纤维	200~230
锦纶12	179	Kevlar-29	500~600
聚偏氯乙烯纤维（偏氯纶）	165~185	聚氨酯纤维（氨纶）	200~230
聚氯乙烯纤维（氯纶）	200~210	聚氟乙烯纤维（氟纶）	320~330

二、化学鉴别法

纤维的化学鉴别方法,主要包括热分解法、燃烧法、溶解法、显色试验法和杂原子试验法。

(一)热分解法鉴别纤维

热分解试验也称热重分析(Thermogravimetry,TG),它是最重要的初步鉴别纤维方法之一。热分解法与燃烧法配合,通常可以直接得出纤维组分的结论。它通常可以通过热解试验中出现的不同基团来鉴别纤维,因此可用它可以建立一种鉴别各纤维组分的仪器系统;也可用来表征一些双组分混合纤维的特性。

热分解法鉴别纤维的具体方法为:加少量试样到热解试管中,用夹子或钳子夹住试管的上端,在试管口上放一条浸湿的石蕊试纸或pH试纸。在某些情况下,在裂解管口内塞上一个用水或甲醇浸湿的松软棉球或玻璃纤维塞,用酒精灯或煤气灯加热试管,火焰调至最小慢慢加热,注意观察试管内的现象和试纸变化。注意,试管口不要对着人,试验者要戴安全眼镜或有机玻璃面罩,实验过程中要缓慢加热,观察现象注意试纸变化同时还要注意气味的变化。

根据逸出气体与石蕊试纸的反应能够区分三种不同的类型:酸性(试纸呈红色);中性(试纸不变色);碱性(试纸呈蓝色)。pH试纸更要敏感一些,表2-6是最重要的纤维和高分子材料的热分解产物的反应。下面以热分解法鉴别混合纤维组分为例,介绍热分解法在鉴别纤维方面的应用。

表2-6　用石蕊和pH试纸检验纤维及高分子材料分解气体

石蕊试纸	红　色	基本上无变化	蓝　色
pH试纸	0.5~4.0	5.0~5.5	8.0~9.5
	含卤素高分子	聚烯烃纤维、乙纶、丙纶	聚酰胺纤维、锦纶6、锦纶66
	氯纶、氟纶	聚乙烯醇纤维	—
	氟氯纶	聚乙烯醇缩甲醛纤维(维纶)	腈纶
	纤维素酯纤维	聚乙烯醚	ABS、MBS、ACR
	涤纶	聚甲基丙烯酸酯	酚醛树脂

石蕊试纸	红 色	基本上无变化	蓝 色
pH 试纸	0.5～4.0	5.0～5.5	8.0～9.5
酚醛纤维		聚氧化乙烯	氨苯树脂
氨纶		聚碳酸酯	苯胺—三聚氰胺
不饱和聚酯		线型 PU 氯纶	脲醛树脂
聚硫醚		聚硅酮	—
PU 橡胶弹性体		环氧树脂	—

(二)燃烧法鉴别纤维

各种化学纤维由于化学组成不同,在燃烧过程中产生不同的现象。因此,可以从织物边抽出几根经纱和纬纱,退捻使其形成松散状作为试样放在火上燃烧,通过仔细观察纤维束燃烧中产生的现象,就可以大体得出正确的结论。但是,单凭燃烧现象来判断样品是哪一种纤维比较困难。特别是对于初学者和试验技术不熟练者来讲,更是难以正确区分。

因此,还须与其他方法,如显微镜法等结合使用,这样才能做出正确的判断。另外,很多阻燃合成纤维不能用本法鉴别。

1. 各种化学纤维的燃烧状态 各种化学纤维的燃烧状态见表2－7。聚合物鉴别系统图如图2－1所示。

表2－7 各种化学纤维的燃烧状态

纤维名称	燃烧性	接近火焰	火焰中	离开火焰	燃烧气味	灰 烬
粘胶纤维	燃烧快,产生黄色火焰	不熔不缩,软化不收缩	燃烧不熔融	迅速燃烧	烧纸气味	灰烬少,浅灰色或灰白色
腈纶	易燃	软化	一边软化,一边燃烧,火焰呈白色明亮有力,有时略有黑烟	—	辛辣味	有光泽黑色块状
锦纶	燃烧稍微困难些	软化收缩	一边熔化,一边缓慢燃烧,火焰很小呈蓝色	自熄灭	氨臭味	浅褐色硬块,不易捻碎
氯纶	难燃	—	收缩燃烧,有黑点	自熄	芳香族化合物气味	不规则黑色硬块
涤纶	易燃	卷曲熔化	一边熔化,一边燃烧,黄色火焰	继续燃烧	烧醋气味,烧肉臭	不规则黑色硬块

纤维名称	燃烧性	接近火焰	火焰中	离开火焰	燃烧气味	灰　烬
丙纶、乙纶	易燃	卷缩	熔化燃烧,火焰明亮,呈黄色	很快燃烧	烧焦的纸味,醋酸和氮氧化物的气味	黑色硬块,能捻碎
醋酯纤维、硝酸酯纤维	易燃	—	橘黄色、绿色、深黄色火焰明亮而强烈	继续燃烧	刺鼻臭味	灰较少
聚氨酯纤维	可燃	—	黄色,也能成蓝色	缓慢熄灭	刺激性味	—
聚氟纤维	不燃		继续燃烧	—	刺激性氟化氢气味	
维纶	燃烧稍微困难些	软化收缩	一边熔化,一边缓慢燃烧,火焰很小,呈黑烟	继续燃烧	臭味	黑褐色硬块,能捻碎
铜氨纤维	—	不熔不缩	立即燃烧	迅速燃烧	纸燃味	呈少许灰白色灰烬
醋酯纤维	—	熔缩	熔融燃烧	熔化燃烧	醋味	呈硬而脆不规则黑块
人造蛋白纤维	—	熔缩	燃烧缓慢有响声	自熄	毛发燃烧气味	呈脆而黑的小珠状
聚氨基甲酸乙酯纤维	—	熔缩	熔融燃烧	开始燃烧后自熄	特异气味	呈白色胶状
聚烯烃纤维	—	熔缩	熔融燃烧	熔融燃烧,液态下落	石蜡味	呈灰白色蜡片状
聚苯乙烯纤维	—	熔缩	收缩燃烧	继续燃烧冒浓黑烟	略有芳香味	呈黑而硬的小球状
碳纤维	—	不熔不缩	像烧铁丝一样发红	不燃烧	略有辛辣味	呈原来状态
不锈钢纤维	—	不熔不缩	像烧铁丝一样发红	不燃烧	无味	变形,呈硬珠状
玻璃纤维	—	不熔不缩	变软,发红光	变硬,不燃烧	无味	变形,呈硬珠状
酚醛纤维	—	不熔不缩	像烧铁丝一样发红	不燃烧	稍有刺激性焦味	呈黑色絮状
聚砜酰胺纤维	—	不熔不缩	卷曲燃烧	自熄	带有浆料味	呈不规则硬而脆的粒状

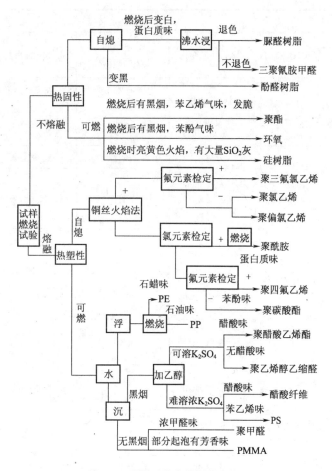

图 2 - 1 燃烧法聚合物鉴别系统图

2. 各种聚合物的燃烧特点 各种聚合物在燃烧时的特点见表 2 - 8。

表 2 - 8 各种高分子在燃烧时的特点

高分子类别	试样的燃烧特点				
	燃烧性	试样的外形变化	分解出的气体的酸碱性	火焰的外表	分解出的气体的气味
有机硅	不燃烧		—	—	—
聚四氟乙烯		无变化	强酸性	—	在烈火中分解出刺鼻的氟化氢气味
聚三氟氯乙烯		变软	强酸性	—	在烈火中分解出刺鼻的氟化氢和氯化氢气味

高分子类别	试样的燃烧特点				
	燃烧性	试样的外形变化	分解出的气体的酸碱性	火焰的外表	分解出的气体的气味
酚醛树脂	在火焰中很难燃烧，离开火焰后自灭	保持原形，然后开裂和分解	中性	发亮，冒烟	苯酚与甲醛气味
脲醛树脂、三聚氰胺树脂			碱性	淡黄，边缘发白	氨、胺(鱼腥)、甲醛味
氯化橡胶	在火焰中能燃烧，不容易点燃，离开火焰后自灭	分解	强酸性	边缘发绿	氯化氢与焚纸味
聚氯乙烯、聚偏氯乙烯		首先变软，然后分解样品变为褐色或黑色	强酸性	黄橙，边缘发绿	氯化氢味
氯化聚醚		变软，不淌滴	中性	绿，起炱(冒黑烟)	—
氯乙烯—丙烯腈共聚物		收缩，变软，熔化	酸性	黄橙，边缘发绿	氯化氢气味
氯乙烯—乙酸乙烯酯共聚物		变软	酸性	黄，边缘发绿	氯化氢气味
聚碳酸酯		熔化，分解，焦化	中性，开始时为弱酸性	明亮；起炱	无特殊气味
聚酰胺	在火焰中能燃烧，不太容易点燃，离开火焰后自灭	熔化，淌滴，然后分解	碱性	黄橙，边缘蓝色	烧头发、羊毛的气味
酪素塑料		分解，焦化	碱性	黄，光亮	烧头发、羊毛的气味
三醋酯纤维素	在火焰中能燃烧，容易点燃，离开火焰后自灭	熔化，成滴	酸性	暗黄，起炱	乙酸味
苯胺—甲醛树脂		胀大，变软分解	中性	黄，冒烟	苯胺、甲醛味
层压酚醛树脂	在火焰中能燃烧，离开火焰后慢慢自灭	通常会焦化	中性	黄	苯酚，焚纸味
苄基纤维素		熔化，焦化	中性	明亮，冒烟	苯甲醛(苦杏仁)味
聚乙烯醇		熔化，变软，变褐色，分解	中性	明亮	刺激味
聚对苯二甲酸乙二醇酯	在火焰中能燃烧，不容易点燃，点燃后能继续燃烧	变软，熔化，淌滴	—	黄橙，起炱	甜香，芳香味
醇酸树脂		熔化，分解	中性	明亮	刺激味(丙烯醛)
聚乙烯醇缩丁醛		熔化，缩成滴	酸性	蓝，边缘发黄	油味
聚乙烯醇缩乙醛			酸性	边缘发紫	乙酸味
聚乙烯醇缩甲醛			酸性	黄白	稍有甜味

高分子类别	试样的燃烧特点				
	燃烧性	试样的外形变化	分解出的气体的酸碱性	火焰的外表	分解出的气体的气味
聚乙烯	在火焰中能燃烧,不容易点燃,点燃后能继续燃烧	熔化,缩成滴	中性	明亮(中间发蓝)	石蜡(蜡烛吹熄)味
聚丙烯			中性	明亮(中间发蓝)	石蜡(蜡烛吹熄)味
聚酯(玻璃粉填料)			中性	黄,明亮;起炱	辛辣味
丙烯酸酯树脂			—	黄,边缘发蓝	酯味
聚苯乙烯、聚甲基苯乙烯	在火焰中能燃烧,很容易点燃,离开火焰后继续燃烧	变软	中性	明亮,起炱	甜味(苯乙烯)
聚乙酸乙烯酯			酸性	深黄,明亮;稍起炱	乙酸味
天然橡胶		变软,燃烧过的部分发黏	中性	深黄,稍起炱	烧橡皮味
聚甲基丙烯酸甲酯		变软,稍有焦化	中性	黄,边缘发蓝,明亮;稍起炱;有破裂声	水果甜味(甲基丙烯酸甲酯)
硫化丁腈橡胶		变软	中性	黄,起炱	烧橡皮味
聚丙烯酸酯		熔化与分解	中性	明亮,起炱	刺鼻性气味
聚甲醛			中性	蓝	甲醛气味
聚异丁烯			中性	明亮	类似焚纸气味
丙酸纤维素		熔化,熔化后形成的小滴继续燃烧	酸性	深黄,稍起炱	丙酸和焚纸气味
乙酸—丙酸纤维素			酸性	深黄,稍起炱	丙酸和乙酸气味
乙酸—丁酸纤维素			酸性	深黄,稍起炱	乙酸和丁酸气味
甲基纤维素		熔化、焦化	中性	黄绿	稍有甜味,焚纸气味
聚氨酯		熔化,淌滴,燃烧迅速,焦化	—	黄橙,冒灰烟	辛辣刺激气味
硝酸纤维素	在火焰中能燃烧,非常容易点燃,离开火焰后继续燃烧	燃烧剧烈和完全	强酸性	发光,褐色气体	二氧化氮味

(三)溶解法鉴别纤维

各种纤维结构不同,因此在不同的化学溶剂中,不同的温度下溶解特性也不同,利用此原理可以确定各种化学纤维的品种。试样应能代表抽样单位中的纤维,如发现试样有不均匀性,则应按每个不同部分取样。每只试样至少取样 2 份,每份重量 100mg,若溶解结果差异显著,应予重试。

　　采用包括温度计、电热恒温水浴锅、封闭式电炉、天平、玻璃抽气滤瓶、比重计等仪器与工具。按照《化学检验手册》溶液的配制方法,配制所需的各种不同浓度的溶液。其体积计算到0.1mL,取整至1mL。将100mL纤维试样置于25mL烧杯中,注入10mL溶剂,在常温(24～30℃)下,用玻璃棒搅动5min(试样和试剂的用量比为1:100),观察溶剂对纤维的溶解情况。但对有些常温中难于溶解的纤维,需加热做沸腾试验,用玻璃棒搅动3min,视其溶解程度延长或缩短搅动时间(加热时必须用封闭式电炉,在通风橱里进行试验)。

　　由溶解度鉴别纤维的流程图,见图2-2。

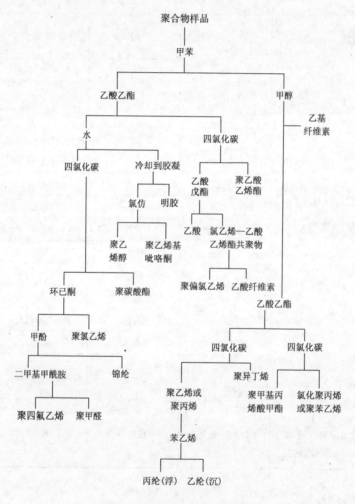

图2-2　溶解度鉴别纤维的流程图

(四)显色法鉴别纤维

　　显色法是将化学纤维放在各种试剂中显色或放入染液中着色,根据颜色的差别来鉴别纤维。做此试验适于无色纤维及织物,着色纤维和织物需将其脱色方可用此方法。

1. 着色试验 着色试验法有鉴别专用染料染色法、组合性染料染色法及试剂着色法等。着色试验是鉴别纤维的有效方法。但是,已染有中色及深色或经树脂加工整理过的试样,不能直接进行着色试验,必须预先脱色及除去整理加工剂,而且,如不按规定的处理条件(温度、浴比、时间、浓度等)正确进行,则难以正确着色。

鉴别专用染料染色法主要有锡拉着色剂 A(Shirlastain A)及 4 号纤维鉴别着色剂(Fibre Identification Stain No.4)。前者为英国帝国化学工业公司(ICI)产品;后者为美国杜邦公司(Du Pont)产品。

(1)4 号纤维鉴别着色剂染色:配制质量分数为 1%的着色剂溶液,用试管取约试样重量 10 倍的该液,加热至沸腾。将预先用水浸湿后的纤维放入沸腾溶液中,持续沸腾 1min,排出染液,充分水洗。结果见表 2-9。

表 2-9 4 号纤维鉴别着色剂着色情况

化学纤维名	染着色(未经硫酸处理)	染着色(经硫酸处理)
粘胶纤维	深蓝	—
醋酯纤维	橙	—
聚酰胺纤维	红	—
维纶	茶色	—
聚酯纤维	黄褐色	暗金黄色
聚丙烯腈纤维	黄褐色	淡茶色
聚丙烯腈纤维	暗橙	橙灰色
聚丙烯腈纤维	黄橙	红橙
聚丙烯纤维	不着色	—

聚酯纤维与聚丙烯腈纤维比较难以区别,如要区别两者,则应再作如下处理。试管内放入少量硫酸煮沸,将已染好的纤维放入,再煮沸 5min,充分水洗。根据纤维着色及硫酸处理后的色泽变化加以鉴别。

(2)锡拉着色剂 A 染色:将被检纤维浸水,使其湿透。再把试样浸入本染液冷浴内,充分搅拌,并放置 1min。取出后充分水洗、干燥。表 2-10 为锡拉着色剂 A 在各种纤维上的着色情况。

表 2-10 锡拉着色剂 A 着色情况

纤 维	着 色	纤 维	着 色
原棉	浅紫色	醋酯纤维(低温沸染)	带绿亮黄色
精练棉	紫色	羊毛(低温沸染)	亮金黄色、亮褐色

纤　维	着　色	纤　维	着　色
丝光棉	浅紫色(较原棉色带蓝头)	氯处理羊毛(低温沸染)	橙色、黑色
醋酸化棉	不着色	生　丝	深褐色略带褐橙
漂白亚麻	群青色	精练丝	栗色
煮练亚麻	深灰紫色	蚕　丝	淡黄色、黄褐色
原大麻	深灰紫色(较亚麻色明)	聚酰胺纤维(低温沸染)	淡黄色、黄褐色
漂白大麻	群青色(带红光)	聚酯纤维(低温沸染)	淡紫色、淡黄茶色
原苎麻	浅紫色		淡粉红色、带淡黄粉红色
漂白苎麻	深紫色		亮褐色
原黄麻	金茶色	聚氯乙烯纤维(低温沸染)	褐色
漂白黄麻	青铜色	维纶(低温沸染)	淡暗粉红
粘胶纤维	亮粉红色	聚丙烯腈纤维(低温沸染)	淡暗黄色
铜氨纤维	亮蓝色		

2. 组合染料染色法

（1）普通粘胶纤维与强力粘胶纤维的区别：将试样用4%烧碱液在常温条件下处理3min，再用含有1%芒硝的3%氯冉亭(Chlorantine)坚牢绿BLL染料溶液煮沸3min，用水清洗。然后用含0.5%醋酸的森明诺尔(Suminol)红OG染料4%的溶液煮沸5min，再用水清洗。清洗后，普通粘胶纤维色相为茶色，强力粘胶纤维色相为绿色。

（2）铜氨纤维与强力粘胶纤维的区别：将试样用氯冉亭坚牢绿BLL 4%溶液，在85℃温度条件下处理10min后水洗，再用兰尼尔(Lanyl)红色GG 12%溶液，在85℃温度条件下处理10min后水洗。清洗后，铜氨纤维色相为绿色，强力粘胶纤维色相为茶色。

3. 试剂色相法　采用试剂的色相反应或染色法。操作步骤如下：

（1）德雷珀试剂（碱性醋酸铅试剂）。2g烧碱溶解于30mL水中，向此溶液中加入溶有2g醋酸铅的水溶液50mL，煮沸后冷却至60℃，再加入溶有0.3g品红的乙二醇溶液5mL，再加水至总液量为100mL。试样在此液中煮沸2min，充分洗净；于70℃的稀甲酸(蚁酸)或稀醋酸中处理，并水洗。

（2）兹堡试剂(Heraberg Stain)。将2.1g碘化钾、0.1g碘溶解于5mL水中，另将20g氯化锌溶解于10mL水中，两溶液混合后使用。试样预先用水润湿，用滤纸吸去多余水分，在溶液中浸渍3min，取出后用滤纸吸去试剂，并水洗。

（3）间苯三酚—盐酸液。将2%～10%的间苯三酚乙醇溶液与同量的浓盐酸(相对密度为1.18)混合，配成试剂，在常温状态下将试样浸渍于试剂中。

(4)醋酸铅—烧碱液。将2g氢氧化钠溶解于30mL水中,另将2g醋酸铅溶解于50mL水中,两液混合后使用。

(5)皮考啉酸。将0.5g皮考啉酸溶解于100mL水中。试样浸于溶液中,煮沸5min,充分水洗,并干燥。

(6)迪维斯拉液。将6g酸性品红、10g皮考啉酸、10g单宁酸、5g耐兴纳尔(National)可溶性蓝2B溶解于1L水中。试样在常温下浸于该溶液中并处理2min。

(7)贺恩试剂。将试样浸于皮考啉酸的酸性溶液、可溶性蓝及曙红的混合液中,在常温条件下浸渍3min。

(8)贺恩着色剂Ⅰ。将0.2g可溶性蓝、1g曙红、1g单宁酸溶解于100mL温水中,冷却后加入10%盐酸0.2mL。把试样在常温条件下置于此液中染色处理5min,再用冷水洗净。

(9)贺恩着色剂Ⅱ。将试样放在1%皮考啉酸、可溶性蓝2B水溶液中,微温状态下染色处理5min,再用冷水洗净。

(10)新洋红W试剂。将试样用乙醇湿润,洗净,在常温状态下用试剂浸渍3~5min,再一次清洗。

(11)孔雀石绿、羟基胺红液。先煮沸0.1%孔雀石绿中性液,将试样浸渍在其中15~20s,用温水洗净;接着煮沸0.1%羟基胺红液,再将经以上处理过的试样在此液内浸渍15~20s,并用温水洗净。

(五)杂原子法鉴别纤维

由于感官鉴别和初步试验对鉴别未知纤维还不够准确,有时还必须用杂原子分析和化学反应来进行鉴别。首先要做杂原子试验,即除了碳、氢以外存在纤维中的元素,如氮、氧、硫、氟、硅、磷等。即通过定性元素分析来鉴别纤维,对于无色纤维或将带色纤维脱色后进行显色反应从而鉴别纤维的种类。

为了定性测定氮、硫和卤素元素,通常使用Lassaigne方法。在热解试管中,将50~100mg的剪碎纤维试样与一个豌豆大小的金属钠或钾混合并在煤气灯或酒精灯上小心加热至金属熔化。冷却后加入乙醇,使过多的金属钠或钾分解,然后把试管小心倒入装有大约10mL蒸馏水的小烧杯中,反应物溶解在水中,没起反应的活泼金属与水发生反应,用玻璃棒小心搅拌,直到不再进一步反应为止,然后过滤这个近于无色的液体或用移液管把液体从玻璃杯和炭化的残余物中取出,用1~2mL的原液做如下试验:

1.硫　将试液加醋酸酸化,再加5%醋酸铅液数滴,如果有黑色沉淀,证明有硫存在。也可与1%的硅基氰铁酸钠溶液反应,如是深紫色表示有硫的存在,该反应很灵敏。也可将一滴待测试样的碱溶液加到银币上去,如果有硫就会形成硫化银(Ag_2S)的棕色斑点。

2.氮　取试液加入5%硫酸亚铁溶液数滴及10%氯化铁($FeCl_3$)一滴,冷却后加盐酸酸化,如有蓝色沉淀证明有氮存在,若显黄色则没有氮。

3. 氯　取试液加硝酸（HNO_3）酸化，再加 4% 硝酸银（$AgNO_3$）溶液数滴，若形成白色沉淀，并能溶于氨溶液且曝光不会变化即证明有氯，若变色则证明溴、碘存在。卤素的存在可由 Beilsein 铜丝试验证明：把纤维样放在火焰加热的铜丝上裂解，火焰中出现绿色表明有氯、溴、碘元素存在。

4. 氟　取 2mL 试样加醋酸酸化，煮沸、冷却，取一滴溶液放在锆—茜素试纸上，在显色试纸上如出现黄色，即证明有氟化物存在。试纸制法：取茜素试纸一张，浸于 1% 氯化锆或硅酸锆中，取出干燥后显红色，使用前用 50% 醋酸溶液润湿。

5. 磷　取试样加硝酸酸化，然后取一部分过量的钼酸铵 $[(NH_4)_6Mo_7O_{24} \cdot 4H_2O]$，如出现黄色结晶沉淀，即证明有磷存在，在 50℃ 以下温热可以加速沉淀。

同时含氮、硫则用钠熔融时形成硫氰化物加以区别，将试液酸化后，加氯化高铁溶液数滴，即出现红色。按含杂原子分类化学纤维及树脂见表 2-11。

表 2-11　按含杂原子分类纤维及树脂

项　目	氧			卤素	N、O	S、O	Si	N、S
乙纶	不可皂化维纶	皂化值（SN）< 200mg KOH/g	皂化值	皂化值（SN）< 200mg KOH/g	锦纶	—	—	—
丙纶	聚乙烯醇	—	—	—	腈纶	聚亚烃化硫	聚硅酮	硫脲缩聚物
聚烯烃树脂	聚乙烯醚	天然树脂	聚醋酸	氯纶	聚酰胺	—	聚硅氧烷	—
聚苯乙烯	聚乙烯醇缩醛	—	乙烯及其共聚物	氟纶	聚氨酯	硫化橡胶	—	硫酸胺缩聚物
聚异戊二烯	—	改性酚醛树脂	聚丙烯酸酯	聚氯乙烯	聚脲	—	—	—
丁基橡胶	聚乙二醇	—	聚甲基丙烯酸酯	聚偏二氯乙烯	氨基塑料	—	—	—
	聚甲醛酚醛树脂	—	醇酸树脂	聚氟烃氯化橡胶	聚丙烯腈及其共聚物	—	—	—
	二甲苯树脂纤维素	—	纤维素酯	氢氯化橡胶	聚乙烯咔唑	—	—	—
	醚纤维素	—	—	—	聚乙烯吡咯酮	—	—	—

三、仪器鉴别法

纤维的仪器鉴别法，主要包括显微镜法、红外光谱法、色谱法、热分析法及其他鉴别方法。

(一)显微镜法鉴别纤维

1.概述　显微镜法鉴别化学纤维时,一般是先用显微镜观察放大50~500倍的各种纤维的纵向和横向截面的形状。根据纵向观察的结果,可以知道试样是单一组分纤维还是混纺纤维以及纤维上是否附着大量树脂。一般的熔融法纺丝成型的合成纤维是光滑的细长圆柱体。对于化学纤维,尤其是合成纤维,其横截面、纵向表面不仅显示相互类似的形态,并且各种异形横截面丝还在发展。因此,用普通的显微镜法不易鉴别,对此必须特别注意。在显微镜下观察纤维切片即可看到纤维的横截面形状。

显微镜使用的光源按照波长的不同,可分为可见光、紫外光、红外光等。物镜和试样之间的介质也有干燥和浸液之分,采用以折射率较大的液态介质代替空气介质的浸没法可提高分辨能力和数值孔径。

除生物显微镜外,还广泛应用荧光显微镜、紫外光显微镜、红外光显微镜、立体显微镜、比较显微镜和测量显微镜等观察纤维和纱线的外观形态。电子显微镜对纤维细微结构的分辨能力可达到原子级。

2.鉴别步骤

(1)试样制备。将散纤维或拆下的织物纤维放在一个绒线板上梳齐,然后将几根纤维放在载玻片上,滴少许黏性较大的油或胶,放上盖玻片即可作纤维纵向表面的镜检。若要观察断面,可用线将一小束梳理整齐的纤维穿过塑料空心管或软木块,也可用哈氏切片器或普勒特法。如有条件可将纤维束粘上火棉胶或其他速干胶,然后用薄刀片切下薄片,放在载玻片上,盖上盖玻片,做成镜检试样放在显微镜载物台上进行观察其横截面,一般放大70~200倍即可,对较细纤维可放大600~700倍。对显微镜的要求不高,一般生物显微镜即可。若有条件可观察一些纤维在偏振光下的特性和光谱特性,如用投影机、近紫外线照射、红外吸收光谱以及加热显微镜和电子显微镜。

(2)镜检。按显微镜操作过程先擦拭干净,调好光路,确定物镜和目镜倍数,然后将试样放在载物台上。调焦距时注意从下往上,以免破坏盖玻片,观察试样结构并与标准显微照片进行对照。

(3)摄影。将目镜换成摄影暗箱,调好焦距即可将观察的现象记录下来。

有时采用观察试样受药剂的膨润、溶解状态的影响进行鉴别。将被检纤维放在载玻片上,放上盖玻片。先用显微镜进行初步形态观察,再在载玻片与盖玻片之间注入封入剂,再聚焦进行观察。需加热时应用特殊装置,也可采用集光透镜加热。对于容易产生烟雾、腐蚀性气体的药物,如浓盐酸等,应特别注意切勿腐蚀透镜。无论采用何种封入剂,切勿沾污透镜。

采用鉴别纤维用的染料预先对纤维进行着色,先观察其外观,则鉴别时更为确切。特别在鉴别混纺纱时,更为有利。

部分纤维横截面和纵向表面的特征见表2-12。部分纤维的显微镜照片见图2-3。

表 2 – 12　部分纤维横截面和纵向表面的特征

纤维名称	纵向表面形态	横截面形态
粘胶纤维	纤维方向有不连续条纹	锯齿星形
铜氨纤维	表面光滑	接近圆形
强力粘胶纤维	纤维方向有不连续条纹	锯齿形
粘胶纤维(虎木棉)	比较光滑,处处有凹凸	圆形
二醋酯纤维	纤维方向有条纹	小叶片圆形
醋酸化醋酯纤维	表面平滑	心形
三醋酯纤维	表面凹凸	熔岩形
锦纶	表面光滑	圆形
维纶	纤维方向有宽槽	哑铃形、皮层清晰
聚偏氯乙烯纤维	粗,表面平滑	圆形
聚氯乙烯纤维	表面平滑	蚕茧形
聚酯纤维	表面平滑	近似圆形
变性聚丙烯腈	表面平滑,有宽槽	马蹄形
聚丙烯腈纤维	表面平滑	圆形
聚乙烯纤维	表面平滑	圆形
聚丙烯纤维	表面平滑	圆形
聚氨酯纤维(Lycra)	不明显的径向宽条纹	粗骨形
聚氨酯纤维(Vyrene)	粗,暗	不规则形
人造蛋白纤维	透明,有明显的纵向条纹	蚕茧形
聚酰胺纤维	表面光滑,有点	圆形、三叶形
聚乙烯醇缩甲醛纤维	长形,纵向有沟槽	腰子形(或哑铃形)
聚四氟乙烯纤维	表面光滑	圆形或近似圆形
碳纤维	黑而匀的长杆状	不规则的炭末状
不锈钢金属纤维	边线不直,黑色长杆状	大小不一的长方形
酚醛纤维	表面有纵向条纹,类似中腔	马蹄形
聚砜酰胺纤维	表面似树枝状	近似马铃薯形

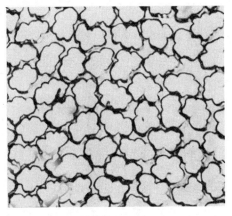

横截面，500×　　　　　　　　　纵截面，500×

(a) 二醋酯纤维

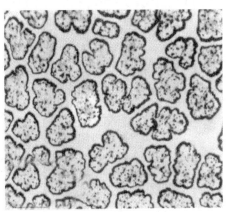
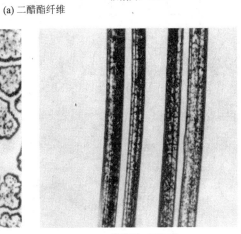

横截面，500×　　　　　　　　　纵截面，250×

(b) 三醋酯纤维（0.28tex/f, 消光）

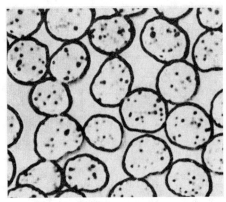
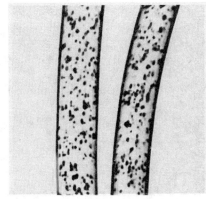

横截面，500×　　　　　　　　　纵截面，500×

(c) 聚丙烯腈纤维（常规湿纺，半消光）

图 2-3

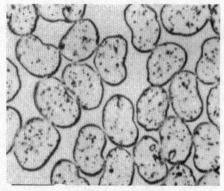
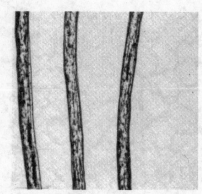

横截面，500×　　　　　纵截面，250×

(d) 聚丙烯腈纤维（改进湿纺，0.33tex/f，半消光）

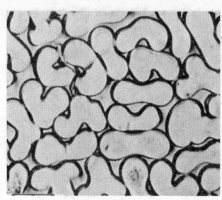
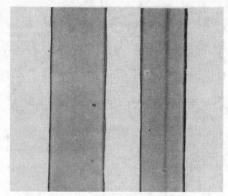

横截面，500×　　　　　纵截面，500×

(e) 聚丙烯腈纤维（溶液纺）

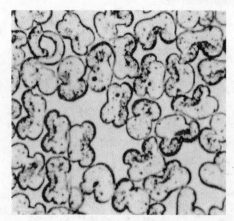
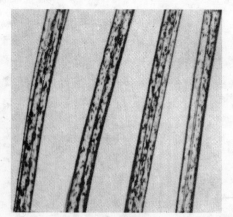

横截面，500×　　　　　纵截面，250×

(f) 聚丙烯腈纤维（双组分，0.33tex/f，半消光）

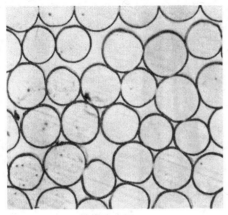

横截面，500×　　　　　　　　纵截面，500×

(g) 锦纶（有光）

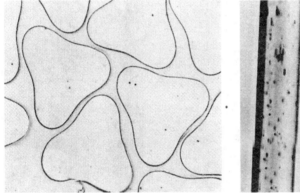

横截面，500×　　　　　　　　纵截面，250×

(h) 锦纶（低改性比三叶形纤维，1.65tex/f, 有光）

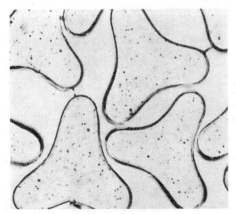
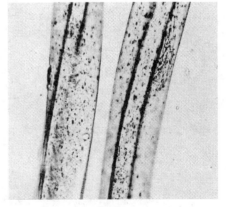

横截面，500×　　　　　　　　纵截面，250×

(i) 锦纶（高改性比三叶形纤维，1.98tex/f, 半消光）

图 2－3

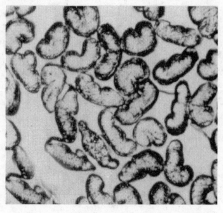

横截面，500×

纵截面，250×

(j) 聚偏氯乙烯纤维（0.22tex/f, 消光）

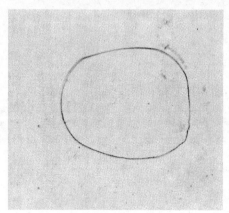
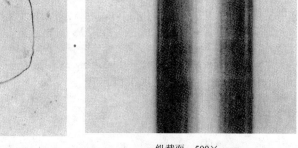

横截面，500×

纵截面，500×

(k) 低密度聚氯乙烯纤维

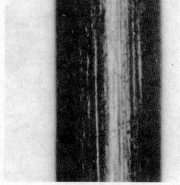

横截面，500×

纵截面，500×

(l) 中密度聚氯乙烯纤维

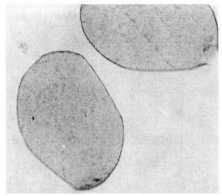
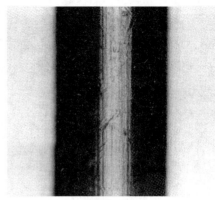

横截面，500×   纵截面，250×

(m) 高密度聚乙烯纤维

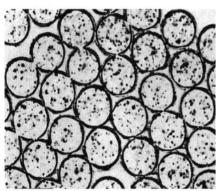
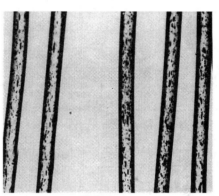

横截面，500×   纵截面，500×

(n) 涤纶（常规熔融纺，0.33tex/f，半消光）

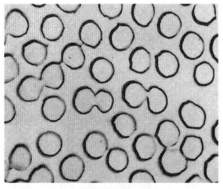
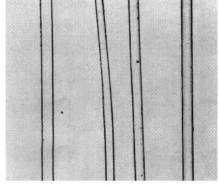

横截面，500×   纵截面，500×

(o) 铜氨纤维（0.14tex/f，有光）

图 2－3

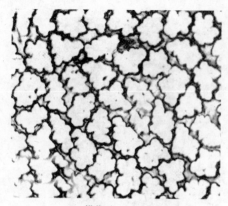

横截面，500×　　　　　　　　　纵截面，500×

(p) 粘胶纤维（普通强度，有光）

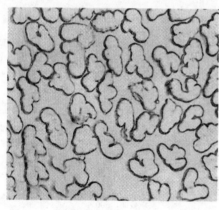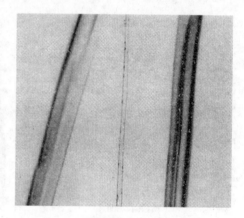

横截面，500×　　　　　　　　　纵截面，500×

(q) 粘胶纤维（高强度，高湿伸长）

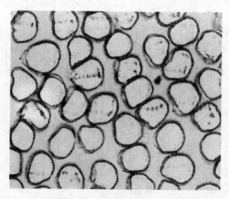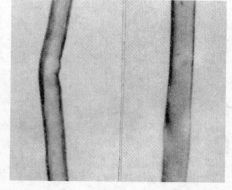

横截面，500×　　　　　　　　　纵截面，500×

(r) 粘胶纤维（高强度，低湿伸长）

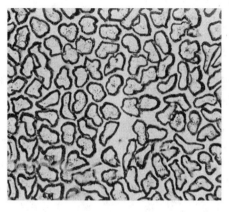 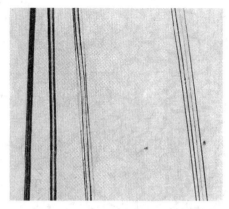

横截面，500× 　　　　　　纵截面，250×

(s) 皂化醋酯纤维素纤维（0.09tex, 有光）

横截面，500× 　　　　　　纵截面，250×

(t) 氨纶（长丝，1.32tex/f, 消光）

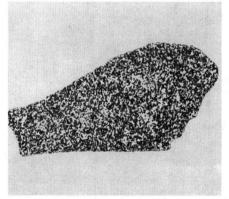 

横截面，500× 　　　　　　纵截面，250×

(u) 氨纶（粗单丝，27.5tex/f, 消光）

图 2 - 3

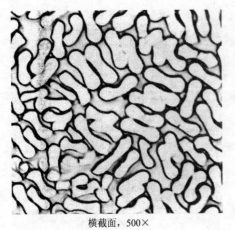

横截面，500×　　　　　　　纵截面，500×

(v) 维纶

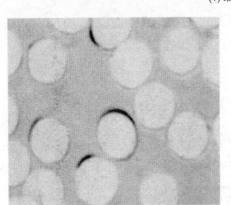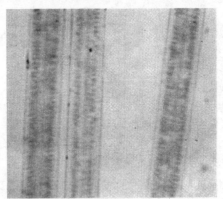

横截面，600×　　　　　　　纵截面，600×

(w) 芳族聚酰胺纤维（圆形，高强度丝）

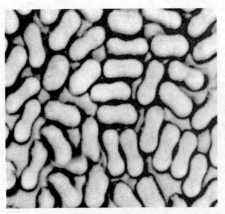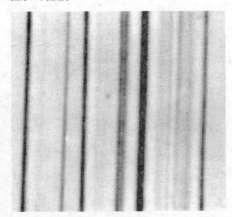

横截面，600×　　　　　　　纵截面，600×

(x) 芳族聚酰胺纤维（阻燃短纤维）

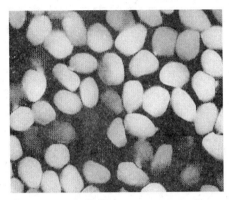

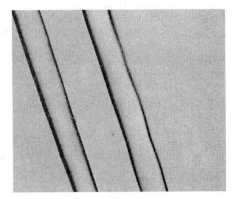

横截面，1500×　　　　　　　　纵截面，1550×

(y) 永久卷曲莱赛尔纤维

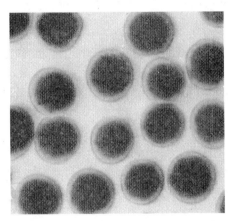

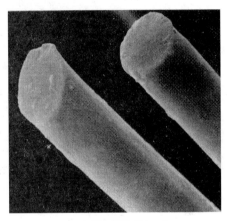

横截面，1800×　　　　　　　　扫描电镜图（10μm）

(z) 无卷曲莱赛尔纤维

图 2 - 3　部分纤维的显微镜照片

(二)红外光谱法鉴别纤维

1. 概述　红外光谱的波长在 2 ~ 50μm 之间,红外光量子的能量较小,只能引起原子的振动和分子的转动,所以红外光谱又称振动转动光谱。原子的振动相当于键合原子的键长与键角的周期性改变,相应的振动形式有伸缩振动和弯曲振动。对于具体的基团与分子振动,其形式和名称多种多样,对应于每一种振动形式有一种振动频率。实验得到的红外光谱图是以吸收光的波数 $\nu(\text{cm}^{-1})$ 为横坐标,表示各种振动的谱带位置,以透射百分率或吸收百分率为纵坐标表示吸收强度。对纤维鉴别最有用的光谱是波数 $4000 \sim 650\text{cm}^{-1}$ 的部分。根据吸收峰的位置以及吸收峰位置移动规律、谱带的强度,参照表 2 - 13 和表 2 - 14 可以鉴别纤维。

表 2-13　主要化学纤维主要基团的特征吸收谱带

纤维名称	主要基团	振动类型	特征谱带/cm⁻¹
涤纶	C=O	伸缩	1700
	苯环—CH	弯曲(面外)	720
	—C—O—C—	伸缩	1230
丙纶	—CH₃	伸缩	2950、2920 2850、2820
	CH₂	伸缩	1170、1000 975、843
氯纶	—C—Cl	伸缩	680、620
腈纶	—C≡N	伸缩	2240
	CH	弯曲	1450
	—C—O—C—	弯曲	1240
	C=O	伸缩	1740、1030 938、1620
锦纶	NH	伸缩	3290、1630
	C=O（酰胺Ⅰ）	伸缩	1530、930
	NH（酰胺Ⅱ）	弯曲(面内)	1360
粘胶纤维	—OH	伸缩	3378
	CH₂	弯曲	1429
	—C—O—C—	伸缩	1060、1020 990、890
维纶	—OH	伸缩	3400
	—C—O—C—	伸缩	1020、850

表2-14 主要化学纤维红外光谱的主要吸收谱带及其特性频率

纤维种类	制样方法	主要吸收谱带及其特性频率/cm^{-1}
粘胶纤维	K	3450~3250,1650,1430~1370,1060~970,890
醋酯纤维	F	1745,1376,1237,1075~1042,900,602
聚酯纤维	F(热压成膜)	3040,2358,2208,2079,1957,1724,1242,1124,1090,870,725
聚丙烯腈纤维	K	2242,1449,1250,1075
锦纶6	F(甲酸成膜)	3300,3050,1639,1540,1475,1263,1200,687
锦纶66	F(甲酸成膜)	3300,1634,1527,1473,1276,1198,933,689
锦纶610	F(热压成膜)	3300,1634,1527,1475,1239,1190,936,689
锦纶1010	F(热压成膜)	3300,1635,1535,1467,1237,1190,941,722,686
聚乙烯醇缩甲醛纤维	K	3300,1449,1242,1149,1099,1020,848
聚氯乙烯纤维	F(二氯甲烷成膜)	1333,1250,1099,971~962,690,614~606
聚偏氯乙烯纤维	F(热压成膜)	1408,1075~1064,1042,885,752,599
聚氨基甲酸乙酯纤维	F(DMF成膜)	3300,1730,1590,1538,1410,1300,1220,769,510
聚乙烯纤维	F(热压成膜)	2925,2868,1471,1460,730,719
聚丙烯纤维	F(热压成膜)	1451,1475,1357,1166,997,972
聚四氟乙烯纤维	K	1250,1149,637,625,555
芳纶1313	K	3072,1642,1602,1528,1482,1239,856,818,779,718,684
芳纶1414	K	3057,1647,1602,1545,1516,1399,1308,1111,893,865,824,786,726,664
聚芳砜纤维	K	1587,1242,1316,1147,1104,876,835,783,722
聚砜酰胺纤维	K	1658,1589,1522,1494,1313,1245,1147,1104,783,722
酚醛纤维	K	3340~3320,1613~1587,1235,826,758
聚碳酸酯纤维	F(热压成膜)	1770,1230,1190,1163,833
维氯纶	K	3300,1430,1329,1241,1177,1143,1092,1020,690,614
腈氯纶	K	2324,1255,690,624
聚乙烯—醋酸乙烯共聚纤维	K	1737,1460,1369,1241,1020,730,719,608
碳纤维	K	无吸收
不锈钢金属纤维	K	无吸收
玻璃纤维	K	1413,1043,704,451

注 (1)各种纤维的吸收频率,按使用红外光谱仪的不同,差异有±20cm^{-1}。

(2)改性纤维的红外光谱,除对原纤维的吸收外,同时叠加了改性物质的吸收谱带。

(3)制样方法一栏中的K是溴化钾压片法,F是薄膜法。

采用的仪器为红外分光光度计,主要由附件、衰减全反射器、研钵、压片器组成。制备试样常用的有压片法、糊状法、薄膜法和衰减全反射(ATR)法等,可根据纤维试样的性质选用适当的方法。

2. 鉴别步骤 在红外光谱测定以前,试样一般不需要进行精制处理。红外光谱测定纤维时的仪器操作技术和测定其他有机化合物基本相同。将红外光谱测得的纤维光谱图与已知各种纤维的红外光谱图对比,根据其主要基团特征吸收谱带的图形,即可确认未知纤维的属性。

部分纤维的红外光谱图见图 2-4。部分纤维主要基团的特征吸收谱带及其特性频率见表 2-13 和表 2-14。

粘胶纤维的光谱图基本上与棉相似,在 $1060cm^{-1}$ 两侧有多个连续的小吸收峰,但在结晶区 $1429cm^{-1}$ 的吸收较棉弱,在无定形区 $890cm^{-1}$ 附近的吸收较棉强。

维纶的特征谱带是 $850cm^{-1}$、$1020cm^{-1}$ 和 $850cm^{-1}$。

各种腈纶都具有丙烯腈组分,在 $2240cm^{-1}$ 有个尖锐的吸收峰,这是其他纤维所不具有的。另在 $1450cm^{-1}$ 还有个强吸收带。若选用 Aerilan 系丙烯腈与醋酸乙烯的共聚物,除 $2240cm^{-1}$ 和 $1450cm^{-1}$ 两个谱带以外,它尚有 $1740cm^{-1}$、$1240cm^{-1}$、$1030cm^{-1}$ 和 $938cm^{-1}$ 四个谱带,表明它含有醋酸乙烯。而奥纶(Orlon)的特征性吸收在 $1620cm^{-1}$。

与丝的红外光谱图相似,锦纶类的特征谱带有 $3290cm^{-1}$、$1620cm^{-1}$ 与 $1530cm^{-1}$ 三个谱带。但锦纶类没有甲基(—CH_3)基团,故而没有 $2960cm^{-1}$ 谱带。此外,锦纶 66(Nylon66)的特征谱带还有 $930cm^{-1}$ 和 $1360cm^{-1}$。

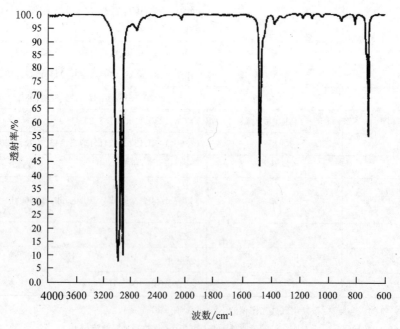

(a) 超高分子量聚乙烯纤维

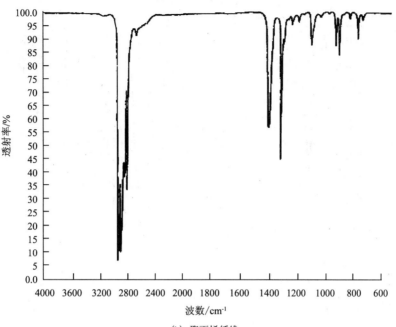

(b) 聚丙烯纤维

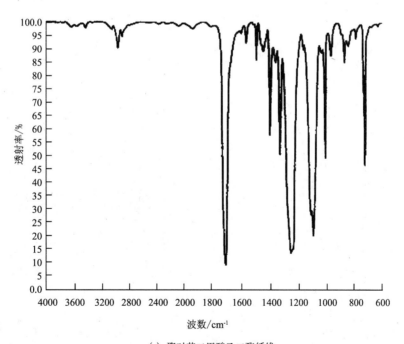

(c) 聚对苯二甲酸乙二酯纤维

图 2 - 4

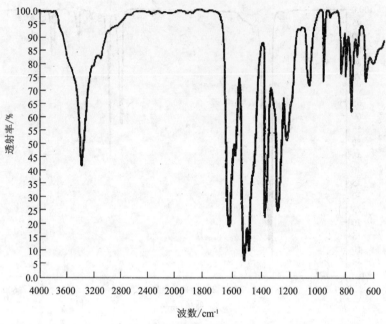

(d) 聚对苯二甲酰对苯二胺纤维

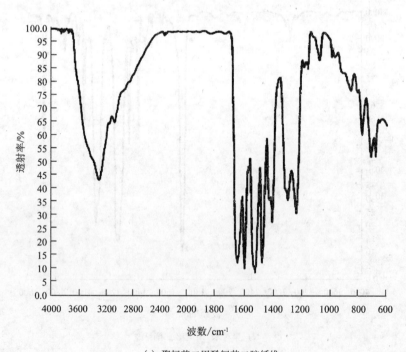

(e) 聚间苯二甲酰间苯二胺纤维

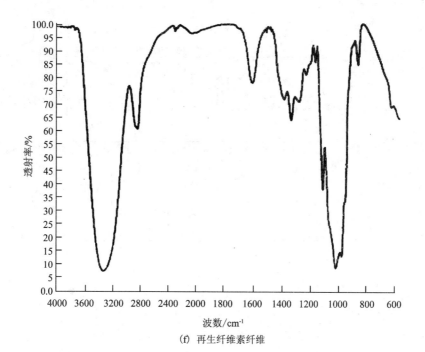

(f) 再生纤维素纤维

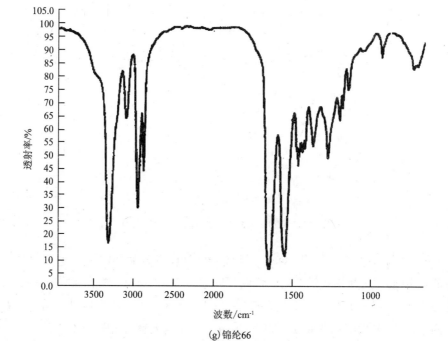

(g)锦纶66

图 2－4

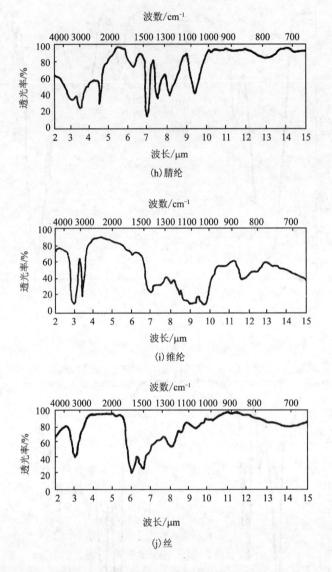

(h)腈纶

(i)维纶

(j)丝

图2-4   部分纤维的红外光谱图(溴化钾压片)

涤纶的酯基的特征谱带是1700cm^{-1}。腈纶(Acrilan)也有酯基(1740cm^{-1}),但它的丙烯腈的特征谱带2240cm^{-1}是涤纶所没有的。涤纶(Dacron)在1230cm^{-1}还有强吸收带。

丙纶的特征谱带是1170cm^{-1}、1000cm^{-1}、975cm^{-1}和843cm^{-1}四个谱带。另外,2950cm^{-1}和2920cm^{-1}两个谱带强度相等,2850cm^{-1}和2820cm^{-1}两个谱带强度相近。

氯纶的特征谱带是680cm^{-1}和620cm^{-1}。

可以将上述数据输入计算机中,用来协助鉴别各种纤维,如图2-5所示。

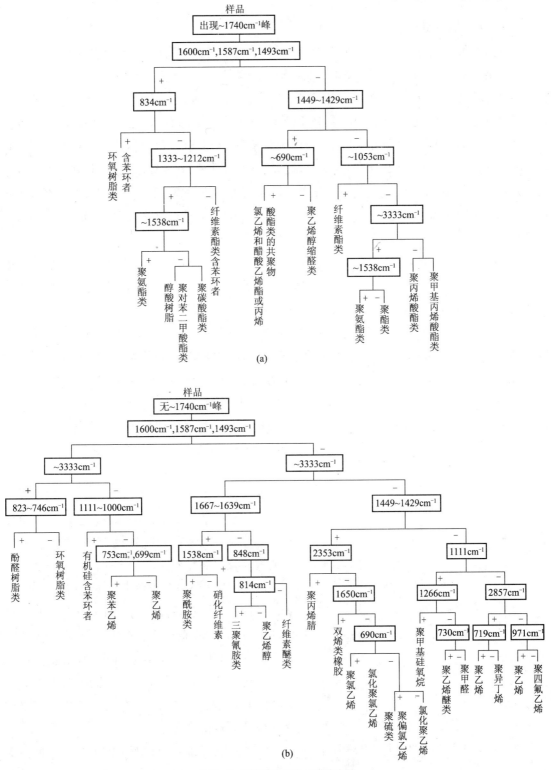

图 2-5 高聚物的红外光谱鉴定图

(三)色谱法鉴别纤维

包括裂解气相色谱法、高效液相色谱法、纸色谱、薄层色谱和凝胶渗透色谱(GPC)法。下面主要介绍通过对已知纤维的GPC谱来对照鉴别未知样品。

1. 聚酯纤维 聚对苯二甲酸乙二酯(PET)纤维是一种高极性、高结晶性的聚合物,它仅能溶解在少数能破坏其结晶的溶剂中。在PET相对分子质量测定中已用过的溶剂有:二氯醋酸(DCT)、三氟醋酸(TFA)、六氟异丙醇(HFIP)、邻氯苯酚、间甲酚、六氟丙酮。但在GPC分析中使用的溶剂仅有间甲酚、HFIP、三氯乙烷/硝基苯(95.5/0.5)和苯酚/四氯乙烷(1:1)等。其中应用最早和最多的是间甲酚。但间甲酚在常温下不能溶解PET,实验需要在110~135℃的高温下进行。用苯酚/四氯乙烷混合溶剂(1:1)作淋洗剂,可在60℃下进行淋洗。以上都属于高温或中温GPC。

有人提出以单一氯仿作PET的淋洗溶剂,步骤是在90~100℃下先将PET溶在邻氯苯酚中,再按所需浓度加6~10倍氯仿作为进样溶液,然后在室温下以氯仿作淋洗溶剂,用紫外光分光光度计($\lambda = 254\text{nm}$)进行检测,结果较为满意。

普适标定对PET分析的适用性问题,目前也有不同的看法。有人认为在苯酚/四氯乙烷(1:1)混合溶剂中,PET大分子的刚性比聚苯乙烯(PS)强得多,所以不适用于$[\eta]M$作标定参量的普适标定。Shaw曾成功地建立了PET和PS在间甲酚中的普适标定线,如图2-6所示,而高摩尔质量的PET标样是用分级法制得的。在制订标定线时要注意进样浓度的影响,这种影响还随标样的摩尔质量不同而异。

普适标定对PET的适用性问题,不同作者用不同的溶剂体系得出不同的结论。这既与用沉淀分级等经典方法不能得到窄的PET标样有关,也与所有混合溶剂复配时可能产生的误差有关。对于HFIP来说,由于PS标样不溶于此溶剂体系,就无法验证普适标定是否适用。由于以上原因,PET的相对分子质量标定通常都用未分级的PET标样,用$GPCV_2$、$GPCV_3$或Hamielec法进行标定。

分析PET所用的填料,视所选用的溶剂而异。有用交联聚苯乙烯凝胶,也有用经纯化处理过的多孔硅胶或多孔玻璃等。

2. 聚酰胺纤维 聚酰胺(PA)也是一种高极性、高结晶性的聚合物,只有少数溶剂能破坏其晶

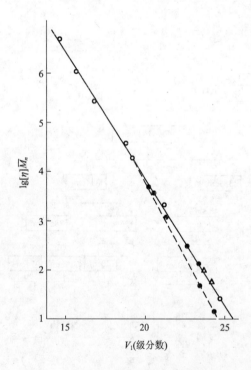

图2-6 135℃在间甲酚中PET的普适标定线

○—PS ●—PET △—PET低聚物

体结构而使其溶解。这些溶剂有浓酸、酚类溶剂、脂肪族氟代醇和乙醇—浓盐溶液等。但由于在溶解过程中可能发生水解,溶液的高分子电解质效应,以及某些溶剂对仪器的严重腐蚀性等种种原因,对 PA 的 GPC 分析来说,目前使用最多的是间甲酚、六氟异丙醇(HFIP)以及某些混合溶剂。

有人曾分别用三氟代乙醇和间甲酚作溶剂,对锦纶 66 进行了 GPC 分析。发现三氟代乙醇会与交联聚苯乙烯填料发生作用而使谱峰加宽。所以还是选择在 135℃ 下用间甲酚作溶剂,用示差折光仪做检测器,对锦纶 66 进行了研究。为了防止氧化降解,操作过程中均用氮气覆盖整个体系。典型的锦纶 66 聚合物的 GPC 谱图如图 2-7 所示。图中 155mL 后面的小负峰是由于试样中所含水分所致;在 165mL 处的大负峰,是由于试样中溶解气体所致。

对 PA 来说,一般认为用聚苯乙烯标样来作普适标定是适用的。例如 Ede 曾用 Q 因子及流体力学半径作标定参量,用 PS 标样来标定锦纶 6 的平均摩尔质量。Dudley 也曾在 130℃ 下用间甲酚作溶剂,对锦纶 66 用 $[\eta]M$ 作普适标定参量,得出了很好线性关系的普适标定线,如图 2-8 所示。

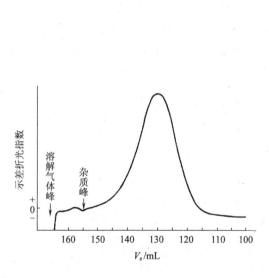

图 2-7　典型的锦纶 66GPC 谱图

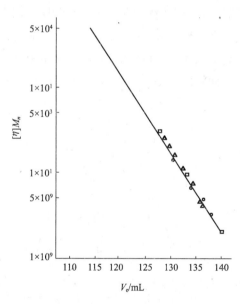

图 2-8　锦纶 66 的普适标定线

□—单分散的 PS 标样　　○—锦纶 66 分级样

△—多分散的锦纶 66 样

对 PA 来说,HFIP 是一种优良的 GPC 淋洗溶剂,实验可在室温下进行。

3. 聚丙烯腈纤维　聚丙烯腈(PAN)纤维的成纤高分子通常是多种单体的共聚物。若用单一检测器对 PAN 共聚物进行 GPC 分析,大多出现多峰谱图,很难区别它是摩尔质量分布还是共聚物的组成分布。所以最好用示差/紫外、示差/红外、示差/质谱等双检测器来进行 GPC 分析。分析 PAN,一般用二甲基甲酰胺(DMF)作溶剂。

4. 聚乙烯醇纤维　对聚乙烯醇缩甲醛纤维,一方面由于原料聚乙烯醇(PVA)是强极性的结晶性聚合物,直接用 PVA 进行分级较困难;另一方面,直接用 PVA 进行 GPC 分析,对溶剂和填料要求较高,对填料来说既要有很高的机械强度来承受 GPC 柱中的高压,又要不对 PVA 级分发生吸附,因此,通常是将 PVA 乙酰化为聚醋酸乙烯酯(PVAc),再对 PVAc 进行 GPC 分析。对 PVAc 来说适用的溶剂较多,最常用的有丙酮、丁酮和甲醇。

除以上所举的化学纤维品种外,用 GPC 法对丙纶(聚丙烯纤维)、氯纶(聚氯乙烯纤维)、氨纶(聚氨酯弹性纤维)、芳纶(芳香聚酰胺纤维)、聚砜纤维以及其他共聚纤维和变性纤维等都进行了一定的研究,并在这些合成纤维的生产和理论研究中日益得到广泛的应用。

(四)热分析鉴别纤维

热分析法包括差热分析法(DTA)和热重法(TG)等。

1. 差热分析法鉴别纤维　差热分析法能以单一的测试方法获得多种信息。对于一定的纤维,在一定的实验条件下观察到的放热、吸热峰是有单一性和重现性的,所以差热曲线就构成一个"指纹",正如红外光谱分析一样可用来鉴别和表征纤维。下面列举一些主要纺织纤维的 DTA 曲线。但是当所用仪器测试的条件不同时,得到的曲线也多少会有差异,参照时需要注意。

由图 2-9 可见,锦纶 66、锦纶 6 和涤纶在 100℃附近有一弱的吸热峰,系脱水所引起;随后是一明显的熔融吸热峰,其峰点温度分别为 266℃、228℃和 262℃。由于横坐标系参比温度,相

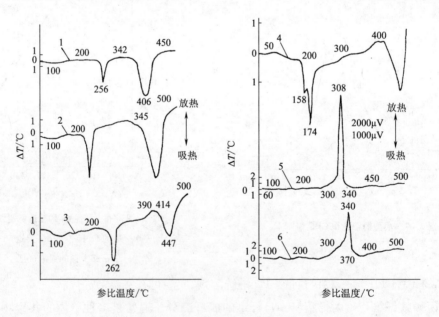

图 2-9　几种主要合成纤维的 DTA 曲线

1—锦纶 66　2—锦纶 6　3—涤纶　4—聚丙烯　5—聚丙烯腈纤维奥纶　6—聚丙烯腈纤维(克列斯纶)

(气氛:氮气;升温速率:10℃/min)

应于峰点的试样温度分别为 262℃、224℃和 259℃，即为各自的熔点。三种纤维的分解吸热温度和峰形也各不一样，锦纶 66 的分解峰点温度为 406℃，锦纶 6 为 442℃，涤纶为 447℃。

聚丙烯纤维显示出两个熔融吸热峰，其峰点温度分别为 158℃和 174℃。第一个峰是由于熔融前结晶的解取向，而第二个峰才是结晶的熔融吸热过程。熔体在 425℃开始分解，是一个典型的解聚吸热峰，峰点温度为 408℃。

聚丙烯腈纤维的 DTA 曲线与其他纤维完全不同，没有熔点，也没有分解吸热峰，而是在 300℃左右出现一个强的放热峰，这一放热现象是由于聚合物分子链产生环化和分子间交联生成新的化学结构而引起。两种不同商品牌号的聚丙烯腈纤维，克利斯纶和奥纶的主要区别是前者的主峰带有一个峰肩且峰点温度较高。

图 2-10 为耐高温纤维 Kevlar 和 Nomex 在空气中的 DTA 曲线。两者在 120℃左右由于脱水而吸热，在 300℃附近的基线变化可能和玻璃化转变有关。通常，玻璃化转变时发生基线吸热移动，而图 2-10 中 Kevlar49 和 Nomex 纤维在玻璃化转变时基线的放热移动，被认为是由于样品收缩而使样品的热电偶的接触更为密切所致。Nomex 于 440℃有吸热分解峰，而 Kevlar49 在测量温度范围内（500℃以内），无热分解现象发生。图 2-11 为 Kevlar49 纤维在氮气中的 DTA 曲线，显示出在 560℃有熔融吸热峰，而在 590℃有较强的吸热分解峰。

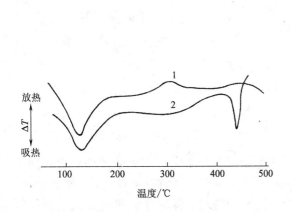

图 2-10　Kevlar49 和 Nomex 纤维的 DAT 曲线

（Du Pont 900 型 DTA 仪）

1—Kevlar49 纤维　2—Nomex 纤维

（升温速率：20℃/min；气氛：空气）

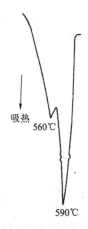

图 2-11　Kevlar49 纤维在 N$_2$ 中的 DTA 曲线

（高温部分）（Du Pont 900 型 DTA 仪）

（升温速率：20℃/min）

此外，即使是同一类纤维，各个商品牌号，由于其组成和制造工艺路线等不同，峰形和峰温也都不同，据此也可用以鉴别不同的商品类别。以聚丙烯腈纤维为例，各个商品的环化交联放热特征峰温度不同，见表 2-15。

表2-15　不同聚丙烯腈纤维商品的环化交联放热峰温度

商品名称	放热峰温度/℃	商品名称	放热峰温度/℃
奥纶41	325	捷夫纶1254	331
奥纶44	300	克列斯纶61	329
奥纶42	337	克列斯纶63	326
奥纶28	336	克列斯纶58	336
奥纶21	336	克列斯纶68	313
奥纶75	335	阿克列纶16	322
捷夫纶1200	317	阿克列纶36	336
捷夫纶1230	323	考特尔	300
捷夫纶1207	320	德拉纶	325

2. 热重法鉴别纤维　热重法可以评价化学纤维的相对热稳定性。在 TG 测定中通常采用的气氛有两种方式,即静态的和动态的。所谓动态气氛是指在一定组成的或某种气体的稳定气温气流中进行 TG 分析。测试气氛的不同,不仅影响反应的温度,还将改变反应的类型。

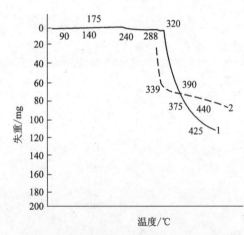

图2-12　聚丙烯腈纤维(Orlon)的 TG 曲线
1—在氮气中　2—在空气中

图2-12 为聚丙烯腈织物(奥纶)的织物在空气中和氮气中的 TG 曲线。由图可见,在空气中加热奥纶会出现四个降解区域:50～140℃、190～290℃、290～340℃和340～500℃,总的失重率小于50%;在氮气中的 TG 曲线,这四个区域也基本相同,但第三区的起始温度较高,而第四个过程有较大的失重。

另外,气体的流动速度不宜太快,否则会产生虚假的重量变化。所以,测试时应根据需要选择和调整气氛。气氛的影响也是比较复杂的,试样分解所得的气体的压力只有在大于周围环境的气体分压时才能逸出。当试样分解的气体改变炉子气氛的组成时,则将使分压改变,从而影响分解的进行,改变曲线形状。

几种主要纺织纤维的热稳定性比较见图2-13。由图2-13各失重值对时间求导,可得不同温度下的失重速率(dW/dt),即微商热重曲线,如图2-14所示。由图2-14可比较各种纤维的主要失重温度区域、失重速率及600℃时的残余重量百分率(以下简称余重率),并汇总于表2-16,据此可将热失重行为分为如下几个类型。

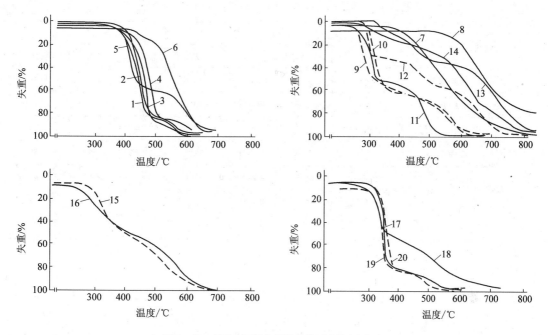

图2-13　几种主要纺织纤维的热重曲线（空气中）

1—聚酯纤维　2—聚丙烯纤维　3—聚酰胺6纤维　4—聚酰胺66纤维　5—聚己二酰间亚苯基二甲胺纤维（MXD-6）

6—聚间苯二甲酰间苯二胺纤维（Nomex）　7—酚醛交联纤维（Kynol）　8—碳纤维　9—聚偏氯乙烯纤维（Krebalon）

10—聚氯乙烯纤维（Teviron）　11—聚氯乙烯醇纤维（Crdelan）　12—丙烯腈—氯乙烯共聚纤维（Kanekalon）

13—丙烯腈共聚物纤维（Exlan）　14—聚丙烯腈蛋白接枝共聚纤维（Chinon）　15—丝

16—羊毛　17—棉　18—防燃加工棉　19—人造丝（Rayon）　20—醋酯纤维

表2-16　几种主要纺织化学纤维 TG 数据的汇总

纤维品种	第一阶段		第二阶段		第三阶段		600℃
	温度/℃	失重率/%	温度/℃	失重率/%	温度/℃	失重率/%	余重率/%
聚酯纤维	405~463	81.0	535~578	11.0	—	—	3.8
聚丙烯纤维	410~467	81.5	538~598	1.0	—	—	3.3
聚酰胺6纤维	428~483	84.8	530~579	8.5	—	—	1.5
聚酰胺66纤维	431~490	79.5	545~640	13.0	—	—	8.8
聚乙二酰间亚苯基二甲胺纤维	391~430	51.0	545~637	33.0	—	—	17.0
聚间苯二甲酰间苯二胺纤维	415~459	10.0	512~618	76.5	—	—	21.4
酚醛交联纤维	418~679	92.0	—	—	—	—	30.0
碳纤维	574~742	64.0	—	—	—	—	76.5
聚偏氯乙烯纤维	244~287	48.5	528~606	25.9	—	—	4.5

续表

纤维品种	第一阶段		第二阶段		第三阶段		600℃
	温度/℃	失重率/%	温度/℃	失重率/%	温度/℃	失重率/%	余重率/%
聚氯乙烯纤维	287~333	61.5	452~522	10.0	—	—	6.0
聚乙烯醇纤维	234~300	45.5	446~497	40.7	—	—	0.3
丙烯腈氯乙烯共聚纤维	265~291	31.5	420~484	18.0	588~726	36.5	34.5
丙烯腈共聚物纤维	312~325	5.5	413~484	18.0	641~779	53.5	58.5
聚丙烯腈蛋白接枝共聚纤维	352~365	11.5	560~652	38.0	720~784	13.0	48.5
人造丝	314~352	55.5	480~491	13.6	—	—	0.4
醋酯纤维	336~374	75.5	485~547	9.5	—	—	3.0

根据表2-16,不同温度区域中纤维的失重率有以下六种情况。

(1)主要失重发生在两个温度区域,其中第一阶段的失重速率和失重率很大,而第二阶段的值较小,600℃时的余重率小。如聚偏氯乙烯纤维(Krohalon)、聚氯乙烯纤维(Teviron)、聚乙烯醇纤维(Cordelan),第一阶段在280℃左右;棉、人造丝(Rayon)、醋酯纤维(Acetate),第一阶段在350℃左右;聚酯纤维、聚丙烯纤维、聚酰胺6纤维、聚酰胺66纤维,第一阶段为450℃左右。

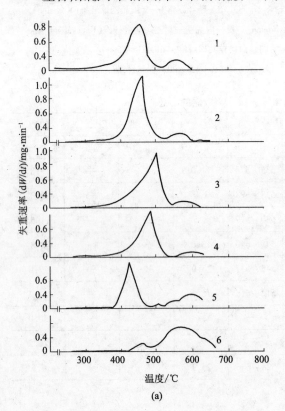

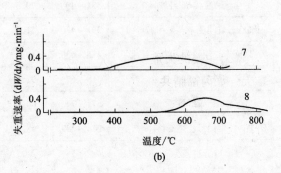

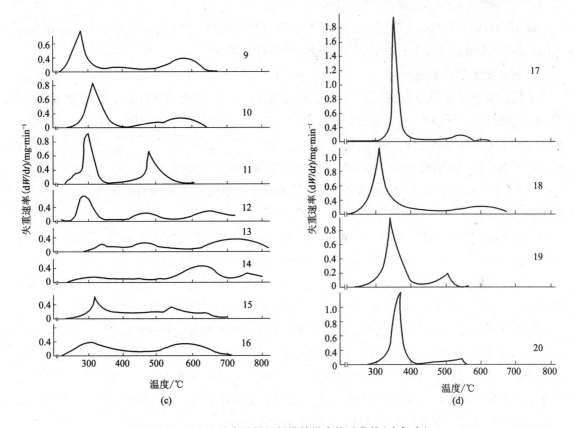

图2-14 几种主要纺织纤维的微商热重曲线(空气中)

(纤维编号同图2-13)

(2)主要失重发生在两个温度区域,其中第一阶段的失重速率和失重率稍大,而第二阶段的值小,600℃时的余重率稍大。如聚己二酰间亚苯基二甲胺纤维(MXD-6),第一阶段反应在400℃附近;防燃加工棉,第一阶段反应在320℃附近。

(3)主要失重发生在两个温度区域,其中第一阶段的失重速率和失重率也很小,而第二阶段的失重速率和失重率也较小,600℃时的余重率稍大。如间苯二甲酰间苯二胺纤维(Nomex)。

(4)主要失重发生在两个温度区域,两个阶段的失重速率和失重率都小,600℃时的余重率稍大。如丝、羊毛。

(5)主要的失重发生在三个温度区域,每个阶段的失重速率和失重率都小,600℃时的余重率大。如丙烯腈共聚物纤维(Exlan)。

(6)主要失重发生在一个温度区域,失重速率和失重率都大,600℃时的余重率也大。如碳纤维、酚醛交联纤维(Kynol)。

(7)混合型。(1)和(5)的混合,如丙烯腈—氯乙烯共聚纤维(Kanekalon)。(4)和(5)的混合,如聚丙烯腈蛋白接枝共聚物纤维(Chinon)。

以 TG 曲线比较材料的热稳定性时,和差示热分析法相似,必须注意其测试气氛。如气氛不同,反应机理也就可能不同,从而影响曲线形状和特征温度。

(五)点滴分析法鉴别纤维

近代仪器分析鉴别法,除了红外光谱、色谱和热分析外,还有紫外—可见光谱、核磁共振、质谱、色—质联用、原子吸收、X 反射、电子能谱、电子显微镜、介电常数、折射率、磁化率等多种方法。本节主要介绍点滴定性鉴定法。

1. 元素分析 元素分析用于鉴定纤维中是否含有 S、N、P 或卤素。

(1)硫的检验。加几滴 1% 亚硝基铁氰化钠溶液于钠熔融法所得的 1mL 滤液中,若呈现红紫色表示硫存在。

(2)卤素的检验。用浓硝酸酸化钠熔融法所得滤液 2mL,然后煮沸 2min,以去除可能存在的氰化氢或硫化氢。加几滴 1%(质量分数,下同)$AgNO_3$ 溶液。若有白色沉淀表示卤素存在。

(3)磷的检验。将 3mL 浓硝酸加至用钠熔融法所得的 2mL 滤液中,煮沸。冷却后加入 1mL 1% $FeCl_3$ 溶液,并用足够的盐酸进行中和。若呈现深蓝色表示氮存在。

2. 丝光度分析 元素分析用于鉴定纤维素纤维或者织物是否经过丝光处理。

将 6g 碘化钾和 4g 碘溶于水中,然后稀释至 100mL。将 2cm×2cm 的织物浸在上述试剂中 3min,然后取出并在盛有 1L 冷水的烧杯中漂洗。如果织物中的蓝色 10min 之后仍不褪,则说明试样至少在 8%～10% NaOH 溶液中丝光过。最好将未丝光的商品试样做空白试验,并与已知丝光的试样作比较。有色物质和某些整理剂对本法有干扰。

3. 聚醋酸乙烯分析 聚醋酸乙烯分析用于鉴定纤维是否经过聚醋酸乙烯处理。

采用碘法。用碘溶液滴加在经聚醋酸乙烯处理过的织物上时,会出现红棕色。聚醋酸乙烯均聚物或共聚物用酸水解之后,再用检验醋酸根离子的方法加以鉴定。将一个片织物置于烧杯中,加几毫升 10% HCl 溶液,然后温热 10min。把几滴试液滴在点滴板上,加 1 滴硝酸镧溶液、1 滴碘溶液,然后加氨水直至碱性。若呈现蓝色或棕色表示醋酸盐存在。

4. 聚乙烯醇分析 聚乙烯醇分析用于鉴定纤维中是否存在聚乙烯醇。

(1)铬酸法。试剂 A:将 11.8g 重铬酸钾和 25mL 浓硫酸于 50mL 水中,搅拌直至溶解。试剂 B:将 30g 氢氧化钠溶解于 70mL 水中。在织物试样上,加 1 滴试剂 A,然后立刻用 3 滴或 4 滴试剂 B 中和。用玻璃棒快速地摩擦试样上滴加试剂的区域,以保证完全中和。若呈现棕色斑点,特别是在原一斑点周围呈现棕色斑点,表示聚乙烯醇存在。黄绿色斑点表示负结果,这是由土豆淀粉、动物胶或羧甲基纤维素所致。

(2)碘法。试剂:在 100mL 水中,依次准确地加入 0.13g 碘、2.6g 碘化钾和 4.0g 硼酸,温热,使它们完全溶解。在织物试样上加 1 滴或 2 滴试剂。若呈现紫色表示聚乙烯醇存在。若呈现蓝色表示淀粉存在。

5. 聚氯乙烯分析　聚氯乙烯分析用于鉴定涂在纤维上的聚氯乙烯。

当含有卤素的有机物灼烧时会形成卤化氢。如果在氧化铜存在下灼烧,则在煤气灯火焰的非发光部分出现蓝色或蓝绿色。但对此种物质并非是特效。

将一洁净的铜丝圈在煤气灯火焰的氧化部分加热形成氧化铜蒙皮。用热的铜丝圈压在织物试样上使其分解一些,并让粒子粘在铜丝圈上。然后把铜丝圈放在煤气灯火焰无光的蓝色内层区域并向外层较低部分移动。若呈现蓝色或绿色表示卤素存在。有时可以看到短暂的闪光。钴蓝玻璃可用于掩蔽来自任何亮黄色钠火焰的干扰。

6. 羧甲基纤维素钠分析　羧甲基纤维素钠分析用于鉴定涂在纤维中是否有羧甲基纤维素存在。

(1)硝酸双氧铀法。在 pH 值为 3.5～4 的溶液中,硝酸双氧铀能使羧甲基纤维素钠沉淀。用热甲醇萃取织物试样,弃去萃取液。然后用热水萃取织物。把几毫升 4% 硝酸双氧铀试剂加至部分萃取液中。凝结黄色沉淀表示羧甲基纤维素存在。

(2)碱性染革黄棕(Phosphine)R 染料法。碱性染革黄棕 R 是一种季铵染料,可被所有高分子量阴离子物质和阴离子表面活性剂等沉淀。

用热甲醇萃取织物,弃去萃取液。然后用热水萃取织物。将 1mL 或 2mL 0.1% 碱性染革黄棕 R 溶液加至试管中的萃取液中,振摇。如果羧甲基纤维素钠存在,会形成红橙螺纹状沉淀,其在紫外光下能发出耀眼的红色荧光,而试剂在紫外光下只发出黄绿色荧光。如果经甲醇萃取之后,在织物上存在足够的羧甲基纤维素钠,则可取干燥的一小块矩形织物试样直接浸在试剂中,经在水中漂洗后与在紫外光下做类似的空白试验进行比较。

7. 尿素分析　尿素酶为鉴定尿素提供一种特殊的方法,因为它会使尿素转化为碳酸铵。碳酸铵可用碱性反应加以鉴定。

将几毫克尿素酶粉或尿素酶片溶于 1mL 或 2mL 水中配成尿素酶试剂。将试样溶液的 pH 值调至 6 或者当它滴在溴百里酚蓝试纸上时正好出现黄色。取 1 滴尿素酶试剂加至 1mL 试液中。静置 5～10min 之后,取 1 滴经尿素酶处理的试液置于溴百里酚蓝试纸上。若呈现蓝色斑点表示尿素存在。

四、系统鉴别法

上述物理鉴别法、化学鉴别法和仪器鉴别法均是针对每种纤维特征的具体鉴别方法。有时,对一组未知纤维,采用单一的鉴别法可能不会得到确定的结论,这时需要采用系统鉴别法。下面重点介绍合成纤维和人造纤维的系统鉴别法。

(一)合成纤维的系统鉴别法

合成纤维中,涤纶、锦纶、丙纶、乙纶等为熔融方法制得,可以从热性质上加以区别,也可以从特殊的溶解性来鉴别。例如,锦纶 6 和锦纶 66 的鉴别,可由溶解性最后鉴定,见表 2－17。

表 2-17　锦纶 6 和锦纶 66 的鉴定

试剂及操作	锦纶 6	锦纶 66
60% 醋酸（煮沸 5min）	溶解	不溶
15.5% 盐酸（室温浸渍 10min）	溶解	不溶,加温溶解
间甲苯酚（室温浸渍 10min）	溶解	不溶
DMF（室温浸渍 10min）	溶解	不溶

腈纶、维纶、氯纶则多为溶液纺丝方法制得，一般不能用热性能来鉴别，可以用溶解法、显色法区别。例如，维纶（聚乙烯醇缩甲醛纤维）的区分与鉴定可以采用如下方法：

（1）染色性。用分散染料或媒染染料染色时，甲醛化的纤维，其上染性良好，未甲醛化的纤维几乎不上染。

（2）显色反应。用铬变酸或席夫试剂测定是否含有甲醛，如含有甲醛，则呈现红紫色，这就是甲醛化纤维。

（3）化学反应。用稀盐酸在高温浴中处理时，苯基化纤维有苯甲醛的特殊气味。此纤维在燃烧中，有冒黑烟的特点。

（二）人造纤维的系统鉴别法

人造纤维主要是天然纤维素纤维进行化学改性或与其他单体接枝聚合而制得的化学纤维，其系统鉴别法可用显微镜观察截面和表面，然后配合染色法进行系统的鉴别。各种人造纤维系统鉴别法见图 2-15。

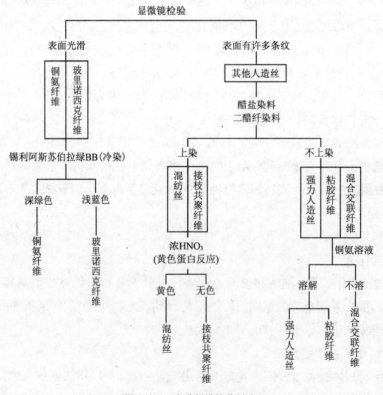

图 2-15　人造纤维的鉴别法

第三节　化学纤维的最终鉴定

经过前面物理方法、化学方法、仪器方法鉴定以及系统分析后,基本可以确定某种纤维的种类。但有时还要详细分辨同类的不同品种,并综合各种方法进行鉴定,以最终确定样品是何种纤维。下面分别介绍主要化学纤维的最终鉴定方法。

一、合成纤维大品种的最终鉴定

(一)聚烯烃纤维

聚烯烃纤维常用作纺织纤维的是聚乙烯纤维(乙纶)和聚丙烯纤维(丙纶)以及乙烯、丙烯、异丁烯等共聚物制造的热熔纤维等。

1.熔点法区别聚烯烃纤维　除了红外光谱等仪器分析鉴别方法外,可以从熔融温度范围区别各种聚烯烃纤维,熔融温度范围见表2－18。

表2－18　聚烯烃纤维熔融温度范围

名　称	熔融温度范围/℃
乙　纶	105～135
丙　纶	160～170
聚丁烯－1	120～130
聚－4－甲基－1－戊烯	240

2.热分解法区别聚烯烃纤维　各种聚烯烃纤维的热解物与二价汞氧化物的反应也是不同的。首先将滤纸放在用0.5g黄色HgO的硫酸溶液(1.5mL浓H_2SO_4加入8mLH_2O中)内浸湿。将试样放在用滤纸封住的热解管内加热干燥。如果热解汽化物使试样显示金黄色斑点,表示为聚异丁烯、异丁橡胶和聚丙烯(丙纶要过几分钟以后才显出来),乙纶不起反应,天然橡胶(聚异戊二烯)和丁腈橡胶以及聚丁二烯产生棕色的斑点。石蜡状、润滑脂是聚乙烯热解的产物,聚乙烯热解有石蜡气味,而聚丙烯热解物有像芳香族化合物的气味。

3.聚乙烯纤维中不饱和键的测定　用IR测定各个不饱和基相应的吸收波长的吸光系数(及面积强度)。根据文献中的数据,采用分子吸光系数以及n－十八碳烯以上相对分子质量的n－链烯的实测值,求得双键(C＝C)的质量比。从试样的数均分子量,可计算出每个分子的双键数。

4.聚乙烯纤维的分枝度和分枝长度的测定

(1)分枝度的测定。分枝多时,直接测量7.26μm或11.22μm甲基的吸光系数;分枝少时,用补偿法测定。如测乙基时,以聚甲烯作为补偿物质,用聚乙烯来萃取只有乙基能吸收的7.26μm部分,并测出其吸光系数。再将此值乘以另外求得的 $CH_3/100C$ 和 $CH_3/1000C$ 的系数,即可计算出分枝度。

(2)分枝长度的测定。将乙基与丁基相应的 12.99μm 与 13.42μm 的吸光系数用补偿法进行测定,用式(2-4)和式(2-5)换算:

$$Bu/1000C = 8.0A_{13.42} \tag{2-4}$$

$$Et/1000C = 5.0A_{12.99} \tag{2-5}$$

5. 聚丙烯纤维立体等规性测定 等规指数(Isotactic Index)指的是将试样煮沸并用正庚烷抽提,除去无规成分,求得残渣的质量比。等规度(Isotacticity)指的是用 IR 求得 10.27μm 与 10.05μm 的吸光系数比。从沸腾的正庚烷抽提液残渣经 100% 的结晶鉴定曲线中求得无规百分率。

螺旋结构占有的比例(H%),用 IR 求得 8.57μm 与 10.27μm 的吸光系数,以式(2-6)计算:

$$H = 141.2(A_{8.57}/A_{10.27}) - 49.0 \tag{2-6}$$

除上述方法外,也可用其他方法测定熔点和最大结晶度。

(二)聚酯纤维

取试样 0.1g 放入 10mL 圆底烧瓶中,加入精馏的乙醇胺 0.3g 回流 2h(可用微型化学精蒸馏仪器)冷却后加入少量水,加热溶解,中和后得对苯二甲酸一己羟基乙酰胺,$T_m = 234.5℃$,也可以用 IR 表征。聚酯纤维的特有鉴定项目如下:

1. 端基的定量测定 可以用重氢转换出端基(羟基和羧基),燃烧纤维,从生成水的吸光谱对端基进行定量测定。另外,重氢置换后,将重氢生成的水用测定比重的方法定量测定端基数。也能用一溴代醋酸乙酰化法和用异氰酸苯酯生成双氨基甲酸酯的方法来定量测定。

羧基的定量可用以下方法:取 0.1g 试样,放入 100mL 的苯甲醇中,于 220℃ 的温度下处理 5min,使之溶解。再缓慢加入 10mL 的氯仿,然后冷却至 60℃,用 0.1% 的酚红酒精溶液作指示剂,用 0.02mol/L 的氢氧化钠溶液进行滴定。

2. 共聚单元的鉴定和共聚比的决定

(1)加水分解法。试样用氢氧化钠溶液(10g/50mL)经 4h 的稳定反流后,加入浓盐酸,使 pH 值达到 1 以下,过滤出对苯二甲酸,进行称量。此外,可以采用聚酯树脂的加水分解法进行分析。试样用氢氧化钾的乙醇溶液分解后,用二盐基酸使之沉淀,在酸性条件下成为铅和锌的盐类,对酸的成分进行定量。乙二醇成分量的测定:在滤液内加入盐酸,除去氯化钾后,用乙醚抽提获得,然后测定其沸点、折射率和羟基值。此外,加水分解物也可以用气相色谱法进行定量分析。

（2）红外光谱法。可选择共聚成分的特有波长进行测定,用单独聚合体的混合物从其鉴定曲线进行定量分析。

（3）核磁共振（NMR）的定量分析。调配试样浓度约 0.1g/mL 的邻氯酚溶液,用 NMR 求得对应化学位移 4.5 时 3.8 次甲基峰强度的变化,进行定量分析。

（4）磷的定量分析。试样中加入浓硫酸和浓硝酸,经加热分解后,使之冷却;加入高氯酸,进行加热氧化。待充分氧化后,将剩余的高氯酸全部逐出。然后用氢氧化铵中和成钼磷酸,在沸水中加温,使之还原显色,进行比色定量。

（三）聚酰胺纤维

各种聚酰胺纤维可以根据其熔点、溶解度、吸湿性、密度、染色性等来进行鉴别。下面再介绍几种方法。

1. 用加水分解法定性和定量分析 将试样用 6mol/L 盐酸加水分解,加氢氧化钠后进行真空干燥。溶剂可用 n – 丙醇与氨水按 75 : 25 与 70 : 30 的比例混合。另外,将溴甲酚绿溶解于氢氧化钠的酒精溶液中,用作显色剂。将水解物的水溶液用纸色谱或薄膜色谱分析法与标准的样板对照,进行定性分析。此外,用乙醚抽提水解物得到的酸成分和从残渣液得到的氨基酸以及氨的盐酸盐,其熔点用纸上色层分析法能进行定性和定量分析。

2. 端基的定量分析

（1）氨基。将试样溶于苯酚,加入乙醇的水溶液,用 0.1mol/L 盐酸进行导电率滴定。或者将试样溶于 m – 甲酚,以百里酚蓝为指示剂,用 0.1mol/L p – 甲苯磺酸进行滴定。

（2）羧基。将试样溶于 185~200℃ 的苯甲醇中,用 0.1mol/L 氢氧化钠滴定。

（3）乙酰基。取试样 3g 与 25mL 75% 的磷酸混合,加入 75mL 的二甲苯,稳定经过 4~5h 的回流,用 0.1mol/L 氢氧化钠滴定游离的醋酸。

3. 芳香族聚酰胺纤维的热性能测定

（1）熔点。放于惰性气体或空气（热氧化）中,用 DTA 进行测定。

（2）耐热性。采用热重法。在惰性气体、真空、空气（热氧化）中,测定高温时质量的减少。

（3）力学性能。在高温中测定强度、伸长度和弹性。此外,在一定的高温下,经长时间（数小时到数月）放置后,在室温下测定其强度、伸长度与弹性。

（4）收缩率。经过煮沸以及干热处理,测定其收缩率。

4. 帘子线用聚酰胺长丝的鉴定 用于化纤长丝的试验方法同样适用于帘子线的试验。还可以通过下述两种方法确定帘子线中是否存在聚酰胺和是哪种聚酰胺。

（1）取试样 0.1~0.2g 放在小试管中,用脱脂棉塞住管口,小火加热,分解生成的气体为棉花所吸收,取出棉花,涂上 14% 的对二甲基氨基苯甲醛的甲醇溶液,加浓 HCl 1 滴,使之呈酸性,若有聚酰胺存在则变红色,此法还适用于下面几种树脂。对二甲基氨基苯甲醛的显色反应如下：

聚氨基甲酸酯	黄　色
环氧树脂	紫　色
聚碳酸酯	蓝　色
聚酰胺	枣红色

（2）取试样 0.4g 放入试管中，加 6mol/L HCl 4mL，将管口密封，在 110℃ 下加热 4h，冷却 2h 后观察有无结晶析出，如有即为聚酰胺。

$$室温下用 4.2mol/L\ HCl 溶解 \begin{cases} 可溶 \longrightarrow 锦纶 6 \begin{cases} 溶液透明（提取过的聚合物） \\ 溶液混浊（未提取过的聚合物） \end{cases} \\ 不溶 \underset{煮沸 3min}{\overset{4.2mol/L\ HCl}{\longrightarrow}} \begin{cases} 溶解 \longrightarrow 锦纶 66 \\ 不溶 \longrightarrow 锦纶 610 \end{cases} \end{cases}$$

此外，通过熔点测定，也可区分聚酰胺，见表 2 – 19。

表 2 – 19　不同的熔点区分聚酰胺

品　　种	熔点/℃
锦纶 6	215 ~ 225
锦纶 66	260 ~ 280
锦纶 610	210 ~ 220
锦纶 11	180 ~ 190
锦纶 12	170 ~ 180

（四）聚丙烯腈纤维

腈纶是丙烯腈（85% 以上）与丙烯酸甲酯、丙烯磺酸钠等第二、第三单体的共聚物。有时也加入苯乙烯、丁二烯或甲基丙烯酸甲酯等烯类单体。所有腈纶都含有氮。

1. 丙烯腈的测定　取一份试样，加入少量锌粉和几滴 25% 的硫酸（1mL 浓 H_2SO_4 慢慢加入 3mL H_2O 中），把这种混合物放在一个陶瓷坩埚里加热，用特制的浸湿滤纸盖住坩埚，若在滤纸上出现蓝色斑点，表明有丙烯腈存在。浸湿用的试剂制备按下法：在 1.0L 水中溶解 2.86g 醋酸铜，在 100mL 醋酸中溶解 14g 联苯胺，并向 67.5mL 这种溶液中加入 52.5mL 水。把这两种溶液分别盛于容器中避光保存，用前等体积混合。

共聚物中的丙烯腈，可通过加热试管中试样，用试纸来验证生成的氢氰酸（HCN）。试纸制备法：在 100mL 水中溶 0.3g 醋酸铜（Ⅱ）的溶液浸渍滤纸条，然后在空气中干燥。在使用前，把纸条放在溶有 0.05g 联苯胺的 100mL 醋酸溶液中蘸湿，如果有氢氰酸（HCN）生成通过潮湿试纸，则试纸呈蓝色。也可用醋酸铜—苯乙酸试条检验，在坩埚中放样，盖上试纸玻璃板加热，若有 PAN 存在则有 HCN 生产，呈蓝色。

2. 丙烯酸酯的鉴定　取试样 0.5 ~ 1g 干馏，馏出物用无水 $CaCl_2$ 干燥，然后进行蒸馏。在几滴馏出物中加入等量的新蒸馏的酚肼，再脱水加入甲苯 5mL，然后加入 85% 甲酸 5mL 和 3% H_2O_2 1 滴，振荡几分钟。若有丙烯酸酯，溶液变为暗绿色。该法也可鉴定丙烯酸。

3. 共聚比测定　将试样溶于二甲基甲酰胺后，用甲醇、石油醚使之沉淀，反复操作二三次，于 60 ~ 70℃，压强为 133.3 ~ 266.3Pa（1 ~ 2mmHg）情况下烘干，采用克耶耳灰赫（Kjeldahl）法进行氮的定量。

4. 压缩性能的测定 用英斯特朗拉伸试验仪,在规定条件下,将纤维块进行压缩试验,从其荷重—减重曲线中求得压缩能、回弹、耐疲劳率、压缩指数等。

5. 空隙的测定 X 射线小角散射法所得散射角的乘方求得散射强度曲线,从该曲线的斜率计算出空隙的大小分布。此外,用高压水银渗透法获得的压力求得吸附于纤维的水银的体积曲线,从该曲线的微分求得空隙的含量和大小分布。也可用 X 射线法、红外线法求结晶度,以计算密度与实测密度的差来测定孔隙率。

(五)聚乙烯醇系纤维

1. 聚乙烯醇缩醛纤维的区别 取试样少许,加入 2mL H_2SO_4 和几粒铬变酸,然后在 60 ~ 70℃水浴上加热 10min。呈紫色的为聚乙烯醇缩甲醛纤维(维纶);呈紫红色的为聚乙烯醇缩乙醛纤维;呈红色的为聚乙烯醇缩丁醛纤维。

2. 聚醋酸乙烯酯的测定 可以通过它们的受热分解生成醋酸的反应来鉴别,纤维素醋酸酯有类似的性质。先把少量试样加热分解,并用水润湿过的棉花吸收分解出来的气体,然后洗涤棉花,并把洗液收集在一个试管中。加入 3 ~ 4 滴 5% 硝酸铜水溶液,再滴入 1 滴 0.1mol/L 碘溶液和 1 ~ 2 滴浓氨水。这时聚醋酸乙烯酯变成深蓝色或者几乎黑色;聚丙酸酯变成微红色,PVAc 在 0.01mol/L KI 溶液润湿时呈紫棕色。用水冲洗以后,这种颜色变得更浓。也可用 Liebermann – Storck – Morawski 反应测定。

3. 聚乙烯醇的鉴定

(1)取少量试样放在试管中,加入含 2% 硫的 CS_2 溶液,在试管口上覆盖一张醋酸铅试纸后,在 150 ~ 180℃油浴上加热。如有聚乙烯醇,则产生 H_2S,使试纸变黑。

(2)在盛试样的试管中加入 5mL 试样的中性水溶液里,再加 0.1mol/L I_2—KI 溶液 1 滴,用水稀释直到蓝、绿或黄色隐约可见后,将少许硼砂加到此溶液中,如果有聚乙烯醇,则出现明显的绿色。

(3)鞣酸试验。在盛试样的试管中加入 5% 鞣酸水溶液,如有聚乙烯醇,则出现黄色凝胶或乳白色沉淀,但可溶性纤维素也产生沉淀。

4. 缩醛化度的测定 在 0.5g(绝干重量 W)试样中,加入 35% 硫酸 2L,一边升温溶解,一边用水蒸气蒸馏。在 20mL 2% 重亚硫酸钠溶液中加入适量蒸馏水,此时收集馏出液约 1L。然后加入蒸馏水到 1L,取 50mL,用 0.02mol/L 碘液滴定(amL)。另外,将重亚硫酸钠液 20mL 稀释到 1L,取 50mL,做空白试验(bmL)。用式(2 – 7)和式(2 – 8)计算缩醛化度:

$$甲醛的质量 A = [(b-a)/W] \times 0.6 \times 100\% \tag{2-7}$$

$$缩醛化度(物质的量分数) = [88A/(3000-12A)] \times 100\% \tag{2-8}$$

5. 水中软化点的测定 取 25 根单纤维,平行排列成一束,加以总特克斯数 1/4500 的荷重(g),浸入常温水中。等试样的长度不发生变化时,用一定的速度(2℃/min)进行升温,求得收缩率为10%时的水温。此测定法用于鉴定生产过程中热处理的效果。

二、其他化学纤维的最终鉴定

(一)聚氯乙烯系纤维

1. 含氯聚合物的鉴定　将5mL 0.1% PVC吡啶溶液加热微沸1min,趁热向溶液加入0.5mL 2% KOH—甲醇溶液,若含PVC则呈棕色到黑色,结果见表2-20。

表2-20　用吡啶处理含聚合物的显色反应

聚合物名称	与吡啶和试剂一起共沸		与吡啶煮沸冷却后加入试剂溶液		在试样中加入试剂和吡啶不加热	
	即刻	5min后	即刻	5min后	即刻	5min后
聚氯乙烯(PVC)	红—棕	血红	血红	红—棕	红—棕	黑—棕
氯化PVC	血红棕—红	棕—红	棕—红	黑沉淀	红—棕	红—棕
氯化橡胶	深红—棕	深红—棕	黑—棕	黑—棕沉淀	茶青—棕	茶青—棕
聚氯丁二烯	白色—混浊	白色—混浊	无色	无色	白色—混浊	白色—混浊
聚偏二氯乙烯	棕—黑	棕—黑沉淀	棕—黑沉淀	黑—棕沉淀	棕—黑	棕—黑
PVC塑料	黄	棕—黑沉淀	白色—混浊	白色沉淀	无色	无色

2. 聚偏氯乙烯纤维的鉴定　将50mL试样中加入吗啉10mL,在水浴上加热溶解,呈黑色应为聚偏氯乙烯纤维,聚氯乙烯纤维则无此反应。

3. 含氯量的测定　精确称取试样0.2g,与砂糖0.5g、氢氧化钠15g混合后,加蒸馏水2mL,进行加热。待溶解于蒸馏水中后,加入硝酸,使其呈酸性。加入2mL硝基苯和0.1mol/L的硝酸银50mL,使氯离子沉淀。用5%的硝酸铁作指示剂,用0.1mol/L的硫氰酸铵或硫氰酸钾滴定过剩的硝酸银。用式(2-9)和式(2-10)计算含氯量:

$$全氯含量 = (A - C) \times 3.564/W \times 100\% \tag{2-9}$$

$$氯乙烯含量 = (A - C) \times 6.246/W \times 100\% \tag{2-10}$$

式中,A与C分别表示1mol/L硝酸银的量与1mol/L硫氰酸盐的量(mL);W表示试样的质量(g)。

(二)其他纤维

李伯曼—斯托克—莫洛期科反应是一种高分子鉴别常用的显色反应,方法是在 2mL 热醋酸酐中溶解或悬浮几毫克试样,冷却后加入 3 滴 50% H_2SO_4(由等体积的 H_2SO_4 加入水中)用水溶液将试样加热到 100℃,显色结果与表 2 - 21 比较。采用李伯曼—斯托克—莫洛期科反应,可以鉴定如下纤维。

表 2 - 21　Liebermann - Storck - Morawki 反应

纤维名称	立即显色	10min 后	100℃时
酚醛纤维	浅红紫—粉	棕 色	棕—红
聚乙烯醇纤维	无色—浅黄	浅黄色	棕—黑
聚醋酸乙烯酯纤维	无色—浅黄	蓝灰色	棕—黑
聚氨酯纤维	柠檬黄	柠檬黄	棕绿色荧光

下面再介绍几种化学纤维的鉴定方法。

1. 聚氨酯纤维　热解时聚氨酯中异氰酸酯有所变化,当加热试样产生的汽化物通过滤纸,然后用 1% 4 - 硝基苯偶氮氟硼酸酯的甲醇溶液润湿滤纸,依据异氰酸酯的类型,滤纸将会变黄、红褐色或紫色。

2. 聚氟乙烯系纤维　取试样的 0.1% 吡啶溶液 5mL,加入 20% NaOH 水溶液 0.5mL 在沸水中加热,如为聚三氟乙烯和聚四氟乙烯则溶液及试样呈红色。

3. 纤维素及其衍生物纤维　纤维素的衍生物主要有硝酸纤维素酯、醋酸纤维素酯、乙酰丁酸纤维素酯和丙酸纤维素酯。其中醋酸纤维素酯纤维有二醋酯纤维和三醋酯纤维。

鉴别纤维素的方法十分简便:将试样溶解或分散于丙酮中,滴加 2 ~ 3 滴 2% 的 2 - 萘酚的醇溶液使之反应,再小心地向溶液中加入一层浓硫酸,相界面上形成红至红棕色环,若是硝酸纤维素,就形成绿色的环,糖和木质素对此会产生干扰。区别醋酸纤维素和乙酰丁酸纤维素,通常只要检验试样加热干燥所产生的气体的气味就足够了。醋酸酯的气味像醋酸;乙酰丁酸的气味既像醋酸又像丁酸(像烙奶油的气味)。

4. 弹性纤维　聚丁二烯和聚异戊二烯纤维含有双键,能用威杰(Vijs)溶液鉴别。Vijs 试剂通过溶解 6 ~ 7mL LiCl 于冰醋酸中(稀释到 1L)而制备。该溶液放置在暗处且有一定的使用期限。为了检验聚合物,先把它溶解在 CCl_4 或熔化在对二氯苯(T_m = 50℃)中,滴加上述试剂与之反应,若双键存在则溶液退色。该法对不饱和聚合物皆适用。

用布希菲尔德(Burchfield)显色反应可区别不同类型的弹性体(表 2 - 22)。加热试管中的 0.5g 试样,把由此产生的热解汽化物通入 1.5mL 试剂中,观察颜色变化,然后加入 5mL 甲醇稀释溶液,并使之沸腾 3min,继续观察颜色变化。

试剂配制:在 100mL 甲醇中加入 1g 对二甲基氨苯醛和 0.01g 对苯二酚,然后缓慢地加热使之溶解,再加 5mL 浓盐酸和 10mL 乙二醇,此液在棕色并中可保存几个月。

表 2-22 Burchfield 显色反应区别弹性体

弹性体	热解蒸气与试剂接触处	在持续沸腾和加甲醇后	弹性体	热解蒸气在试剂接触处	在持续沸腾和加甲醇后
空白试验	淡黄色	淡黄色	丁二烯—丙烯腈共聚物	橙红色	红色—红棕色
天然橡胶（异戊二烯）	黄棕色	绿—紫—蓝色	聚氯丁二烯	荧绿色	淡黄绿色
聚丁二烯	淡绿色	蓝绿色	硅橡胶	黄色	黄色
丁基橡胶	黄色	黄棕色—淡紫蓝色	聚氨酯弹性体	黄色	黄色
苯乙烯共聚物	黄绿色	绿色			

参考文献

[1] 李青山. 纺织纤维鉴别手册[M]. 北京:中国纺织出版社,1996.

[2] 李青山,李济根. 纤维鉴别法[M]. 黑龙江纺织(纤维鉴别专辑),1986.

[3] Aneja A P. 21 世纪的纤维[J]. 国外纺织技术,2000(1):1-3,IFJ,1999(8):4~8.

[4] Khudu P K,Bard. D,Garrington N,etal. Microscopic identification of asbestos fibers associated with African clay crafts manufacture[J]. Ann. Occup Hyg,2000,44(2)137-141.

[5] Saito K,Ogawa. T. Computer-assisted identification of additives included in polymers by combining MS, 1H-NMR,31P-NMR and LC/MS[J]. 2000 49(1)3~9.

[6] Wang H M,Li Q S,Wu S K. A Study on the Preparation of Polymer/Montmorillonite Nano-Composite Materials by Photo-Polymerization[J]. Society of Chemical Industry. Polymer International,2001,50:1-5.

[7] 周宁怀,王德琳. 微型有机化学实验[M]. 北京:科学出版社,1999.

[8] 马立群,李青山. 微型高分子化学实验技术[M]. 北京:中国纺织出版社,1999.

[9] 李青山,郑顺姬,刘喜军,等. 皮革的微型化学萃取[J]. 第五届全国微型化学实验论文,2000,5.

[10] 李昂,黄晓瑜. 橡胶中树脂鉴别方法的研究[J]. 特种合成橡胶,1992(3):51-57.

[11] 杨仁恩. 常用橡胶制品配合剂的鉴别[J]. 轮胎工业,2000,20(3):34.

[12] Abrate S. Identification of two force thresholds for low velocity impact damage on laminated composites[J]. Int SAMPE Tech. Conf. ,1999,31:557-567.

[13] Lewis D M,Mcilror K A. The Chemical Modification of Cellulosic Fibres to Enhance Dyeability[J]. Advances in Color Science and Technology,2001,4(2):41-47.

[14] Kato K,Takeuchi A. Animal hair/fiber identification by PCR DNA amplification using primers based on cy-

tochrome b gene sequence,JP 2000210084,2000,8,9.

[15] Kato K,Tokkyo,K. Animal hair/fiber identification by PCR amplification of mitochondrial DNA using Primers based on cytochrome b gene sequence and RELP,JP 2000325098,2000,A2:11 − 28.

[16] Michielsen S. Use of Raman microspectroscopy to identify the type of respirable fiber[J]. Proc − Beltwide Cotton Conf. ,2000,1:192 − 195.

[17] Kumar S,Grant E R,Duran Ceau C M,Use of Raman spectroscopy to identify automotive polymers in recycling operations[J]. Computer − Adided Engineering Technoly Int. ,2000:143 − 150.

[18] 祖父江宽.改订合成纤维[M].东京:大日本图书株式会社,1977.

[19] 王曙中,王庆瑞,刘兆峰.高科技纤维概论[M].上海:中国纺织大学出版社,2005.

[20] 渡边亚元.高性能高功能纤维[M].东京:大日本印刷株式会社,株式会社,1988.

[21] 朱政.高性能纤维[J].纺织速报,2001,9(2):19 − 26.

[22] Dunc. W P,张爱芹.GC − IR − MS 和裂解法用于聚丁二烯的鉴别[J].国外分析仪器技术与应用,1989(3):47 − 52.

[23] Braun D,董炎明.塑料鉴别的简单方法[J].塑料开发,1990(2):49 − 58;1990(3):55 − 64.

[24] Henre G L,Text. Res. J[J]. 1997(11):48 − 52.

[25] 纺织工业标准化研究所.纺织纤维鉴别试验方法.GB/T 398—93,GB/T 25431—89,GB/T 3292—82,GB/T 3916—1997,FZ/T 10007—93,FZ/T 10008—1996,ZB/TW 040061—89,FZ/T 01021—1992,FZ/T 01040—1995,FZ/T 010573—1999,FZ/T 01086—1999.

[26] Hohbery T,Thumm S. Lyocell 的整理.国际纺织导报[J].1998(2):74 − 77.

[27] 岩本秀雄.纤维试验技术法[M].东京:日本纤维,1978.

[28] 石川欣造.纤维制品试验[M].东京:日本规格协会,1981.

[29] Cox R. 在新千年中改变地位的聚丙烯腈纤维[J].国际纺织导报,2001(2):7 − 11.

[30] Fran Cusk iewice F. Polymer Fractionation[J]. Berlin Heide bery,New York:Springer 1994.

[31] 邵毓芬,嵇根定.高分子物理实验[M].南京:南京大学出版社,1999.

[32] 汪昆华,罗传秋,周啸.聚合物近代仪器分析[M].北京:清华大学出版社,1991.

[33] 日本化药株式会社.简单に使ぇる新しりカヤスティン别剂[J].纤维科学,2001(43),6.

[34] 陈稀,黄象安.化学纤维实验教程[M].北京:中国纺织出版社,1988.

[35] 王其,冯勋伟.大豆纤维综合鉴别[M].北京纺织,2001,22(3):37 − 39.

[36] K. Bender W. Stibal Bicomponent Fibers − Not Only a Product for Market Nickes,2000(2):34 − 38.

[37] 李青山,余晓尉.纤维鉴别新进展[J].国际纺织导报,2002,1.

[38] 李胜梅.纺织品的感官检验(下)[J].纺织导报,1999,6:20 − 23.

第三章

化学纤维的检验

第一节　概　述

一、化学纤维检验的基本概念

（一）化学纤维检验的定义

所谓化学纤维检验，就是对化学纤维进行科学测试，提供测试数据，为合理配置原料成分、提高产品质量、降低纺纱断头、降低原料消耗提供可靠的数据。

化学纤维的种类很多，对于不同种类的化学纤维，其检验的方法也不相同。

（二）化学纤维检验的目的

化学纤维检验的目的，就是将各种原料和成品的组合情形与规定的标准相比较，以鉴定是否符合规格。化学纤维已成为当今世界纺织原料的重要组成部分，约占纤维总量的50%，并且还在继续发展。随着化学纤维生产和应用的迅速发展以及化学纤维品种和数量的不断增加，人们的生活和生产越来越离不开化学纤维，对化学纤维的各种性能的要求也越来越高，因此，对化学纤维的质量检验工作提出了更高的要求。所以认真做好化学纤维的质量分析与检验工作，对提高化学纤维的质量，合理使用化学纤维的原料，都具有十分重要的意义。

（三）化学纤维检验的任务

化学纤维检验的任务，可以概括为以下几个方面：

（1）按规定的方法检验与核对化学纤维的品级、长度、含水、含杂以及各项纤维性能，为结算工作提供数据。

（2）对原料的可纺性能进行测试，对可纺性能差的原料做好使用前的预处理工作、预防工作以及控制使用比例，甚至暂缓使用。

（3）利用各种测试手段对生产过程进行工艺测试，如半制品长度分析、含杂分析等，以便及时了解、掌握、调整工艺参数，使机器设备能在较好的工艺条件下工作。

（4）为纺织部门改进工艺、增加技术措施、使用新工艺、新技术提供可靠的数据。

纤维检验是一种手段，不是目的，它为纺织部门正确运用纤维检验的数据，合理配置原料成分,采取积极有效的措施,达到优质、高产、低耗的目的提供了有效的依据。

二、化学纤维检验方法的分类

化学纤维按检验方法,可以分为物理检验、化学检验和仪器检验。物理检验包括公量检验,一般也可把仪器检验归入物理检验中。

纤维检验要按照一定的标准,如强制性国家标准,代号是 GB;推荐性国家标准,代号是GB/T;行业标准,代号是 FZ/T;纺织部部颁标准,代号是 FJ;纺织专业标准,代号是 ZBW。在此作一并说明,以后文中不再标注。

下面分别介绍化学纤维的公量检验、化学纤维短纤维的物理检验、化纤长丝的物理检验和化学纤维的化学检验。

第二节　化学纤维的公量检验

公量检验的全称为公定重量检验。公量检验按照以下顺序:先算出净重,再计算按标准含杂率折算后的重量,即准重,最后用准重按公定回潮率折算得到公定重量。

化学纤维生产过程中通常要上油,对于纤维而言,油剂实际上是一种杂质。化学纤维上还附着水分。为了进行公量计算,一般要分别测定化学纤维上的回潮率和上油率。但由于有些油剂挥发性较大,而且用溶剂萃取油剂时纤维中低分子物也随之抽出,使得试验结果产生误差。因此有的试验方法标准是以测定洗涤减量率取代测定上油率与回潮率。

下面分别介绍化学纤维回潮率、含水率、非纤维物质、纤维净含量、纤维成分含量和油分的检验方法。

一、回潮率检验

(一)回潮率的基本概念

化学纤维放置在大气中,都会不断地和大气进行水蒸气的交换,即一面不断地吸收大气中的水蒸气,同时又不断地向大气放出水蒸气,这种具有吸收和放出水蒸气的性能,称为化学纤维的吸湿性。

纤维吸湿多少既取决于纤维本身的结构,也受大气条件的影响,而纤维吸湿量的高低,会使纤维某些性能发生变化。例如,一般化学纤维吸湿后会发生横向膨胀,并随之引起纱线和织物的尺寸、形状、平挺度以及透气性的变化,纤维的力学性能、摩擦性能和电学性能也会随着纤维的含湿情况而变化。这些性质的变化,对于纤维的工艺、加工过程和织物的服用性能等会发生有利或不利的影响。

化学纤维吸湿指标常用回潮率表示。定义为:规定条件下测得的纺织材料,纺织品的含湿量。以试样的湿重与干重的差数对干重的百分率表示。通过式(3-1)计算可得。

$$R = \frac{G - G_0}{G_0} \times 100\%$$ (3-1)

式中:R 表示纤维的回潮率(%);G 表示试样的湿重,即纤维含有水分时的重量(g);G_0 表示试样的干重,即纤维经一定方法除去水分后的重量(g)。

有些试验方法中使用含水率表示。

$$含水率 = \frac{G - G_0}{G} \times 100\%$$ (3-2)

式中:G_0、G 含义同上。

回潮率在实际应用中常有下列几种。

(1)实测回潮率。纺织材料,纺织品实际测得的回潮率。

(2)平衡回潮率。纺织材料、纺织品与周围空气达到吸湿平衡时,测得的回潮率。

(3)标准回潮率(标准平衡回潮率)。纺织材料、纺织品在标准温湿度条件下,达到吸湿平衡时的回潮率。

由于各种纤维的实际回潮率随大气温湿度条件而变,为了比较各种纤维的吸湿能力,往往把它们放在统一的标准温湿度条件下一定时间(一般为24h)后使它们的回潮率达到一个平衡值,这时的回潮率称标准状态下的平衡回潮率,表3-1是几种常用化学纤维的标准平衡回潮率。

(4)公定回潮率。为了贸易等需要,对纺织材料、纺织品规定的回潮率。

由于在贸易和成本计算中,化学纤维并不是处于标准状态,另外,即使同一种化学纤维在标准状态下的实际回潮率还与纤维本身的质量等因素有关,为了计重和核价需要,必须对各种化学纤维的回潮率作统一规定,称为公定回潮率,它接近于标准回潮率,但又不是标准回潮率。目前各国对化学纤维公定回潮率的规定并不完全一致。常见几种化学纤维公定回潮率见表3-1。

表3-1 常见化学纤维标准回潮率与公定回潮率

纤维种类	标准回潮率/%	公定回潮率/%
粘胶纤维	13~15	13
铜氨纤维	12~14	13
醋酯纤维	6.0~7.0	7
涤纶	0.4~0.5	0.4
锦纶6	3.5~5.0	4.5

纤维种类	标准回潮率/%	公定回潮率/%
锦纶66	4.2~4.5	4.5
腈纶	1.2~2.0	2.0
维纶	4.5~5.0	5.0
丙纶	0	0

（5）商业回潮率。在贸易中,为计重、结价需要,由买卖双方对纺织材料、纺织品协定的回潮率。

化学纤维在公定回潮率时的重量(简称"准重")或叫公定重量(简称"公量")。它是化学纤维重量的计价标准。

化学纤维的公定重量与实际回潮率下的称见重量之间的关系为:

$$公定重量 = 称见重量 \times \frac{100 + 公定回潮率}{100 + 实际回潮率} \qquad (3-3)$$

在生产上,公定重量的计算,有时根据干燥重量进行计算,算式如下:

$$公定重量 = 纤维干重 \times \frac{100 + 公定回潮率}{100} \qquad (3-4)$$

(二)回潮率的检验方法

回潮率检验基本上可分为如下两类:

1. 直接法　将含有水分的纤维称重后,经干燥除去水分,再称取纤维的干重,计算得出水分重量,求得纤维实际回潮率。根据除去水分的方法不同,目前采用的有:烘箱法、红外辐射法、高频加热干燥法、吸湿剂干燥法、真空干燥法。

目前国内在化纤检验中最常用的是烘箱法。烘箱法是利用电热丝加热空气与试样,通过不断进行热交换,使试样逐渐干燥,最后在箱内称出试样干重,测试出回潮率。烘箱法又包括箱内称重法和箱外称重法两种方法。

（1）箱内称重法。

①仪器设备。由恒温箱、链条天平,试样铝篮等部件组成,结构如图3-1所示。

②测试条件。

a. 试样重量。化纤短纤维50g,长丝30~50g。

b. 温度。(105±2)℃。

c. 烘干时间。根据各种纤维回潮率大小分别规定,要求烘至恒重,一般在1.5h以上。恒重是指每隔10min的两次称重之差,对于后一次重量之比不超过0.05%时,后一次称得的重量即

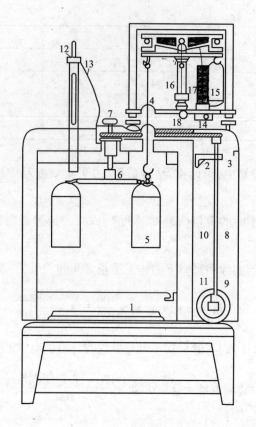

图 3 – 1   烘箱结构图

1—电热丝   2,3—红绿指示灯   4—天平挂钩   5—篮子   6—八篮托架   7—转动器   8—电源开关

9—分源开关   10—照明开关   11—鼓风开关   12—水银触点式温度控制器   13—控制导线

14—链条式天平   15—砝码盘   16—指针   17—链条   18—链条加重调节钮

为试样恒重。

③检验步骤。

a. 先将试样及时准确称重。为减少外界大气条件对试样重量影响,扦样后须立即将样品放入密闭容器中,扦样后至称重的时间最长不超过 24h,称样时须动作迅速,要求在 15s 内完成一个试样的称重。

b. 将已称准的样品撕松后对号放入铝丝网盒内,当烘箱温度到达规定温度时,将试样倒入烘篮中逐只挂进烘箱内的挂篮钩上,然后开启转篮开关,让烘篮转动,以使纤维受热均匀。

c. 当烘箱温度升到规定温度时,关闭分源开关,并记录始烘时间。

d. 烘验时间,一般合成纤维烘至 1h,粘胶纤维烘至 2h 后可进行第一次称重,称样时必须在关闭电源开关后 2 ~ 3min 进行。

e. 把第一次称过重量的试样升温到规定温度,再继续烘 10 ~ 15min 后可进行第二次称重,如达到恒重可不需再烘,如尚未恒重应再烘 10~15min 后进行第三次称重,直至烘到最后两次重量差不超过后一次称重的 0.05% 为止,并以最后一次称得重量为准。

f. 每批回潮试样个数,按批量大小而定。

g. 按式(3-1)先逐个计算试样回潮率后,再以算术平均计算每批纤维回潮率,取小数后两位。

(2)箱外称重法。合纤长丝通常用箱外冷却称重法。

①仪器设备。热风式恒温烘箱、铝盒、干燥器、精密分析天平(感量0.01g)。

②测试条件。试样重量为 20g 左右,最少不小于 10g,其余同箱内称重法。

③检验步骤。

a. 将试样放在已知恒重的铝盒中称重(称准至 0.001g)。

b. 开动烘箱电源总开关、分源开关,使烘箱温度达到(105±2)℃,然后关闭分源开关。

c. 打开试样铝盒盖放入烘箱内,烘至恒重(一般烘干时间为 1.5h 即可达到恒重)。

d. 烘至恒重后盖上盒盖,移至干燥器内,冷却至室温后称取烘后重量。称前须稍打开盒盖,并迅速盖严,以使盒内外空气压力平衡。

e. 试验次数、计算方法同箱内称重法。

2. 间接法　凡是不去除纤维中的水分,通过其他物理方法检测纤维的水分含量都称为间接测定法。目前检测设备有:电阻测湿仪、电容测湿仪以及利用微波和红外线间接测湿仪等。这类方法速度快,可以不接触试样,在生产上可用以连续测定。但这类仪器影响因素较多。

化学纤维的回潮,除本身的吸湿性外,主要取决于纤维所处环境大气的相对湿度。在一定温度下,纤维的回潮率与大气相对湿度呈一定关系。对于紧密的纤维,在一定时间后,内部纤维的回潮率和包中空气的相对湿度相平衡。因此,只要测得了包中空气的相对湿度,也就求得了纤维的回潮率。所以这种方法称为间接法。间接法采用测湿仪,经常使用的有插入式快速测湿仪(湿敏电阻式测湿仪)(图3-2)和电容式测湿仪(很少使用)新研制的水分测定仪有很多,图3-3 为其中一种。

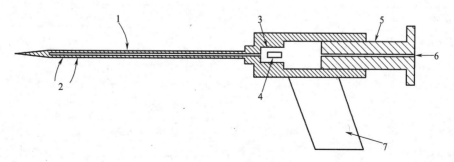

图3-2　插入式快速测湿仪
1—探头　2—气孔　3—气室　4—湿敏元件　5—活塞　6—气门　7—手柄

图3-3 纺织原材料在线水分测量仪

采用插入式快速测湿仪,可由测出的相对湿度,根据吸湿脱湿曲线得到相应的回潮率。采用电容式测湿仪可在电表上直接读出纤维的回潮率。

二、含水率、非纤维物质、纤维净含量和纤维成分含量检验

美国 AATCC 技术手册纤维对于纤维的含水率、非纤维物质、纤维净含量和纤维成分含量的检验进行了全面介绍。本部分内容根据美国 AATCC 技术手册编写。

(一)仪器

使用的仪器如表3-2所示。

表3-2 使用的仪器

仪器名称	规 格 要 求
分析天平	精确到0.1mg
烘箱	可保持105~110℃
干燥器	含有无水硅胶、硫酸钙或具有相同效果的物质
索氏萃取装置	250mL
恒温水浴锅	可调,温度变化范围±1℃
称量瓶	100mL,玻璃的且带有玻璃盖(也可用同尺寸、有紧密盖子的铝盒替代)
锥形瓶	250mL,带有玻璃塞
烧杯	硼硅酸盐耐热玻璃制成,250mL
过滤坩埚	烧结玻璃制成,粗孔,30mL
吸滤瓶	带有适配装置,可用于固定过滤坩埚

续表

仪器名称	规　格　要　求
称量瓶	容量足够大,可以固定过滤坩埚
显微镜	带有可移动镜台和具有标线的目镜,可放大至200～250倍
投影显微镜	可放大至500倍
纤维切片器	包括两个刀片、穿线的鞘和能够紧固刀片的装置,可施加垂直的压力。可切得的纤维长度约250μm
楔形刻度尺	在厚纸片或优质纸片上压的楔形条,可用于放大500倍放大倍率

(二)试剂

使用的试剂如表3－3所示。

表3－3　使用的试剂

试剂名称	规　格　要　求
乙醇(95%)	提纯或变性酒精
氟碳化合物113(如氟利昂 TF)或氢氯碳氟化合物(如 Cenesolve2000)	—
盐酸	0.1mol
酶溶液	—
丙酮	试剂级
盐酸(20%)	用水将相对密度为1.19的盐酸用水稀释至相对密度为1.10(在20℃下)
硫酸(59.5%)	将浓硫酸(密度为1.84g/mL)慢慢加入到水中, 冷却至20℃后调节密度至1.4902～1.4956g/mL 范围内
硫酸(70%)	将浓硫酸(密度为1.84g/mL)慢慢加入水中, 冷却至(20±1)℃后调节密度至1.5989～1.6221g/mL 范围内
硫酸(1∶19)	将1体积浓硫酸(密度为1.84g/mL)加入19体积的水中, 一边加入一边慢慢地搅拌
次氯酸钠溶液	其有效氯含量为5.25%,也可以用家庭用次氯酸钠漂白液(5.25%)
亚硫酸氢钠溶液	新配制
甲酸(90%)	20℃时密度为1.202g/mL
氢氧化铵(8∶92)	8体积氢氧化铵(密度为0.90g/mL)和92体积水混合制成
Herzberg 着色剂	把事先准备好的溶液 A 和溶液 B 混合放置一夜后, 把澄清的溶液倒入深色的玻璃瓶中,并加入一片碘 溶液 A:氯化锌50g,水25mL 溶液 B:碘化钾55g,碘0.25g,水12.5mL

(三)含水率的检验

把不少于1.0g的试样(对于纱至少长2m)放在已称重的称量瓶中,立即盖上盖子,用分析天平称量并记录其总重量,精确到0.1mg。把没有盖的且装有试样的称量瓶放入105~110℃烘箱中恒温1.5h,烘干后取出称量瓶,立即盖上盖子,放入干燥器中,冷却至室温,再称其总重量。间隔30min重复以上加热和称重的过程,直到总重量达到恒重,即重量变化在±0.001g,并记录恒重。

按照式(3-5)计算试样中的含水率。

$$M = \frac{A - B}{A - T} \times 100\% \tag{3-5}$$

式中:M表示含水率;A表示干燥前试样与称量瓶的总重量(g);B表示干燥后试样与称量瓶的总重量(g);T表示称量瓶的净重量(g)。

(四)非纤维物质和纤维净含量的检验

取不少于5g的试样,放在105~110℃的烘箱中烘干至恒重,用分析天平称量干燥后的试样重量,精确到0.0001g。然后,根据实际情况对试样进行以下一种或多种处理。当已知非纤维物质的类型时,可应用以下特定方法处理一次或多次,否则,应使用所有的处理方法。

1. 氢氯碳氟化合物处理　去除试样中的油脂、蜡状物和特定的热塑性树脂等。在索式萃取器中用碳氟化合物萃取试样至少6次,然后在空气中干燥,再在105~110℃的烘箱中烘干至恒重。

2. 乙醇处理　去除试样中的肥皂、阳离子整理剂等。在索式萃取器中用乙醇萃取干燥后的试样至少6次,然后在空气中干燥,再在105~110℃的烘箱中烘干至恒重。

3. 水处理　去除试样中的水溶性物质。水跟试样的浴比为100:1,温度为50℃。浸泡干燥后的试样30min,并不时地搅动或机械振荡,然后用新鲜的水清洗三次,再在105~110℃的烘箱中烘干至恒重。

4. 酶处理　去除试样中的淀粉类物质。用制备好的酶溶液浸泡干燥后的试样,然后用热水充分地冲洗,再在105~110℃的烘箱中烘干至恒重。

5. 酸处理　去除试样中的氨基树脂。用重量为试样干燥后再量100倍的0.1mol/L盐酸浸泡干燥后的试样,温度为80℃,时间25min,偶尔搅动,然后用热水充分地冲洗,再在105~110℃的烘箱中烘干至恒重。

按照式(3-6)计算非纤维物质的百分比。

$$N = \frac{C - D}{C} \times 100\% \tag{3-6}$$

式中:N表示试样中非纤维物质的百分比;C表示处理前试样的干重(g);D表示处理后试样的

干重(g)。

按照式(3-7)计算试样的纤维净含量百分比。

$$F = \frac{D}{C} \times 100\% \qquad (3-7)$$

式中:F 表示试样中纤维净含量的百分比;C、D 含义同式(3-6)。

(五)纤维成分含量的检验

通过适当的方法去除非纤维物质后参见"(四)非纤维物质和纤维净含量的检验",根据纤维成分利用机械方法分开纱线,再合并这些相同纤维成分的纱线,称量每种纤维成分烘干后的质量。

按照式(3-8)计算每一种纤维组分的含量。

$$X_i = \frac{W_i}{E} \times 100\% \qquad (3-8)$$

式中:X_i 表示试样中纤维的含量;W_i 表示拆分后干燥的试样中 i 纤维的质量(g);E 表示试样经过化学处理、烘干后的质量(g)。

三、油分检验

棉、毛等天然纤维在生长过程中表面形成一层棉蜡或油脂,使纤维平滑柔软,不易产生静电,有一定抱合和吸湿性,有利于纺织加工。化学纤维特别是合成纤维,摩擦系数大,吸湿性差,易产生静电,对纺织加工极为不利。因此,化学纤维后加工过程中要给以一定量的油剂,以改善化学纤维的力学性能及纺织加工性能。

常用油分检验方法为萃取(提取)法,即利用不同物质在选定溶剂中溶解度的不同来分离混合物中的组分。选择适当有机溶剂处理,使油剂被提取于溶剂中,然后蒸馏回收溶剂,所得残余物即油剂。下面介绍索氏萃取法、振荡萃取法、振荡洗涤法与折光法。

(一)索氏萃取法

1.仪器 索氏萃取器、电热恒温水浴锅、分析天平(感量0.0001g)、烘箱。

2.溶剂 选择溶剂应符合如下原则:

(1)溶剂对油剂有良好的溶解作用,对纤维无溶解及腐蚀作用。

(2)沸点不宜太高。

(3)毒性应较小。

(4)若几种溶剂混合使用,必须相溶性好,沸点接近。

不同国家或工厂所用油剂组分不同,情况复杂。最佳溶剂的选择主要通过试验进行筛选。以往大多使用单一溶剂,和油剂相溶性较差。目前趋向于采用亲水基团和疏水基团的溶剂配制成混合溶剂,和油剂相溶性好,具有疏水基团的溶剂,如苯、四氯化碳、乙醚、正己烷等,亲水基团的溶剂,如甲醇、乙醇等。表3-4为测定各种纤维油分的适用溶剂。

表3-4　测定各种化学纤维油分的使用溶剂

纤维品种	适用溶剂
粘胶、富强纤维	乙醚
涤纶	乙醚、甲醇、乙醇、苯(1:2)、四氯化碳
锦纶	四氯化碳
腈纶	苯、乙醇(2:1)、乙醚、三氯甲烷
维纶	苯、甲醇(2:1)

3. 检验步骤

(1)圆底烧瓶预先用洗涤剂洗刷干净,在烘箱内烘干至恒重(G_1)(105℃ ±2℃温度下烘1.5~2h),在干燥器内冷却至室温,用分析天平迅速称重。再入烘箱烘0.5~1h,冷却后,称至恒重。

(2)从化学试验样品中随机抽取试样两份,每份重约36g,做平行试验。

(3)将试样用脱脂纱布或脱脂滤纸包成筒状,放入萃取器,使它低于溢流口。溶剂注入圆底烧瓶。整套装置连接好,放在电热恒温水浴锅上。冷凝器接通冷凝水。

(4)打开水浴锅电源,按照溶剂的沸点调整好水浴温度,使溶剂不断回流。总回流次数及回流时间根据所选用溶剂确定,一般回流12~13次,时间2~6h。

(5)萃取完毕取出试样。继续加热,利用溶剂和油剂的沸点不同回收溶剂,油剂留存瓶底。

(6)将烧瓶放入烘箱烘2~2.5h至恒重(G_2)。

(7)用镊子将试样从纱布或滤纸上取下,放入铝盒中,入烘箱烘2~2.5h至恒重(G_3)。

4. 计算　目前油分计算有两种指标,一种是以纤维去油去水干重为基础的上油率,另一种是以去水含油纤维干重为基础的含油率。国际上较多地使用上油率指标。

$$上油率 = \frac{G_2 - G_1}{G_3} \times 100\% \tag{3-9}$$

$$含油率 = \frac{G_2 - G_1}{G_3 + (G_2 - G_1)} \times 100\% \tag{3-10}$$

式中:G_1表示萃取前圆底烧瓶重量(g);G_2表示萃取后圆底烧瓶及油剂质量(g);G_3表示萃取油剂后试样干重(g)。

每批产品以平行试验的平均值表示,取小数后两位。当平行试验两次差异超过平均数的25%时,须重新取样,再做平行试验,结果以四次平均表示。

(二)振荡萃取法

简称振荡法,其原理是将试样放入三角烧瓶,加入溶剂,在小型机械式振荡器上振荡,使油剂提取于溶剂中。纤维萃取前后的质量差异即油剂质量。

1. 仪器 机械式振荡器、烘箱、分析天平(感量0.0001g)。

2. 检验步骤

(1)取试样2~2.5g,放入已知恒重(G_1)铝盒内,再放进(105±2)℃恒温烘箱烘1.5~2h。

(2)取出铝盒,紧闭盒盖,放入干燥器内冷却至室温后,称取萃取前试样连盒重量(G_2)。

(3)用镊子把纤维放入洁净的150mL三角烧瓶内,倒入溶剂,盖上塞子,放在振荡器上振荡15min。

(4)取出纤维,用镊子绞干,将三角烧瓶内溶剂倒出,再加入纯净溶剂,把纤维放入烧瓶,重复振荡一次。

(5)取出纤维放在玻璃漏斗上,用洁净溶剂冲洗,同时用镊子翻动纤维,冲去试样上余留油剂。

(6)将萃取后的纤维试样放入铝盒,任其挥发片刻,进烘箱烘2~2.5h。取出,放入干燥器内冷却至室温,称得试样连盒质量(G_3)。

3. 计算

$$上油率 = \frac{G_2 - G_3}{G_3 - G_1} \times 100\% \qquad (3-11)$$

$$含油率 = \frac{G_2 - G_3}{G_2 - G_1} \times 100\% \qquad (3-12)$$

式中:G_1表示铝盒重量(g);G_2表示铝盒和纤维含油干重(g);G_3表示铝盒和纤维去油干重(g)。

(三)振荡洗涤法

振荡法比索氏萃取法操作简单,测试速度快,主要应用于合纤长丝。振荡法也可用洗涤剂洗涤纤维上的油剂,纤维洗涤前后的质量差异即油剂质量。

1. 仪器

超声波振荡器、烘箱、干燥器、电光天平。

2. 检验步骤

(1)取4g左右样品4只,放在已知质量G_1的称量瓶中。

(2)将上述试样放在(105±2)℃的烘箱中烘1.5h,取出后放在干燥器中冷却30min,在电光天平上称量,称得质量G_2。

(3)将上述试样放在超声波振荡器内不锈钢烧杯中,同时在烧杯中加水200mL(1%的601洗涤剂),在超声波振荡器上振荡3min。

（4）振荡后，纤维用纯水清洗，脱水。

（5）将脱水后纤维放入原称量瓶内，在(105 ± 2)℃烘箱烘 2h，取出放在干燥器内冷却 30min 后，称得质量 G_3。

3. 计算

$$上油率 = \frac{G_2 - G_3}{G_3 - G_1} \times 100\% \tag{3-13}$$

$$含油率 = \frac{G_2 - G_3}{G_2 - G_1} \times 100\% \tag{3-14}$$

式中：G_1 表示称量瓶的原质量（g）；G_2 表示称量瓶和纤维含油干重（g）；G_3 表示称量瓶和纤维去油干重（g）。

对于所含油剂易挥发的纤维（如涤纶低弹丝），洗涤前不需要经过烘干，洗涤后烘干时间为 2h。

其计算公式为：

$$上油率 = \frac{G_1(1 - R) - G_2}{G_2} \times 100\% \tag{3-15}$$

式中：G_1 表示试样经吸湿平衡后的质量（g）；G_2 表示试样经过洗涤后的烘干质量（g）；R 表示试样公定回潮率%（涤纶为 0.4%）。

（四）折光法

折光法是以萃取法得到的油剂，加一定体积的溶剂制成溶液，在阿贝折光仪上测定溶液的折射率。由于折射率与油剂浓度呈线性关系，因此，可从已知油剂浓度与折射率关系的标准曲线上求得对应的含油率。

1. 仪器　阿贝折光仪、恒温器（控制精度 0.1）。

2. 检验步骤

（1）用索氏萃取法将油剂提取于溶剂中，回收溶剂，余留的油剂在烘箱内烘干。

（2）将油剂溶解于一定体积的相溶性良好的溶剂中。

（3）将阿贝折光仪置于光线充足处，与恒温器相连，调节到给定温度，通常为(20 ± 0.1)℃或(25 ± 0.1)℃，使棱镜恒温 10min。

（4）进光棱镜和折光棱镜表面用丙酮或乙醚洗净，用擦镜纸擦拭干净。

（5）用吸管吸取溶有油剂的待测溶液，滴于进光棱镜毛玻璃面上，表面均匀覆盖一层液体，充满视场，无气泡。立即紧闭棱镜。

（6）调节进光棱镜下反光镜，使光线射入。

（7）旋转折光棱镜手轮，至望远镜筒视场呈现明暗两部分。转动阿米西棱镜手轮，消除色散(虹彩),使明暗分界线清晰。继续调节折光棱镜手轮,使明暗分界线处于目镜十字叉线中心。

(8)在读数镜筒中读取折射率,再在折射率—油剂浓度、含油率即标准曲线法上查得含油率。

3. 计算 采用检量线作法。分别配制1%、2%、3%、4%与6%浓度的油剂溶液,在恒温下测得各溶液的折射率,作折射率—油剂浓度关系曲线。根据油剂浓度用式(3-16)计算相应的含油率:

$$含油率 = \frac{VP}{G} \times 100\% \qquad (3-16)$$

式中:G表示萃取前纤维试样干重(g);V表示经萃取烘干的油剂配制成折光仪测试溶液的体积(mL)。

折射率—油剂浓度、含油率标准曲线如图3-4所示。

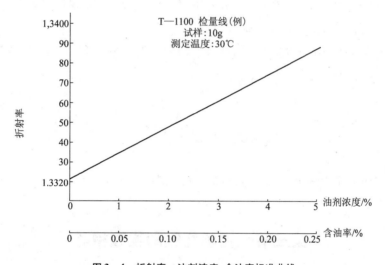

图3-4 折射率—油剂浓度、含油率标准曲线

折光法适用于化纤生产厂测定已知油剂配方纤维,而且能作出折射率—油剂浓度、含油率标准曲线。对于未知油剂配方的纤维测定则用称量油剂方法较合适。

(五)洗涤减量法

由于有些油剂挥发性较大,而且用溶剂萃取油剂时纤维中低分子物也随之抽出,使得试验结果产生误差。因此,有的试验方法标准是以测定洗涤减量率取代测定上油率与回潮率。

洗涤减量法是利用洗涤剂(一般是以表面活性剂为主体成分)的洗涤作用,表面活性剂具有乳化、润湿、渗透、分散和发泡等特性,使纤维中的油剂和水形成乳状液,从纤维上分散到洗涤液中,这样就用纤维洗涤前后的减量,可定量地求得纤维上的含水量与含油量之和,其对去油、去水纤维的百分率,即为洗涤减量率。

1.仪器　洗衣机、离心脱水机、天平(感量1/100g)、热风式烘箱(附感量1/100g天平的箱内称重设备和恒温控制装置)、脱脂涤纶丝袋(密纹织物、可装试样20～30g,口袋尺寸为22cm×16cm)若干个,编号备用。

2.试样准备　取质量为20～30g的试样,精确称至1/100g,装入涤纶丝袋中。

3.检验步骤

(1)按试样总质量配制如下洗涤液注入洗衣机,并投入装有试样的涤纶丝袋,进行洗涤。根据各地水质情况任选一种洗涤剂。

①1%209表面活性剂,0.1%磺酸钠。

②30型洗衣粉3/1000。

③皂片3/1000;最小浴比:1:40;洗涤温度:40～50℃;洗涤时间:15min;水质要求:用皂片做洗涤剂时,水硬度应低于1.4m mol/L。

(2)将洗涤后的试样离心脱水6min,然后用60～65℃热水漂洗、脱水共两次,再用室温水漂洗、脱水共两次,每次漂洗5min,离心脱水6min。

(3)将漂洗脱水后的试样悬挂阴干后,放于(105±2)℃烘箱内,烘干90min后进行第一次称量,隔10min再称,直至恒重。

4.计算

$$洗涤减量率 = \frac{G_0 - G_1}{G_1} \times 100\% \qquad\qquad (3-17)$$

式中:G_0表示试样洗涤前重量(g);G_1表示试样洗涤烘干后重量(g)。

第三节　化学纤维的物理检验

化学纤维的物理检验主要包括细度检验、拉伸性能检验、摩擦系数检验、静电特性检验、熔点检验、热收缩率检验等。对于化纤短纤维,还包括长度检验、卷曲弹性检验等;对于化纤长丝,还包括捻度及捻向、复丝单丝根数、定伸长弹性回复率、条干均匀度等。本节以先介绍化学纤维的主要物理检验,关于短纤维和长丝大品种的其他物理检验,将在第四章介绍。

一、长度检验

(一)长度的基本概念

纤维长度,是指伸直纤维两端间的距离。伸直长度,是指纤维拉直但不产生伸长时的长度,它是纤维的一项重要形态尺寸指标。

化学纤维长度不同于天然纤维,可以按纺纱要求来取。所谓棉型、毛型、中长型纤维,除了其粗细有差异外,主要是指纤维长度而言。根据纺纱加工不同类型,纤维长度也分三种规格;棉型纤维长度为 31～38mm,中长型纤维长度为 51～76mm,毛型纤维用于粗梳长度为 64～76mm,用于精梳长度为 76～114mm。

(二)长度指标

化学纤维长度因是机械加工获得的,因此其长度指标比棉花、羊毛等天然纤维要简单些,一般用集中性与离散性两类指标来表达。

1. 集中性指标 表示纤维长度的平均性质。在等长纤维中可用根数平均长度来表示。在不等长纤维中用根数平均长度或重量加权平均长度指标来表示。

根数平均长度 L_n(mm)与重量加权平均长度 L_g(mm)之间的关系为:

$$L_g = L_n \cdot (1 + CV^2) \qquad (3-18)$$

式中:CV 表示纤维根数平均长度的变异系数。

由于一般纤维的长度总存在差异即 $CV \neq 0$,因此 $L_g > L_n$,即重量加权平均长度恒比根数平均长度长,纤维长度越不整齐,差值越大。

2. 离散性指标 反映纤维长度的不匀情况,在化学纤维中主要有长度不匀率、变异系数以及短纤维率、超长纤维率等指标;离散性指标对纺纱工艺和成纱品质的影响比集中性指标要大,但是不同纺纱工艺对长度离散性指标的要求也是有区别的。所以对长度离散指标的要求是不能一概而论的。

(三)长度的检验方法

1. 切断称重法 由于化学纤维长度是机械加工制得,且多是等长纤维,其长度方向上任何一段的线密度(纤度)基本是相同的,由于长度整齐度高,短纤维含量少,故可用切断称重的方法求得平均长度、短纤维率、超长纤维率三项指标。此法操作简便,测试稳定性好,目前在短纤维的长度检验中普遍采用。

(1)仪器与用具。Y171 型纤维切断器:其规格有 10mm、20mm、30mm。粘胶纤维检验用 10mm,其他棉型、中长型纤维用 20mm,毛型用 30mm。

扭力天平:称量 100mg,感量 0.2mg;称量 25mg,感量 0.05mg。

限制器绒板、小钢尺、挑针、一号夹子、梳子、镊子、压板等。

(2)检验步骤。

①从经过标准温湿度处理的试样中用镊子随机从多处取出 4000～5000 根纤维,用手扯的方法整理成束。

②一手握住纤维束整齐一端;另一手用一号夹子从纤维束尖端层夹取纤维移置于限制器绒

板,叠成长纤维在下,短纤维在上的一端整齐、宽约 25mm 的纤维束。

③用一号夹子夹住纤维束整齐的一端 5~6mm 处,先用稀梳、继用密梳从纤维束尖端开始,逐步靠近夹子部分多次梳理,直至游离纤维被梳除。

④用一号夹子将纤维束不整齐一端夹住,整齐一端露出夹子外 20mm 或 30mm,按步骤③所述从另一方向梳除短纤维。

⑤梳下的游离纤维不能丢弃,置于绒板上加以整理,扭结纤维用镊子细心解开,长于短纤维界限的仍归入已梳理的纤维束内。短纤维排在黑绒板上。

⑥在整理纤维束时发现有超长纤维应取出,称重后仍归入纤维束中(如有漏切纤维挑出另作处理,不归入纤维束中)。

⑦将已梳理过的纤维束在切断器上切取中段纤维,切时纤维束整齐一端距切断器刀口 5~10mm,保持纤维束平直并与刀口垂直(合成纤维受卷缩影响,排好后分两束切断)。

⑧将切断的中段及两端纤维和整理出的短纤维,超长纤维在标准温湿度条件下平衡后(一般为 1h 以上),用扭力天平分别称其重量。

超长纤维界限名义长度 51mm 以下:名义长度 +5mm(进口化学纤维),名义长度 +7mm(国产化学纤维);名义长度 51mm 及以上;名义长度 +10mm。

(3)计算。

$$平均长度 L_n(mm) = \frac{W_o}{\frac{2W_s}{L_s + L_{ss}} + \frac{W_c}{L_c}} \tag{3-19}$$

$$短纤维率 = \frac{W_s}{W_o} \times 100\% \tag{3-20}$$

$$超长纤维率 = \frac{W_{ov}}{W_o} \times 100\% \tag{3-21}$$

$$W_o = W_c + W_t + W_s \tag{3-22}$$

式中:W_o 表示纤维总质量(mg);W_{ov} 表示超长纤维质量(mg);W_n 表示中段纤维质量(mg);W_t 表示切下纤维束两端质量合计(mg);W_s 表示短纤维的质量(mg);L_n 表示中段纤维长度(mm);L_{ss} 表示最短纤维长度(mm);L_s 表示短纤维界限(mm)、L_c。

取小数后一位,长度偏差率取小数后两位。

试样测试个数根据批量大小而定。平均长度公式推导见图 3-5。

设纤维总根数为 n,纤维线密度为 m[单位长度纤维质量(mg/mm)]。把纤维按长短次序排列成一端整齐的纤维长度排列图。设纤维层是均匀的(厚薄和间距)。化学纤维基本是切成等长纤维,短纤维含量较低,L_{ss} 值附近的短绒率比例极小,可忽略不计重量,平均长度可采用简化公式计算：

$$平均长度 L_n(mm) = \frac{L_c \times W_o}{W_c} = \frac{L_c \times (W_c + W_t)}{W_c}$$

$$(3-23)$$

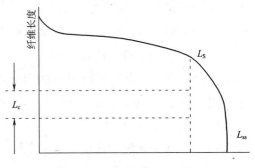

图 3-5　切断称重法求等长纤维平均长度

2. 单根纤维测量法　它是测量纤维长度的最基本方法，即把试样逐根拉直，放在一合适的标尺上直接测量其长度。这种方法虽操作麻烦，但测试结果较全面准确，尤其在试样中的短纤维组分需要准确地描述时，用此法测量可以校对其他方法的测量正确性。

（1）测试工具与材料。刻有厘米刻度的玻璃板或玻璃板与小钢尺（读数要求精确），石蜡油或凡士林油，黑绒板。

（2）检验步骤。

①将玻璃板放在黑绒板上，且在上面涂上薄薄一层石蜡油或凡士林油。

②将已准备好的试样，用镊子将纤维一根根平放在玻璃板上，并使纤维借石蜡油的作用黏附在玻璃板上保持平直而不伸长。

③将已排好的纤维，逐根量取其长度，并记录。

（3）计算。可以通过下式进行计算平均长度：

$$平均长度(mm) = \frac{各根纤维长度之和}{测定的纤维根数}$$

$$(3-24)$$

3. 半机械测量法　采用长度试验仪。长度试验仪是一种测定单纤维长度半自动仪器；可以采用铡定较长的化学纤维。仪器的结构如图 3-6 用镊子把每根纤维的一端钳住，然后在一轻质张力杆 A 下面拉过，这根张力杆还作为电路中的开关以控制螺旋轴 B 的转动。当 B 轴与 A

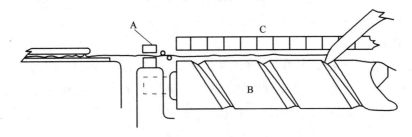

图 3-6　WIRA 纤维长度试验仪

A—夹持器　B—导板　C—压板

的接触为纤维所隔时,B 轴就旋转,这样当镊子尖压入螺旋沟槽时,就拉着张紧的纤维沿着槽沟前进,直到纤维末端通过 A,使 A 与 B 重新形成接触为止,这时螺旋轴停止转动;镊子的位置就表示纤维的长度。镊子离开计数器时推动一琴键,把测定值记在背后的频率计数器 C 上的一个相应的圆筒上。各计数器筒的间隔为 5mm,在试验结束时,由计数器就可得到 5mm 分组的频率分布试验结果,一个熟练的试验员 1h 可测 500 根纤维。由于镊子夹持纤维端,有一定误差,此仪器适用于长纤维的长度测量。

4.光电仪仪器测定法　其基本原理是由一束平行光线通过排列在梳子上的纤维,由于纤维量改变,透光量改变,在接受光电元件上产生电信号,因此测得纤维长度。该指标与一般长度概念不一样,测得的是跨距长度(又称伸展长度)。把被测纤维随机地梳挂在梳子上,在梳子上形成近梳子根部密,远离根部逐渐稀疏的纤维丛,把近梳子根部一定距离的纤维量定为 100%,纤维量为 50%(或 2.5%)的测量点与原 100% 测量点的距离称为 50%(或 2.5%)的跨距长度。常用的仪器有以下两种。

(1)匈牙利的 FM－22/A 数字式纤维自动长度分析仪。可用于化纤、羊毛、棉花及其混合原料长度的测试,测试纤维长度为 10~200mm,测定 50% 和 2.5% 跨距长度,每小时测定 60~65 次,计算器打印输出。

(2)美国的 330 数字式纤维长度照影仪。长度照影仪是国际上比较先进的纤维长度测量仪器。其中美国 Spinlab 330 型数字式纤维长度照影仪专用于化学纤维长度测定,530 型也可测化学纤维条。纤维通过一专用取样器梳挂在梳子上,通过光电测量,可得到 50% 和 2.5% 的跨距长度。

二、细度检验

(一)细度的基本概念

纤维的细度,一般指纤维的粗细程度。可用单位长度重量,单位重量的长度以及直径、宽度、横截面等表示。常用的表示细度的名称有公制支数、旦尼尔、特克斯(号)等。纤维的细度与长度一样是重要的形态尺寸指标和质量指标,是常规检验的一个重要项目。它与成纱质量及纺纱工艺的关系十分密切。

(二)细度的表示

表示细度有直接制(定长制)和间接制(定重制)两种方式。直接制(定长制)是用规定长度的纤维、纱线所具有的重量数值表示细度的方法。如旦尼尔制、特克斯制属于直接制。间接制(定重制)是用规定重量的纤维、纱线所具有的长度数值表示细度的方法。如支数制属于间接制。

1.定长制　国际上化纤一般用线密度表示。线密度是一种直接制(定长制),是单位长度的重量,符号为 Tt,其法定单位为特克斯(简称"特")(tex),其定义为 1000m 长度纤维的重量克

数。若1000m长度的纤维重1g,该纤维即为1tex。其表示式为:

$$Tt = 1000 \frac{g}{L} \tag{3-25}$$

历史上曾经用旦尼尔(Denier,简称"旦")表示纤度,但现在已不单独使用。纤度的符号为 N_D,单位为旦。旦尼尔的定义为9000m长度纤维的重量克数。若9000m长度的纤维重1.5g,该纤维即为1.5旦。其表示式为:

$$N_D = 9000 \frac{g}{L} \tag{3-26}$$

特和旦为定长制,同一种纤维的特数或旦数越大,纤维截面越粗。

当纤维较细,用特数来表示细度时数值较小,可用分特来表示。分特为特数的1/10,即 10000m长度纤维的重量克数。若10000m长度的纤维重1g,该纤维即为1dtex。

2. 定重制　纤维的细度还曾经用公制支数表示,但现在已不单独使用。公制支数符号为 N_m。公制支数的定义为1g重纤维长多少米。如1g重纤维长6000m,即为6000公支。其表示式为:

$$N_m = \frac{L}{g} \tag{3-27}$$

公制支数为定重制。同一种纤维的公制支数越大,则纤维越细。

一般在设计纺纱工艺时,纤维的细度和长度可按以下经验公式进行选择:

$$长度(英寸)/细度(旦) \approx 1 \tag{3-28}$$

用直径表示纤维粗细程度,只适用于圆形截面的纤维,因为异形截面纤维直径难以测量正确;同时各种纤维密度不同,故当旦数(特数、公制支数)相同时,纤维直径也不相同,密度越低的纤维,其直径越粗。

3. 换算关系　旦(N_D)、特(Tt)、公制支数(N_m),都可以表示纤维的细度,数值可相互换算,其换算关系如下:

$$N_m = \frac{1000}{Tt}, Tt = \frac{1000}{N_m}, N_D = 9Tt, Tt = \frac{N_D}{9}$$

如果已知纤维线密度,设纤维直径为 $d(\mu m)$,密度为 $\rho(g/cm^3)$,则纤维直径与旦数的换算式为:

$$d = 11.894 \sqrt{\frac{N_D}{\rho}}, N_D = 7.069 \times 10^{-3} rd^2 \tag{3-29}$$

纤维直径(d)与分特(dtex)的换算式为:

$$d = 11.284\sqrt{\frac{\text{dtex}}{\rho}}, \text{dtex} = 7.854 \times 10^{-3} \qquad (3-30)$$

纤维直径与公制支数的换算式为:

$$d = 1128.4\sqrt{\frac{1}{\rho\,N_m}}, N_m = \frac{1.2732 \times 10^6}{d^2\rho} \qquad (3-31)$$

根据以上换算关系可整理列表 3-5。

表 3-5　化学纤维细度各指标间换算

名　　称	符号	N_D	ktex	Tt	dtex	mtex	N_m	d
旦尼尔		—	9000ktex	9Tt	0.9dtex	0.009mtex	$\dfrac{9000}{N_m}$	$7.069 \times 10^{-3}\rho d^2$
千特克斯	ktex	$\dfrac{1}{9000}N_D$	—	$\dfrac{1}{1000}$Tt	$\dfrac{1}{10^4}$dtex	$\dfrac{1}{10^6}$mtex	$\dfrac{1}{N_m}$	$0.7854 \times 10^{-6}\rho d^2$
特克斯	Tt	$\dfrac{1}{9}N_D$	1000ktex	—	$\dfrac{1}{10}$dtex	$\dfrac{1}{10^3}$mtex	$\dfrac{1000}{N_m}$	$0.7854 \times 10^{-3}\rho d^2$
分特克斯	dtex	$\dfrac{10}{9}N_D$	104ktex	10Tt	—	$\dfrac{1}{10^2}$mtex	$\dfrac{10000}{N_m}$	$7.854 \times 10^{-3}9\rho d^2$
毫特克斯	mtex	$\dfrac{1000}{9}N_D$	106ktex	103Tt	102dtex	—	$\dfrac{10^6}{N_m}$	$785.4 \times 10^{-3}9\rho d^2$
公制支数	N_m	$\dfrac{9000}{N_D}$	ktex	$\dfrac{1000}{Tt}$	$\dfrac{10^4}{\text{dtex}}$	$\dfrac{10^6}{\text{mtex}}$	—	$1.2732 \times 10^6/\rho d^2$
纤维直径	d	$11.894\sqrt{\dfrac{N_D}{\rho}}$	$1128.4\sqrt{\dfrac{\text{ktex}}{\rho}}$	$35.683\sqrt{\dfrac{Tt}{\rho}}$	$11.284\sqrt{\dfrac{\text{dtex}}{\rho}}$	$1.1284\sqrt{\dfrac{\text{mtex}}{\rho}}$	$1128.4\sqrt{\dfrac{1}{\rho N_m}}$	—

(三)细度的检验方法

测定化学纤维细度的方法,可分为直接法和间接法。直接法中用得最广的是中段切取称重法,圆形截面的化纤也可直接量出纤维的直径,求得单根纤维的细度。间接法利用振动仪或气流仪测定纤维的细度。

1. 中段切取称重法　化纤短纤维因系机械加工制得,头尾粗细均匀,线性密度基本一致,用中段切取称重法,方法较简单。

(1)仪器与用具。Y171 型纤维切断器,精密扭力天平(感量 0.02mg),投影仪或显微镜,限制器绒板,一号夹子,梳子(稀梳 10 针/cm、密梳 20 针/cm),压板,玻璃片等。

纤维名义长度 51mm 以下,切断器选用 20mm;纤维名义长度 51mm 及以上,切断器选用 30mm。

(2)检验步骤。

①做品质试验的试样,经过标准试验条件处理,铺成约 20cm×20cm 薄薄一层从正反面各取 20 点,用镊子随机取出下列数量的纤维。

纤维名义长度:31~50mm 约 1200 根,51mm 及以上约 1000 根。

根据纤维根数,可用公式求得试样约计重量。计算公式同长度取样数量计算公式。考虑纤维束整理时损耗因素,取样重量一般棉型取 10mg,毛型 30mg 左右。

②将纤维用手扯整理数次后,一手握住纤维束整齐一端;另一手用一号夹子从纤维束尖端层夹取纤维移置于限制器绒板。移成长纤维在下,短纤维在上的一端整齐、宽约 5~6mm 的纤维束。

③用一号夹子夹住纤维束整齐的一端,先用稀梳,继用密梳从纤维束尖端开始,逐步靠近夹子部分多次梳理,直到游离纤维都被梳除。

④用一号夹子将纤维束不整齐一端露出夹子外 20mm 或 30mm 按步骤③所述从另一方向梳除游离纤维。

⑤将梳理后的纤维束在切断器上,切取中段纤维,切时整齐一端稍靠近切刀,两手用力一致,并注意使纤维束和切力保持垂直。

⑥将切下中段纤维在标准温湿度条件下平衡后(一般为 1h 以上),再在扭力天平上称重,称重前扭力天平需校正水平和零位。称重准确到 0.02mg。

⑦将称重后的中段纤维用衬有黑绒布的小弹簧夹夹住,再用扁口镊子分次钳出纤维移置于载玻片上,排妥后,用另一片载玻片盖住,橡皮筋扎好,并记上编号。

⑧将排有纤维的玻璃片放在 100 倍左右的投影仪或显微镜上,数其纤维根数并记录之(也可不排片用肉眼直接计数)。

(3)计算。

$$实际细度\ N_D = 9000 \times \frac{W_c}{L_c n} \tag{3-32}$$

式中:W_c 表示中段纤维重量(mg);L_c 表示中段纤维长度(mm);n 表示纤维根数。

$$细度偏差率 = 9000 \times \frac{W_c}{L_c n} \times 100\% \tag{3-33}$$

国内涤纶、腈纶标准中测试细度,规定用 0.01mg 感量的扭力天平,测试棉型纤维,每个玻璃片上的纤维不少于 300 根,毛型不少于 200 根,排三片玻璃片,三片玻璃片上的纤维分别计算细度,以算术平均值表示试验结果。具体测试有两种方法。一种是先排玻璃片,点根数后,把纤维集中一起称重;另一种是先称重,后排玻璃片点根数。这两种做法测试结果是一致的。

(4)国外中段切取称重方法。中段切取称重方法由于在整理纤维束时手扯张力不易控制,在根数较多时,纤维卷曲不易去除,用力过大纤维就会伸长,因此测试时人为误差较大。尤其是初始模量较低,易伸长的纤维。为了克服这一缺点,国外细度测试标准中,都使用了根数较少的方法。测试时,取 10 束纤维,每次每束取 5 根,组成一束 50 根的纤维束,用切断器切取中段,调湿平衡后,称重计算细度。测试次数不少于 10 束。天平称量精度要在 1% 以内,长度精确至 1% 内。并规定纤维束法只适用于易退去卷曲或无卷曲纤维。

保证纤维束在切断器中切断时张力合适,即保持纤维伸直而不伸长,匈牙利生产的 FM–24 束纤维准备器,可对夹持的纤维束施加恒定的张力。仪器有适于纤维不同长短粗细的夹持器,有切断纤维的定长装置,其隔距为 10mm、15mm、20mm、25mm、50mm、100mm。夹持器控制纤维张力为 0~25N 及 0~50N,由张力表指示。另一种 FM–16 型还附有读数、显微镜,有助于点纤维束中的根数,纤维束中纤维根数为 50 根。

2. 单纤维法

(1)称重法。国际标准中推荐一种单纤维称重法。试验方法如下:将试验样品反复并合、舍弃成 50 根一束,取 50 根纤维调湿平衡,逐根称重,精确至 1%,并逐根测量纤维长度,计算求得细度。

单根纤维法测试要使用高精度天平,才能保证测试精度。如 1.5 旦 38mm 的单纤维其重量为:

$$W = \frac{N_D L}{9000} = \frac{1.5 \times 38}{9000} = 6.33 \times 10^{-3} \text{mg} = 6.33 \mu g$$

如要保证称量误差在 1%~2%,则需要精度为 0.1μg 的天平(称量误差 $\frac{0.1}{6.33} \times 100\% = 1.6\%$)。

美国珀金—埃尔默公司生产 AD–2 型 AD–2Z 型精密微量天平。该仪器最大称量 5g,自动选择量程,自动量程精度为 0.1μg。准确度为 0.005%,精度为 0.05μg。此仪器可用于单纤维法测纤维细度。

(2)直径测量法。此法适用于纤维截面接近圆形的化学纤维。测定纤维直径(μm)作为其粗细的直接指标。测试可以在显微镜或投影仪上进行。测试根数可根据纤维直径的离散情况决定。

①仪器。显微镜或投影仪,目镜、物镜测微尺。

②检验步骤。

a. 根据物镜测微尺,校正目镜测微尺上每格表示的尺寸。将纤维平行排列在载玻片上,盖上盖玻片,并加以适当的甘油或石蜡油。

b. 将载有纤维的载玻片放在显微镜下,调节放大倍数,一般用 400 倍,应用目镜测微尺逐根测量纤维宽度。根据所测纤维在目镜测微尺下的平均格数和每格所表示尺寸,计算纤维直径。

例:目镜测微尺每格为 3μm,测得纤维平均格数为 6.8 格,则纤维直径 = 6.8×3 = 20.4μm。

3.振动仪法 国际标准中推荐振动仪法测定纤维细度。由于纤维束法只能测得纤维束的平均细度,而不能测得单纤维细度,不能得到纤维细度不匀情况。而振动仪可测得单纤维的细度,由于振动仪测定是非破坏性的,这根纤维还可用于强力试验,这样就可求得这根纤维的单位细度下的强力—强度。

(1)仪器。采用日本产的精工 DC‐2A 型振动式细度仪,仪器由测试主机和计算仪组成。本仪器计算式为:

$$N_{\mathrm{D}} = 2.205 \times 10^8 \times \frac{P}{L^2 f^2} \tag{3-34}$$

式中:L 表示试样试验长度,P 表示预加张力,f 表示测得的共振频率。

(2)检验步骤。

①按照纤维的细度和长度,选择试验长度 L 及预加张力 P。把长度选择键,预加张力键按入相应的位置。

②纤维下端加预加张力,上端夹入上夹持器,上下刀口紧靠纤维,控制纤维试验长度。纤维中部放入共振测检头,共振测检头由光源发出光点,照射到纤维,到达光电元件;当纤维共振时,振幅最大,光电元件发出电信号,共振指示灯亮。上刀口是由压电晶体控制的控制刀口,当一定频率 f 的电信号加到压电晶体上,压电晶体就以相应频率振动,带动上刀口,使纤维以频率 f 振动。振动频率在数字管上显示。

③按动打印按钮,打印机打印出纤维的细度。每次一般测定 30 根纤维,计算出平均变异系数。

其他振动式仪器有德国的 Vibromat 振动仪。仪器激励纤维振动是通过声振动实现的。纤维振动的最大振幅由光电检测,由一台小型计算机从振动频率中确定纤维细度,数字显示。一组数据测试结束后可列出平均值和标准差。仪器并可与 Fafegraph T 半自动强力仪联机使用,由 Vibromat 侧的纤维细度后到强力仪上测强力。该仪器已被一些国家列入测试化学纤维单纤维细度的标准方法中去。

4.气流仪法 气流仪法利用纤维表面积对流动空气阻力的原理来间接测定纤维细度。它具有快速、简便、代表性强与数据稳定等特点,故已被广泛应用在棉花、羊毛等纤维的细度测定中。

气流仪测定细度的原理是以流体力学中测定多孔型材料的总面积为理论基础的。当流体在管道中流动的速度不大(雷诺数小于 2000),流体的流动为层流时,则管道两端的压力差 ΔP 值主要决定于纤维的比表面积 S。压力差 ΔP 与纤维的比表面积 S 成正比。同理,当 ΔP 保持一定(恒压),试样质量一定,空气温湿度一定时,流量 Q 则与纤维比表面积 S 成反比。若纤维截面为圆形时,$S = \dfrac{4}{d}$,此时气流仪的空气流量 Q 与纤维直径 d^2 成正比。

根据上述原理,气流仪可分为两大类:一类是固定流量 Q,用压力差 ΔP 表示细度,这时 ΔP 与纤维的直径 d 的平方成反比;另一类是固定压力差 ΔP,以流量 Q 表示细度,这时 Q 与 d^2 成正比。由于化纤品种较多,密度都不相同,故当管道内纤维质量一定时,空隙率 ε 都不一样,影响空气的流量 Q,所以用气流仪测化学纤维的细度时多数采用固定流量的恒流法,即用压力差 ΔP 表示纤维的细度。

图 3-7 是定流量式气流仪原理图。一定数量的纤维放入试样筒内,一端和大气连接,另一端与压力计及通过流量计与抽气机连通。工作时,抽气机抽气,在试样筒两端产生压力差,由压力差可推知纤维细度。气体流量恒定,由流量计指示。

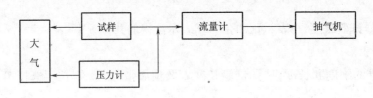

图 3-7   定流量式气流仪原理图

国外还研制了利用激光和光电测量纤维细度的仪器。国际上化学纤维线密度的测量趋向于采用振动法。国际标准化组织的国际化学纤维标准化局(BISFA)在 1985 年前制订的涤纶、锦纶、腈纶、粘胶等化学短纤维线密度测量方法中规定采用振动仪法或单根纤维测量长度,而在 1986 年修订的锦纶短纤维和 1989 年修订的腈纶短纤维测试方法中就只采用振动仪法。1992 年 ISO/TC 38 颁布的 ISO 1973《纺织纤维线密度测量方法》中,也以振动仪法代替 1976 年版本中的单根纤维测量长度称重法。

三、拉伸性能检验

化学纤维的力学性能是决定纺织材料耐用性能和坚牢度的主要因素,它与纺织工艺和加工关系甚为密切。

外力对化学纤维的作用有拉伸、压缩和扭转三类,各产生不同性质的变形,因此化学纤维有三类不同的力学性能。在这三类力学性能中,拉伸性能远比其他性能重要,因为化学纤维是极其柔曲的物体,无论纤维、纱线或织物,受到的主要外力是拉伸。

化学纤维材料的使用性能同弯曲性能甚为密切,就织物来说,它的抗皱性、悬垂性、回弹性、手感丰满程度,在很大程度上同织物的弯曲性能有关。弯曲性能是拉伸和压缩两种性能复合效应,织物的抗弯性能除随织物的结构因素而变化外,主要决定于组成织物的纤维和纱线的拉伸性能。此外,织物的撕裂强力、顶破强力等,也与纤维及纱线的拉伸性能有关,因此拉伸性能的试验受到充分的重视。

(一)拉伸性能指标

1. 常规指标　纤维拉伸性能最常用的指标是断裂强力、断裂强度、断裂伸长率。

(1)断裂强力(断裂负荷)。拉伸试验中,纺织材料试样抵抗外力致断裂时最大的力。单位有牛顿(N)、克力(gf❶)和千克力(kgf❷)等。一般说来,同一种化学纤维,纤维越粗,纤维的断裂强力越大。由于化学纤维各种型号规格变化很大,在纤维不同粗细的情况下,仅根据纤维的绝对强力大小来比较其坚牢程度,很难得出正确的结论,为此必须考虑纤维截面的粗细。

(2)断裂强度。纤维强度用纤维单位截面积上所能承受的最大负荷表示,称为断裂应力或断裂强度(kgf/mm^2)。因为测量纤维的截面很不方便,常使用和断裂应力成正比的其他指标。化学纤维的断裂强度是试样单位细度(未拉伸前)的断裂强力,单位是牛顿/特(N/tex)、克力/旦❸(gf/旦)和千克力/旦(kgf/旦)等。

(3)断裂伸长率。纤维和其他任何材料一样,力和形变总是同时存在同时发展的,在拉力作用下,拉到断裂时的伸长量 ΔL(mm)称为断裂伸长。纤维在无外加拉力时的原长,用 L(mm)表示。断裂伸长对拉伸前长度的百分率叫断裂伸长率,用 E 表示。

$$E = \frac{\Delta L}{L} \times 100\% \qquad\qquad (3-35)$$

2. 与拉伸曲线有关的指标　上述拉伸指标是常用指标,但是断裂强度及断裂伸长率仅仅表达了断裂时的特征,并不能充分反映纤维在受力全过程中表现的特征。而纤维在纺织加工中及纺织品使用中所经受的外力远比纤维的断裂强力与断裂伸长率小。例如,化学纤维与棉混纺时,化学纤维在 10% 伸长时的应力对混纺纱的强力影响要比其断裂强度对混纺纱强力的关系更密切。纤维的初始模量和纺织品的手感与硬挺度直接有关,因此要深入了解纤维的机械性能必须考虑纤维在拉伸全过程中的负荷和伸长的变化。

(1)负荷伸长曲线与应力—应变曲线。具有自动记录仪装置的纤维强力机可以作出纤维拉伸到断裂全过程中试样承受负荷和伸长变化的曲线,通常称为负荷—伸长曲线,如图 3-8 所示。实际测试时负荷伸长曲线是随试样粗细,试样夹持长度的长短而变化。为了便于对各种纤维的拉伸性质进行比较,通常

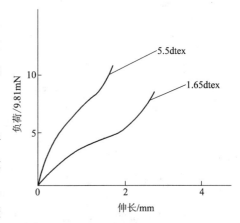

图 3-8　负荷—伸长曲线

---

❶ 1 克力(gf) = 0.00981 牛(N)。

❷ 1 千克力(kgf) = 9.81 牛(N)。

❸ 1 克力/旦(gf/旦) ≈ 0.0882 牛/特(N/tex)。

根据负荷伸长曲线测得的结果,把负荷除以纤维细度(特克斯),即断裂强度作为纵坐标,把伸长除以试样的夹持长度,即伸长率作为横坐标,由此所得的曲线叫应力—应变曲线(图3-9)。

采用应力—应变曲线,各种纤维在断裂强度与伸长率单位统一的基础上获得可比性。各种不同纤维的应力—应变曲线,如图3-9所示。

(2)初始模量。纤维的初始模量是纤维拉伸曲线起始一段直线部分的斜率(指除去纤维卷曲后),当拉伸曲线起始直线部分不明显,初始模量可取伸长率为1%时的应力值与伸长率的比值。

初始模量的大小表达了纤维在小负荷作用下形变的难易程度,所以,初始模量是反映纤维在小负荷条件下,抵抗伸长形变的能力,它反映了纤维的刚性。初始模量大,则纤维在小负荷作用下不易变形,刚性较好,其制品比较挺括。但过高则织物不耐冲击,手感硬,易脆裂。两种纤维同样粗,则其中初始模量低的一种其制品的手感比较柔软。

(3)10%伸长时对应应力。目前化学短纤维一般均与棉混纺,纺纱时要考虑两种纤维的性能。如两种纤维性能接近,纺纱能顺利进行。棉花的断裂伸长一般为8%~10%,断裂强力约4.5cN,如化学纤维在10%伸长的断裂强力低于4.5cN时,在外力作用下,抗张能力主要由棉承受,因而纱线强力低,易断头,成纱品质指标低。因此需要测定10%伸长时的对应强力。相对指标为10%的对应强度,即每单位细度的强力,如图3-10所示。

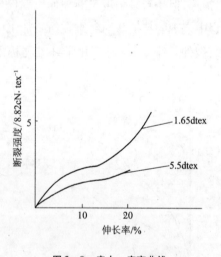

图3-9　应力—应变曲线

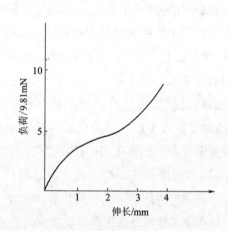

图3-10　10%伸长时的对应强力

测定时把纤维拉伸至10%伸长时,读得其负荷值,也可以在负荷伸长曲线上由10%伸长处求得其相应负荷值。

(4)屈服点。纤维拉伸曲线起始一段呈近似直线状,具有较大的斜率,随着外力继续增加,拉伸曲线进入延伸性能突然变得较大的一个区域,在这两个线段之间有一个转折或过渡的区域,在此区域内有一个转折点,称为纤维的屈服点,相应的强度与伸长,称屈服强度与屈服伸长率。

纤维在屈服点以下产生的变形主要是可以恢复的弹性变形,在屈服点以上的变形中有一部分是不可恢复的塑性变形,这一部分的塑性变形随外力的增加或外力作用时间的延长,将相应地增加直至纤维最后断裂。因此在其他指标一定的情况下,屈服点高的纤维不易产生塑性变形,特别是屈服点伸长率高的纤维拉伸弹性比较好,其织物的尺寸稳定性较好。

(5)第二屈服点强伸余效。有些纤维如涤纶在拉伸过程中会出现第二个屈服点。如图3-11示,三种类型的涤纶,虽然细度相同,拉伸曲线完全不同,尤其是第二屈服点存在着显著差异。为了考核这一指标引入了强伸余效的概念。强伸余效为断裂强伸值与第二屈服点的强伸值之差对断裂强伸值的百分比。

第二屈服点强伸余效与服用性能密切相关。强伸余效越高,服用性越好。进口涤纶低强高伸纤维强伸长余效最高,强力余效约14%,伸长余效约40%;高强低伸型次之,强力余效约12%,伸长余效约30%;国产涤纶中强中伸型最低,强力余效约7.4%,伸长余效约21%。

(6)断裂功。纤维负荷—伸长曲线下面所包含的面积代表纤维的断裂功,断裂功是纤维受拉伸到断裂时所吸收的能量,也就是外力拉断纤维所做的功,单位常用 N·cm,gf·cm。断裂功通常用面积仪或称重法测量拉伸曲线下包围的面积来确定。如图3-12斜线部分。

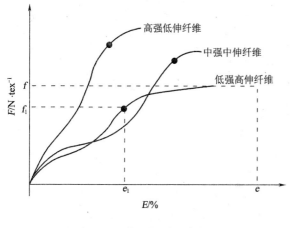

图3-11 第二屈服点强伸余效

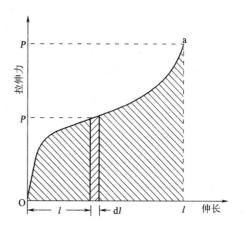

图3-12 断裂功

同样,不同粗细纤维的比较,常采用断裂比功,单位为 cN/tex。

(7)弹性。纤维在纺织加工和使用中,会经常受到比断裂负荷小得多的反复拉伸作用,纤维承受多次加负荷—去负荷的循环作用会遭受破坏而断裂,这种现象称为疲劳,而疲劳性能与纤维的弹性密切相关。纤维弹性恢复高,耐疲劳性能好。耐疲劳性好和弹性形变恢复能力强的纤维不易产生变形。弹性是决定纺织制品尺寸稳定性的一个重要因素。同时织物的抗皱性能与纤维的拉伸变形后恢复能力有关,即与纤维的弹性有关,织物的折皱回复性与纤维在小变形下的拉伸回复能力呈线性关系,因此纤维的变形分急弹性形变、缓弹性形变与塑性形变。

测定纤维弹性指标有：

①定伸长弹性恢复率。指纤维拉伸到一定伸长率（一般为 3%、5% 和 10% 时）测定的纤维弹性恢复率。

②定负荷弹性恢复率。

③弹性功恢复率。纤维在定伸长或定负荷弹性恢复时所做的功。一般可在电子强力仪曲线上算出。

④弹性性质。急弹性形变、缓弹性形变、塑性形变指标可由主弹性试验中计算出来。

（二）拉伸性能测试仪器

从加负荷的形式上，测定强伸度的仪器可分三种类型：等速牵引（CRT）、等加负荷（CRT）、等速伸长（CRE）。

根据拉伸试样时负荷增加速度不同，强力仪可分为慢速与快速两种，通常使用为慢速强力试验仪，试样拉伸速度在 1m/min 以下。由于拉伸速度对纤维材料的强力、伸长及拉伸曲线均有影响，所以在做拉伸试验时对于不同的试样拉伸速度有所规定。ISO 标准规定控制拉伸速度使纤维在（20 ± 3）s 断裂。

常用的强力试验仪有 Y161 型单纤维强力机（图 3 – 13）和 YG003 型电子强力仪（图 3 – 14）。

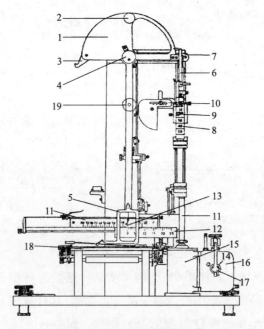

图 3 – 13　Y161 型单纤维强力机

1—扇形摆杆　2—平衡锤　3—平衡钩　4—刀刃　5—绘图方框　6—上夹持器　7—直角双臂杆

8—定距尺　9—下夹持器　10—凸轮　11—强力标尺　12—伸长标尺　13—指针

14—升降杆　15—缸体　16—阀体　17—升降手柄　18—绘图台　19—重锤

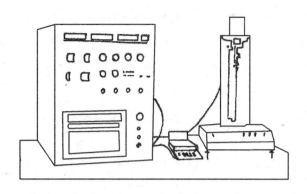

图 3 – 14 YG003 型单纤维电子强力仪

(三)断裂强度与伸长率的检验

1. 干断裂强度与伸长率

(1)仪器。Y161 单纤维强力机、黑绒板、镊子、秒表等。

(2)试验条件。

①夹持长度:10mm。

②预加张力:为名义细度 1.1dtex 0.981mN(0.1gf),不足 1.1dtex 的为 0.981mN(0.1gf),1.56~2.2dtex 为 1.96mN(0.2gf),2.31~3.33dtex 为 2.94mN(0.3gf)。

③断裂时间:(20±3)s。

④重锤选择:纤维断裂时应使游码停留在刻度标尺的 30%~70% 之间。

⑤强力读数正确到 1%,伸长读到 0.1mm。

⑥检验根数:不少 30 根(按强伸度变异系数来确定)。

⑦伸长凸轮位置:伸长值 +2.5mm。

(3)检验步骤。

①把做线密度测试留下一半的纤维束分成六小束,排在黑绒板上,每束约取 5 根。

②接通电源,打开水源开关。

③调节下加持器下降速度,使纤维断裂时间达到要求。

④将平衡片(重量与张力夹相同)挂在摆杆左角挂钩上。

⑤用张力夹夹取纤维一端,另一端夹紧在夹持器中。

⑥将上夹持器挂在扇形板右侧刀口上,夹紧下夹持器,取下张力夹。

⑦打开摆杆制动叉,扳动升降手柄,使下夹持器下降。

⑧纤维断裂后,转动升降手柄,使下夹持器回升到原来的位置,旋下制动叉,使摆杆固定,并脱开电磁触头,使电磁铁断电。

⑨记取强力、伸长读数后,用拨针拨回伸长标尺、强力标尺及游码。

⑩松开下夹持器,取下上夹持器,重复用张力夹夹取试样,在第二次测试进行时,记录上一次的强力和伸长的读数。强力记录至0.01N(1个分格),伸长记录至0.1mm(0.5个分格)。

表3-6是各种化学纤维在干湿条件下的拉伸性能指标范围,而表3-7是不同类型涤纶拉伸性能,可为此干湿条件下不同纤维的拉伸性能作参照。

表3-6 化学纤维的拉伸性能指标范围

拉伸性能		锦纶	腈纶	维纶	丙纶	氯纶	粘纤	富纤	醋纤
断裂强度/cN·dtex⁻¹	干	3.8~6.2	2.5~4.0	4.4~5.1	4.0~6.2	2.2~3.5	1.8~2.6	3.7~7.8	1.2~1.4
	湿	3.4~5.3	2.2~3.5	3.5~4.3	4.0~6.2	2.2~3.5	1.1~1.6	2.2~3.8	0.7~0.9
断裂伸长率/%	干	25~55	25~50	15~20	30~60	20~40	16~22	9~10	25~35
	湿	27~58	17~23	17~23	30~60	20~40	21~29	11~13	35~50
平均强度/cN·dtex⁻¹		3.1~4.9	2.8~3.5	2.8~3.5	3.5~6.2	1.6~2.2	0.6~1.3	0.5~0.6	0.9~1.2
初始模量/cN·dtex⁻¹		7~26	22~44	22~44	18~49	13~22	35~53	71~79	22~35
密度/g·cm⁻³		1.14~1.15	1.14~1.19	1.26~1.30	0.90~0.91	1.39~1.40	1.52~1.53	1.49~1.52	1.32~1.33
3%定伸长弹性恢复率/%		100	89~95	70~80	96~100	70~85	55~80	60~85	70~90

表3-7 不同类型涤纶拉伸性能表

性能		高强低伸型	中强中伸型	低强高伸型
断裂强度/cN·dtex⁻¹		5.3~6.2	4.4~5.3	4.0~4.4
断裂伸长率/%		20~25	25~35	35~45
断裂功/gf·cm		0.92~0.98	1.2~1.5	1.5~23
断裂比功/cN·dtex⁻¹		0.56~0.58	0.6~0.9	0.9~1.1
功系数		0.48~0.60	0.50~0.58	0.60~0.64
初始模量/cN·dtex⁻¹		34~46	27~34	28~32
勾接强度/cN·dtex⁻¹		3.0~4.0	3.4~3.8	3.3~3.8
勾强对拉强比/%		47~96	74~88	78~100
弹性回复率/%	3%定伸长	40~71	55~75	56~66
	5%定伸长	40~71	60~68	60
	10%定伸长	50~70	40~47	45
10%伸长对应强力	10%对应强力/gf	3~5.6	2~2.8	1.8~2.2
	占总强力的比/%	33~66	26~35	26~31
	10%对应强度/cN·dtex⁻¹	1.8~4.2	1.2~1.6	1.1~1.2
第二屈服点	强力余效/%	12	7	14
	伸长余效/%	30	22	40

(4)计算。

$$断裂强力\ F(\mathrm{mN}) = 9.81\frac{W\times\alpha}{100} + 预加张力$$

$$断裂强度(\mathrm{cN/tex}) = 8.82\frac{F}{N_{\mathrm{D}}} \tag{3-36}$$

式中:W表示重锤重量(g);α表示气强力标尺读数平均值;N_{D}表示实测纤维细度(旦)。

$$断裂伸长(\%) = \frac{E}{10}\times100 \tag{3-37}$$

式中:E表示伸长标尺平均读数。

变异系数计算:按变异系数CV公式计算,计算结果取小数后两位。

2. 湿断裂强度

(1)仪器。同干断裂强度。

(2)测试条件。

试样纤维浸湿条件:用(20 ± 2)℃蒸馏水,为使纤维完全浸湿,可在水中加0.1%平平加。

纤维浸湿时间:粘纤、富纤$0.5\mathrm{min}$;醋纤、合纤$1\mathrm{min}$。

试样准备:同干断裂强度。

(3)检验步骤。每根纤维装上仪器后,将浸水杯移上浸湿纤维;液面位置则刚好浸到上夹持器,按上述条件和时间浸湿纤维,纤维断裂后再移下水杯。

(4)计算。同上,注明湿态。

3. 勾接强度

(1)仪器。同干断裂强度。

(2)测试条件。试样浸湿条件与浸湿时间同干断裂强度。试样准备同干断裂强度。

(3)检验步骤。从试样中随机用镊子夹出两根纤维,按图3-15所示形状相互勾结,其上下两端分别用张力钳和上夹持器夹好,勾接处离上夹钳口约$5\mathrm{mm}$,再装上仪器进行测试,纤维在勾接处以外断裂者不计。

(4)计算。

$$平均勾接断裂强力\ F(\mathrm{mN}) = 9.81\frac{W\times\alpha}{100} + 预加张力 \tag{3-38}$$

$$平均勾接强度(\mathrm{cN/tex}) = \frac{8.82F}{N_{\mathrm{D}}\times2} \tag{3-39}$$

式中:W表示重锤重量(g);α表示纤维断裂时强力标尺读数平均值;N_{D}表示实测纤维细度

（且）。

计算结果取小数后两位。

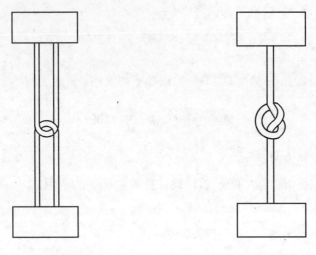

图 3－15 勾接强度试验   图 3－16 打结强度试验

4. 打结强度

（1）仪器。同干断裂强度。

（2）测试条件。试样浸湿条件与浸湿时间同干断裂强度。试样准备同干断裂强度。

（3）检验步骤。从试样中随机取出纤维，用镊子打成如图 3－16 所示的小结，以上夹持器和张力钳分别夹持纤维两端（夹上上夹持器时应使纤维结的位置离上夹持器钳口约 5mm），再装上仪器进行测试，纤维在打结处以外断裂者不计。

（4）计算。同干断裂强度，但说明是打结强度。

5. 比强度

国内目前求取纤维比强度的方法，是分别测得纤维的平均强力与平均线密度，再将两者的结果相除而得到比强度。国际化学纤维标准化局关于化纤短纤维比强度测试方法规定："如果要测试纤维的比强度，先要测量单根纤维的线密度，再将试样断裂强力除以相应的线密度"。1992 年通过的 ISO 5070—化学纤维单根纤维强伸度试验方法，对比强度也明确规定为"纤维断裂强力除以该根纤维用振动法测得的线密度，在没有振动仪的情况下才除以用称重法所求得的线密度"。

关于平均强力的检验方法，前面介绍断裂强度的检验时已经叙述。采用中段切断称重法测量纤维线密度时，取伸直平行的纤维束中段切断称重后数其根数，可计算得到纤维的平均线密度。振动法测量的是单根纤维的线密度，纤维用振动式细度仪进行逐根测量，得到各根纤维线密度的单值、平均值和变异系数，还可得出纤维线密度的不匀分布。由于振动式纤维线密度测量是一种非破坏性试验，在测定一根纤维的线密度后还可测其强力，两者结果相除即可得出单根纤维的比强度。

XQ-1型纤维强伸度仪是一种数据处理功能很强的电子强力测试仪器,它可以像普通强力仪器一样测量纤维的绝对强力;也可以与XD-1型振动式细度仪联机使用,通过微机接口通讯自动计算单根纤维的比强度,并计算与纤维线密度有关的单根纤维的模量与断裂比功,绘制负荷—伸长曲线。两仪器联机测试纤维比强度的装置系统如图3-17所示。

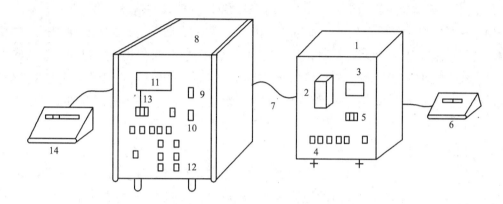

图3-17　联机测试纤维比强度的装置系统

1—细度仪　2—传感器　3,11—显示器　4,12—操作按钮　5,13—拨盘　6,14—打印机

7—通讯线　8—强伸度仪　9—上夹持器　10—下夹持器

在测量纤维强力以前,先进行纤维线密度测试。将被测试纤维试样放入振动式细度仪的振动传感器中,纤维会立即自动起振,并在显示器3上指示出纤维的线密度值。通过操作按钮4,还可显示纤维振动频率和单位线密度张力值。拨盘5用于设置张力大小,其数值应与纤维所用张力夹的重量一致。测量结果纤维线密度值经通讯线送入纤维强伸度仪的微机接口。振动式细度仪也可作为单机使用,所测纤维线密度值由打印机6打印出。同一根纤维在用振动式细度仪测完线密度后,再放入纤维强伸度仪的上夹持器和下夹持器中。按操作按钮12使上下夹持器闭合,下夹持器自动下降拉伸纤维。纤维断裂后通过控制电路使下夹持器自动回升,上下夹持器自动打开,显示器11上显示试样断裂强力、断裂伸长率、定伸长负荷值以及试验次数。拨盘13用于设置试样拉伸速度。打印机14除可打印上述显示指标外,还可打印出纤维线密度、比强力、模量和断裂比功的单值和统计值,绘制纤维负荷—伸长曲线。

四、卷曲弹性检验

一般天然纤维都有自然的卷曲,使纤维之间具有一定的摩擦力和抱合力。而化学纤维表面光滑,纤维的摩擦力小,抱合力差,造成纺织加工困难。所以,化学纤维在后加工时要用机械或化学的方法,使纤维具有一定的卷曲。

化学纤维加卷曲的目的是为了满足纺织工艺的要求。卷曲可以增加纤维间的抱合力,提高纤维的可纺性外还可以提高纤维的弹性,使手感柔软,突出织物的风格,同时对织物的抗皱性、保暖性以及表面光泽的改善有一定的作用。

(一)卷曲弹性的指标及其测定与计算

1.卷曲弹性的指标   在纺纱过程中,单位长度纤维上的卷曲数、卷曲的深浅和卷曲的牢度等对纺纱工艺及成纱质量影响很大。因此,通常检测纤维卷曲性的指标有以下几种:

(1)卷曲数。是指纤维单位长度(25mm)内的卷曲数。卷曲的个数影响纺纱的抱合力和摩擦系数,所以卷曲数是一个很重要的指标。卷曲的个数不能过多,但也不宜过少。卷曲的个数多,则增加纤维间的摩擦力,静电干扰增加,牵伸困难;卷曲的个数少,则纤维间的抱合力降低,影响成纱的品质指标。两个相邻的波峰为一个卷曲,一般化学纤维的卷曲数为 12 ~ 14 个/25mm。

(2)卷曲率(卷曲度)。即表示纤维卷曲程度的指标。为具有卷曲的纤维伸直长度(L_1)与卷曲长度(L_0)的差($L_1 - L_0$)对伸直长度的百分率。卷曲率是一个与卷曲数和卷曲度有关的物理量。适当的卷曲率可以提高纤维的抱合力,提高纤维的可纺性能。但卷曲率不宜过大,卷曲率过大,会使纤维的内应力过分集中在弯曲的顶点,使纤维的结构受到损伤,影响纤维的强力及断裂伸长率。所以一般化学纤维的卷曲率在 10% ~ 15% 为宜。

(3)卷曲弹性回复率。卷曲弹性回复率表示纤维受力后卷曲恢复的能力。是考核纤维卷曲牢度的指标。纤维的卷曲牢度很重要,在纺纱过程中,由于机器的分梳、牵伸等作用,纤维的卷曲会逐渐下降、伸直,影响纤维的可纺性。化学纤维的卷曲弹性回复率一般在 70% ~ 80% 。

(4)卷曲回复率。表示纤维的卷曲受力后的耐久程度,也是考核纤维卷曲牢度的指标之一。化学纤维一般的卷曲回复率在 10% 左右。

(5)卷曲幅度。卷曲纤维相邻卷曲峰谷之间的垂直距离,即卷曲波形深浅程度。

2.卷曲弹性指标的测定与计算   卷曲弹性的指标都是根据纤维在不同的张力情况下,在一定的受力时间内,纤维长度变化的比率值。

纤维的预加张力分轻负荷和重负荷两种情况。轻负荷是使纤维上特别小的皱曲伸展而不影响卷曲变化所加的负荷。一般规定轻负荷为 $0.018cN/tex(0.002gf/旦)$。重负荷是使被测纤维的卷曲伸直,而不使纤维伸长的力,一般规定重负荷为 $0.882cN/tex(0.1gf/旦)$。

(1)卷曲数的测定。被测纤维在挂上轻负荷的情况下计取 25mm 内的卷曲个数,取 30 根纤维的卷曲数,再按下式计算:

$$卷曲数(个/25mm) = \frac{30\ 根纤维卷曲数之和}{30} \tag{3-40}$$

（2）卷曲率的测定与计算。将纤维挂上轻负荷后,30s 时量取纤维的长度为 L_0,如图 3 - 18 所示,再加上重负荷,30s 时量取纤维的长度为 L_1,用下式计算:

$$卷曲率 = \frac{L_1 - L_0}{L_1} \times 100\% \tag{3 - 41}$$

式中:L_0 表示纤维加轻负荷时的长度(mm);L_1 表示纤维加重负荷时的长度(mm)。

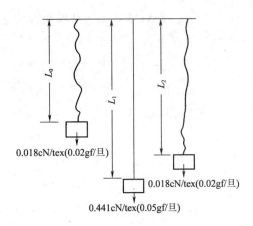

图 3 - 18　卷曲性能测定时的长度变化

（3）卷曲弹性回复率的测定与计算。当测取纤维长度 L_1 后,除去纤维上的重负荷,待恢复 2min 后,再挂上轻负荷,30s 时量取纤维回弹的长度为 L_2,如图 3 - 18 所示。用下式计算:

$$卷曲弹性回复率 = \frac{L_1 - L_2}{L_1 - L_0} \times 100\% \tag{3 - 42}$$

式中:L_2 表示纤维除去重负荷恢复 2min,再加轻负荷 30s 时的长度(mm);L_1 和 L_0 含义同式 (3 -41)。

（4）卷曲回复率的计算。

$$卷曲回复率 = \frac{L_1 - L_2}{L_1} \times 100\% \tag{3 - 43}$$

式中:L_1 和 L_2 含义同式(3 -41)。

（二）卷曲弹性的检验方法

1. 放大镜法　这是检验纤维卷曲弹性最简单的一种方法。是用放大镜直接观测纤维在不同的张力下长度变化的情况。

取卷曲良好的单根纤维,用胶水粘到 25mm 长的空心纸框上,如图 3 -19 所示,胶水干后,将粘有纤维的纸框剪开,根据纤维的名义细度用纸片的重量校正轻负荷。将挂有轻负荷的纤维

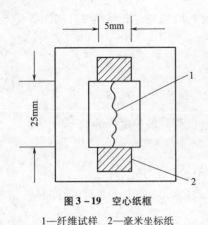

图 3-19　空心纸框

1—纤维试样　2—毫米坐标纸

挂在垂直的、带有毫米标尺的架子上,用放大镜计取 25mm 内的卷曲数,并测量纤维长度 L_0,根据名义细度加上重负荷,用放大镜读取 30s 时的纤维长度 L_1。除去重负荷 2min 后,再加轻负荷。用放大镜读取 30s 时纤维回弹的长度 L_2。每个试样平均测定 30 根纤维。再根据上面的计算公式计算纤维卷曲弹性的各项指标。

2. YG363 型化纤卷曲数仪法　卷曲数仪是在放大镜法的基础上向前发展了一步。是通过光电和透镜的放大系统,将纤维的影像投影在屏幕上能更清楚地观察纤维卷曲的情况,更精确地测量纤维受张力后的尺寸变化。

YG363 型化纤卷曲数仪(图 3-20)能方便地在投影屏上显示化纤卷曲形态,可由操作者点数,操纵打印计算器打印出结果。

3. YG361 型卷曲弹性仪法　为了更精确、更简便地测试纤维的卷曲弹性,国内外都研制了很多种卷曲弹性仪。YG361 型纤维卷曲弹性仪见图 3-21。仪器的测力部分是一台量程为 0~1000mg 的扭力天平,最小分度值为 2mg,安装在仪器上,用它对纤维施加不同的负荷。

图 3-20　YG363 型化纤卷曲数仪

图 3-21　YG361 型卷曲弹性仪

测长部分是由定光栅和动光栅组成,纤维的下夹持器安装在动光栅上,动光栅沿导轨作升降运动。升降是通过摇动手轮带动螺杆转动,推动动光栅移动,当动光栅作升降移动时导致定光栅和动光栅形成的莫尔条纹向左移或向右移,莫尔条纹移动的光信号由光电管接受后,转换成电信号送入放大器和计数电路,可以测定 0.01mm 的尺寸变化。还有 0.5min、1min、2min、3min 等不同的计时装置。

五、压缩弹性检验

纤维的压缩弹性是纤维堆抵抗压力及压缩后回弹的能力。纤维块体加压后再解除压力，纤维块体积逐渐膨胀，但一般不能恢复到原来的体积。压缩后的体积（或一定截面时的厚度）恢复率即表示了纤维块体被压缩后的回复弹性。

纤维的压缩弹性恢复率与纺织材料后加工工艺过程及服用性能，如保暖性和透气性等性质有密切关系。压缩弹性恢复率大，纺织材料的保持孔隙的能力大，能储存较多的空气故保暖性良好，透气性能也好。表示纤维堆的压缩弹性的指标主要有压缩率及压缩回弹力。

随着我国化纤工业的发展，出现了许多新品种，如高弹膨体、中空及各种异形纤维等。测量这些纤维的体积压缩弹性具有一定的意义。

(一)仪器及用具

日本前田式压缩弹性仪(图3－22)、秒表、天平、黑绒板等。

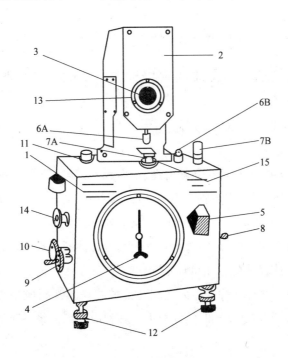

图3－22　纤维压缩弹性仪

1—本体　2—指示仪室　3—指示仪　4—压力计　5—零点指示板　6A—织物用测定子　6B—纤维块用测定子
7A—织物加压台　7B—纤维块容器及加压台　8—回转指示仪送入把手　9—回转加压把手
10—压力计零点调整把手　11—水准器　12—水准调节螺旋脚
13—指示仪零点调整装置　14—停止把手　15—试样

(二)检验步骤

(1)将试样均匀地放入圆形的容器中(测纤维时6A处换上6B)，转动加压手柄至100g，此时杠杆失去平衡,然后旋转示压计手柄直至杠杆重新达到平衡(杠杆的平衡位置可通过棱镜观察),1min 后在测厚计上读得试样厚度为 a。

(2)转动加压手柄至 1000g,同上操作使其达到平衡,1min 后在测厚计上读得试样厚度为 b。

(3)缓慢均匀地转动加压手柄,使指针回复至 100g,同上操作在回复过程中不断校正平衡位置。3min 后在测厚计上读得试样厚度为 c。

(4)试验结束后,转动加压手柄和示压计手柄至零位。在容器内取出试样,重复上述操作再做第二个试样。

（三）计算

$$压缩回弹率 = \frac{c-b}{a-b} \times 100\%$$

$$压缩率 = \frac{a-b}{a} \times 100\% \tag{3-44}$$

式中:a 表示初负荷 100g 时试样厚度(mm);b 表示重负荷 1000g 时试样厚度(mm);c 表示回复至初负荷 100g 时试样厚度(mm)。

六、摩擦系数检验

纤维在纺纱加工过程中,要经过机器的梳理、牵伸、加捻等过程。在整个工艺过程中都要引起纤维与纤维、纤维与金属、纤维与橡胶之间的摩擦,这些都涉及纤维的摩擦系数,纤维摩擦系数的大小对整个纺织工艺过程是一个很重要的因素。摩擦系数影响纤维间的抱合力,影响纱线的品质指标。尤其化学纤维摩擦系数的大小会影响其可纺性能,摩擦系数的大小也可判断化纤油剂的质量及含油量。所以摩擦系数的测定是很重要的。

摩擦力有静、动摩擦力两种。静摩擦力是相互接触的物体开始做相对运动时的摩擦力,动摩擦力是相互接触的物体做相对运动时的摩擦力。其相应的摩擦系数称为静摩擦系数 μ_s 和动摩擦系数 μ_d。

对化学纤维来讲,纤维的摩擦系数影响纤维的性能。如静摩擦系数与动摩擦系数的差值和纤维的手感有关,与纺纱卷装的稳定性有关。静摩擦系数大,与动摩擦系数的差值也大,纤维的手感硬而发涩。静摩擦系数小,与动摩擦系数的差值也小,纤维的手感柔软。如果动摩擦系数大于静摩擦系数,纤维的手感滑腻柔软。

由于化学纤维的特殊结构,它不遵循压力与摩擦力呈正比的关系。通过实验观察到,当垂直压力增加到一定的条件时,其摩擦系数会显著下降,遵循式(3-45)。

$$\mu = \frac{a}{N^{1-n}} \tag{3-45}$$

式中：a、n 均为常数，a 值通常在 $1 \sim 3$ 之间，n 值通常在 $0 \sim 1$；N 为法向压力。

(一)摩擦系数的检验

摩擦系数的检验方法很多，对化学纤维来讲，一般常用斜面法和绞盘法两种方法。

1. 斜面法　在一固定底面积的平面板上铺满纤维，再将一固定质量的滑块放置在平面板的一端。测量时，将平面板一端平稳抬起，以避免冲击。当滑块刚开始滑动时，平面仰角的正切值就是该被测纤维的静摩擦系数。凸平面板上的纤维可以横铺，也可以纵铺。

$$\text{静摩擦系数}\ \mu_s = \tan\alpha$$

$$\text{动摩擦系数}\ \mu_d = \frac{2s}{gt^2\cos\alpha} \tag{3-46}$$

式中：α 表示滑块开始滑动时的仰角(°)；s 表示滑动距离；t 表示滑行的时间；g 表示重力加速度。

2. 绞盘法　日本的罗得(Roder)摩擦系数仪和我国生产的 Y151 型摩擦系数仪都是属于绞盘法的测试仪器，其测定摩擦系数的原理如图 3-23 所示。使纤维或纱线在辊轴上包围一定的角度(图中包角 $\theta = \pi = 180°$)，辊轴跨一根纤维，一端加重物 T_1；另一端以 T_2 牵引纤维，由于纤维与圆柱体表面存在着摩擦力，所以 $T_2 > T_1$。根据欧拉定律，纤维在辊轴上的摩擦系数为：$\frac{T_2}{T_1} = e^{\mu\theta}$，e 为自然对数，经公式推导，其摩擦系数为：

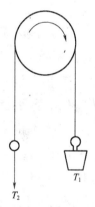

$$\mu = \frac{\ln T_2 - \ln T_1}{\theta} \tag{3-47}$$

图 3-23　绞盘法

Y151 型纤维摩擦系数仪外形与原理示意图如图 3-24 所示。仪器分测力机构、摩擦装置、机械传动三部分。测力机构是称量为 1000mg 的扭力天平。摩擦装置是直径 8mm 的金属芯轴，可根据需要测纤维与纤维，纤维与金属的摩擦系数。机械传动为多级齿轮变速箱，可根据需要调节速度。测定时纤维两端夹预张力夹(张力夹重 f)，跨在辊轴上，一个张力夹跨在扭力天平称量钩上，当辊轴旋转时(如图 3-25 是顺时针)，扭力天平读数得 m，即表明辊轴两端张力 $T_2 = f$，$T_1 = f - m$。代入式(3-47)，经简化得：

$$\mu = \frac{\lg T_2 - \lg T_1}{1.364} = \frac{\lg f - \lg(f - m)}{1.364} \tag{3-48}$$

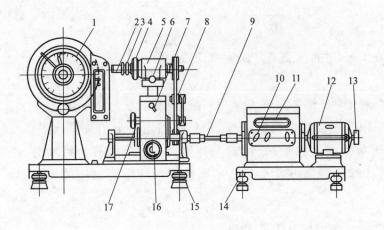

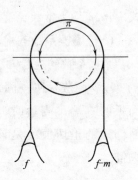

图3-24 摩擦系数测定仪

图3-25 测定原理图

1—扭力天平 2—辊芯 3—紧轧螺母 4—卸辊螺母 5—摩擦头 6—横移手柄

7—紧定手柄 8—张紧轮 9—软轴 10—变速手柄 11—速度标牌

12—电动机 13—手轮 14,15—调整螺丝 16—纵移手柄 17—升降手柄

(二)检验步骤

1. 试样准备 先将试样在标准温湿度条件下处理4h以上,再将试样制成纤维辊(每个试样做3~5个纤维辊),纤维辊制作得好坏是保证试验数据准确的关键,纤维辊表面要求光滑,不得有毛丝,不能沾有汗污,纤维要平行于轴芯,均匀地排列在轴芯的表面。

2. 纤维辊的制作方法 从经过温湿度平衡后试样中取出放在黑绒板上,用手轻轻地将纤维扯齐并用镊子和梳子将纤维层中的游离纤维去掉。把纤维梳成30mm宽、0.5mm厚的纤维片,用镊子将纤维片放到成型器上,并使纤维片超出成型器上端20mm,将超出部分折入成型器下端,用夹子夹住,成型器上纤维用梳子梳理整齐。剪5mm宽、40mm长的透明胶带一根,沿成型器前端将纤维片粘住,胶带两端各留出5mm左右,粘在试验台上,去掉夹子,抽出成型器。将纤维片剪成30mm×30mm,粘在金属辊轴顶端,并用顶端螺丝加以固定,用梳子梳理不整齐的一端,使纤维平行于金属轴表面并均匀地排列在圆筒表面,用金属轴上的套螺母将纤维层紧紧固定,不能使纤维辊表面有毛丝。将做好的纤维辊轴放到架上,上述方法将每批纤维做3~5个纤维轴,以备测定静、动摩擦系数用。

3. 静摩擦系数的测定 开启仪器电源,打开扭力天平开关,校正零点。将上述做好的纤维辊插入主机轴内,旋紧螺丝,然后选取一根纤维试样。在其两端各夹上一个重量为100mg的张力钳(此重量可根据纤维的细度而定),将一个张力钳骑挂在扭力天平的秤钩上,将另一个张力钳绕过纤维辊表面(纤维和纤维辊成直角),自由地挂在圆筒的另一边。拉动皮带,使纤维辊顺时针转动,扭力天平失去平衡,然后以7s加100mg的速度转动扭力天平手柄,读取扭力天平指针刚刚由右边向左偏时的读数。每根挂丝测定 2～3 次记录平均值。每个纤维辊轴测 3～6 根挂丝,分别记录之,并按式(3-49)求得静摩擦系数(μ_S)。

$$\mu_S = \frac{\lg f - \lg(f-m)}{1.364} \qquad (3-49)$$

式中:μ_S 表示静摩擦系数;f 表示纤维悬挂时张力钳质量(mg);m 表示扭力天平读数(mg)。

4.动摩擦系数的测定 按测定静摩擦系数的操作挂好纤维,打开电动机开关,按一定的速度使纤维旋转,这时转动扭力天平手柄,使天平的指针在平衡点中心等幅摆动,读取这时扭力天平的读数,每根挂丝重复 2～3 次,每个轴测 3～6 根挂丝,分别记录之,并按式(3-50)计算动摩擦系数(μ_d)。

$$\mu_d = \frac{\lg f - \lg(f-m)}{1.364} \qquad (3-50)$$

表 3-8 是几种化学纤维的摩擦系数。

表 3-8 几种化学纤维的摩擦系数

纤维名称	静摩擦系数	动摩擦系数
涤纶	0.44～0.57	0.33～0.45
锦纶	0.30～0.36	0.22～0.28
粘胶	0.22～0.28	0.19～0.24
维纶	0.35～0.40	0.30～0.34

七、静电特性检验

多数合成纤维电绝缘性能好,比电阻值一般很高。化学纤维长丝在织造工序中,静电效应会造成整经时纤维互相排斥产生吊经。静电对飞花的吸引会造成织疵断头。一般认为当纤维上电荷密度大于 10^{-8} C/g、静电压大于 100V 或比电阻大于 $10^9 \Omega \cdot$ cm 时会引起纺织加工中的静电问题。

纺织材料所带静电的"强度"可用单位重量(或单位面积)材料的带电量(C 或静电单位)表示;也可以用静电荷所产生的静电电压值(V 或 kV)表示。静电效应除与材料带的静电量有关外,还与静电衰减速度关系密切,常用半衰期或全衰期(s 或 min)表示。决定静电衰减速度的主要因素是材料的比电阻值,比电阻值越小,静电荷的逸散越快,静电荷不易积累,可避免产生静电效应。因此静电特性的试验就有两类方法,一类是直接法;另一类是间接法。直接法是将纤维或成品经过摩擦或高压电晕放电,使试样产生电荷,然后进行测量评定。测量指标又有两种,一种是定性测量,如烟灰试验、尘埃吸附试验、放电声音试验、张帆试验;另一种是定量测量,测量静电荷电量、静电压、半衰期、全衰期等。间接法是测量纤维或成品的比电阻值。

（一）直接测量法

1. 仪器　YG342 型感应式静电测试仪，如图 3 – 26 所示。

图 3 – 26　YG342 型感应式静电测试仪

2. 检验步骤

（1）定时法。先将高压开关拨向自动，然后按电机启动按钮待转盘运转正常，再按高压开启按钮，高压放电开始，时间继电器指针开始转动，待 30s 后立即记录静电值测量表的读数，同时计时开始，指示灯发出跳动讯号，当静电值达到原读数一半时，按半衰期按钮，跳字表停止跳动，跳字表所记录的数值为半衰期（单位为 s），即静电值衰减一半所需的时间，俗称半衰期。最后按记数复零钮，跳字表复零，关闭电机开关；全衰期测试方法同上，残留量测试方法用跳字表定时控制之。

（2）定压法。先将高压开关拨向手动，并将记录器静电压值指针固定在选择好的电压值上。再按电机按钮，待转盘运转正常之后，按高压开启按钮，此时高压放电开始，当达到选定的固定电压值时，记录指针与固定电压定值指针接触，则放电结束，记录纸上开始画出衰减曲线，即得静电衰减一半时所需要的时间，关闭电机开关。

对几种不同的纤维用定压法（2800V）测得的在不同相对湿度条件下的半衰期如表 3 – 9 所示。

表 3 – 9　几种纤维的半衰期

半衰期/s ＼ 相对湿度/% ／ 试样	35	38	55
涤纶	200	80	34
锦纶	193	50	15
丝	70	42	11
毛	7	4.5	3

（二）间接测量法

1. 仪器 YG321 纤维比电阻仪　此仪表结构如图 3 – 27 所示,为一不锈钢制成的纤维测量盒,测量盒分为内外两层,内层为两块不锈钢电极板,每块面积为 $60cm^2$,外层为屏蔽保护盒,测量盒前方有一开口,开口处有一体积压力装置。二次仪表为一高阻计,由静电计管微电流放大器和直流稳压电源组成。试样的测试直流电压为 100V、50V 两档,表盘读数为 $R \times 10^6 \Omega$,测量范围$(1 \times 10^6) \sim (1 \times 10^{13})\Omega$。倍率选择开关:包括"∞"和满度网档倍率 $10^1 \sim 10^7$ 根据被测纤维电阻的大小进行选择,使读数精确。

图 3 – 27　YG321 纤维比电阻仪

2. 检验步骤

（1）试样准备。将被测试样约 50g,用手扯松后,放置在标准温湿度条件下,平衡吸湿 4h 以上,若试样大于公定回潮率则需在 45℃烘箱内预烘 30min,使之降至公定回潮率以下,再放置在标准大气条件下平衡吸湿 4h 以上,将平衡好的试样用精度为 0.01g 的天平称取 2 份,每份 15g,以备测试时使用。

（2）测试步骤。用大镊子将 1 ~ 5g 纤维试样均匀地填入纤维测量盒内,并推入压块,然后将测量盒放入仪器槽内,转动摇把使定位指针指到定位刻度线上（此时电极面积为 24cm）。将放电—测试开关放在"放电"位置,稍等数秒钟,待极板上的静电散逸后,即可拨至测试位置,再拨动倍率开关,至电流表上有较清晰的读数为止,并使读数尽量取在表盘右半部分。当测试电压为 100V 时,表盘读数乘以倍率即为被测纤维在标准密度下的电阻值,当选择电压 50V 时,应将表盘读数除以 2,再乘以倍率即为被测纤维在标准密度下的电阻值（表盘刻度的单位是 MΩ 即 $10^6 \Omega$）。

（3）计算。将两个试样按上述方法,分别测试后,代入下列公式,计算其平均电阻,即可求出该纤维材料的比电阻值。

$$\rho = \frac{R \times b \times h \times f}{L} \tag{3 – 51}$$

式中:ρ 表示纤维比电阻($\Omega \cdot cm$);R 表示试样平均总电阻(Ω);b 表示极板有效长度(cm);h 表

示极板高度(cm);L 表示极板距离(cm);f 表示该材料的标准填充度。

测量盒的 b、h、L 为定值,即 $b = 4cm$,$h = 6cm$,$L = 2cm$。

将 b、h、L 各值代入公式,上述公式可简化为:

$$\rho = 12 \times R \times f \qquad\qquad (3-52)$$

标准填充度 f,是纤维实际体积与测量盒体积之比。故标准填充度 f 的计算式为:

$$f = \frac{V_{纤维}}{V_{盒}} = \frac{\dfrac{m}{d}}{Lbh} = \frac{m}{Lbhd} \qquad\qquad (3-53)$$

式中:m 表示被测试样重量,为 $15g$;d 表示被测试样纤维的密度。这样可根据以上公式计算出各种纤维的标准填充度,见表 3-10。

表 3-10　各种纤维的填充度 f

品种	涤纶	腈纶	锦纶	维纶	丙纶	粘胶
f	0.23	0.27	0.27	0.24	0.35	0.21

八、熔点检验

熔点是化学纤维重要的热性质之一,它和纤维的成型、加工及应用都有着密切的关系。一般物质的熔点是在标准大气压下,固液二态共存时的温度。高分子物质的熔点严格来说是一个熔程,是由高弹态转到黏流态时的温度。所以,它的熔点不明显,从初熔到全熔的熔程长。高分子物质的熔点不明显,但熔融是一种明显的现象。所以观测高分子物质熔点的方法是观察在温度逐步升高时所发生的熔融现象,读出该时的温度。

化学纤维熔点检测一般用显微镜法和化学纤维熔点仪法。显微镜法是借助于显微镜观察样品的熔融过程。在观察样品熔融时可同时观察熔融时的温度,能测得较准确的结果。化学纤维熔点仪法是根据物质在熔融前后透光能力发生变化,通过光电转换系统实现自动报熔,数字显示出熔融温度。

(一)仪器

1. 显微镜熔点仪　一般可用生物显微镜在载物台上加装一加热台,在加热台上有一温度计插孔,可测加热台温度,加热台中心,有一透光孔,加热的方式是用调压器加热电热丝来控制升温速度,测试方法是将试样放在载物片上,将载物片放在加热台中心透光孔上,调好显微镜焦距,使试样在显微镜视野中有清晰的影像。开动调压器,开始时升温可较快(每分钟 10℃ 左右),当在接近熔点前 10~15℃ 时要控制升温速度(每分钟 1~2℃),并不断观察试样的几何形态的变化。当试样发生收缩时,记下温度为初熔,直到试样几何形状消失时为全融(在观察熔点的全过程中对试样要有保温措施）。

WRX - 4 显微熔点仪为典型的显微镜熔点仪,便于观察试样的熔融过程,如图 3 - 28 所示。

2. YG251 化纤熔点仪 该仪器(图 3 - 29)由操作台及温度显示仪表两部分组成。操作台用来加热试样,并实现自动报熔,显示仪表用来测定加热台温度,是一只积分比较式数字式毫伏表。

(二)检验步骤

采用 YG251 化纤熔点仪,由于各种纤维熔缩特性不同,所以方法也不尽相同。现仅介绍一般纤维的操作方法。短纤维取样 5 ~ 6mg,制成一个 12 ~ 15mm 均匀薄层平贴于盖玻片上,再放到加热台上。为了提高报熔的灵敏度,可在纤维薄层中心轻轻分一个小孔,小孔的大小可视纤维品种而定。涤纶稍大于导光孔,锦纶可等于导光孔,丙纶要大于导光孔。把制作好的

图 3 - 28 WRX - 4 显微熔点仪

试样放在加热台中央,盖好隔热玻璃,试样上分开的小孔要对准加热台的导光孔。按前述方法调好自动报熔的灵敏度。然后开始加电压升温,为了保证实验结果的准确与稳定,必须掌握升温速度。原则上开始每分钟控制在 10 ~ 20℃,熔融前 30℃时开始降低电压,接近熔点前 10℃时控制在每分钟升温 1 ~ 2℃,直到报熔为止。仪器报熔后应切断加热电压用散热块及冷却风扇降温至 100℃ 以下,可进行第二次试验。

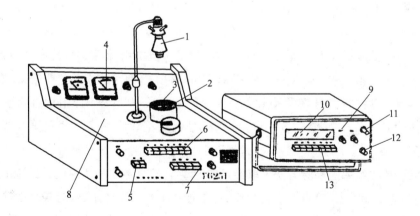

图 3 - 29 YG251 型化纤熔点仪

1—光源 2—加热台 3—通光孔 4—电流表 5—样品选择键 6,7—电压选择键 8—熔点仪操作台

9—数字毫伏计 10—温度显示 11—调零旋钮 12—调满度旋钮 13—温度调整键

九、热收缩率检验

化学纤维组成织物要经受一系列湿热和干热处理,因此纤维的热性能是一项重要检验指标。

当纤维遇干热和湿热时,纤维在大分子内应力的作用下,会改变原来大分子间的取向度与结晶状态,有序排列的分子链段松弛,发生了链折叠和重结晶现象,使纤维产生了不可逆的收缩,这种收缩叫纤维的热收缩。各种化学纤维热收缩的温度和热收缩率是不同的,甚至同一种纤维,因加工的工艺条件不同,其收缩率也有差异。这样,在生产中,如果把热收缩率差异较大的化学纤维混纺和交织,则在印染加工过程中,会造成纱线收缩不一,致使布面产生吊经、吊纬、裙子皱等疵点。热收缩性能还可影响衣着的洗涤和保管。合成纤维的热收缩性能,主要从湿热和干热收缩两个方面去考核(湿热收缩用沸水,干热收缩用热空气)。对不同的成纤维,根据不同的后加工要求,要选择相应的热处理温度、时间和相应的热收缩方法来考核纤维的热收缩性能。

各国对化学纤维的热收缩测定的原理都是一样的,即测量纤维经热处理前后长度的变化率。在一定的预加张力下,量取一定的长度 L_0,经湿热(沸水 100℃)或干热(热空气 180℃)处理一定的时间后,量取收缩后的长度 L_1。

$$热收缩率 = \frac{L_0 - L_1}{L_0} \times 100\% \qquad (3-54)$$

(一)长丝束热收缩率检验

1. 长丝束湿热收缩率检验方法　取经过热定型、但未经卷曲和切断的长约 1m 的长丝束(每束纤度为 500 旦)的两端各打一个结,一端挂在测长装置上端的钩子上,下端悬挂重 100g 的砝码,在纤维束伸直不伸长的情况下,用钢板尺量取 500mm(精确到 1mm)处用棉纱打结,作为量取长度的标记,该长度为 L_0,将做好标记的纤维束,取下重锤,将纤维束平整地折叠好,装入纱布袋中,浸入沸水中煮沸 30min,取出沥干水分,将纤维束放在通风处阴干。待纤维晾干后,将其挂在原测长装置上,下端挂好 100g 砝码,用钢板尺量取收缩后的长度 L_1(精确到 1mm)。按式(3-54)计算纤维束的湿热收缩率。每只试样需做三次试验,以平均值表示。

2. 长丝束干热收缩率的检验方法　取经过热定型但未经卷曲和切断的长约 1m 的长丝束,每束纤度为(1500±200)旦,在两端各打上结,上端挂在测长器夹子上,下端轻轻地挂上 100g 重锤,平衡 30s,用钢板尺准确量取 500mm(精确到 1mm)用棉纱打结做好记号,该长度为 L_0,取下重锤,将纤维束折叠置于(180±1)℃的热风烘箱内烘 30min。取出后在室温下冷却 10min,挂上 100g 重锤,用钢板尺量取收缩后长度 L_1,计算干热收缩率。每只试样需做三次试验,以平均值表示。

（二）短纤维热收缩率检验

1. 放大镜法　从一团待测的纤维中随机扦取 10 束置于黑绒板上,从中用镊子取出 30 根平铺在黑绒板上,一端按 100mg/旦施加预加张力。一端用棉线捆绑在小钢板尺上。使纤维捆绑处和张力钳的距离在自由悬挂状态下为 20mm(用 5 倍放大镜精确读至 0.1mm)即为 L_0。钳口要对准刻度。测纤维的湿热收缩时,将小钢板尺上的纤维束在不受外力的情况下置于沸水中煮沸 30min,取出后晾干,将钢板尺轻轻垂直立起,使张力钳自由悬垂,用放大镜观察纤维束收缩后的长度 L_1(精确至 0.1mm)。用公式计算出纤维的湿热收缩率。每批纤维做三束,以平均值表示。测纤维的干热收缩时,只是热处理的方法不同,将捆绑好的纤维束置于 $(180 \pm 1)℃$ 的热风烘箱中烘 30min,取出冷却至室温,用放大镜读取纤维束收缩后的长度 L_1。用公式计算出纤维的干热收缩率。每批纤维做三束,以平均值表示。

上述方法操作麻烦,测量精度低。但在没有仪器的情况下,只要操作熟练,也能反映纤维的热收缩率。

2. 纤维热收缩率测定仪法　纤维热收缩率测定仪适用于测定各种化学纤维干热收缩和湿热收缩率,既可测单根纤维的热收缩率,也可测束纤维的热收缩率。

纤维热收缩仪结构如图 3 - 30,测定纤维热收缩的原理及热处理的方法和上述的方法一样。在测定 L_0、L_1 的长度时采用了莫尔条纹的原理。在两块互相平行的间距为 0.02mm 左右

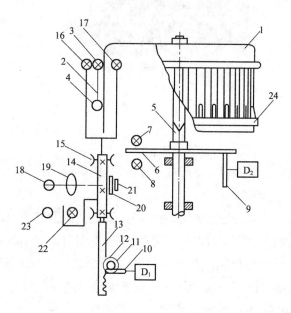

图 3 - 30　化纤热收率测定仪示意图

1—试样筒　2—试样　3—上弹簧夹　4—下弹簧夹　5—主轴　6—圆盘　7—灯泡　8—光敏管　9—电动传动轮

10—涡杆　11—涡轮　12—小齿靶　13—传动齿条　14—动光栅　15—导轨　16—灯泡　17—光敏管

18—主光源　19—透镜　20—定光栅　21—硅光电池　22—光敏管　23—换向片　24—夹箍

的玻璃片上,均匀地刻有每毫米25条线的光栅,当两块光栅互相倾斜一个很小的角度时,光线通过光栅会产生黑白相间的莫尔条纹。当一片光栅上下移动,莫尔条纹会左右移动,通过光电池转换成电信号,经过放大器、计数器,由数码管显示光栅移动的长度值。莫尔条纹广泛应用于长度精密测量仪器中。

从主轴上取下试样筒进行干热处理时,可将试样筒置于(180±1)℃的热风烘箱内烘30min,进行湿热处理时,可将试样筒置于沸水浴中处理30min或用高压锅(118kPa)处理15~30min;处理完毕,在恒温恒湿条件下平衡吸湿2h以上,将试样筒移至主轴上,移下夹箍,使纤维自由悬垂,按顺序依次测量纤维收缩后的长度,按公式计算每一根纤维的收缩率,最后将30根纤维的收缩率相加,求其平均值。

3. JIR—化纤热收缩仪法 图3-31所示的化学纤维束纤维热收缩仪可测化学纤维的湿热和干热收缩率。

图3-31 JTR—化纤热收缩仪

仪器采用了光学放大投影原理。使纤维束放大,在投影屏上成像,由测长百分尺测得纤维束加热前后的长度,而计算得热收缩率。

仪器的加热部分为一铸铝方形加热锅,由可控硅调压控制温度为(180±5)℃,加热锅中加入蒸馏水即可测湿热收缩。加热锅附有升降装置,需加热时升起,测量时降下。试样夹持器为两个偏心轴夹持器,可同时夹持两束纤维。试样架上有20mm定长尺,可保持纤维原长为20mm,下夹持器为定重量平口夹子,根据不同的细度配以不同重量的夹子。试验时测定两束纤维的干(湿)热收缩率,按公式计算求得平均值。

十、密度检验

密度是化学纤维物理性能的重要参数之一,利用纤维密度可以研究纤维的超分子结构,如推算纤维的结晶度和晶粒尺寸,探讨纺丝和后处理过程对纤维结构的影响等。另外,通过测定密度可以正确掌握二元混纺纱线中各混合纤维的含量,以及能有效地定性分析各种化学纤维等,所以测定纤维的密度具有较大的理论和实用意义。

测定化学纤维密度的方法很多,如浮沉法、液体浮力法、比重瓶法和气体容积法等,这些方法的准确度大都较差,或者要求有特殊装置,因而就限制了它们的使用范围和价值。自从1937年 K. Linderstrom – Lang 制备了密度梯度管以后,就得到了一种精密度较高、方法简单的密度测定法。该方法在国内的大专院校、科研单位和生产单位得到了较广泛的应用,成为测定化学纤维密度的主要方法。

(一)仪器

密度梯度管,测高仪,烘箱,干燥器等。

(二)检验步骤

(1)将除去杂质后的试样整理成束,制成直径为 2~3mm 的纤维小球 4 只。

(2)将纤维小球放入乙醚内浸 2h,移入称量瓶放入低温 60℃烘箱中烘 2h,取出后盖上称量瓶盖子放入干燥器中冷却 30min。

(3)把干燥后纤维小球浸入装有二甲苯的试管中,在离心机内脱泡 1~2min,迅速移入密度梯度管内平衡。一般 4h 即可达到平衡。

(4)用测高仪测出纤维球及其上、下标准玻璃小球的高度,同时作记录。

(三)计算

通过式(2 – 3)计算试样的密度。

十一、双折射检验

物质的折射率(n)定义为光在真空中的速率与在介质中传播速率的比值。折射率是纤维的光学性能之一。由于纤维内部分子的取向,沿着纤维轴向的光速不同于垂直于轴向的光速。结晶度和取向度越大,两个方向的折射率越大。这种差异被称作"双折射"。双折射对于鉴别纤维以及表征纤维中分子的排列特性非常有用。通过双折射的测定,可以确定纤维的取向度,这对合理地制订和控制化学纤维生产工艺,对生产品质优良的化学纤维具有重要意义。

一些纤维的折射率和双折射值示于表 3 – 11。

表 3 – 11 各种纤维的折射率和双折射值

纤 维	$n_{//}$	$n_{\perp}$	$n_{//} - n_{\perp}$
棉	1.573~1.581	1.531	0.042~0.050
毛	1.556	1.547	0.009
丝	1.591	1.538	0.053

纤　维	$n_{/\!/}$	$n_{\perp}$	$n_{/\!/} - n_{\perp}$
苎麻	1.596	1.538	0.068
亚麻	1.595	1.530	0.065
黄麻	1.577	1.536	0.041
普通粘胶纤维	1.547	1.521	0.026
强力粘胶纤维	1.559	1.515	0.044
奥纶	1.500~1.510	1.500~1.510	0.000
阿克列纶	1.520	1.524	-0.004
维荣 HH(氯乙烯—丙烯腈共聚纤维)	1.526	1.526	0.000
玻璃纤维	1.547	1.547	0.000
维纶	1.547	1.522	0.0025
锦纶	1.582	1.519	0.063
大可纶	1.700	1.532	0.168
三醋酯纤维	1.474	1.479	-0.005

测定纤维双折射的方法很多,有浸没法、光程差法、纤维折射仪法等,应用最普遍的是浸没法和光程差法。光程差法又因使用的补偿光程差的仪器不同,而又分为色那蒙补偿法、贝瑞克补偿法等。贝瑞克补偿法的基本原理与色那蒙法补偿大致相同,只是采用的补偿器和补偿的方法不同而已。浸没法可以测定各种形状截面的纤维,测得的是纤维表面的双折射。此法的缺点是测定时间长,对于高折射率的纤维,不易选择适宜的浸液,因为高折射率的浸液容易受温湿度的影响而改变其折射率。光程差法测试速度快而准确,其缺点是只适用于圆形截面的纤维。

下面介绍利用偏振光显微镜测定纤维的双折射率。

(一)试样

试样应能代表抽样单位中的纤维,如果发现样品存在不均匀性,则试样应按每个不同部分取样。

(二)试剂

α - 溴代萘,$n = 1.658$;石蜡油,$n = 1.47$;蒸馏水,$n(20℃) = 1.333$。

(三)仪器与工具

偏振光显微镜、阿贝折光仪、钠光灯、载玻片、镊子、黑绒板、小滴瓶、卫生纸等。

(四)检验步骤

(1)试验用标准大气规定温度为$(20 \pm 2)℃$,相对湿度为$(65 \pm 2)\%$。

(2)试验前试样应在标准大气条件中调湿24h,合成纤维调湿4h。

（3）将单根纤维放在载玻片上，再加上一滴浸油（一系列浸油，每种油的折射率递差 0.01），覆以盖玻片，放置于载物台上。先用 80 ~ 100 倍显微镜观察，找出纤维，并转动载物台，再用 400 ~ 500 倍显微镜观察。

（4）调节焦距，同时观察贝克线变化情况，视野中贝克线向纤维外向移动，则浸液折射率高于纤维折射率，应更换折射率低的浸液；反之，贝克线向内移，则改用折射率高的浸液，并重复以上试验，直至贝克线看不见为止，此时测出纤维的折射率与浸油的折射率相等。由于浸油的折射率为已知的，亦即得出纤维的折射率。

（5）转动载物台 90°，用上述方法同时求出 $n_{/\!/}$ 和 $n_{\perp}$ 的纤维折射率。纤维双折射率 $\Delta n = n_{/\!/} - n_{\perp}$，折射率数值，$n_{/\!/}$ 以 5 根纤维折射率的平均数计算。$n_{\perp}$ 以 5 根纤维折射率的平均数计算（精确到小数点后三位）。

（6）参考表 3 - 11 中纤维轴向和横向的折射率数据以及双折射率的评估值，根据纤维试样的厚度和试样的拉伸程度决定其折射的滞后情况，与直径基本相同的已知纤维样品的双折射率进行比较，做出判断。

第四节　化学纤维的化学检验

化学纤维涉及化学检验的品质指标比较多。下面仅介绍化学纤维部分品质指标的化学检验方法。有些品种的部分品质指标的检验将在第四章介绍。

一、染色性能检验

民用的纺织纤维都需染成各种颜色，如果一种纤维的染色性能很差，就很难成为一种服用性能理想的纤维，所以纺织纤维的染色性能是一项重要的性能指标。

纤维的染色性能一般是指染色的难易程度，所谓易染，是指可用不同类型的染料染色，且在采用同类染料染色时，染色过程容易完成、色谱齐全、色牢度好。另外，也指纤维染色的均匀性。由于染料种类和染色方法极其繁多，所以以纤维染色性能的好坏，不能简单地用一个指标来加以考核，而应是上述两个方面的综合。下面将介绍有关纤维染色性能的一些概念。

（一）染色性能的指标

1. 饱和值　饱和值是指在一定染色条件下（染料量对纤维量过量），纤维吸收染料的最大饱和量对染色前纤维质量的百分率。饱和值表明了单位质量的纤维对染料的吸收量，饱和值 ≥ 3，表明纤维能够吸收足够多的染料而染成深色，饱和值 ≤ 1.5，只能染成浅色。

2. 上色率（染着率）　上色率是指在一定条件下，纤维所能吸收的染料对原染浴中染料量之比的百分数（这时纤维对染料量的吸收能力不饱和）。它可表示一定的染色工艺条件下，染料分别在纤维和染浴中的分配,故对染色工艺和估计染料的利用率都有实用价值。

3. 染着量 染着量是指每克纤维能结合的染料量。

4. 染色均匀度 染色均匀度反映染色均匀的程度。影响化学纤维染色均匀度的主要因素有纤维的结构,变形与纺织加工,染料与染色方法。化学纤维生产虽能加以控制,但在化学成分及纤维结构方面却不能做到完全相同,即使同一品种、同一工厂采用完全相同的原料与生产工艺,由于单体聚合成分或生产工艺不能始终控制得完全一样,造成纤维结构的差异,影响染色均匀性。此外,在变形及织造加工各工序中,因假捻度、张力控制,处理温度及时间,温湿度等因素的波动与变化,也将使匀染性变差。

染色是纺织生产中最后一道工序,染色不均匀将造成织物染疵而质量下降等。长丝更因没有短纤维那样的混合机会,即使只有少数筒子吸色不匀,也会造成横杠、竖条等大量色差疵病。故染色均匀度检验对长丝来说就显得更为重要了。由于不同品种的化学纤维,对染料分子的亲和能力不同,因此必须采用不同的染料和染色方法来判别其染色均匀性。

(二)短纤维染色性能检验

1. 腈纶染色饱和值的测定 腈纶染色饱和值一般用阳离子孔雀石绿为标准染料进行染色。腈纶染色饱和值在实际生产中的染料用量不超过饱和值,因此在单一染料染色时,该染料的饱和值即为配方中染料用量的上限。但是在实际生产上,往往是几种染料拼色的,为了适应这种情况,一般是将腈纶对孔雀石绿(MaJachite green)的饱和值作为该腈纶的饱和常数,并求出它与各种阳离子染料的饱和比值f:

$$f = \frac{阳离子孔雀石绿的饱和值}{其他染料的饱和值} \tag{3-55}$$

已知不同的阳离子染料的饱和比值(f)后,在考察拼色配方染料用量的合理性时,配方中各该染料用量(%)乘它的f值之和应该等于或小于腈纶的饱和常数(即孔雀石绿的饱和值)。用这样的配方进行染色是合理的,染料的利用率高,而且不产生浮色。如果超过了饱和常数,则染料上色不完全,不但浪费了染料,而且易造成浮色,影响染色质量。

目前染色饱和值的测定方法一般有两种,一种为直接法;另一种为间接法,测定方法如下:

(1)直接法。

①仪器、用具和试剂。72 型或 721 型分光光度计,分析天平(感量 0.0001g),容量瓶;染料(阳离子孔雀石绿)、二甲基甲酰胺,磷酸。

②试验准备。

a. 配制未染色的纤维溶液。称取未染色的纤维 0.5g 溶于 80℃二甲基甲酰胺和磷酸(体积比为 98∶2)混合液中稀释成 250mL,吸取 100mL,再稀释为 1000mL,即为未染色的纤维溶液(每毫升含纤维 0.2mg)。

b.配制染料溶液及测出最大光吸收波长。用500mL未染色的纤维溶液于80℃溶解染料0.5g,吸取0.1~0.13mL,用未染色的纤维溶液稀释于10mL量杯中,成为染液Ⅰ。此染液必须先在分光光度计上预测(采用10mm比色皿、不同波长,以未染色的纤维溶液校正零点),得出光密度在1.6~1.8之间的最大光吸收波长B(如光密度不在1.6~1.8之间则须重新配制染液使波峰能达到光密度为1.6~1.8之间的染液)。将染液Ⅰ用未染色的纤维溶液稀释为100mL成为染液Ⅱ。

③绘制光密度染液含量的标准曲线。将染液Ⅱ按表3-12的数量配制成10档不同浓度的染液。

表3-12　配制不同浓度染液的对照表

染液Ⅱ/mL	1	2	3	4	5	6	7	8	9	10
未染色的纤维溶液/mL	19	18	17	16	15	14	13	12	11	10

以未染色的纤维溶液校正零点,采用波长B,用分光光度计测定10档染液的光密度,并标出每档染液中染料重占纤维重的百分率。

$$染料含量 = \frac{染液毫升数 \times 每毫升含染料量(mg)}{(染液毫升数 + 未染色的纤维溶液毫升数) \times 每毫升含纤维量(mg)} \times 100\%$$
$$= 25 \times 染液毫升数 \times 每毫升含染料量 \qquad (3-56)$$

以染料含量百分率为横坐标,光密度为纵坐标,将测定结果标出,即可绘制成标准曲线(一般为直线),并计算出直线斜率的倒数值K[K:染料含量(%)/光密度]。

④检验步骤。

a.纤维染色。称取染料0.5g,加冰醋酸1mL调浆,用沸蒸馏水溶解成250mL染液(每毫升染液含染料2mg);按染料重占纤维试样重(4g)的4%(160mg),吸取染液80mL,1%醋酸12mL(醋酸占纤维试样重的3%)及108mL蒸馏水,放进试样入染,沸染120min(浴比维持1:50)取出,用冷水洗涤试样,再用冰醋酸(1g/L,20℃)加水至200mL,浸5min,再充分水洗,去除浮色,然后以80~85℃烘4h。

b.测光密度。将染色纤维0.5g在二甲基甲酰胺/磷酸混合液(80℃)中溶解,稀释于500mL容量瓶中(每毫升含染色纤维1mg),再吸取10mL稀释于50mL容量瓶中(每毫升含染色纤维0.2mg),将溶液在72型或721型分光光度计上测光密度(采用波长B,以未染色的纤维溶液校正零点)。

⑤计算。将测定的光密度A在标准曲线上查出染料含量$X\%$,按式(3-57)进行计算:

$$饱和值 = X\%(1 + X\%) \qquad (3-57)$$

用式(3-57)计算的结果为近似值,更精确的表示方法则为:

$$饱和值 = \frac{X\%}{1 - X\%} \qquad (3-58)$$

目前在染色饱和值测定中一般都以前者进行计算。饱和值的另一种表示方法为:

$$饱和值 = KA\%(1 + KA\%) \qquad (3-59)$$

(2)间接法。

①仪器、用具和试剂。72型或721型分光光度计、天平、烧瓶、容量瓶、锥形烧瓶(附回流装置)、甘油浴锅;孔雀石绿、醋酸(HAc)、醋酸钠(NaAc)。

②绘制标准曲线。

a. 称取2g孔雀石绿,加50%醋酸2mL,调成糊状,用热水溶解冷却,用水稀释于1000mL容量瓶中成为每毫升含染料2mg的孔雀绿染液。

b. 将上述染液6mL用水稀释于500mL容量瓶中(此染液每毫升含染料0.02mg)。

由此液中分别吸出3mL、4mL、5mL、6mL、9mL、12mL,各稀释为50mL,成为6档不同浓度之溶液。

c. 用分光光度计(采用不同波长,以蒸馏水校正零点)求出以上用6mL稀释成500mL染液的最大光密度波长B。

d. 用波长B测定以上6档稀释液的光密度。

e. 以光密度值为纵坐标,染液浓度(mg/mL)为横坐标作曲线即为标准曲线。

③检验步骤。

a. 从上述每毫升含染料2mg的染液中,依次量取10mL、15mL及20mL溶液,分别注入三个锥形烧瓶中,各加入1%醋酸、1%醋酸钠1mL以及蒸馏水,成为100mL溶液。再加入1g纤维(此三种溶液所含染料量分别为纤维重的2%,3%,4%),在甘油浴中104℃下回流5h进行染色。

b. 染色完毕后取出纤维,各用70℃水将纤维上的染料洗下,洗液连同残液一起稀释成500mL(或1000mL)。

c. 各从上述稀释液500mL中取出10mL稀释成100mL(或50mL),分别用分光光度计(采用波长B并以蒸馏水校正零点)测定三溶液之光密度,如光密度不在0.1~0.6范围内,须重新配制至适当浓度再测光密度,直到光密度在0.1~0.6范围内。

d. 根据测得的光密度在标准曲线上分别找出对应的染液浓度。

④计算。

$$饱和值 = \frac{染料量(mg) - 光密度对应的染液浓度(mg/mL) \times 残液稀释总体积}{纤维重(1000mg)} \times 100\%$$

$$(3-60)$$

从式(3－60)得出染料量分别为2%、3%、4%(owf)时的饱和值。

用直接法测定腈纶染色饱和值,操作麻烦费时,且溶剂对人体有一定的毒害性,同时每测定一批样品,须重新配制一次工作曲线。与之比较间接法,操作较简便,它只需一次制作标准曲线,可节省药品和时间。

2. 涤纶染着度的判定

(1)仪器、用具和试剂。染色机、烘箱、天平、标准光源、1～10等分的色差标样、剪刀、量筒、烧杯、玻璃棒、开纤针布梳;聚酯蓝GLF染料、莫诺根分散剂。

(2)检验步骤。

①试样准备。取0.5g试样,理齐,一端用棉纱线扎牢,用针布梳开纤。

②染液配制。称取5g分散剂,溶解于5000mL纯水中,另外称取1.5g染料,放入100mL烧杯中,用已配好的分散液500mL,分数次溶解分散染料,然后倒入盛分散液的容器中,充分混合,完全溶解使溶液浓度为0.03%。

③染色。浴比1:100(此时对试样重为3%),根据配方,将染液放入烧杯,在染色机中升温,当达到50～60℃时,放入试样,用试样压板压着试样,在烧杯上盖好盖,使搅拌机转动,放入试样约20min后,使染色温度升至98～100℃。并保持90min后,染色结束,倒掉染液,用自来水冲洗试样,脱水,并稍许开纤后,在90℃的烘箱中干燥15～20min,干燥后取出开纤。

④判定。将试样边缘剪去,整理成圆形,在标准光源下,用眼睛判定标样与测定试样色差。

(3)染着标准试样的制作。

①仪器、用具和试剂。测色计、蓝色标准板;其他与染着度测定相同。

②检验步骤。

a. 取100个试样,每个0.5g,因染色样本为1～10级,故按照表3－13称取染料,100个试样分10个染浴染色。

表3－13　不同着色度染料重量表

着色度	1	2	3	4	5	6	7	8	9	10
称取量/g	0.03	0.037	0.044	0.052	0.062	0.074	0.088	0.11	0.136	0.170
对试样重/%	0.60	0.74	0.88	1.04	1.23	1.47	1.75	2.20	2.72	3.40

b. 把上面染料分别溶解在1g/L的500mL分散液中(浴比1:100)。

c. 根据染色测定方法的准备步骤,把各试样用棉纱线扎好,开纤,先把试样放在0.5g/L的分散液中,在70～80℃下,精练20min后,进行染色、水洗、脱水、干燥、整理。

d. ΔE测定可按色差测定法,在进行肉眼判定时,使肉眼判定每深一级恰好为色差计测定的$\Delta E = 2$,如ΔE不能为2则适当变动染料量,进行再染色,再测定。ΔE对肉眼判定法见图3－32。

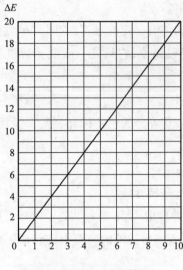

图 3-32　ΔE 对肉眼判定法

3. 维纶染色性的判定

（1）仪器、用具和试剂。染色用恒温水槽、托盘天平、陶瓷烧杯（300mL）、搪瓷量杯（1L）、移液管（50mL、25mL）、玻璃烧杯（400mL）、水银温度计（100℃）、玻璃棒、纱布、开纤针布梳、吸管等；0.8g/L 直接耐晒紫染液。

（2）检验步骤。

①用托盘天平准确称取 3g 试样，用手扯松，均匀混合。

②在 400mL 的玻璃烧杯中加入约 300mL 水，放入恒温水槽中。待烧杯中水温达到（70±1）℃后，将试样投入烧杯中，立即搅拌，并保持水温。过 15min 搅拌一次，到 30min 再搅拌一次，立即取出（主要除去纤维表面的油剂杂质）。

③将试样从烧杯中取出，用常温水冷却后挤干（挤到托盘天平称量为 7.5g 时止），并使各试样干湿相同（都保留 4.5g 水分）。

④在瓷制染杯（300mL）中，用移液管加入 75mL 浓度为 0.8g/L 的直接耐晒紫染液，再用移液管加入 75mL 水。

⑤将加有上述溶液的染杯放入恒温水槽中。并在染杯中放一支温度计。

⑥当染杯内液温达到（60±1）℃后，投入挤干至 7.5g 并已扯松的试样，立即搅拌。

⑦控制加热开关，使温度以 1℃/min 的速度升至（70±1）℃，保持这个温度染色 1h，当 60℃ 升到 70℃ 时，每分钟搅拌一次；70℃后，5min 搅拌一次，在整个染色过程中，注意不使纤维露出液面。

⑧染色 1h 后，取出染杯，在常温下放置 10min，然后用自来水冲洗染色后的试样，直至水流至无色为止。然后取出纤维，用手挤干后扯松，铺开吹干。

⑨染色试样风干后，将染色试样中最浓和最淡的部分挑出来（如不匀的纤维很少，小于全部试样的 5% 时，不必挑出来），判定两者的染色性，根据浓淡两部分染色等级的差异，决定染色不匀斑的等级。

浓淡部分的等级	不匀斑的等级
属于同一等级时	a
属于相邻等级时	b
相隔一个等级时	c

往下依此类推。

⑩用针布梳，将整个试样开松混合，取与试样染色深浅相近的标样（预先制好），并与之进

行比较,得出试样染色性能等级(如在两标样之间,则取两标样的平均值)。判定染色性,要在标准光源下进行,如在一般室内进行时,须从各个方向进行比较。

(三)长丝染色性能检验

1. 国产粘胶丝

(1)仪器设备。袜机、水浴锅、天平(感量0.01g)、精练及染色器具。

(2)检验步骤。

①编织袜筒。对染色样筒进行编号,从每只试样外层取丝,按顺序连续编织袜筒,每只样筒编织5cm,袜机的针数为240~280针[一般66~110dtex(60~100旦)可为260~280针,110~165dtex(100~150旦)可为240~260针]。袜筒各段的摇速和丝条张力须保持一致。编织完后,将整只袜筒进行称重。

②精练。其目的是去除黏附于纤维上的杂质、污物及油脂等,为染色做准备。

a. 处方。

纯碱	1g/L
合成洗衣粉(25型)	2g/L
浴比	1:100
温度	(95±2)℃
时间	20min

袜筒、纯碱和合成洗衣粉的称重应称准到0.01g。

b. 操作。精练时须常常翻动袜筒,使练液充分对流,达到练煮均匀。精练后先用50~70℃软水冲洗,然后用常温水冲洗至无皂液止,洗后将袜筒挤干即可染色。

③染色。

a. 处方。

直接湖蓝6B	0.8%(owf)
纯碱	0.5%(owf)
元明粉(无水硫酸钠)	5%(owf)
浴比	1:100
温度	(75±2)℃
时间	30min

b. 操作。染色加量时,操作程序为水→纯碱→元明粉→染料,并加盖进行染色。染色时须经常翻动袜筒,使染液充分对流,达到染色均匀,如发现染花时应重染。

染色后用常温水充分水洗,然后挤去水分进行阴干(或低温烘干)。

④染色均匀度的评定。

a. 染色均匀度标样的制作。任取光泽与试样相同的一筒(绞、并)丝,摇成袜筒进行精练和干燥,而后制成长约20cm的袜筒143tex(7公支)以上,逐只称重,准确到0.01g,再行染色。编织袜筒,精练与染色方法同前,但染料用量每只袜筒相差0.1%(以0.8%为中间色,标样取中值)。凡染料用量相差0.1%染出标样的色差程度称为一档。

b. 评定条件。乳白日光灯2支,平行照明,灯罩内为白搪瓷或无光白漆。照度为400lx,周围无散射光,观察距离为30~40cm,观察角度为45°~60°。

c. 评定方法。将染色后的袜筒试样逐段与标样平行,置于检验台上(标样在试样的下方),横向进行比较,得出袜筒试样各段中颜色最深和最浅两段间的色差挡数。若袜筒发现有蓝、浅花斑条纹时,以试样个数定该批产品的等级。

2. 进口粘胶长丝,铜氨长丝

(1)仪器设备。同A法。

(2)检验步骤。

①编织袜筒。同A法。

②精练。操作同A法,但精练处方不同。

处方如下。

纯碱	5%(owf)
中性皂	50%(owf)
浴比	1:100
温度	90℃
时间	30~40min

③染色。

a. 处方。

直接湖蓝6B	0.7%(owf)
无水硫酸钠	10%(owf)
浴比	1:100

b. 操作。从40℃起加染料、助剂入染,经20min均匀升温至80℃,再染30min,然后取出纤维进行水洗、阴干(水洗与A法同)。染色升温过程如下:

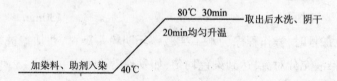

④染色均匀度的评定。其染色均匀度评定方法是按染色牢度褪色样卡定级(国家标准GB/T 250—2008),样卡用五对灰色标样,分为五个等级,分别代表原样与试样相对的变化程度。

5级褪色牢度最好,它是用一对同样深浅的中性灰色标样组成,表示色差等于零。1级表示褪色最严重,色差最大,各级色差采用分光光度计测定,按阿特姆斯值公式计算如表3-14。

表3-14　标准级别与色素差

标准级别	色差(N·B·S单位)	允许误差(N·B·S单位)
5	0	±0.2
4	1.5	±0.2
3	3	±0.2
2	6	±0.5
1	12	±1.0

注　一个N·B·S单位表示一般目光能辨别的极微小颜色之间的差别。

光源采用晴天北面自然光线。如用其他光源,照度不小于400lx。光线投射于样卡呈45°角,视线与样卡平面近乎垂直。评定时将染色干燥后的袜筒与褪色样卡进行对比,以两节袜筒色差最显著者作为本批色差等级。

3.醋酯长丝　根据JIS L1013介绍,醋酯长丝染色性能的检验有A法和B法,前者适用于除了三醋酯纤维之外的醋酯纤维,后者则适用于三醋酯纤维。

(1)A法。

①仪器和设备。袜机、水浴锅、天平(感量0.01g)、精练及染色器具。

②检验步骤。

a.编织袜筒。方法同粘胶长丝,但醋酯长丝因强度较低,故袜机速度应慢一些。

b.精练。同粘胶长丝B法。

c.染色。

● 处方。

散利通法斯脱蓝B	0.7%(owf)
中性皂	0.5%(owf)
浴比	1:30
温度	75℃
时间	60min

● 操作。按处方配制的染液于40℃入染,经30min均匀升温至75℃,染色60min,然后取出袜筒,水洗,阴干。染色升温过程如下:

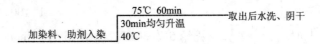

③染色均匀度的评定。同进口粘胶长丝。

（2）B 法。即日本 JIS 检验方法。

①仪器和设备。同 A 法。

②检验步骤。

a. 编织袜筒。同 A 法。

b. 精练。同 A 法，但温度为 90 ~ 95℃。

c. 染色。

● 处方。

C. I. 分散蓝 27	3%（owf）
冰醋酸	10%（owf）
浴比	1：100
温度	90 ~ 95℃
时间	60min（包括升温 30min）

● 操作。80℃加染料助剂入染、均匀升温 30min 到 90 ~ 95℃，再保温续染 30min，取出纤维进行水洗、阴干。染色升温过程如下：

```
                                    90~95℃  30min
                                    ┌─────────────── 取出后脱水、阴干
                            30min均匀升温
        加染料、助剂入染      80℃
```

③染色均匀度的评定。同 A 法。

4. 锦纶 6、锦纶 66 长丝及变形丝

（1）仪器和设备。织袜机、温度自控装置，煮练及染色工具，比色箱染色牢度褪色样卡GB/T 250—2008。

（2）检验步骤。

①编织袜筒。将每批试样按序用织袜机每筒（绞）摇一段袜筒。织袜时袜机针数：线密度 >220dtex（200 旦）为 180 针，线密度为 49.5 ~ 220dtex 为 240 针或 260 针，线密度 <49.5dtex（45 旦）为 280 针。每只样筒编织 3cm（进 3 丝检验时为 5cm）。

②精练。

a. 处方。

中性皂片	1%（owf，进口丝检验时 owf 为 20%）
浴比	1：100
时间	锦纶 6 为 30min，锦纶 66 为 45min
水质	蒸馏水

b. 操作。同粘胶长丝。

③染色。

a. 处方。

中性灰	1%（owf）
平平加	1%（owf）
浴比	1∶100
温度	100℃
时间	锦纶6为30min,锦纶66为45min

b. 操作。按处方配好染液,加热至40℃入染,在30min内均匀升温至沸,再继续煮沸30min（锦纶6）或45min（锦纶66）,取出试样。

冷却降温,并用常温清水洗净,用固定架固定,低温干燥。

其染色升温过程:

锦纶6:

锦纶66:

④染色均匀度评定。

a. 评定条件。乳白日光灯作为光源,箱内涂刷白搪瓷漆或无光白漆,照度不低于540lx（进口丝检验时为400lx）。周围无散射光,光源距离试样约45cm,光线投射于样卡的角度为45°,视线于样卡平面近于垂直。

b. 评级方法。使用样卡时应将五级标准样卡置于试样上端,将卡遮盖其他部位,使评级部分露于方孔中,以最显著的两段袜筒色差为该批色差等级,如同一段袜筒内呈现深浅条纹称为条花,即染色不匀。评定该产品色差时应包括条花的深浅色差。

5. 涤纶长丝及变形丝　涤纶长丝及变形丝染色性能的检测有A法、B法和C法。A法适用于涤纶长丝的染着度、染斑试验;B法适用于涤纶低弹丝 M 率试验;C法适用于高温高压染色法。

（1）A法。

①仪器和设备。织袜机、染色工具、标准光源室标准等级色卡、标准样筒。

②检验步骤。

a. 编织袜筒。袜机针数为 200 ~ 260 针,每段袜筒为 4 ~ 5cm,织造时的张力为 19.6 ~ 29.4mN(2 ~ 3gf)。每批试样按序用织袜机,每筒摇一段袜筒,每间隔 2 只试样袜筒应加入一只标准样筒的袜筒。

b. 精练。

● 处方。

中性皂	20%(owf)
纯碱	5%(owf)
浴比	1∶100
温度	80 ~ 90℃
时间	20min

● 操作。精练后用 70℃ 软水冲洗,再用温水冲洗至无皂液为止,将袜筒挤干,准备染色。

c. 染色。

● 处方。

染料	分散聚酯蓝 GLF 2% ~ 2.5%(owf)
助剂 601 型中性皂粉	0.5% ~ 1%(owf)
浴比	1∶100
温度	100℃
时间	90min

● 操作。操作时按以上处方配好的染液升温至 70℃ 入染,经过 20min,升温至 100℃,保温 90min,然后用 70℃ 软水冲洗,再用温水冲洗,脱水后干燥。其染色升温过程如下:

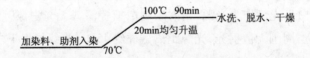

③试样评定。评定在标准光源室中进行,方法是将织物套于判定板上,使框的平面与光源呈 70°,与判定员的双眼为 30° 左右,然后与标准色卡对比评定。

a. 染着度评定。主要是检验被测定织物与标准长丝织物的上色率情况,标准色卡共分六级为 0、0.25、0.50、0.75、1.0、1.5,以 1.5 为最差,0 为最好,进行判定,然后标出 20 只被测长丝的绝对色差平均值。

b. 染斑评定。主要是检验由于本袜筒的不匀而造成染色斑纹情况。根据标准板(0 ~ 5)共分 6 级(中间以 0.5 为级差)。以 0 为最差,5 为最好(无染斑)进行判定,然后标出 20 只被测长丝的平均染斑值。

（2）B 法。

①仪器和设备。织袜机、染色工具、标准光源室、标准等级色卡、标准弹力丝样筒。

②检验步骤。

a. 编织袜筒。织袜机针数为 200～240 针,每段袜筒为 4～5cm,织造张力为 29.4～39.2mN（3～4gf）,每批试样按序用织袜机每筒摇一段袜筒。每间隔 2 只试样袜筒,应加入一只标准弹力丝的袜筒。

b. 精练。

●处方。

中性皂粉	4%（owf）
浴比	1:70
温度	60℃
时间	20min

●操作。精练后先用 70℃软水冲洗,再用温水冲洗至无皂液为止。

c. 染色。

●处方。

分散聚酯蓝 GLF	3.5%～4%（owf）
中性皂	2%（owf）
浴比	1:70
温度	100℃
时间	60min

●操作。操作时按以上处方配好染液后升温至 60℃入染。保温 5min,用 20min 逐步升温至 100℃,保温 60min。其染色升温过程如下:

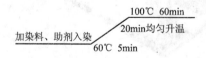

d. 皂洗。

●处方:

中性皂粉	4%（owf）
浴比	1:70
温度	60℃
时间	20min

●操作。按处方配制皂液,在 60℃下皂洗 20min,然后排出皂液,按以上水洗条件进行水

洗、脱水、干燥。

e. M 率评定。将染色干燥后的织物,套在判定板上,在标准光源下,按照标准色卡 ±0.5 级判定 M、L、D 丝,段斑和卷缩丝。

M 丝:按照标准色卡在 +0.5 ~ -0.5 级之间。

L 丝:按照标准色卡在 -0.5 级以下的浅色丝。

D 丝:按照标准色卡在 +0.5 级以上的深色丝。

段斑:编织物上出现条纹的色斑。

卷缩丝:表面较粗糙,感到编织物很薄,透过荧光灯看,则能看到薄而透明,相反则编织物看来有较深的地方。M 率计算按下式:

$$M \,率 = \frac{织物总只数 - L、D、段斑、卷缩丝只数之和}{织物总只数} \times 100\% \qquad (3-61)$$

(3)C 法。

①仪器和设备。高温高压染样机(图 3 - 33)、袜机、天平(感量为 0.01g)、精练及染色器具。

图 3 - 33 高温高压染样

②检验步骤。

a. 编织袜筒。方法同锦纶长丝。袜机针数:49.5 ~ 77dtex(45 ~ 70 旦)为 260 ~ 280 针,110 ~ 132dtex(100 ~ 120 旦)为 240 针,132 ~ 165dtex(120 ~ 150 旦)为 200 ~ 220 针。

b. 精练。

●处方。

中性皂片 20%(owf)

纯碱	5%（owf）
浴比	1∶100
温度	80～90℃
时间	20min

● 操作。同粘胶长丝。

c. 染色。

● 处方。

分散染料福隆宝蓝	1%（owf）
冰醋酸	10%（owf）
温度	130℃
压力	196.2kPa（2kgf/cm^2）
时间	45min
浴比	1∶50
pH 值	5～6

● 操作：

第一，掀起染样机锅盖，向高温高压釜内加水（以蒸馏水为宜），水位离锅口 3～4cm。

第二，将已配好的染料放入染杯，加适量 50℃温水溶解，再加温水稀释，加入冰醋酸，调节 pH 值至 5～6（用广范试纸）。将染样袜筒平整疏松地卷绕在有网眼的纱笼上，挂在挂钩上，浸没在染液内。

第三，按动"启动"按钮 11 接通电源。转动电加热开关器 8 至"加温 1"或"加温 2"档，开始加热。

第四，转动搅动冷却开关 6 至"搅动"档，检查升降杆升降是否正常。

第五，合上锅盖旋紧支头螺杆，使染色釜密闭。

第六，转动温度调节器旋钮至染色定温值 130℃。

第七，打开放气阀，直至升温到 95℃时关闭，排除锅内空气。

第八，将计时器的指针拨到规定染色时间 45min，转动开关 7 至"延时"档，便能自动控制定温染色时间，终了时报信。

第九，调节升温速度旋钮，经 45min 由 50℃升至 130℃，压力 196.2kPa（2kgf/cm^2）。

第十，如需升温到 130℃时报信，可将开关 7 转向"定值"档，报信后再转向"延时"档。

第十一，到达给定染色时间 45min，计时器报信，铃响，关闭加热器开关，开关转向"冷却"档，电磁阀打开，向锅体夹套内输入冷却水，降低锅体温度。

第十二，打开放气阀放完蒸气，将支头螺杆旋松，移开弓架，掀起锅盖。关闭开关，按下"停止"按钮，取出试样，染色完成。

第十三,水洗,用80℃清水及冷水冲洗,挤去水分阴干。

d. 染色均匀度评定。光源同进口粘胶长丝。将染色后试样与染色牢度褪色样卡(GB/T 250—2008)对比评定等级,一节袜筒内呈现的深浅染色条纹也属染色不匀。

目前,国内印染厂绝大部分都采用高温高压染色法对涤纶进行染色,故用此法检验涤纶的染色性能可以比较确切地反映生产厂染色的实际情况,但此法由于采用高温高压,使涤纶的染色性能有所提高,不易暴露同批丝中的染色均匀度问题。而采用 B 法即常温常压法,由于染色温度较低,袜筒吸色较浅,就比较容易暴露同批丝中染色均匀度问题,故 B 法作为染色均匀度的检验方法有一定的实用意义。

二、二氧化钛含量检验

合成纤维由于其分子排列紧密整齐,纤维表面光滑,因而具有刺眼的光泽并呈半透明状态。为了克服这一缺点,常在聚合体中加入不同量的二氧化钛,以制得不同消光程度的纤维制品,二氧化钛称为消光剂。

聚合体中加入二氧化钛的量不同,对纤维热处理的效果及染色性能产生的影响就不同。所以需对纤维中二氧化钛含量进行测定,以区别是半消光还是全消光纤维,进而选择染色工艺。其分析方法有比色法和容量法。

(一)比色法

用比色原理来测定二氧化钛含量有多种方法,但有些方法所使用试剂的反应过程较激烈,操作不够安全,故这里仅介绍一种反应较缓和的方法。

比色法的原理是钛在强酸溶液中以四价离子状态存在,并能与过氧化氢形成络合物,反应如下:

$$TiO_2 + 2H_2SO_4 \longrightarrow Ti(SO_4)_2 + 2H_2O$$

$$TiO^{2+} + (Ti^{4+}) + H_2O_2 \longrightarrow [TiO(H_2O_2)]^{2+}$$

络合物 $[TiO(H_2O_2)]^{2+}$ 呈黄色,浓溶液呈橙色。然后用分光光度计在410nm 的波长下,测定黄色溶液的吸光度。另外再用标准二氧化钛求出检量线(即标准工作曲线,吸光度值 – TiO_2含量曲线),计算二氧化钛在试样中的含量。

1. 检验方法与步骤

(1)精确称取试样0.6g,放入100mL 的锥形瓶中,用移液管加入 10mL 浓硫酸和 2mL 高氯酸,将锥形瓶放在通风柜中加热分解,约 30min。如不分解可再补加 2mL 高氯酸,继续加热(溶液颜色由黑色→白色→黄色→透明)至分解完全为止,然后冷却10min。

(2)将分解液用0.15%过氧化氢溶液通过玻璃漏斗分多次洗入100mL 容量瓶中,使溶液在刻度线以下,振荡混合均匀。冷却20min,再用 0.15%过氧化氢稀释至刻度线,待测定。

（3）另取一个 100mL 容量瓶,加入 0.15% 过氧化氢溶液 10mL,再用移液管加入 10mL 硫酸,振荡混合均匀,冷却,最后用 0.15% 过氧化氢稀释至刻度线,做空白试验。

（4）用分光光度计(721 型或 72 型)测定空白和试液的吸光度。波长 410nm,比色皿 10mm。

2. 计算

$$TiO_2 = \frac{KA}{G100} \times 100\% \tag{3-62}$$

式中:K 表示检量系数(TiO_2mg/吸光度);A 表示试样溶液的吸光度;G 表示试样质量(mg)。

3. 求检量系数

（1）取标准二氧化钛 2g 左右于称量瓶中,在 145℃ 的烘箱中干燥 2h,取出放入干燥器中冷却。

（2）精确称取上述干燥后的二氧化钛 0.1g(精确至 0.0001g)于烧杯中,盖上表面皿,再称取 1g 硫酸铵,加入烧杯中。用移液管加入 2mL 硫酸,盖上表面皿,在通风柜中加热溶解(大约需要 40min)。

（3）将上述溶解液用 5% 硫酸分多次洗入 1000mL 容量瓶中,并稀释至 900mL 左右,振荡混合均匀,室温放置约 1h,再用 5% 硫酸稀释至刻度线。作为二氧化钛的标准溶液。

（4）用移液管准确吸取上述二氧化钛标准溶液 20mL,放于 100mL 容量瓶中,用移液管加入 10mL 硫酸于此容量瓶中,再用 0.15% 过氧化氢稀释至刻度线以下,振荡混合均匀,冷却,最后用 0.15% 过氧化氢稀释至刻度线。用分光光度计测定溶液的吸光度(波长 410nm,比色皿 10mm)。

（5）检量系数计算。

$$K = \frac{S \times 20}{A_S} \tag{3-63}$$

式中:K 表示检量系数(TiO_2mg/吸光度);S 表示 TiO_2 标准溶液的浓度(mg/mL);A_S 表示标准溶液的吸光度。

日本 JIS 标准与此法雷同,详细方法见 JIS L1013—1981 二氧化钛测定。

（二）容量法

该法采用日本 JIS 标准。

1. 检验方法与步骤　准确称取绝干质量的试样约 5g,在电炉上灰化,然后用少量的水把它移入 200mL 的烧杯中,加热烧杯将水分除去后,加入 15mL 浓硫酸(相对密度为 1.84)和 10g 硫酸铵,用表面皿盖上,开始缓慢加热,最后加高温使其溶解,冷却后(注意液温在 50℃ 以下)加水使其总液量为 100mL,将试样移入还原装置中,和二氧化钛分析方法完全相同,将还原装置中的空气以 CO_2 置换之,用锌汞齐还原钛,然后分离汞齐,同时通入 CO_2,隔绝空气,用硫氰酸铵溶液作指示剂,以 0.1mol 硫酸亚铁铵溶液进行滴定。

2. 计算

$$TiO_2 \text{ 含量} = \frac{A \times 0.00799}{B} \times 100\% \qquad (3-64)$$

式中:A 表示 0.1mol 硫酸亚铁铵溶液使用量(mL);B 表示试样的绝干质量(g)。

参考文献

[1] 沙建勋,范德炘. 纤维检验[M]. 北京:中国纺织出版社,1996.

[2] 沈海萍,章友鹤,周征熊,等. 化学纤维检验技术[M]. 北京:国家标准局纤维检验局,1983.

[3] 王德络,玉树模. 国外化学纤维标准选编[M]. 上海化学纤维工业公司,编译. 北京:国家标准局纤维检验局,1986.

[4] 李青山,余晓尉. 纺织纤维鉴别新进展[J]. 国际纺织导报,2001(4):36.

[5] 刘常威,李青山. 显微镜法鉴别纤维的评述[J]. 上海纺织科技,2002(4):61-62.

[6] 李汝勤,宋钧才. 纤维和纺织品的测试原理与仪器[M]. 上海:中国纺织大学出版社,1995:8.

[7] 熊田喜代志. 纤维试验法[M]. 东京:地人书馆,1967.

[8] 黄泽灏. 纤维的检验方法[J]. 合成纤维业工业,1979(2):38-40.

[9] 美国纺织化学家和染色家协会. AATCC 技术手册[M]. 中国纺织信息中心,编译. 北京:中国纺织出版社,2010.

[10] 李汝勤,王正伟,严文源,等. 化学纤维线密度与比强度测试方法研究[J]. 合成纤维,1996(5):43-46.

[11] 赵书经. 纺织材料学[M]. 北京:纺织工业出版社,1980.

[12] 马季玫,顾晓华,刘剑虹. 材料概论[M]. 北京:中国建材工业出版社,2007.

[13] 顾晓华,沈新元. 蛋白石微粉在纺织品中的应用[J]. 合成纤维,2005(6):39-42.

[14] 西鹏,顾晓华,李文刚. 汽车用纺织品[M]. 北京:化学工业出版社,2006.

[15] 北京新材料发展中心. 中国国际新材料产业发展研讨会论文集[C]. 上海,出版者不详,2005.6.

[16] 蒋耀兴. 纺织品检验学[M]. 北京:中国纺织出版社,2001.

[17] 姜怀,邹福麟,梁洁,等. 纺织材料学[M]. 北京:中国纺织出版社,2001.

[18] 姚穆,周锦芳,黄淑珍. 纺织材料学[M]. 北京:中国纺织出版社,2003.

[19] 赵书经. 纺织材料实验教程[M]. 北京:中国纺织出版社,1994.

[20] 李栋高. 丝绸材料学[M]. 北京:中国纺织出版社,1994.

[21] 国家棉纺织产品质量检验中心. 纺织产品质量检测知识问答[M]. 北京:纺织工业出版社,1992.

[22] 李青山. 纺织纤维鉴别手册[M]. 北京:中国纺织出版社,2003.

[23] "服装号型"标准课题组. 国家标准《服装号型》的说明与应用[M]. 北京:中国标准出版社,1992.

［24］瞿才新,张荣华.纺织材料基础［M］.北京:中国纺织出版社,2004.

［25］杨建忠,崔世忠,张一心.新型纺织材料及应用［M］.上海:东华大学出版社,2003.

［26］沈兰萍.新型纺织产品设计与生产［M］.北京:中国纺织出版社,2001.

［27］李汝勤,宋均才.纤维和纺织品的测试原理与仪器［M］.北京:中国纺织出版社,1995.

［28］高洁,王香梅,李青山.功能纤维与智能纤维［M］.北京:中国纺织出版社,2004.

［29］中国纺织总会科技发展部标准处.纺织标准汇编［M］.北京:中国标准出版社,1996.

［30］中国纺织总会标准化研究所.纺织品基础标准方法标准汇编［M］.北京:中国标准出版社,1990.

［31］李春田.标准化概论［M］.3 版.北京:中国人民大学出版社,1995.

［32］"中国大百科全书"纺织编辑委员会.中国大百科全书:纺织［M］.北京:中国大百科全书出版社,1984.

第四章

化学纤维大品种的检验

将化学纤维进一步加工成纱线、织制成纺织品,才能实现化学纤维的真正使用价值。纱线品质的优劣直接取决于化学纤维的质量,因此化学纤维的检验工作就显得尤为突出与重要。

检验化学纤维的质量包括内在质量和外观质量两个方面的内容。内在质量是指化学纤维的物理性能、力学性能和化学性能,它是决定化学纤维质量的重要因素,一般采用仪器进行检验;外观质量是指化学纤维的表面疵点、颜色、卷曲度和均匀度等,一般采用感官方法进行检测。

关于化学纤维检验的内容和方法以及化学纤维的质量控制已在第三章介绍。本章叙述化学纤维大品种的结构特征及质量指标,然后介绍其检验。

第一节　化学纤维大品种的分类及主要性能

一、化学纤维大品种的产品分类

化学纤维的大品种主要有粘胶纤维、涤纶、腈纶、锦纶、丙纶和维纶。每种化学纤维大品种又有许多产品。根据化学纤维的长度,可以分为短纤维、长丝;化学短纤维又可以根据其长度、线密度、截面形态、光泽、卷曲以及产品用途,分为棉型、毛型、中长型等;长丝又可以根据不同品种进行分类,如涤纶长丝分为低弹力丝、牵伸丝等,这里主要介绍常用的量大的品种,特殊的量小的品种将在第五章中介绍。表4-1和表4-2按短纤维和长丝将化学纤维大品种的产品进行了分类。

表4-1　化学短纤维产品分类

品　　种	类　　型	线密度/dtex	长度/mm
粘胶	棉型	1.40~2.20	30~40
	中长型	2.21~3.30	51~65
	毛型	3.31~5.60	50~70
	卷曲毛型	3.30~5.60	70~150

品种	类型	线密度/dtex	长度/mm
涤纶	棉型(普通)	1.5~2.1	30~40
	棉型(高强)(强度≥4.80N/dtex)	1.5~2.1	30~40
	中长型	2.2~3.2	51~65
	毛型	3.3~6.0	70~150
腈纶	棉型	1.7~2.2	38、50
	中长型	3.3	50、65、76、100、113
	毛型	6.7	50、65、76、100、113
锦纶6毛型	民用	3.0~5.6	99
	工业用	5.7~14.0	—
丙纶	纺织用	1.7~3.3	各种长度
		3.4~7.8	各种长度
	非纺织用	1.7~7.8	各种长度
		7.9~22.2	各种长度
维纶	棉型	1.56	35

表4-2 化学纤维长丝产品分类

品种	类型	品种	类型
粘胶	有光丝	锦纶6或锦纶66	民用复丝
	无光丝		工业用复丝
	漂白丝		弹力丝
涤纶	牵伸丝	丙纶	牵伸丝
	低弹丝		弹力丝

二、化学纤维大品种的结构特征及产品主要性能

化学纤维的结构决定它的基本性能,结构发生变化了,使用性能和风格的差别就很显著。如普通粘胶纤维是利用碱溶液法制备的,其形态结构出现皮芯层结构;而高湿模量粘胶纤维,利用芯层的结晶度高、晶粒大、取向度比皮层略低的特点,通过扩大纤维中芯层部分比例,获得了高模量、高强度、湿影响小的粘胶纤维;强力粘胶纤维是利用皮层的结晶度小、晶粒细小、取向度高的特点,通过扩大纤维中皮层部分比例而获得高强度且低伸长的粘胶纤维的。因此,研究化学纤维产品的主要性能,应该从其结构出发。

化学纤维的性能取决于其结构,又决定了其用途。下面介绍化学纤维大品种的结构特征、

产品主要性能及其用途。

(一)粘胶纤维

粘胶纤维是再生纤维素纤维的一个主要品种,于1891年在英国研制成功,1905年投入工业化生产。粘胶纤维的原料来源广泛,成本低廉,在纺织纤维中占有相当重要的地位。粘胶纤维是通过碱溶液法制备的,首先将纤维素浆粒溶解在碱溶液中形成碱纤维素,然后生成纤维素黄酸酯(粘胶液),再经酸反应还原为纤维素而再生的。粘胶纤维有普通粘胶纤维、强力粘胶纤维和高湿模量粘胶纤维(也叫富强纤维)。

1. 结构特征 粘胶纤维的主要组成物质是纤维素。纤维素的元素含量为碳44.4%、氢6.2%、氧49.4%,其分子式为$[C_6H_{10}O_5]_n$,分子式中的$C_6H_{10}O_5$为葡萄糖剩基,n为聚合度,一般为300~500。

粘胶纤维大分子是由许多葡萄糖剩基通过$\beta-1,4$苷键相互连接而成的直线链状大分子,一正一反的两个葡萄糖剩基(六元环)通过氧桥连接成一个重复单位,成为纤维素二糖,键角使这个纤维素二糖具有折曲的椅式构型,如图4-1所示。这种构型使得粘胶纤维大分子就具有了一定的柔曲性和较好的直线对称性,能促进结晶结构的形成。

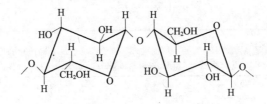

图4-1 粘胶纤维的大分子结构式

纤维素的晶胞由5个平行排列的纤维素大分子在两个六元环链节上组成。在这些晶胞中,纤维素大分子链由葡萄糖剩基头尾相连形成,相邻大分子取逆平行排列,即通过晶胞四周的纤维素分子链和通过中心的纤维素大分子链上,相邻剩基之间的方向是相反的。天然纤维素和粘胶纤维中的纤维素晶胞结构如图4-2和图4-3,可以看出它们有显著的差别。

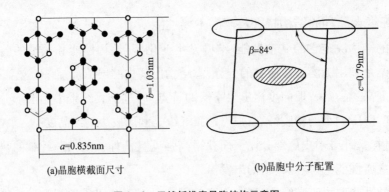

(a)晶胞横截面尺寸   (b)晶胞中分子配置

图4-2 天然纤维素晶胞结构示意图

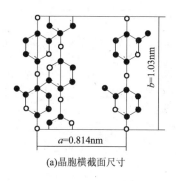 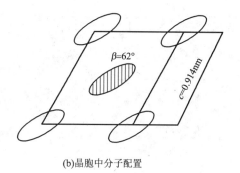

(a)晶胞横截面尺寸　　　　　　　(b)晶胞中分子配置

图4-3　粘胶纤维素晶胞的横截面尺寸图

粘胶纤维属再生纤维素纤维,因已经碱液处理,晶胞的尺寸和 β 角均已改变,分子面转动,晶胞发生倾斜,导致粘胶纤维的结晶度和取向度降低,引起纤维断裂强度降低、断裂伸长率增加等性能的变化,甚至水分子也能少量(1%)进入纤维素的结晶部分;而对天然纤维来说,水分子是不能进入结晶区的。粘胶纤维晶胞结构的这种变化,使它的性能和天然纤维有很大不同。

粘胶纤维是由湿法纺丝制成的,其形态结构特征是横截面有不规则的锯齿形边缘,在纵向表面有平行于纤维轴的不连续的条纹。普通粘胶纤维的横截面中有皮芯层的芯鞘结构,如图4-4所示,皮层较薄,且结构组织细密;强力粘胶纤维结构为全皮层,横截面为腰型;高湿模量粘胶纤维是全芯层或接近全芯层的,它的横截面基本上是圆形的。图4-5是粘胶纤维的皮层(染色)图。

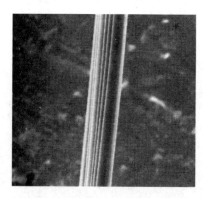 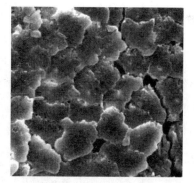

(a)纵向:表面光滑,纹路整齐,粗细一致　　　(b)横截面:多锯齿形,芯层无孔密实

图4-4　粘胶纤维形态

2. 主要性能指标

(1)线密度。粘胶由喷丝头喷出时,喷丝孔的大小、压出的粘胶量及卷绕牵伸的速度决定了单纤维的线密度,一般单纤维的线密度为3.3~5.5dtex;如果纺的是用于制成短纤维的丝束,

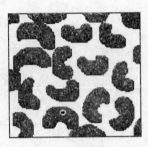
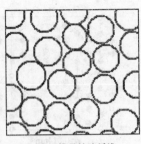

(a)普通粘胶纤维　　　　(b)强力粘胶纤维　　　　(c)高湿模量粘胶纤维
（富强纤维）

图 4-5　粘胶纤维的皮层(染色)图

每束可含 12000~40000 根单纤维。如果纺的是长丝,每根长丝中含 15~200 根单纤维。粘胶短纤维的线密度根据风格(毛型、棉型)的不同而异,棉型为 1.8~2.0dtex、毛型为 3.3~4.0dtex;粘胶长丝的规格是用长丝的线密度与单纤维根数来表示,如 132dtex/30f 表示该长丝的线密度是 132dtex,由 30 根单纤维组成。

(2)密度。粘胶纤维的密度比较高,为 $1.52g/cm^3$,同样体积的粘胶纤维织物比合成纤维高 7%~25%,其质量一般都比其他纤维的大,有重感。

(3)力学性能。普通粘胶纤维的断裂强度较低,但强力粘胶纤维是普通粘胶纤维的 2 倍以上;断裂强度和断裂伸长率都受回潮率影响很大,在湿态条件下,湿强度降低 40%~50%,伸长率增加 10%~100% 不等。所以,在剧烈的洗涤条件下,粘胶纤维织物容易变形,且变形后不易回复,弹性差,织物容易起皱,耐磨性差。所以在粘胶长丝的织造加工中应注意温度、湿度控制,湿度过高不仅会使断头增多,还会由于变形的增加而产生亮丝等病疵。

粘胶纤维的初始模量不高,比同属于纤维素纤维的棉低,吸湿以后下降很大,所以在湿度大的环境中加工时,应特别注意。粘胶丝的弹性回复能力与其他纤维相比也比较差。

(4)吸湿性能。粘胶纤维的吸湿性是化学纤维大品种中最好的,纤维吸湿后,显著膨胀,截面积可增加 50% 以上,最高可达到 140%,所以一般的粘胶纤维织物下水后会发硬、收缩率大。

(5)光学性能。粘胶纤维的光泽很强,长丝有"极光"的光泽感,欠柔和,必要时可进行消光处理,即在纺丝液中加入一定量的微小颗粒,称为消光剂(如二氧化钛)。不含二氧化钛的称有光纤维,含 0.5%~1% 二氧化钛的称半消光(半光)纤维,含 3% 以上的称消光(无光)纤维。粘胶纤维的双折射率、分子取向度和耐光性比天然纤维素纤维低。

(6)染色性能。粘胶纤维由于相对分子质量和结晶度均比较低,而且在水中易膨润,故染色性比天然纤维素纤维要好,染色色谱全,染色牢度也较好,但容易引起染色不均匀;用直接染料染色更易上色,染色温度也比较低。由于粘胶纤维本身的不均匀性,以不采用盐基性染料为好。对于硫化染料、媒介染料、还原染料等,粘胶纤维的染色性能优良,特别是应用媒介染料时,耐光、耐洗牢度较好。

(7)耐热性能。粘胶纤维与天然纤维相比,相对分子质量比较低,所以耐热性较差,加热到150℃左右时强力降低较慢,在180～200℃时,会产生热分解。

(8)化学性能。粘胶纤维结构疏散,有较多的空隙和内表面积,暴露的羟基比棉纤维多,因此化学活泼性比棉纤维大,对碱、酸、氧化剂都比较敏感。粘胶纤维耐碱性能较好,只是在浓碱的作用下,发生膨化甚至溶解。粘胶纤维不耐强酸,在室温下,59%的硫酸溶液即可将粘胶纤维溶解。

粘胶纤维性能指标见表4-3。

表4-3 粘胶纤维性能指标

纤维名称		粘胶纤维					
		短纤维		长丝		高湿模量纤维	
纤维性能		普通	强力	普通	强力	短纤维	长丝
断裂强度/cN·dtex⁻¹	干态	2.2～2.7	3.2～3.7	1.5～2.0	3.0～4.6	3.0～4.6	1.9～2.6
	湿态	1.2～1.8	2.4～2.9	0.7～1.1	2.3～3.7	2.3～3.7	1.1～1.7
相对湿强度/%		60～65	70～75	45～55	70～80	70～80	55～70
相对勾接强度/%		25～40	35～45	30～65	40～70	20～40	—
相对打结强度/%		35～50	45～60	45～60	40～60	20～25	35～70
断裂伸长率/%	干态	16～22	19～24	10～24	7～15	7～14	8～12
	湿态	21～29	21～29	24～35	20～30	8～15	9～15
弹性回复率/%(伸长率为3%时)		55～80	55～80	60～80	60～80	60～80	55～80
初始模量/cN·dtex⁻¹		26～62	44～79	57～75	97～141	62～97	53～88
密度/g·cm⁻³		1.50～1.52					
回潮率/%	20℃、相对湿度65%	12～14					
	20℃、相对湿度95%	25～30					
耐热性		不软化、不熔融、180～200℃开始变色分解					

(二)涤纶

涤纶是聚对苯二甲酸乙二酯(PET)纤维在我国的商品名称。其品种很多,有长丝和短纤维。长丝又有普通长丝(包括帘子线)和变形丝。短纤维又可分棉型、毛型和中长型等。涤纶是合成纤维的一大类属于主要品种,其产量居所有化学纤维之首。

1.结构特征 聚对苯二甲酸乙二酯可以由对苯二甲酸(TPA)和乙二醇(EG)通过直接酯化法制取对苯二甲酸乙二酯(BHET)后缩聚而成。

聚对苯二甲酸乙二酯纤维是聚酯纤维的一种,由熔体纺丝法制得。它的相对分子质量一般控制在$(1.8 \times 10^4) \sim (2.5 \times 10^4)$,聚合度一般控制在 $100 \sim 130$。实际上聚酯切片中还有少量的占$1\% \sim 3\%$的单体和低聚物(齐聚物)存在。这些低聚物的聚合度较低($n = 2,3,4$ 等),以环状形式存在。因此,涤纶的基本组成物质是聚对苯二甲酸乙二酯,它是由 14% 短脂肪烃链、46%酯基、40%芳环,还有极少量的占$0.1\% \sim 0.2\%$端醇羟基所构成。涤纶分子中除存在两个端醇羟基外,并无其他极性基团,因而涤纶亲水性极差,吸湿率一般为0.4%;在高温和水分的

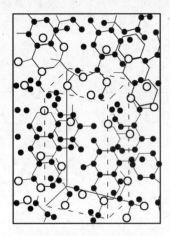

存在下,大分子内的酯键易于发生热裂解、水解,遇碱则皂解,使聚合度降低,因此在纺丝时必须对切片含水量严加控制;芳环不能内旋转,故涤纶大分子基本为刚性分子,分子链易于保持线型;由于脂肪族烃链分子内 C—C 键的内旋转,能使涤纶分子具有一定柔曲性,同时可使涤纶分子存在顺式和反式构象,反式构象很稳定。

图 4-6 为涤纶晶区内的分子排列,在晶体链结构中一个大分子的凸出部分恰巧嵌进另一个分子的凹陷部分中去,所有的芳环几乎处在一个平面上,容易形成缨状折叠链,使大分子具有高度的立构规整性。因此,涤纶大分子在一定条件下很容易形成结晶,结晶度和取向性较高。

图 4-6　涤纶晶胞排列

图 4-7 为普通涤纶形态,它在光学纤维镜下的截面接近于圆形,纵向为光滑、均匀、平直、无条痕的圆柱体;如用异形喷丝板,可制成各种特殊截面形状的涤纶,如多角形、多叶形、中空形等异形截面。

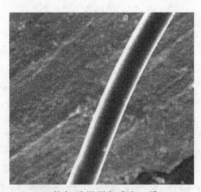
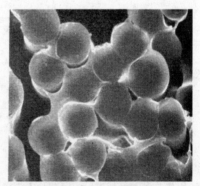

(a)纵向:光滑顺直,粗细一致　　　　　(b)横截面:圆形或异形

图 4-7　普通涤纶纤维形态

2. 主要性能指标

(1)密度。涤纶在完全无定形时,密度为 1.333g/cm^3,完全结晶时为 1.455g/cm^3。在化学纤维中涤纶具有较高的结晶度,其密度仅小于粘胶纤维,与羊毛(1.32g/cm^3)相近为 1.39g/cm^3 左右。

（2）力学性能。涤纶的断裂强度和断裂伸长率均大于其他化学纤维，但因品种和牵伸倍数而异，一般长丝较短纤维强度高，即使在湿态下，强度也不发生变化。耐冲击强度比锦纶高4倍，比粘胶纤维高20倍。涤纶的初始模量比其他化学纤维高，刚度高，耐磨性好，与棉等强度低的纤维混纺能够提高棉等织物的耐磨性。弹性优良，无论是承受拉伸、弯曲还是剪切变形，均能表现出良好的弹性回复性，当受力伸长5%时，去除负荷伸长仍可以恢复。所以织物挺括抗皱，尺寸稳定，褶裥持久，保形性好，可以改变与其他混纺织物的抗皱性。涤纶的耐磨性仅次于锦纶而优于其他纤维，干湿态下耐磨性几乎相同。

（3）吸湿性能。涤纶吸湿性在合成纤维中是较低的，在一般大气条件下，回潮率只有0.4%左右，在相对湿度为100%时，也只有0.6%～0.7%，且织物易洗快干，具有"洗可穿"的美称，但涤纶织物穿时有闷热感。吸湿小对工业用纤维却是一个有利的特性，如轿车棚顶板内衬用非织造布、擦胶布等，即使在高湿度环境中材料也不会发生脱胶变形。

（4）光学性能。涤纶的耐光性仅次于腈纶，这与其分子结构有关。涤纶仅在315nm光波区有强烈的吸收带，所以经1000h暴晒，其强力仍能保持60%～70%。因此，一般涤纶织物，轻易不褪色，比较适合做夏季服装以及户外用工业苫布。

（5）电学性能。涤纶是优良的绝缘材料，在－100～160℃范围内的介电常数为3.0～3.8。因吸湿性差，纤维相互间的摩擦系数较高，因而易在纤维上积聚静电荷，使加工时困难，织物穿着时极易吸引灰尘、易起球。对纤维进行表面处理或共聚改性，可以提高纤维的抗起球性。

（6）染色性能。由于涤纶大分子不含亲水基团，结晶度高，分子排列紧密，分子间的空隙小，染料分子难以进入纤维内部，一般染料难以染色，现染色多采用分散染料借助于高温、高压或载体膨化以及特殊工艺条件（如热熔法）。目前，阳离子染料可染性涤纶的染色性能也得到了显著的改善。

（7）热学性能。在几种合成纤维大品种中，涤纶的熔点比较高，而比热容和导热率都较小，因而涤纶的耐热性和绝热性要高些，热稳定性也较好。在120℃下短时间受热，其强度损失可以恢复；在150℃左右加热168h后，其强度损失不超过3%，在150℃左右处理1000h稍有变色，强度损失不超过50%，而其他常用纤维在该温度下200h即完全被破坏。涤纶织物遇火轻则易熔成小孔，重则灼伤人体。耐低温性能也很好，在－100℃下涤纶强度约增大50%，伸长率减少35%左右，且在此温度下纤维不发脆。

（8）化学稳定性能。涤纶大分子中的酯键可以被水解，酸、碱均能对酯键的水解起催化作用。涤纶对碱的稳定性比对酸的稳定性差，所以涤纶的耐酸性较好，无论对无机酸还是有机酸，它都有良好的稳定性。而在碱的作用下涤纶水解由表面逐渐深入，虽然会造成失重和强度降低，但纤维芯层却无大影响（指涤纶的相对分子质量没有变），这种性能可以使涤纶获得另一种风格。对一般的有机溶剂、氧化剂、还原剂以及微生物的抵抗能力较强。

涤纶的性能指标见表4-4。

表 4 – 4　涤纶性能指标

纤维性能 \ 纤维名称		涤纶短纤维	涤纶长丝	
			普通	强力
断裂强度/ cN·dtex^{-1}	干态	4.2 ~ 5.6	3.8 ~ 5.3	5.6 ~ 7.9
	湿态	4.2 ~ 5.6	3.8 ~ 5.3	5.6 ~ 7.9
相对湿强度/%		100	100	100
相对勾接强度/%		75 ~ 95	85 ~ 98	75 ~ 90
相对打结强度/%		—	40 ~ 70	~ 80
断裂伸长率/%	干态	35 ~ 50	20 ~ 32	7 ~ 17
	湿态	35 ~ 50	20 ~ 32	7 ~ 17
弹性回复率/%（伸长率3%时）		90 ~ 95	95 ~ 100	95 ~ 100
初始模量/cN·dtex^{-1}		22 ~ 24	79 ~ 141	79 ~ 141
密度/g·cm^{-3}		1.38		
回潮率/%	20℃、相对湿度65%	0.4 ~ 0.5		
	20℃、相对湿度95%	0.6 ~ 0.7		
耐热性		软化点:238 ~ 240℃		
		熔点:255 ~ 265℃		

（三）锦纶

在我国,锦纶是聚酰胺纤维的商品名。锦纶和涤纶一样也是用熔融方法制备的。其品种很多,目前主要有:锦纶6(也叫尼龙6),即聚己内酰胺;锦纶66(也叫尼龙66),即聚己二酰己二胺。锦纶以长丝为主,少量短纤维主要用于和棉、毛或其他化纤混纺。锦纶长丝用于变形加工制造弹力丝,作为机织或针织原料。

1. 结构特征　锦纶6的化学名称是聚己内酰胺,其重复单元是—NH(CH$_2$)$_5$CO—。通常纺织纤维用的相对分子质量在14000 ~ 20000,相对分子质量分布 M_W/M_n 为1.85。锦纶6采用熔体纺丝法,其纺丝过程与涤纶基本相同。但锦纶6缩聚体中含有8% ~ 10%的低分子物,须在纺丝前进行切片萃取或在纺丝后洗涤去除。

锦纶66的化学名称是聚己二酰己二胺,其重复单元是—OC(CH$_2$)$_4$CONH(CH$_2$)$_6$NH—,通常纺织纤维用的相对分子质量是20000 ~ 30000,相对分子质量分布 M_W/M_n 为2。生产时是将己二酸与己二胺以等物质的量比制成盐后,再进行缩聚。

锦纶分子比涤纶分子容易结晶,在纺丝过程中即结晶,锦纶6在纺丝后的放置过程中也会发生结晶。锦纶的结晶度一般为30% ~ 40%。锦纶6存在三种晶型,其中 α 晶型是最稳定的,其分子链排列具有完全伸展的平面锯齿形构象,如图4 – 8所示,相邻分子链的方向是逆平行排列的。

化学重复单元

图4-8　晶体中锦纶6分子排列示意图

　　锦纶66晶体结构有两种晶型,其中以α晶型结构为主要晶型,如图4-9所示,其分子链在晶体中具有完全伸展的平面锯齿形构象,并由氢键固定这些分子形成片,这些片的简单堆砌结果形成α结构的三斜晶胞。

　　锦纶在冷却成型和拉伸过程中,由于纤维内外所受的温度不一致,使锦纶纤维具有皮芯结构,一般皮层较为紧密,取向较高而结晶度较低,芯层则相反,其截面和纵面形态与涤纶相似。也可以做成异形截面丝,提高抱合性能。如图4-10所示。

2. 主要性能指标

　　(1)密度。锦纶6的密度随着内部结构和制造条件不同而有差异,不同晶型的晶体密度也不相同。通常锦纶6是部分结晶的,密度在$1.2 \sim 1.4g/cm^3$之间;锦纶66也是部分结晶的,密度范围在$1.3 \sim 1.6g/cm^3$。可以用作羽绒服、登山服、降落伞等轻质面料。

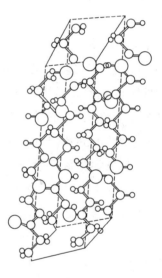

图4-9　锦纶66的α晶型结构示意图

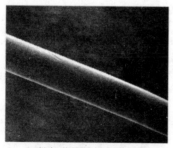

(a)纵向:光滑顺直,粗细一致

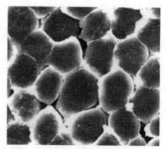

(b)横截面:圆形或异形

图4-10　锦纶形态

（2）力学性能。锦纶的强度高、伸长能力强，且弹性优良，耐磨性最佳。锦纶在小负荷下容易变形，其初始模量在常见纤维中是最低的，因此，手感柔软，但织物的保形性和硬挺性不及涤纶。锦纶的模量虽小，但回弹性在所有纤维中却最好，伸长率为 3%~6% 时，弹性回复率接近100%。而相同条件下，涤纶为 67%、腈纶为 56%、粘胶纤维仅为 32%~40%。能耐多次形变，可经受数万次到百万次的双折挠才发生断裂，所以它的耐疲劳性、耐磨性是常用纤维中最好的。

（3）吸湿性能。锦纶的吸湿能力比天然纤维和粘胶纤维都差。在一般大气条件下，锦纶 6由于单体和低分子物的存在吸湿性略高于锦纶 66，干态回潮率可达 5% 左右。

（4）染色性能。锦纶的染色性虽不及天然纤维、粘胶纤维，但在合成纤维中是较易染色的一种纤维，一般可用酸性染料、分散染料及其他染料染色。

（5）热学性能，锦纶的耐热性差，锦纶 6 和锦纶 66 的玻璃化温度（T_g）分别为 35~50℃ 和40~60℃，温度的升高使强度下降，收缩率增大，在 150℃ 下被加热 5h 左右会变黄。一般安全使用温度，锦纶 6 仅为 93℃ 以下，锦纶 66 为 130℃ 以下。遇火星易熔成小孔，甚至灼伤人体。近年来，在锦纶 6 和锦纶 66 聚合时加入热稳定剂，可改善其耐热性能。

（6）光学性能。锦纶的耐日光稳定性差。在长期光的照射下，会发黄发脆，强力下降。这种性能与蚕丝接近，特别在加消光剂二氧化钛时，二氧化钛对酰胺键的断裂有催化作用，它能使纤维在日光作用下的强度损伤更大。如日晒 16 周后的锦纶，有光纤维的强度损失为 23%，半消光纤维的强度损失可达 50%。因此，为了改善耐光性能，在纤维生产中加入耐光剂。

（7）电学性能。锦纶在相对湿度 65%，频率为 10^3Hz 和 10^5Hz 时，介电常数为 2.9~3.7。

（8）化学稳定性。锦纶的耐碱性优良，耐酸性较差。在 95℃ 下用 10% 的 NaOH 溶液处理16h 后的强度损失可忽略不计。但遇酸特别是对无机酸的抵抗能力很差，主要是因为酰氨基易酸解，导致酰胺键断裂，使聚合度下降。锦纶能耐一般溶剂，将锦纶衣物干洗一般不会受到损伤。锦纶对氧化剂的稳定性较差，用氧化型漂白剂容易使织物变黄，可选用还原型漂白剂。

锦纶的性能指标见表 4-5。

表 4-5   锦纶性能指标

纤维名称		锦纶 6			锦纶 66		
		短纤维	长 丝		短纤维	长 丝	
纤维性能			普通	强力		普通	强力
断裂强度/ $cN \cdot dtex^{-1}$	干态	3.8~6.2	4.2~5.6	5.6~8.4	3.1~6.3	2.6~5.3	5.2~8.4
	湿态	3.2~5.6	3.7~5.2	5.2~7.0	2.6~5.3	2.3~4.6	4.5~7.0
相对湿强度/%		83~90	84~92	84~92	80~90	85~90	85~90
相对勾接强度/%		65~85	75~95	70~90	65~85	75~95	70~90

纤维名称 / 纤维性能	锦纶6			锦纶66		
	短纤维	长丝		短纤维	长丝	
		普通	强力		普通	强力
相对打结强度/%		80~90	60~70		80~90	60~70
断裂伸长率/% 干态	25~60	28~45	16~25	16~66	25~65	16~28
断裂伸长率/% 湿态	27~63	36~52	20~30	18~68	30~70	18~32
弹性回复率/%（伸长率3%时）	95~100	98~100	98~100	100	100	100
初始模量/cN·dtex^{-1}	7~26	18~40	24~44	9~40	4~21	18~51
密度/g·cm^{-3}	1.14			1.14		
回潮率/% 20℃、相对湿度65%	3.5~5.0			4.2~4.5		
回潮率/% 20℃、相对湿度95%	8.0~9.0			6.1~8.0		
耐热性	软化点:180℃			150℃稍发黄		
耐热性	熔点:215~220℃			250~260℃熔融		
耐热性				230℃发黏		

（四）腈纶

在我国,腈纶是聚丙烯腈(PAN)纤维的商品名。腈纶主要用湿法纺丝制成,但也可通过增塑熔体法纺丝制得短纤维或长丝。

1. 结构特征 腈纶主要由聚丙烯腈组成。成纤聚丙烯腈由85%以上的丙烯腈和不超过15%的第二、第三单体共聚而成。通常将丙烯腈称为第一单体,它对纤维的化学、力学性能起主要作用;第二单体称为结构单体,多采用丙烯酸甲酯,含量为5%~10%;第三单体是带有酸性或碱性基团单体,含量为1%~3%。目前国内生产的腈纶,基本上都是三元共聚物,相对分子质量为50000~80000(黏度法测得),其结构示意表示如图4-11。

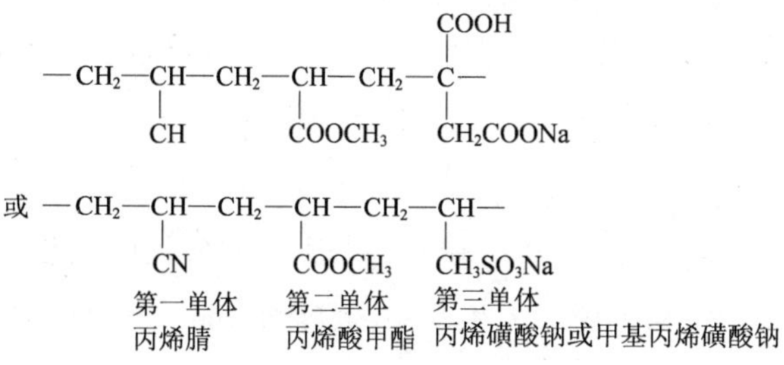

用X射线衍射法对腈纶聚集态结构的研究,证明了大分子排列并不是如图4-12那样有规则的螺旋状分子,而是侧向有序,纵向无序的。因此,通常认为聚丙烯腈纤维中没有严格意义上的结晶。腈纶不能形成真正晶体的原因在于腈纶的大分子上有体积较大且极性较强的氰基侧基。

图4-11 丙烯腈共聚物分子结构

极性较强的氰基侧基。氰基(—CN)的偶极矩比较大,大分子间可以通过氰基发生偶极之间的相互作用(键能可达33kJ/mol)和氢键结合(键能可达21~41kJ/mol),如图4-13所示。

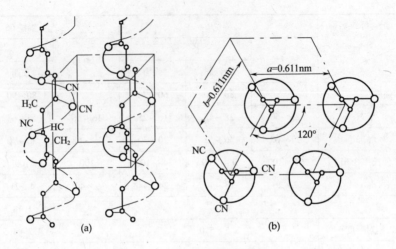

图4-12 聚丙烯腈的单元晶格

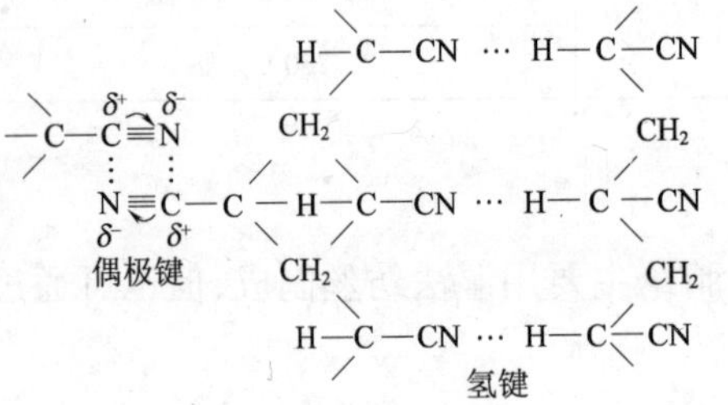

图4-13 腈纶大分子间的连接方式

但是同在一个大分子上相邻的氰基之间,这时却也会因极性相同而相斥。在这样一个很大的吸力和斥力的共同作用下,大分子的活动受到极大的阻碍,大分子主链不能转动成有规则的螺旋体,并会在某些部位发生歪扭和曲折,以致聚丙烯腈大分子最后得到的实际上是一个不规则的螺旋状构象,因此不能形成真正的晶体。这种结构和构象的不规则性会由于腈纶共聚物中有第二、第三单体的加入而被加剧。

湿纺腈纶的截面一般为圆形或哑铃形,纵向平滑或有1~2根沟槽,其内部存在微小空隙;而干纺的则为花生果形,其纵向截面一般都比较粗糙,能清楚看到表面原纤间有纵向沟槽,纤维截面边缘凹凸不平,内部存在微小空穴,如图4-14所示。空穴的大小和多少对纤维的力学性能、染色性能以及吸湿性能影响很大。

2. 主要性能指标

(1)密度。正因为腈纶有空穴的存在,所以腈纶的密度比较小,一般湿法纺丝的密度为 $1.16 \sim 1.18 \text{g/cm}^3$;干法纺丝的为 $1.14 \sim 1.17 \text{g/cm}^3$。腈纶质轻体积蓬松,可容纳大量空气,腈纶的保暖性是羊毛的1.2倍;外观柔软与羊毛相似,故常制成短纤维与羊毛、棉或其他化学纤维混纺,制成毛型织物或纺成绒线,还可以制成毛毯、人造毛皮、絮制品等保暖制品,具有"合成羊毛"之称。

(2)力学性能。腈纶的强度比涤纶、锦纶低,断裂伸长率与涤纶、锦纶相似。多次拉伸后,剩余伸长率较大,弹性低于涤纶、锦纶和羊毛,因此尺寸稳定性较差。在合成纤维中,耐磨性属

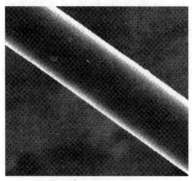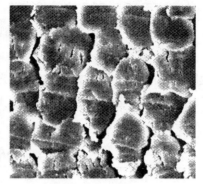

(a)纵向:顺直有沟槽　　　　　(b)横截面:多边形有微小空穴

图4-14　腈纶形态

于较差的。

(3)吸湿性能。腈纶的吸湿性优于涤纶但比锦纶差,在一般大气标准条件下,回潮率为1.0%~2.5%。腈纶的回潮率与第二、第三单体的种类和用量有关,还与纤维的成型和后处理工艺以及纤维的结构有关。

(4)光学性能。腈纶的耐光性是常见纤维中最好的。实验证明,在日光和大气作用下,光照一年(约4000h),大多数合成纤维均损失原强度的90%~95%,而腈纶纤维强度仅损失5%,所以适合做帐篷、炮衣、窗帘、苫布等户外用织物。

(5)染色性能。均聚的聚丙烯腈纤维是很难染色的,为了改善它的染色性能,常用一定数量带有亲染料基团的第三单体与其共聚。由于空穴结构的存在和第二、第三单体的引入,使得腈纶染色性较好。丙烯磺酸钠、甲基丙烯磺酸钠或衣康酸单钠作为第三单体时,腈纶可用阳离子染料染色,而加入如乙烯吡啶、丙烯基二甲胺等作为第三单体,腈纶则可用酸性染料染色。

(6)热学性能。腈纶具有较高的热稳定性,在150℃左右进行热处理,纤维的力学性能变化不大,在125℃热空气下持续作用32天,其强度可保持不变。在180~200℃下也能作短时间的处理,但在200℃时,即使接触时间很短,也会引起纤维发黄;加热到250~300℃,腈纶就发生热裂解,分解出氰化氢及氨等小分子化合物。在高温惰性气体介质中处理腈纶可得到含碳量很高的碳纤维,但第二、第三单体含量的增加会使腈纶的耐热能力下降。

腈纶具有三种不同的聚集态,也有三个与之相对应的链段运动的转变温度即80~100℃、140~150℃、327℃。腈纶具有热弹性,将普通腈纶拉伸后骤冷,得到的纤维,如在无张力状态下受到高温处理,会发生大幅度的回缩,将这种高伸腈纶与普通腈纶混在一起纺成纱,经高温处理即成蓬松性好、毛型感强的膨体纱。

(7)化学稳定性能。腈纶的化学稳定性较好,耐矿物酸和耐弱碱能力比较强;不溶于一般的盐类(如氯化钠、硫酸钠等),也不溶于醇、醚、酯、酮及油类等溶剂。但在浓硫酸、浓硝酸、浓磷酸中会溶解;也能溶于65%、70%的硝酸或硫酸中;在冷浓碱、热稀碱中会变黄,热浓碱能立即导致其损坏。其原因在于腈纶大分子的氰基侧基在酸、碱的催化作用下会发生水解,生成酰氨基和羧基。

(8)抗菌性能。由于大分子上氰基的存在,腈纶还具有优良的抗霉菌能力,织物即使在高湿环境中也不会生霉菌、被虫蛀,如腈纶地毯,这是优于羊毛等天然纤维的一个重要性能。

腈纶的性能指标见表4-6。

表4-6 腈纶性能指标

纤维性能		腈纶短纤维	纤维性能		腈纶短纤维
断裂强度/ cN·dtex^{-1}	干态	2.5~4.0	弹性回复率/%(伸长率3%时)		90~95
	湿态	1.9~4.0	初始模量/cN·dtex^{-1}		22~55
相对湿强度/%		80~100	密度/g·cm^{-3}		1.14~1.17
相对勾接强度/%		60~75	回潮率/%	20℃、相对湿度65%	1.2~2.0
相对打结强度/%		75		20℃、相对湿度95%	1.5~3.0
断裂伸长率/%	干态	25~50	耐热性		软化点:238~240℃
	湿态	25~60			熔点不明显:255~260℃

(五)丙纶

聚丙烯纤维是1957年意大利首先工业化生产的化学纤维品种,它的生产是以石油裂化分离出来的丙烯气体为原料,经聚合成聚丙烯树脂后熔融纺丝制成长丝和短纤维,纺丝过程与涤纶、锦纶相似。我国的商品名称叫"丙纶"。丙纶作为原料来源广泛,廉价的纺织产品,主要有短纤维、长丝和膜裂纤维。

1.结构特征 丙纶的基本组成物质是等规聚丙烯,故也称聚丙烯(PP)纤维。

成纤聚丙烯要求等规度在95%以上,若低于90%时纺丝困难,所以成纤等规聚丙烯纤维的相对分子质量一般可控制在20000~80000;若纺成高强力丝或鬃丝(单纤维长丝),其相对分子质量可提高到20×10^{4}左右。相对分子质量分布$M_w/M_n \leq 6$,熔点稳定在164~172℃。

成纤等规聚丙烯是由一种相同构型的有规则的重复单元构成,侧甲基在主链平面的同一侧,形成立体的具有高结晶度有规则的螺旋状链,如图4-15所示。

等规聚丙烯结晶形态为球晶结构。最佳结晶温度为125~135℃,温度过高不易形成晶核,结晶缓慢;温度过

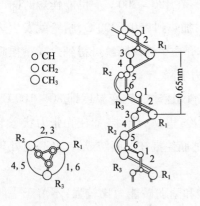

○ CH
○ CH$_2$
○ CH$_3$

图4-15 丙纶的螺旋结构

低,由于分子链扩散困难,结晶难以进行。聚丙烯初生纤维的结晶度为33% ~40%,经后拉伸结晶度上升至37% ~48%,再经热处理结晶度可达65% ~75%。

丙纶在电镜下横截面为圆形或异形,纵面形态光滑顺直,粗细一致且无条纹,与涤纶、锦纶等相似,如图4 – 16所示。

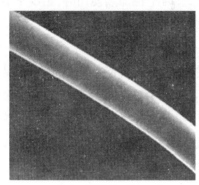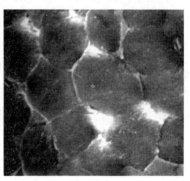

(a)纵向:光滑顺直,粗细一致　　　　　(b)横截面:圆形或异形

图4 – 16　丙纶的形态结构

2. 主要性能指标

(1)密度。丙纶的密度仅为0.91g/cm³左右,是所有化学纤维中最轻的,它比锦纶轻20%,比涤纶轻30%,比粘胶纤维轻40%,因此织物的覆盖性较高。

(2)力学性能。丙纶强度高,断裂伸长和弹性都较好,所以丙纶的耐磨性也较好,特别是耐反复弯曲的性能优于其他合成纤维,与涤纶接近,但比锦纶差些。并可根据需要,制造出较柔软或较硬挺的纤维。丙纶的内聚能密度虽然不大,但由于它的结晶性好,分子的敛集密度大,所以它的断裂强度并不很低。湿强度、湿伸长率与干强度和干态伸长率几乎一样,这是因为丙纶的吸湿性很差。

(3)吸湿性。丙纶几乎不吸湿,但有独特的芯吸作用,水蒸气可通过毛细管进行传递,因此,可制成运动服或过滤织物。

(4)耐光性能。丙纶的耐光性较差,易老化。在制造时常需添加化学防老剂、紫外光吸收剂和染料组合使用。

(5)电学性能。丙纶与涤纶、锦纶一样具有很高的电阻率,为强绝缘体。丙纶在相对湿度为65%,频率为10^3Hz和10^5Hz时,介电常数为1.7。

(6)染色性能。丙纶的染色性较差不易上染。从丙纶的化学结构及吸湿性可知,它难以染色。用分散染料染色只能得到很淡的颜色,且染色牢度很差。为了解决丙纶的染色问题,需选择与其疏水性相适应的非水溶性分散染料染色,或采用纤维变性方法使纤维带上能接受染料的基团,或将少量染料接受体加到纺丝熔体中,在基本不改变纤维物理性能的前提下使其能接受一般染色方法的染色。但这些方法都存在一些不利的影响,既提高了纤维的制造成本,又影响纤维的强度和化学稳定性,而且染色色谱也不太全。

(7)耐热性能。丙纶的耐热性能比其他化学纤维差,因为丙纶主链上的叔碳原子对氧十分敏感,极易产生自由基,并使分子链断裂,发生强烈降解,使相对分子质量降低。它的熔点和软化点较低,在高温下强度比其他纤维下降得多,因此,丙纶在加热使用时,温度不能过高。其导热系数在常见纤维中是最低的,可以作为保温材料,其保暖性能比羊毛还好。丙纶在沸水中或在其他加热条件下,都会发生不同程度的收缩。

(8)化学稳定性。丙纶的化学稳定性优良,耐酸、碱的抵抗能力均较强,并有良好的耐腐蚀性。丙纶既不溶于冷的有机溶剂,也不溶于热的乙醇、丙酮、二硫化碳和乙醚。丙纶在冷的烃类,特别是芳烃,如十氢化萘、1,2,3,4 - 四氯化萘中也只是溶胀,但是丙纶能溶于热的烃类和沸腾的四氯乙烷中。在沸腾的三氯乙烷中丙纶会发生收缩,如果处理时间不超过 30min,则强力损失 5% 以下,收缩率小于 4%。此外,强氧化剂如过氧化氢等也会使丙纶受损伤。

丙纶的性能指标见表 4 - 7。

表 4 - 7　丙纶性能指标

纤维性能	纤维名称	丙纶短纤维	丙纶长丝
断裂强度/cN·dtex^{-1}	干态	2.6~5.3	2.6~7.0
	湿态	2.6~5.3	2.6~7.0
相对湿强度/%		100	100
相对勾接强度/%		90~95	—
相对打结强度/%		70~90	70~90
断裂伸长率/%	干态	20~80	20~80
	湿态	20~80	20~80
弹性回复率/%(伸长率3%时)		96~100	96~100
初始模量/cN·dtex^{-1}		18~36	13~36
密度/g·cm^{-3}		0.9~0.91	
回潮率/%	20℃、相对湿度65%	—	
	20℃、相对湿度95%	0~0.1	
耐热性		软化点:200~230℃ 熔点:160~177℃	
		≥288℃开始分解 在 100℃时收缩 0~5% 在 130℃时收缩 5%~12%	

（六）维纶

维纶是工业化比较晚的纤维，于1950年才在日本投入工业化生产。维纶亦称维尼纶，是聚乙烯醇缩甲醛纤维的商品名。维纶的主要组成为聚乙烯醇，聚乙烯醇的部分羟基经缩甲醛化处理后被封闭，从而进一步提高了纤维对热水的稳定性。维纶大多为湿法纺丝制得，干法用于生产某些专门用途的长丝。维纶和棉的性能十分相似，所以其短纤维产品以棉型为主。

1. 结构特征 聚乙烯醇经缩醛化（最普遍的是缩甲醛化，其他醛缩醛化所占比例很小）后，其性能有较大改变。

聚乙烯醇长链分子上羟基（图4-17）在空间排布位置不同，存在三种构型，其中以间同立构大分子之间最易形成氢键，大约70%的羟基受氢键作用处于束缚状态。所以无论结晶性、取向性还是耐热性都以间同立构聚乙烯醇为最好。

聚乙烯醇的晶胞纯属单斜晶系，晶格中大分子呈锯齿状排列，每个晶胞含有两个单元链节，其晶胞结构见图4-18。

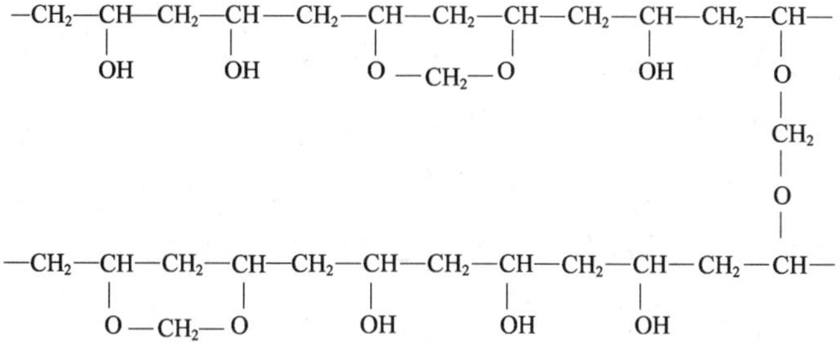

图4-17 维纶分子结构

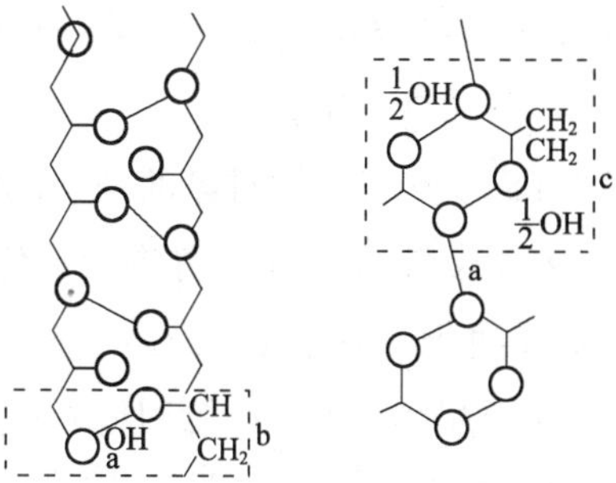

图4-18 维纶晶胞结构

c轴投影　　　　b轴投影

维纶的形态特征见图4-19维纶形状的电镜图。维纶纵向平直有1～2根沟槽，横截面呈腰圆形，呈皮芯结构。

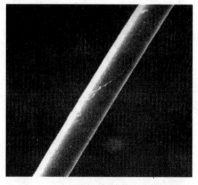

(a)纵向：顺直有沟槽

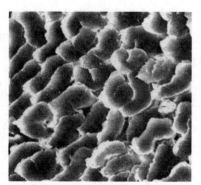

(b)横截面：腰形

图4-19 维纶形态

2. 主要性能指标

(1)密度。维纶的密度比粘胶纤维、涤纶低,为 $1.26 \sim 1.30 \text{g/cm}^3$,较棉纤维轻 20% ,所以同样质量的纤维可纺成较多相同密度的织物。

(2)力学性能。维纶的强度、断裂伸长率、弹性等较其他化学纤维要差。维纶的强度取决于聚乙烯醇的聚合度和纺丝加工的条件。温度对维纶强度的影响比较小,其原因在于维纶的结晶度、取向度及分子间作用力较高。在干燥状态下,在 $0 \sim 100℃$ 的温度范围内,维纶的强度随温度升高而降低;而湿态时温度对强度的影响大,下降百分率比粘胶纤维和涤纶长丝都大。维纶短纤维的弹性恢复能力较差,织物有较多的褶痕。

(3)吸湿性能。维纶的吸湿能力是常见合成纤维中最好的,在一般大气条件下回潮率可达 5% 左右,但仍比天然纤维低。维纶的吸湿性随热拉伸程度和缩醛化程度的提高而降低。其原因在于热拉伸能显著提高纤维的结晶度、大分子取向度,而缩醛化程度则和亲水性羟基受封闭程度有关。

(4)光学性能。维纶具有相当好的耐日光性、耐腐蚀性,长时间放置在海水中和埋在地下强度无明显变化,它的耐日光性远比锦纶好,在日光照射 500h 的情况下,锦纶强度降低了 60% ,而维纶仅降低了 11% 。

(5)染色性能。维纶的染色性能较差。虽然可用多种染料,如直接染料、硫化染料、偶氮染料、还原染料、酸性染料等进行染色,但由于皮芯结构和缩醛化处理,影响染料的渗入及扩散,丙纶的染色仍普遍存在上染速率慢、染料吸收量低和色泽不鲜艳、染色色谱不全等问题。

(6)耐热性能。维纶的玻璃化温度大约为 80℃ ,随其结构的变化以及设施条件的不同而稍有波动,维纶的熔点不明显,因为它在熔点附近就已开始分解。维纶在沸水中的尺寸稳定性随着缩醛化程度的提高而提高。维纶的耐干热稳定性也很好,到 180℃ 时的收缩率仅为 2% 。维纶的热传导率低,故保暖性良好。

(7)化学稳定性能。维纶的耐酸、碱性优良,对一般的有机溶剂抵抗力强,且不易腐蚀,不霉不蛀。在常温下,在 50% 的氢氧化钠溶液中或浓氨水溶液以及沸腾氢氧化钠溶液中强度几乎没有降低;20℃ 时能经受 10% 盐酸和 30% 硫酸的作用,以及 65℃ 时能经受 5% 硫酸的作用而无影响;但不耐强酸,能溶于浓的盐酸、硫酸、硝酸和 80% 的蚁酸中。在间甲苯酚和苯酚中只能溶胀。

维纶的性能指标见表 4 - 8 。

表 4 - 8　维纶的性能指标

纤维性能	纤维名称	维纶短纤维		维纶长丝	
		普　通	强　力	普　通	强　力
断裂强度/ cN·dtex^{-1}	干态	4.0~5.3	6.0~7.5	2.6~3.5	5.3~7.9
	湿态	2.8~4.6	4.6~6.0	1.8~2.8	4.4~7.0
相对湿强度/%		72~85	78~85	70~80	75~90

纤维名称 纤维性能		维纶短纤维		维纶长丝	
		普　通	强　力	普　通	强　力
相对勾接强度/%		40	35～40	88～94	62～65
相对打结强度/%		65	65～70	80	40～50
断裂伸长率/%	干态	12～26	11～17	17～22	9～22
	湿态	12～26	11～17	17～25	10～26
弹性回复率/%（伸长率3%时）		70～85	72～85	70～90	70～90
初始模量/cN·dtex^{-1}		22～62	62～92	53～79	62～158
密度/g·cm^{-3}		1.26～1.30			
回潮率/%	20℃、相对湿度65%	4.5～5.0		3.5～4.5	3.0～5.0
	20℃、相对湿度95%	10～12			
耐热性		在110～115℃热水中发生强烈收缩和变形 软化点:200～230℃,熔点不明显:220～240℃			

第二节　化学纤维大品种的质量指标

为了加强化学纤维的质量管理,稳定和提高产品质量,我国相继颁布了涤纶、粘胶、维纶、腈纶和锦纶的国家标准及丙纶的行业标准。这些标准对各种化学纤维的品种规格、技术要求、试验方法、检验规则、标志、包装、运输、储存等技术条件作出了统一规定,在全国或行业内执行。

一、化学短纤维大品种的质量指标

化学短纤维的品种有粘胶纤维、涤纶、腈纶、锦纶、丙纶和维纶等。各种短纤维有各自的质量指标、具体内容和要求,但有许多共同之处。化学短纤维质量指标分为力学性能和外观疵点两个方面。力学性能一般包括断裂强度、断裂伸长率、线密度偏差率、长度偏差率、超长纤维和倍长纤维等。质量指标中不同品种的短纤维,其指标项目也有各自的不同,如粘胶纤维增加了湿断裂强度、残硫量,外观疵点增加了油污黄纤维和白度;涤纶增加了沸水收缩率;腈纶增加了纤维含硫氰酸钠率和勾接强度;维纶增加了缩甲醛化度等。

化学短纤维的分等是根据产品的力学性能和外观疵点的检验结果按规定要求评定的,并以其中最低的一项作为这批产品的等级。化学短纤维产品等级一般分为优等品、一等品、二等品、三等品四个等级或者分为优等品、一等品、合格品三个等级,低于最低等级者为等外品。腈纶没有优等品,维纶没有三等品。化纤长丝的产品等级一般也分为优等品、一等品、二等品、三等品四个等级或者分为优等品、一等品、合格品三个等级,低于最低等级者为等外品。但只有粘胶长丝和涤纶低弹丝有优等品,像锦纶6民用复丝的物理质量指标和外观质量指标分为优等品、一等品和合格品。不同的化学纤维长丝,有着不同的分等标准。

(一)粘胶短纤维的质量指标

粘胶短纤维产品主要品种分为棉型粘胶短纤维、中长型粘胶短纤维、毛型和卷曲毛型粘胶短纤维。

1.棉型粘胶短纤维　棉型短纤维的名义线密度范围是1.10~2.20dtex。棉型短纤维的等级分为优等品、一等品、合格品三个等级,低于最低等级者为等外品。棉型短纤维性能项目和指标值见表4-9。

表4-9　棉型粘胶短纤维性能项目和指标值(GB/T 14463—2008)

序号	项目名称		优等品	一等品	合格品
1	干断裂强度/cN·dtex^{-1}	≥	2.15	2.00	1.90
2	湿断裂强度/cN·dtex^{-1}	≥	1.20	1.10	0.95
3	干断裂伸长率/%		$M_1 \pm 2.0$	$M_1 \pm 3.0$	$M_1 \pm 4.0$
4	线密度偏差率/%	±	4.00	7.00	11.00
5	长度偏差率/%	±	6.0	7.0	11.0
6	超长纤维率/%	≤	0.5	1.0	2.0
7	倍长纤维/mg·100g^{-1}	≤	4.0	20.0	60.0
8	残硫量/mg·100g^{-1}	≤	12.0	18.0	28.0
9	疵点/mg·100g^{-1}	≤	4.0	12.0	30.0
10	油污黄纤维/mg·100g^{-1}	≤	0	5.0	20.0
11	干断裂强力变异系数(CV)/%	≤	18.0	—	
12	白度/%		$M_2 \pm 3.0$	—	

注　(1)M_1为干断裂伸长率中心值,不得低于19%。

　　(2)M_2为白度中心值,不得低于65%。

　　(3)中心值亦可根据用户需求确定,一旦确定,不得随意改变。

2.中长型粘胶短纤维　中长型短纤维的名义线密度范围是2.20~3.30dtex。中长型粘胶短纤维的等级分为优等品、一等品、合格品三个等级,低于最低等级者为等外品。其性能项目和指标值见表4-10。

表4-10　中长型粘胶短纤维性能项目和指标值(GB/T 14463—2008)

序号	项目名称		优等品	一等品	合格品
1	干断裂强度/cN·dtex^{-1}	≥	2.10	1.95	1.80
2	湿断裂强度/cN·dtex^{-1}	≥	1.15	1.05	0.90

序号	项目名称		优等品	一等品	合格品
3	干断裂伸长率/%		$M_1 \pm 2.0$	$M_1 \pm 3.0$	$M_1 \pm 4.0$
4	线密度偏差率/%	±	4.00	7.00	11.00
5	长度偏差率/%	±	6.0	7.0	11.0
6	超长纤维率/%	≤	0.5	1.0	2.0
7	倍长纤维/mg·100g^{-1}	≤	4.0	30.0	80.0
8	残硫量/mg·100g^{-1}	≤	12.0	18.0	28.0
9	疵点/mg·100g^{-1}	≤	4.0	12.0	30.0
10	油污黄纤维/mg·100g^{-1}	≤	0	5.0	20.0
11	干断裂强力变异系数(CV)/%	≤	17.0	—	
12	白度/%		$M_2 \pm 3.0$	—	

注　(1)M_1为干断裂伸长率中心值,不得低于19%。

　　(2)M_2为白度中心值,不得低于65%。

　　(3)中心值亦可根据用户需求确定,一旦确定,不得随意改变。

3. 毛型和卷曲毛型粘胶短纤维　毛型短纤维的名义线密度范围是3.30～6.70dtex;卷曲毛型粘胶短纤维名义线密度范围是3.30～6.70dtex,并经过卷曲加工。毛型和卷曲毛型粘胶短纤维的等级分为优等品、一等品、合格品三个等级,低于最低等级者为等外品。其性能项目和指标值见表4-11。

表4-11　毛型和卷曲毛型粘胶短纤维性能项目和指标值(GB/T 14463—2008)

序号	项目名称		优等品	一等品	合格品
1	干断裂强度/cN·dtex^{-1}	≥	2.05	1.90	1.75
2	湿断裂强度/cN·dtex^{-1}	≥	1.10	1.00	0.85
3	干断裂伸长率/%		$M_1 \pm 2.0$	$M_1 \pm 3.0$	$M_1 \pm 4.0$
4	线密度偏差率/%	±	4.00	7.00	11.00
5	长度偏差率/%	±	7.0	9.0	11.0
6	倍长纤维/mg·100g^{-1}	≤	8.0	50.0	120.0
7	残硫量/mg·100g^{-1}	≤	12.0	20.0	35.0
8	疵点/mg·100g^{-1}	≤	6.0	15.0	40.0
9	油污黄纤维/mg·100g^{-1}	≤	0	5.0	20.0
10	干断裂强力变异系数(CV)/%	≤	16.0	—	
11	白度/%		$M_2 \pm 3.0$	—	
12	卷曲数/个·25mm^{-1}		$M_3 \pm 2.0$	$M_3 \pm 3.0$	

注　(1)M_1为干断裂伸长率中心值,不得低于18%。

　　(2)M_2为白度中心值,不得低于55%。

　　(3)M_3为卷曲数中心值,由供需双方协商确定,卷曲数只考核卷曲毛型粘胶短纤维。

　　(4)中心值亦可根据用户需求确定,一旦确定,不得随意改变。

（二）涤纶短纤维的质量指标

涤纶短纤维的主要产品分为高强棉型涤纶短纤维、普强棉型涤纶短纤维、中长型涤纶短纤维和毛型涤纶短纤维。棉型涤纶短纤维线密度范围是 0.8~2.1dtex，中长型涤纶短纤维线密度范围是 2.2~3.2dtex，毛型涤纶短纤维线密度范围是 3.3~6.0dtex。

1. 高强棉型涤纶短纤维　涤纶物化性能见表 4-4，其断裂强度是短纤维中最高的。高强棉型涤纶短纤维、普强棉型涤纶短纤维、中长型涤纶短纤维和毛型涤纶短纤维性能项目和指标等级分为优等品、一等品、合格品三个等级，低于最低等级者为等外品。其性能项目和指标见表 4-12。

表 4-12　高强棉型涤纶短纤维性能项目和指标（GB/T 14464—2008）

序号	项　　目		高强棉型		
			优等品	一等品	合格品
1	断裂强度/cN·dtex^{-1}	≥	5.50	5.30	5.00
2	断裂伸长率/%		$M_1 \pm 4.0$	$M_1 \pm 5.0$	$M_1 \pm 8.0$
3	线密度偏差率/%	±	3.0	4.0	8.0
4	长度偏差率/%	±	3.0	5.0	10.0
5	超长纤维率/%	≤	0.5	1.0	3.0
6	倍长纤维含量/mg·100g^{-1}	≤	2.0	3.0	15.0
7	疵点含量/mg·100g^{-1}	≤	2.0	5.0	30.0
8	卷曲数/个·25mm^{-1}		$M_2 \pm 2.5$	$M_2 \pm 3.5$	
9	卷曲率/%		$M_3 \pm 2.5$	$M_3 \pm 3.5$	
10	180℃干热收缩率/%		$M_4 \pm 2.0$	$M_4 \pm 3.0$	$M_4 \pm 3.0$
11	比电阻/Ω·cm	≤	$M_5 \times 10^8$	$M_5 \times 10^9$	
12	10%定伸长强度/cN·dtex^{-1}	≥	2.80	2.40	2.00
13	断裂强度变异系数/%	≤	10.0	15.0	

注　（1）线密度偏差率以名义线密度为计算依据。

　　（2）长度偏差率以名义长度为计算依据。

　　（3）M_1 为断裂伸长率中心值，棉型在 20.0%~35.0% 范围内选定，中长型在 25.0%~40.0% 范围内选定，毛型在 35.0%~50.0% 范围内选定，确定后不得任意变更。

　　（4）M_2 为卷曲数中心值，由供需双方在 8.0~14.0 个/25mm 范围内选定，确定后不得任意变更。

　　（5）M_3 为卷曲率中心值，由供需双方在 10.0%~16.0% 范围内选定，确定后不得任意变更。

　　（6）M_4 为 180℃干热收缩率中心值，高强棉型在 ≤7.0% 范围内选定，普强棉型 ≤9.0% 范围内选定，中长型 ≤10.0% 范围内选定，确定后不得任意变更。

　　（7）M_5 大于等于 1.0Ω·cm，小于 10.0Ω·cm。

2. 普强棉型涤纶短纤维　普强棉型涤纶短纤维的物化性能与高强棉型相似，其断裂强度比较低。普强棉型涤纶短纤维性能项目和指标等级分为优等品、一等品、合格品三个等级，低于最低等级者为等外品。其性能项目和指标见表4－13。

表4－13 普强棉型涤纶短纤维质量指标（GB/T 14464—2008）

序号	项　目		普强棉型		
			优等品	一等品	合格品
1	断裂强度/cN·dtex^{-1}	≥	5.00	4.80	4.50
2	断裂伸长率/%		$M_1 \pm 4.0$	$M_1 \pm 5.0$	$M_1 \pm 10.0$
3	线密度偏差率/%	±	3.0	4.0	8.0
4	长度偏差率/%	±	3.0	6.0	10.0
5	超长纤维率/%	≤	0.5	1.0	3.0
6	倍长纤维含量/mg·100g^{-1}	≤	2.0	3.0	15.0
7	疵点含量/mg·100g^{-1}	≤	2.0	6.0	30.0
8	卷曲数/个·25mm^{-1}		$M_2 \pm 2.5$	$M_2 \pm 3.5$	
9	卷曲率/%		$M_3 \pm 2.5$	$M_3 \pm 3.5$	
10	180℃干热收缩率/%		$M_4 \pm 2.0$	$M_4 \pm 3.0$	
11	比电阻/Ω·cm	≤	$M_5 \times 10^8$	$M_5 \times 10^9$	
12	10%定伸长强度/cN·dtex^{-1}	≥	—	—	—
13	断裂强度变异系数/%	≤	10.0		

注　(1)线密度偏差率以名义线密度为计算依据。

(2)长度偏差率以名义长度为计算依据。

(3)M_1为断裂伸长率中心值,棉型在20.0%～35.0%范围内选定,中长型在25.0%～40.0%范围内选定,毛型在35.0%～50.0%范围内选定,确定后不得任意变更。

(4)M_2为卷曲数中心值,由供需双方在8.0～14.0个/25mm范围内选定,确定后不得任意变更。

(5)M_3为卷曲率中心值,由供需双方在10.0%～16.0%范围内选定,确定后不得任意变更。

(6)M_4为180℃干热收缩率中心值,高强棉型在≤7.0%范围内选定,普强棉型在≤9.0%范围内选定,中长型在≤10.0%范围内选定,确定后不得任意变更。

(7)M_5大于等于1.0Ω·cm,小于10.0Ω·cm。

3.中长型涤纶短纤维　中长型涤纶短纤维的物化性能与普强棉型相似,其断裂强度比较低。中长型涤纶短纤维性能项目和指标等级分为优等品、一等品、合格品三个等级,低于最低等级者为等外品。其性能项目和指标见表4－14。

表4－14 中长型涤纶短纤维质量指标（GB/T 14464—2008）

序号	项　目		中 长 型		
			优等品	一等品	合格品
1	断裂强度/cN·dtex^{-1}	≥	4.60	4.40	4.20
2	断裂伸长率/%		$M_1 \pm 6.0$	$M_1 \pm 8.0$	$M_1 \pm 12.0$

序号	项目		中 长 型		
			优等品	一等品	合格品
3	线密度偏差率/%	±	4.0	5.0	8.0
4	长度偏差率/%	±	3.0	6.0	10.0
5	超长纤维率/%	≤	0.3	0.6	3.0
6	倍长纤维含量/mg·100g^{-1}	≤	2.0	6.0	30.0
7	疵点含量/mg·100g^{-1}	≤	3.0	10.0	40.0
8	卷曲数/个·25mm^{-1}		$M_2 \pm 2.5$	$M_2 \pm 3.5$	
9	卷曲率/%		$M_3 \pm 2.5$	$M_3 \pm 3.5$	
10	180℃干热收缩率/%		$M_4 \pm 2.0$	$M_4 \pm 3.0$	$M_4 \pm 3.5$
11	比电阻/Ω·cm	≤	$M_5 \times 10^8$	$M_5 \times 10^9$	
12	10%定伸长强度/cN·dtex^{-1}	≥	—	—	—
13	断裂强度变异系数/%	≤	13.0	—	—

注　(1)线密度偏差率以名义线密度为计算依据。

(2)长度偏差率以名义长度为计算依据。

(3)M_1 为断裂伸长率中心值,棉型在 20.0% ~35.0% 范围内选定,中长型在 25.0% ~40.0% 范围内选定,毛型在 35.0% ~50.0% 范围内选定,确定后不得任意变更。

(4)M_2 为卷曲数中心值,由供需双方在 8.0~14.0 个/25mm 范围内选定,确定后不得任意变更。

(5)M_3 为卷曲率中心值,由供需双方在 10.0% ~16.0% 范围内选定,确定后不得任意变更。

(6)M_4 为180℃干热收缩率中心值,高强棉型在≤7.0%范围内选定,普强棉型在≤9.0%范围内选定,中长型在≤10.0%范围内选定,确定后不得任意变更。

(7)M_5 大于等于 1.0Ω·cm,小于 10.0Ω·cm。

4.毛型涤纶短纤维　毛型涤纶短纤维的物化性能与中长型相似,其断裂强度比较低。毛型涤纶短纤维性能项目和指标等级分为优等品、一等品、合格品三个等级,低于最低等级者为等外品。其性能项目和指标见表 4 – 15。

表 4 – 15　毛型涤纶短纤维质量指标(GB/T 14464—2008)

序号	项目		毛 型		
			优等品	一等品	合格品
1	断裂强度/cN·dtex^{-1}	≥	3.80	3.60	3.30
2	断裂伸长率/%		$M_1 \pm 7.0$	$M_1 \pm 9.0$	$M_1 \pm 13.0$
3	线密度偏差率/%	±	4.0	5.0	8.0
4	长度偏差率/%	±	—	—	—
5	超长纤维率/%	≤	—	—	—

续表

序号	项 目		毛 型		
			优等品	一等品	合格品
6	倍长纤维含量/mg·100g^{-1}	≤	5.0	15.0	40.0
7	疵点含量/mg·100g^{-1}	≤	5.0	15.0	50.0
8	卷曲数/个·25mm^{-1}		$M_2 \pm 2.5$		$M_2 \pm 3.5$
9	卷曲率/%		$M_3 \pm 2.5$		$M_3 \pm 3.5$
10	180℃干热收缩率/%	≤	5.5	7.5	10.0
11	比电阻/Ω·cm	≤	$M_4 \times 10^8$		$M_4 \times 10^9$
12	10%定伸长强度/cN·dtex^{-1}	≥	—	—	—
13	断裂强度变异系数/%	≤	—	—	—

注　(1)线密度偏差率以名义线密度为计算依据。

　　(2)长度偏差率以名义长度为计算依据。

　　(3)M_1 为断裂伸长率中心值,棉型在 20.0% ~35.0% 范围内选定,中长型在 25.0% ~40.0% 范围内选定,毛型在 35.0% ~50.0% 范围内选定,确定后不得任意变更。

　　(4)M_2 为卷曲数中心值,由供需双方在 8.0 ~14.0 个/25mm 范围内选定,确定后不得任意变更。

　　(5)M_3 为卷曲率中心值,由供需双方在 10.0% ~16.0% 范围内选定,确定后不得任意变更。

　　(6)M_4 为大于等于 1.0Ω·cm,小于 10.0Ω·cm。

(三)腈纶短纤维的质量指标

腈纶主要以短纤维为主,主要品种分为腈纶短纤维、腈纶丝束和有色腈纶短纤维。

1. 棉型腈纶短纤维　腈纶短纤维产品等级分为优等品、一等品和合格品三个等级,低于最低等级者为等外品。国家标准为 GB/T 16602—2008。腈纶短纤维的质量指标见表4-16。

表 4 -16　棉型腈纶短纤维主要质量指标(GB/T 16602—2008)

性 能 项 目		指 标 值		
		优等品	一等品	合格品
线密度偏差率/%		±8	±10	±14
断裂强度[a]/cN·dtex^{-1}		$M_1 \pm 0.5$	$M_1 \pm 0.6$	$M_1 \pm 0.8$
断裂伸长率[b]/%		$M_2 \pm 8$	$M_2 \pm 10$	$M_2 \pm 14$
长度偏差率/%	≤76mm	±6	±10	±14
	>76mm	±8	±10	±14
倍长纤维含量/mg·100g^{-1}	1.11 ~2.21dtex　≤	40	60	600
	2.22 ~11.11dtex　≤	80	300	1 000
卷曲数[c]/个·25mm^{-1}		$M_3 \pm 2.5$	$M_3 \pm 3.0$	$M_3 \pm 4.0$

性 能 项 目		指　标　值		
		优等品	一等品	合格品
疵点含量/mg·100g⁻¹	1.11~2.21 dtex　≤	20	40	100
	2.22~11.11dtex　≤	20	60	200
上色率ᵈ/%		$M_4 \pm 3$	$M_4 \pm 4$	$M_4 \pm 7$

　　a 断裂强度中心值 M_1 由各生产单位根据品种自定,断裂强度下限值:1.11~2.21dtex 不低于 2.1 cN/dtex,2.22~6.67dtex 不低于 1.9cN/dtex,6.68~11.11dtex 不低于 1.6 cN/dtex。

　　b 断裂伸长率中心值 M_2 由各生产单位根据品种自定。

　　c 卷曲数中心值 M_3 由各生产厂根据品种自定,卷曲数下限值:1.11~2.21dtex 不低于 6 个/25mm,2.22~11.11 dtex 不低于 5 个/25mm。

　　d 上色率中心值 M_4 由各生产单位根据品种自定。

　　2. 腈纶丝束　　毛型腈纶丝束产品等级分为优等品、一等品和合格品三个等级,低于最低等级者为等外品。国家标准为 GB/T 16602—2008。腈纶丝束质量指标见表 4-17。

表 4-17　腈纶丝束的性能项目和指标值(GB/T 16602—2008)

性 能 项 目		指　标　值		
		优等品	一等品	合格品
线密度偏差率/%		±8	±10	±14
断裂强度ᵃ/cN·dtex⁻¹		$M_1 \pm 0.5$	$M_1 \pm 0.6$	$M_1 \pm 0.8$
断裂伸长率ᵇ/%		$M_2 \pm 8$	$M_2 \pm 10$	$M_2 \pm 14$
卷曲数ᶜ/个·25mm⁻¹		$M_3 \pm 2.5$	$M_3 \pm 3.0$	$M_3 \pm 4.0$
疵点含量/mg·100g⁻¹	1.11~2.21dtex　≤	20	40	100
	2.22~11.11dtex　≤	20	60	200
上色率ᵈ/%		$M_4 \pm 3$	$M_4 \pm 4$	$M_4 \pm 7$

　　a 断裂强度中心值 M_1 由各生产单位根据品种自定,断裂强度下限值:1.11~2.21dtex 不低于 2.1 cN/dtex,2.22~6.67 dtex 不低于 1.9cN/dtex,6.68~11.11 dtex 不低于 1.6 cN/dtex。

　　b 断裂伸长率中心值 M_2 由各生产单位根据品种自定。

　　c 卷曲数中心值 M_3 由各生产厂根据品种自定。

　　d 上色率中心值 M_4 由各生产单位根据品种自定。

　　3. 有色腈纶短纤维　　有色腈纶短纤维的产品等级分为一等品、二等品和三等品三个等级,并且分为主要指标和次要指标,企业标准为 Q/SH 003—03—003—90。腈纶短纤维质量指标见表 4-18 和表 4-19,棉型线密度为 1.67~2.22dtex,毛型线密度为 2.75~3.33dtex。

　　腈纶定等说明:表中共 13 项考核指标,表 4-18 所列为主要指标,有一项不合格就按等级指标降一等,即主要指标定为二等,但其中有一项为三等,就定三等;表 4-19 所列为次要指标,其中有两项不合格,就按等级标准降一级。如主要指标为一等,次要指标有两项不合格,就降为二等,如因主要指标已降等,次要指标有两项不合格,就不再降等;产品等级分一等、二等、三等。低于三等品指标的为等次品;纤维回潮率超过4%不准出厂。

表4-18　腈纶短纤维主要质量指标(Q/SH 003—03—003—1990)

序号	指标名称		品种	一等品	二等品	三等品
1	线密度偏差率/%		棉型	±8	±10	±12
			毛型	±10	±12	±14
2	断裂强度/cN·dtex⁻¹	≥	棉型	2.9	2.7	2.3
			毛型	2.8	2.6	2.2
3	倍长纤维/%	≤	棉型	0.07	0.3	0.8
			毛型	0.5	1	1.5
4	疵点/mg·100g⁻¹	≤	棉型	20	40	100
			毛型	60	100	200
5	色度差/级	≥	棉型	3.5	2.5	—
			毛型	3.5	2.5	

表4-19　腈纶短纤维次要质量指标(Q/SH 003—03—003—1990)

序号	指标名称	品种	合格	不合格	备注
6	长度偏差率/%	棉型	-12 ~ 12	>12, < -12	
7	超长纤维率/%	棉型	≤3	>3	
8	断裂伸长率/%	棉型	25 ~ 40	>40, <25	
		毛型	32 ~ 45	>45, <32	
9	勾接强度/cN·dtex⁻¹	棉型	≥2.47	<2.47	
		毛型	≥2.12	<2.12	
10	卷曲数/个·10cm⁻¹	棉型	≥40	<40	
		毛型	≥35	<35	
11	沸水收缩率/%	棉型	≤2	>2	采用后处理工艺
		毛型	≤2	>2	
12	纤维含油率/%	棉型	≤ ±0.15	> ±0.15	
		毛型	≤ ±0.15	> ±0.15	
13	纤维含硫氰酸钠/%	棉型	≤0.08	>0.08	
		毛型	≤0.08	>0.08	

注　(1)公定质量为20g/m。

(2)平均长度中心值由供需双方商定,一经确定不得任意更改。

(3)缩率中心值有各厂自定,通常它可分为四级,即14%、17%、20%、23%,一经确定不得任意更改。

(四)锦纶短纤维的质量指标

锦纶主要以长丝产品为主,而锦纶短纤维主要产品只有民用锦纶6毛型短纤维,等级分为优等品、一等品、二等品和三等品四个等级四个等级,执行标准 FZ/T 52002—1991,其质量指标见表4-20。

表4-20 民用锦纶短纤维质量指标(FZ/T 52002—1991)

序号	指标名称		优等品	一等品	二等品	三等品
1	断裂强度/cN·dtex^{-1}	≥	3.80	3.60	3.40	3.20
2	断裂伸长率/%	≤	60	65	70	75
3	线密度偏差率/%		±6.0	±8.0	±10.0	±12.0
4	长度偏差率/%		±6.0	±8.0	±10.0	±12.0
5	倍长纤维含量/mg·100g^{-1}	≤	15.0	50.0	70.0	100.0
6	疵点含量/mg·100g^{-1}	≤	10.0	20.0	40.0	60.0
7	卷曲数/个·25mm^{-1}		$M \pm 2.0$	$M \pm 2.5$	$M \pm 3.0$	$M \pm 3.0$

注 (1)M 为卷曲数中心值,由供需方协商确定,一经确定不得任意更改。

(2)疵点包括并丝、硬丝、粗丝和料块,如采用手工拣出测定,毛型短纤维取样为100g。

(3)本标准具体适用于3.0~5.6dtex民用锦纶6短纤维。

(五)丙纶短纤维的质量指标

丙纶短纤维的主要产品为纺织用短纤维,等级分为优等品、一等品、二等品和三等品四个等级,丙纶短纤维线密度分为 1.7~3.3dtex、3.4~7.8dtex 和 7.9~22.2dtex,执行标准 FZ/T 52003—1993。

针对1.7~3.3dtex丙纶短纤维质量指标见表4-21。

表4-21 纺织用丙纶短纤维质量指标(FZ/T 52003—1993)

序号	指标名称		优等品	一等品	二等品	三等品
1	断裂强度/cN·dtex^{-1}	≥	4.00	3.50	3.20	2.90
2	断裂伸长率/%	≤	60.0	70.0	80.0	90.0
3	线密度偏差率/%		±3.0	±8.0	±9.0	±10.0
4	长度偏差率/%		±3.0	±5.0	±7.0	±9.0
5	倍长纤维含量/mg·100g^{-1}	≤	5.0	20.0	40.0	60.0
6	疵点含量/mg·100g^{-1}	≤	5.0	20.0	40.0	60.0
7	卷曲数/个·25mm^{-1}		$M_1 \pm 2.5$	$M_1 \pm 3.0$	$M_1 \pm 3.5$	$M_1 \pm 4.0$
8	卷曲度/%		$M_2 \pm 2.5$	$M_2 \pm 3.0$	$M_2 \pm 3.5$	$M_2 \pm 4.0$
9	超长纤维率/%	≤	0.5	1.0	2.0	3.0

序号	指标名称		优等品	一等品	二等品	三等品
10	比电阻/Ω·cm	≤	$K \times 10^7$	$K \times 10^8$	$K \times 10^9$	$K \times 10^9$
11	断裂强度变异系数(CV)/%	≤	10.0	—	—	—
12	含油率/%		$M_3 \pm 0.10$	—	—	—

注　(1)M_1 为卷曲数中心值,在 12~15 范围内选定,一旦确定不得任意改变。

　　(2)M_2 为卷曲度中心值,在 11%~14% 范围内选定,一旦确定不得任意改变。

　　(3)M_3 为含油率中心值,由各厂家自定,但不得低于 0.3%。

　　(4)K 为比电阻系数。

针对 3.4~7.8dtex 丙纶短纤维质量指标见表 4-22。

表 4-22　纺织用丙纶短纤维质量指标(FZ/T 52003—1993)

序号	指标名称		优等品	一等品	二等品	三等品
1	断裂强度/cN·dtex^{-1}	≥	3.50	3.00	2.70	2.40
2	断裂伸长率/%	≤	70.0	80.0	90.0	100.0
3	线密度偏差率/%		±4.0	±8.0	±10.0	±12.0
4	长度偏差率/%		±3.0	—	—	—
5	倍长纤维含量/mg·100g^{-1}	≤	5.0	20.0	40.0	60.0
6	疵点含量/mg·100g^{-1}	≤	5.0	25.0	50.0	70.0
7	卷曲数/个·25mm^{-1}		$M_1 \pm 2.5$	$M_1 \pm 3.0$	$M_1 \pm 3.5$	$M_1 \pm 4.0$
8	卷曲率/%		$M_2 \pm 2.5$	$M_2 \pm 3.0$	$M_2 \pm 3.5$	$M_2 \pm 4.0$
9	比电阻/Ω·cm	≤	$K \times 10^7$	$K \times 10^8$	$K \times 10^9$	$K \times 10^9$
10	含油率/%		$M_3 \pm 0.10$	—	—	—

注　(1)M_1 为卷曲数中心值,在 12~15 范围内选定,一旦确定不得任意改变。

　　(2)M_2 为卷曲度中心值,在 11%~14% 范围内选定,一旦确定不得任意改变。

　　(3)M_3 为含油率中心值,由各厂家自定,但不得低于 0.3%。

　　(4)K 为比电阻系数。

针对 7.9~22.2dtex 丙纶短纤维质量指标见表 4-23。

表 4-23　纺织用丙纶短纤维质量指标(FZ/T 52003—1993)

序号	指标名称		优等品	一等品	二等品	三等品
1	断裂强度/cN·dtex^{-1}	≥	2.70	2.50	2.30	2.00
2	断裂伸长率/%		$M \pm 20$	$M \pm 30$	$M \pm 40$	$M \pm 50$
4	长度偏差率/%		±3.0	—	—	—
5	倍长纤维/mg·100g^{-1}	≤	20.0	50.0	75.0	100.0

序号	指标名称		优等品	一等品	二等品	三等品
6	疵点含量/mg·100g^{-1}	≤	50.0	100.0	150.0	200.0
7	比电阻/Ω·cm	≤	$K \times 10^7$	$K \times 10^9$	$K \times 10^{10}$	$K \times 10^{10}$

注　(1)M为断裂伸长中心值,由各厂自行确定,也可根据用户需要确定,一旦确定不得任意改变。

　　(2)K为比电阻系数。

(六)维纶短纤维的质量指标

维纶的物化性能见表4-8,维纶主要以短纤维为主,它的主要产品分为棉型和中长型,棉型维纶短纤维等级分为优等品、一等品和合格品,低于最低等级者为等外品;中长型维纶只有合格品,它们的执行标准和质量指标见表4-24和表4-25。

表4-24　棉型维纶质量指标(FZ/T 52008—2006)

序号	指标名称		优等品	一等品	二等品
1	线密度偏差率/%		±5	±5	±6
2	长度偏差率/%		±4	±4	±6
3	干断裂强度/cN·dtex^{-1}	≥	4.4	4.4	4.2
4	干断裂伸长率/%		17±2.0	17±3.0	17±4.0
5	湿断裂强度/cN·dtex^{-1}	≥	3.4	3.4	3.3
6	缩甲醛化度/%		33±2.0	33±2.0	33±3.5
7	水中软化点/℃	≥	115	113	112
8	色相	≤	1.80	1.90	2.00
9	异状纤维/mg·100g^{-1}	≤	2.0	8.0	15.0
10	卷曲数/个·25mm^{-1}	≥	3.5	3.5	—

表4-25　中长型维纶质量指标(QSCW.W 52—03—1990)

序号	指标名称		合格品	序号	指标名称		合格品
1	线密度偏差率/%		±6	6	干断裂伸长率/%		$M±4.0$
2	长度偏差率/%		±6	7	水中软化点/℃	≥	111
3	干断裂强度/cN·dtex^{-1}	≥	2.2	8	树脂化丝/mg·100g^{-1}	≤	30
4	湿断裂强度/cN·dtex^{-1}	≥	1.7	9	色相	≤	2.00
5	缩甲醛化度/%		35.0±4.0				

注　M为预定干态伸长率,根据用户要求确定,已经确定不得任意更改。

二、化学纤维长丝的质量指标

目前化学纤维长丝的品种较多,但主要的还是粘胶长丝、涤纶长丝和锦纶长丝。这些长丝除了质量指标的标准不同外,考核的指标和试验方法基本相同。基本还是以物理质量指标和外观质量指标作为考核、定等依据。

(一)粘胶长丝的质量指标

粘胶长丝产品分为有光丝、消光丝和着色丝,粘胶长丝质量指标包括力学性能和染色指标。粘胶长丝分为优等品、一等品、二等品和合格品三个等级,低于合格品为等外品,按 GB/T 13758—2008 粘胶长丝的力学性能和染色性能指标见表 4 - 26。粘胶长丝分为筒装丝、绞装丝和饼装丝,其外观疵点项目及指标值见表 4 - 27 ~ 表 4 - 29。

表 4 - 26　棉型粘胶长丝的物理性能质量指标(GB/T 13758—2008)

序号	项　　目		单　位	等级		
				优等品	一等品	合格品
1	干断裂强度		cN/dtex	1.85	1.75	1.65
2	湿断裂强度		cN/dtex	0.85	0.80	0.75
3	干断裂伸长率		%	17.0 ~ 24.0	16.0 ~ 25.0	15.5 ~ 26.5
4	干断裂伸长变异系数(CV)	≤	%	6.00	8.00	10.00
5	线密度(纤度)偏差		%	±2.00	±2.5	±3.0
6	线密度变异系数(CV)	≤	%	2.00	3.00	3.50
7	捻度变异系数(CV)	≤	%	13.00	16.00	19.00
8	单丝根数偏差	≤	%	1.0	2.0	3.0
9	残硫量	≤	mg/100g	10.0	12.0	14.0
10	染色均匀度	≥	(灰卡)级	4	3 ~ 4	3
11	回潮率		%	—		
12	含油量		%	—		

注　第 11 项和第 12 项为型式检验项目,不作为定等依据。

表 4 - 27　筒装粘胶长丝的外观质量指标(GB/T 13758—2008)

序号	项　目	单　位	等　级		
			优等品	一等品	合格品
1	色泽	(对照标样)	轻微不均	轻微不均	较不均
2	毛丝	个/万米	≤0.5	≤1	≤3
3	结头	个/万米	≤1.0	≤1.5	≤2.5
4	污染	—	无	无	较明显
5	成型	—	好	较好	较差
6	跳丝	个/筒	0	0	≤2

表4-28 绞装粘胶长丝的外观质量指标(GB/T 13758—2008)

序号	项目	单位	等级		
			优等品	一等品	合格品
1	色泽	(对照标样)	均匀	轻微不均	较不均
2	毛丝	个/万米	≤10	≤15	≤30
3	结头	个/万米	≤2	≤3	≤5
4	污染	—	无	无	较明显
5	卷曲	(对照标样)	无	轻微	较重
6	松紧圈	—	无	无	轻微

表4-29 丝饼装粘胶长丝的外观质量指标(GB/T 13758—2008)

序号	项目	单位	等级		
			优等品	一等品	合格品
1	色泽	(对照标样)	均匀	均匀	稍不均
2	毛丝	个/侧表面	≤6	≤10	≤20
3	成型	—	好	好	较差
4	手感	—	好	较好	较差
5	污染	—	无	无	较明显
6	卷曲	(对照标样)	无	无	稍有

(二)涤纶长丝的质量指标

涤纶长丝主要品种有牵伸丝、预取向丝和弹力丝(又称低弹丝)。

1. 涤纶牵伸丝 涤纶牵伸丝的物化性能与涤纶短纤维相似,但断裂强度较低,稳定性良好。涤纶牵伸丝单丝线密度(dpf)分类为 0.3dtex < dpf ≤ 1.0dtex 和 1.0dtex < dpf ≤ 5.6dtex。涤纶牵伸丝分为优等品、一等品、合格品三个等级,低于最低等级者为等外品。涤纶牵伸丝的力学性能项目和指标见表4-30和表4-31。

表4-30 涤纶牵伸丝单丝线密度 0.3dtex < dpf ≤ 1.0dtex 的
力学性能和染化性能指标(GB/T 8960—2008)

序号	项目	单丝线密度		
		0.3dtex < dpf ≤ 1.0dtex		
		优等品(AA级)	一等品(A级)	合格品(B级)
1	线密度偏差率/%	±2.0	±2.5	±3.5
2	线密度不匀率(CV)/% ≤	1.50	2.00	3.00
3	断裂强度/cN·dtex^{-1} ≥	3.5	3.3	3.0

续表

序号	项目		单丝线密度		
			0.3dtex < dpf ≤ 1.0dtex		
			优等品(AA级)	一等品(A级)	合格品(B级)
4	断裂强度不匀率(CV)/% ≤		7.00	9.00	11.0
5	断裂伸长率/%		$M_1 \pm 4.0$	$M_1 \pm 6.0$	$M_1 \pm 8.0$
6	断裂伸长不匀率(CV)/% ≤		15.00	18.00	20.0
7	沸水收缩率/%		$M_2 \pm 0.8$	$M_2 \pm 1.0$	$M_2 \pm 1.5$
8	染色均匀率(灰卡)/级 ≥		4	4	3~4
9	含油率/%		$M_3 \pm 0.2$	$M_3 \pm 0.3$	$M_3 \pm 0.3$
10	网络度/个·m^{-1}		$M_4 \pm 4$	$M_4 \pm 6$	$M_4 \pm 8$
11	筒重/kg		定重或定长	≥1.0	—

注　(1)M_1 为断裂伸长率中心值,具体由生产厂与客户协商确定,一旦确定后不得任意变更。

　　(2)M_2 为沸水收缩率中心值,具体由生产厂与客户协商确定,一旦确定后不得任意变更。

　　(3)M_3 为含油率中心值,由生产厂与客户协商确定,一旦确定后不得任意变更。

　　(4)M_4 为网络度中心值,应在 8 个/m 以上,具体由生产厂与客户协商确定,一旦确定后不得任意变更。

　　(5)表中项目不匀率 CV 值均取自于相应指标项目的 CV_b 值。

表4-31　涤纶牵伸丝单丝线密度 1.0dtex < dpf ≤ 5.6dtex 的 力学性能和染化性能指标(GB/T 8960—2008)

序号	项目		单丝线密度		
			1.0dtex < dpf ≤ 5.6dtex		
			优等品(AA级)	一等品(A级)	合格品(B级)
1	线密度偏差率/%		±1.5	±2.0	±3.0
2	线密度不匀率(CV)/% ≤		1.00	1.30	1.80
3	断裂强度/cN·dtex^{-1} ≥		3.8	3.5	3.1
4	断裂强度不匀率(CV)/% ≤		5.00	8.00	11.0
5	断裂伸长率/%		$M_1 \pm 3.0$	$M_1 \pm 5.0$	$M_1 \pm 7.0$
6	断裂伸长不匀率(CV)/% ≤		8.00	15.00	17.0
7	沸水收缩率/%		$M_2 \pm 0.8$	$M_2 \pm 1.0$	$M_2 \pm 1.5$
8	染色均匀率(灰卡)/级 ≥		4~5	4	3~4
9	含油率/%		$M_3 \pm 0.2$	$M_3 \pm 0.3$	$M_3 \pm 0.3$
10	网络度/个·m^{-1}		$M_4 \pm 4$	$M_4 \pm 6$	$M_4 \pm 8$
11	筒重/kg		定重或定长	≥1.5	—

注　(1)M_1 为断裂伸长率中心值,具体由生产厂与客户协商确定,一旦确定后不得任意变更。

　　(2)M_2 为沸水收缩率中心值,具体由生产厂与客户协商确定,一旦确定后不得任意变更。

　　(3)M_3 为含油率中心值,由生产厂与客户协商确定,一旦确定后不得任意变更。

　　(4)M_4 为网络度中心值,应在 8 个/m 以上,具体由生产厂与客户协商确定,一旦确定后不得任意变更。

　　(5)表中项目不匀率 CV 值均取自于相应指标项目的 CV_b 值。

涤纶牵伸丝(GB/T 8960—2008)的外观项目与指标由供需双方根据后道产品的要求协商确定。

2. 涤纶预取向丝　涤纶预取向丝的物化性能与涤纶牵伸丝相似,只是它是半成品,要经过进一步加工才能成为成品。涤纶预取向丝按其单位线密度 1.5 ~ 2.9dtex;2.9 ~ 5.0dtex;5.0 ~ 10.0dtex 分为三档。涤纶预取向丝分为优等品、一等品、合格品三个等级,低于最低等级者为等外品。涤纶预取向丝的性能项目和指标见表 4 – 32 ~ 表 4 – 34。

表 4 – 32　涤纶预取向丝(1.5 ~ 2.9dtex)的性能项目和指标(FZ/T 54003—2004)

序号	项　目		分　类		
			$1.5\text{dtex} \leqslant dpf < 2.9\text{dtex}$		
			优等品	一等品	合格品
1	线密度偏差率/%		±2.0	±2.5	±3.0
2	线密度变异系数(CV_b)/%	≤	0.60	0.80	1.1
3	断裂强度/cN·dtex^{-1}	≥	2.3	2.1	1.9
4	断裂强度变异系数(CV_b)/%	≤	4.5	6.0	8.5
5	断裂伸长率/%		$M_1 ± 4.0$	$M_1 ± 6.0$	$M_1 ± 9.0$
6	断裂伸长变异系数(CV_b)/%	≤	5.0	6.5	9.0
7	条干不匀率	U/% ≤	0.96	1.36	1.76
		CV/% ≤	1.20	1.70	2.20
8	含油率/%		$M_2 ± 0.12$		

注　(1)M_1 为断裂伸长率中心值,由供需双方确定。
　　(2)M_2 为含油率中心值,由供需双方确定。

表 4 – 33　涤纶预取向丝(2.9 ~ 5.0dtex)的性能项目和指标(FZ/T 54003—2004)

序号	项　目		分　类		
			$2.9\text{dtex} \leqslant dpf < 5.0\text{dtex}$		
			优等品	一等品	合格品
1	线密度偏差率/%		±2.0	±2.5	±3.0
2	线密度变异系数(CV_b)/%	≤	0.50	0.70	1.0
3	断裂强度/cN·dtex^{-1}	≥	2.2	2.0	1.8
4	断裂强度变异系数(CV_b)/%	≤	4.5	6.0	8.5
5	断裂伸长率/%		$M_1 ± 4.0$	$M_1 ± 6.0$	$M_1 ± 9.0$
6	断裂伸长变异系数(CV_b)/%	≤	5.0	6.5	9.0
7	条干不匀率	U/% ≤	0.88	1.28	1.68
		CV/% ≤	1.10	1.60	2.10
8	含油率/%		$M_2 ± 0.12$		

注　(1)M_1 为断裂伸长率中心值,由供需双方确定。
　　(2)M_2 为含油率中心值,由供需双方确定。

表4-34 涤纶预取向丝(5.0~10.0dtex)的性能项目和指标(FZ/T 54003—2004)

序号	项 目		分 类		
			5.0dtex≤dpf<10.0dtex		
			优等品	一等品	合格品
1	线密度偏差率/%		±2.0	±2.5	±3.0
2	线密度变异系数(CV_b)/%	≤	0.50	0.70	1.0
3	断裂强度/cN·dtex^{-1}	≥	2.2	2.0	1.8
4	断裂强度变异系数(CV_b)/%	≤	4.0	5.5	8.0
5	断裂伸长率/%		M_1±4.0	M_1±6.0	M_1±9.0
6	断裂伸长变异系数(CV_b)/%	≤	4.5	6.0	8.5
7	条干不匀率	U/% ≤	0.80	1.20	1.60
		CV/% ≤	1.00	1.50	2.00
8	含油率/%		M_2±0.12		

注 (1)M_1为断裂伸长率中心值,由供需双方确定。
　　(2)M_2为含油率中心值,由供需双方确定。

涤纶预取向丝(GB/T 54003—2004)的外观项目与指标值由供需双方根据后道产品的要求协商确定。

筒重指标值见表4-35。

表4-35 涤纶预取向丝的筒重指标值(GB/T 54003—2004)

产品等级	优等品	一等品	三等品
筒重/kg	定重或定长	≥5	≥2

3. 涤纶低弹丝 涤纶低弹丝的物化性能与涤纶牵伸丝相似,由于被假捻而具有弹性,其强度和耐疲劳性较低,蓬松性和上染率较好,手感比较粗糙。涤纶低弹丝按其单位线密度大小分为四档,线密度范围分别为0.3~0.5dtex;0.5~1.0dtex;1.0~1.7dtex;1.7~5.6dtex。涤纶低弹丝产品分为优等品、一等品、合格品三个等级,低于最低等级者为等外品。涤纶低弹丝的力学性能和染化性能指标见表4-36~表4-39。

表4-36 涤纶低弹丝(0.3~0.5dtex)的力学性能和染化性能指标(GB/T 14460—2008)

序号	项 目		0.3dtex≤dpf≤0.5dtex		
			优等品(AA级)	一等品(A级)	合格品(B级)
1	线密度偏差率/%		±2.5	±3.0	±3.5
2	线密度变异系数(CV)/%	≤	1.80	2.40	2.80
3	断裂强度/cN·dtex^{-1}	≥	3.2	3.0	2.8
4	断裂强度变异系数(CV)/%	≤	8.00	10.00	13.0

续表

序号	项目		$0.3\mathrm{dtex} \leqslant \mathrm{dpf} \leqslant 0.5\mathrm{dtex}$		
			优等品(AA 级)	一等品(A 级)	合格品(B 级)
5	断裂伸长率/%		$M_1 \pm 3.0$	$M_1 \pm 5.0$	$M_1 \pm 8.0$
6	断裂伸长变异系数(CV)/%	$\leqslant$	10.0	13.0	16.0
7	卷曲收缩率/%		$M_2 \pm 5.0$	$M_2 \pm 7.0$	$M_2 \pm 8.0$
8	卷曲收缩率变异系数(CV)/%	$\leqslant$	9.00	15.0	20.0
9	卷曲稳定度/%	$\geqslant$	70.0	60.0	50.0
10	沸水收缩率/%		$M_3 \pm 0.6$	$M_3 \pm 0.8$	$M_3 \pm 1.2$
11	染色均匀率(灰卡)/级	$\geqslant$	4	4	3
12	含油率/%		$M_4 \pm 1.0$	$M_4 \pm 1.2$	$M_4 \pm 1.4$
13	网络度/个·m^{-1}		$M_5 \pm 20$	$M_5 \pm 25$	$M_5 \pm 30$
14	筒重/kg		定重或定长	$\geqslant 0.8$	—

注 (1)M_1 为断裂伸长率中心值,具体由生产厂与客户协商确定,一旦确定后不得任意变更。

(2)M_2 为卷曲收缩率中心值,具体由生产厂与客户协商确定,一旦确定后不得任意变更。

(3)M_3 为沸水收缩率中心值,具体由生产厂与客户协商确定,一旦确定后不得任意变更。

(4)M_4 为含油率中心值,单丝线密度(dpf)$\leqslant 1.0\mathrm{dtex}$ 时,M_4 为2% ~4%,单丝线密度(dpf) $> 1.0\mathrm{dtex}$ 时,M_4 为2% ~ 3.5%,具体由生产厂与客户协商确定,一旦确定后不得任意变更。

(5)M_5 为网络度中心值,具体由生产厂与客户协商确定,一旦确定后不得任意变更。

(6)表中项目变异系数 CV 值均取自于相应指标项目的 CV_b 值。

表 4 –37　涤纶低弹丝(0.5 ~1.0dtex)的力学性能和染化性能指标(GB/T 14460—2008)

序号	项目		$0.5\mathrm{dtex} < \mathrm{dpf} \leqslant 1.0\mathrm{dtex}$		
			优等品(AA 级)	一等品(A 级)	合格品(B 级)
1	线密度偏差率/%		± 2.5	± 3.0	± 3.5
2	线密度变异系数(CV)/%	$\leqslant$	1.40	1.80	2.40
3	断裂强度/cN·dtex^{-1}	$\geqslant$	3.3	3.0	2.8
4	断裂强度变异系数(CV)/%	$\leqslant$	7.00	9.00	12.0
5	断裂伸长率/%		$M_1 \pm 3.0$	$M_1 \pm 5.0$	$M_1 \pm 8.0$
6	断裂伸长变异系数(CV)/%	$\leqslant$	10.0	12.0	16.0
7	卷曲收缩率/%		$M_2 \pm 4.0$	$M_2 \pm 5.0$	$M_2 \pm 7.0$
8	卷曲收缩率变异系数(CV)/%	$\leqslant$	9.00	15.0	20.0
9	卷曲稳定度/%	$\geqslant$	70.0	60.0	50.0
10	沸水收缩率/%		$M_3 \pm 0.6$	$M_3 \pm 0.8$	$M_3 \pm 1.2$
11	染色均匀率(灰卡)/级	$\geqslant$	4	4	3
12	含油率/%		$M_4 \pm 1.0$	$M_4 \pm 1.2$	$M_4 \pm 1.4$

序号	项 目	0.5dtex < dpf ≤ 1.0dtex		
		优等品(AA级)	一等品(A级)	合格品(B级)
13	网络度/个·m^{-1}	$M_5 \pm 20$	$M_5 \pm 25$	$M_5 \pm 30$
14	筒重/kg	定重或定长	≥1.0	—

注　(1)M_1为断裂伸长率中心值,具体由生产厂与客户协商确定,一旦确定后不得任意变更。

(2)M_2为卷曲收缩率中心值,具体由生产厂与客户协商确定,一旦确定后不得任意变更。

(3)M_3为沸水收缩率中心值,具体由生产厂与客户协商确定,一旦确定后不得任意变更。

(4)M_4为含油率中心值,单丝线密度(dpf)≤1.0dtex时,M_4为2%~4%,单丝线密度(dpf)>1.0dtex时,M_4为2%~3.5%,具体由生产厂与客户协商确定,一旦确定后不得任意变更。

(5)M_5为网络度中心值,具体由生产厂与客户协商确定,一旦确定后不得任意变更。

(6)表中项目变异系数CV值均取自于相应指标项目的CV_b值。

表4-38　涤纶低弹丝(1.0~1.7dtex)的力学性能和染化性能指标(GB/T 14460—2008)

序号	项 目		1.0dtex < dpf ≤ 1.7dtex		
			优等品(AA级)	一等品(A级)	合格品(B级)
1	线密度偏差率/%		±2.5	±3.0	±3.5
2	线密度变异系数(CV)/%	≤	1.00	1.60	2.00
3	断裂强度/cN·dtex^{-1}	≥	3.3	2.9	2.8
4	断裂强度变异系数(CV)/%	≤	6.00	10.00	14.0
5	断裂伸长率/%		$M_1 \pm 3.0$	$M_1 \pm 5.0$	$M_1 \pm 7.0$
6	断裂伸长变异系数(CV)/%	≤	10.0	14.0	18.0
7	卷曲收缩率/%		$M_2 \pm 3.0$	$M_2 \pm 4.0$	$M_2 \pm 5.0$
8	卷曲收缩率变异系数(CV)/%	≤	7.00	14.0	16.0
9	卷曲稳定度/%	≥	78.0	70.0	65.0
10	沸水收缩率/%		$M_3 \pm 0.5$	$M_3 \pm 0.8$	$M_3 \pm 0.9$
11	染色均匀率(灰卡)/级	≥	4	4	3
12	含油率/%		$M_4 \pm 0.8$	$M_4 \pm 1.0$	$M_4 \pm 1.2$
13	网络度/个·m^{-1}		$M_5 \pm 10$	$M_5 \pm 15$	$M_5 \pm 20$
14	筒重/kg		定重或定长	≥1.0	—

注　(1)M_1为断裂伸长率中心值,具体由生产厂与客户协商确定,一旦确定后不得任意变更。

(2)M_2为卷曲收缩率中心值,具体由生产厂与客户协商确定,一旦确定后不得任意变更。

(3)M_3为沸水收缩率中心值,具体由生产厂与客户协商确定,一旦确定后不得任意变更。

(4)M_4为含油率中心值,单丝线密度(dpf)≤1.0dtex时,M_4为2%~4%,单丝线密度(dpf)>1.0dtex时,M_4为2%~3.5%,具体由生产厂与客户协商确定,一旦确定后不得任意变更。

(5)M_5为网络度中心值,具体由生产厂与客户协商确定,一旦确定后不得任意变更。

(6)表中项目变异系数CV值均取自于相应指标项目的CV_b值。

表4-39　涤纶低弹丝(1.7~5.6dtex)的力学性能和染化性能指标(GB/T 14460—2008)

序号	项　目		1.7dtex < dpf ≤ 5.6dtex		
			优等品(AA级)	一等品(A级)	合格品(B级)
1	线密度偏差率/%		±2.5	±3.0	±3.5
2	线密度变异系数(CV)/%	≤	0.90	1.50	1.90
3	断裂强度/cN·dtex^{-1}	≥	3.3	3.0	2.6
4	断裂强度变异系数(CV)/%	≤	6.00	9.00	13.0
5	断裂伸长率/%		M_1±3.0	M_1±5.0	M_1±7.0
6	断裂伸长变异系数(CV)/%	≤	9.00	13.0	17.0
7	卷曲收缩率/%		M_2±3.0	M_2±4.0	M_2±5.0
8	卷曲收缩率变异系数(CV)/%	≤	7.00	15.0	17.0
9	卷曲稳定度/%	≥	78.0	70.0	65.0
10	沸水收缩率/%		M_3±0.5	M_3±0.8	M_3±0.9
11	染色均匀率(灰卡)/级	≥	4	4	3
12	含油率/%		M_4±0.8	M_4±1.0	M_4±1.2
13	网络度/个·m^{-1}		M_5±10	M_5±15	M_5±20
14	筒重/kg		定重或定长	≥1.2	—

注　(1)M_1为断裂伸长率中心值,具体由生产厂与客户协商确定,一旦确定后不得任意变更。

(2)M_2为卷曲收缩率中心值,具体由生产厂与客户协商确定,一旦确定后不得任意变更。

(3)M_3为沸水收缩率中心值,具体由生产厂与客户协商确定,一旦确定后不得任意变更。

(4)M_4为含油率中心值,单丝线密度(dpf)≤1.0dtex时,M_4为2%~4%,单丝线密度(dpf)>1.0dtex时,M_4为2%~ 3.5%,具体由生产厂与客户协商确定,一旦确定后不得任意变更。

(5)M_5为网络度中心值,具体由生产厂与客户协商确定,一旦确定后不得任意变更。

(6)表中项目变异系数CV值均取自于相应指标项目的CV_b值。

涤纶低弹丝的外观质量指标(GB/T 14460—2008)由供需双方根据后道产品的要求协商确定,必要时要纳入商业合同。

(三)锦纶长丝的质量指标

锦纶长丝主要为锦纶6或锦纶66,现将锦纶6民用复丝、产业用复丝、弹力丝和锦纶66的锦纶6民用复丝、产业用复丝、弹力丝的物理质量指标和外观质量指标列于以下各表中。

1. 锦纶6民用复丝　锦纶6民用复丝的物化性能与锦纶6短纤维相雷同,见表4-6。锦纶6民用复丝的断裂强度略高于锦纶6短纤维。锦纶66民用复丝的线密度范围是33.3~166.7dtex,分为优等品、一等品、合格品三个等级,低于最低等级者为等外品。其物理性能质量指标和外观质量指标见表4-40和表4-41。

表4-40　锦纶长丝的物理性能指标(GB/T 16603—2008)

序号	项　目 ≥ ≤ <	优等品	一等品	合格品
1	线密度偏差率/%			
	(1) >78dtex	±2.0	±2.5	±4.0
	(2) >44dtex，≤78dtex	±2.5	±3.0	±5.0
	(3) ≤44dtex	±3.0	±4.0	±6.0
2	线密度变异系数(CV)/%　　　　　≤			
	(1) >78dtex	1.00	1.80	2.80
	(2) >44dtex，≤78dtex	1.20	2.00	3.00
	(3) ≤44dtex	1.60	2.70	3.90
3	断裂强度/cN·dtex^{-1}　　　　　≥			
	(1) >78dtex	3.80	3.60	3.40
	(2) ≤78dtex	4.00	3.80	3.60
4	断裂强度变异系数(CV)/%　　　　≤			
	(1) >78dtex	5.00	8.00	11.00
	(2) >44dtex，≤78dtex	6.00	9.00	12.00
	(3) ≤44dtex	8.00	12.00	16.00
5	断裂伸长率/%	M_1 ±4.0	M_1 ±6.0	M_1 ±8.0
6	断裂伸长率变异系数(CV)/%　　　≤			
	(1) >78dtex	8.00	12.00	16.00
	(2) >44dtex，≤78dtex	9.00	14.00	18.00
	(3) ≤44dtex	12.00	16.00	20.00
7	热收缩率/%	M_2 ±4.0	M_2 ±6.0	M_2 ±8.0
8	染色均匀度(灰卡)/级　　　　　　≥	4	3-4	3
9	条干均匀度变异系数(CV)/%　　　≤			
	(1)单丝线密度(dpf) >1.7dtex	1.50	—	—
	(2)单丝线密度(dpf) ≤1.7dtex	2.00	—	—

注　线密度偏差率以名义线密度为计算依据。

(2)M_1在15%~55%范围内选定,一般情况下不得任意变更,如因原料调换等原因,中心值可以作适当调整。

(3)热收缩率:锦纶6采用沸水收缩率;锦纶66根据用户需要也可采用干热收缩率,M_2有供需双方协商确定。

(4)条干均匀度采用Normal法。

表4-41　锦纶长丝的外观性能指标

序号	项　　目	优等品	一等品	合格品
1	毛丝/个·筒$^{-1}$ (1) ≥78dtex (2) ≤78dtex	 0 0	 ≤2 ≤4	 ≤10 ≤15
2	毛丝团/个·筒$^{-1}$	0	0	≤2
3	硬头丝/个·筒$^{-1}$	0	0	≤2
4	圈丝/个·筒$^{-1}$	0	≤8	≤20
5	油污丝/cm^2·筒$^{-1}$	0	≤1	≤2
6	色差	正常	轻微	轻

2. 锦纶 6 弹力丝　锦纶 6 弹力丝的物化性能与锦纶 6 民用复丝相似,但它经过了假捻工艺处理,回弹性极好,其弹性恢复率可达85%~95%。弹力丝的线密度为7.8dtex。锦纶 6 弹力丝分为优等品、一等品、合格品三个等级,低于最低等级者为等外品。其物理性能指标和外观质量指标见表4-42和表4-43。

表4-42　锦纶 6 弹力丝的物理性能质量指标(Q/SH 009—05—1989)

序号	指标名称		一等品	二等品	三等品
1	线密度偏差/%		±6.0	±7.0	±8.0
2	线密度变异系数(CV)/%	≤	3.1	5.0	7.5
3	断裂强度/cN·dtex^{-1}	≥	3.1	2.8	2.6
4	断裂强度变异系数(CV)/%	≤	8.8	12.5	18.8
5	断裂伸长率/%		18~32	18~32	16~25
6	断裂伸长变异系数(CV)/%		12.5	15.0	18.8
7	紧缩伸长率/%	≥	100	95	90
8	紧缩伸长变异系数(CV)/%	≤	12.5	15.0	18.8
9	合股捻度/捻·m^{-1}		95~115	95~120	90~125
10	合股捻度变异系数(CV)/%	≤	12.5	15.0	18.0
11	弹性恢复率/%	≥	95	90	85
12	卷曲收缩率/%	≥	50	45	40
13	卷曲收缩率变异系数(CV)/%	≤	5.0	5.5	5.5
14	卷曲稳定度/%		100	95	90

序号	指标名称		一等品	二等品	三等品
15	卷曲稳定度变异系数(CV)/%	≤	5.0	5.3	5.5
16	染色均匀率/级	≥	4	3	3

注 (1)表中1~4项作为考核定等指标,其余项作为参考指标。

(2)卷曲收缩率、卷曲稳定度及其变异系数适用于筒装弹力丝。

(3)弹力丝的标准回潮率为4.5%,各项物理指标值均修正到标准回潮状态时的值。

表4-43 锦纶6弹力丝的外观质量指标(Q/SH 009—05—1989)

序号	指标名称	一等品	二等品	三等品
1	僵丝(标样)	无	无	轻微
2	毛丝(标样)	轻微	轻微	稍重
3	油污丝(标样)	无	轻微	稍重
4	毛刺丝(标样)	轻微	稍重	重
5	竹节丝(标样)	轻微	稍重	重
6	成型(标样)	良好	良好	稍差
7	绞重/g·绞⁻¹	250 ± 30	250 ± 50	250 ± 70
	筒重/g·筒⁻¹	150	100	50

注 (1)毛刺丝:指丝条上出现密度很大的1mm左右的小刺,也叫卡丝。

(2)竹节丝:丝条上有周期性的捻度较高、无黏性丝称多竹节丝,其长度在1mm左右。

3. 锦纶66弹力丝 锦纶66长丝的物化性能与锦纶6弹力丝相同,由于该纤维的弹性模量优于锦纶6弹力丝,所以制品的回弹稳定性等更为优越。锦纶66弹力丝分为优等品、一等品、合格品三个等级,低于最低等级者为等外品。锦纶66弹力丝物理性能质量指标和外观质量指标见表4-44和表4-45。

表4-44 锦纶66弹力丝的物理性能质量指标(Q/SH 009—05—1989)

序号	指标名称		一等品	二等品	三等品
1	线密度偏差/%		±6.0	±7.0	±8.0
2	线密度变异系数(CV)/%	≤	3.1	5.0	7.5
3	断裂强度/cN·dtex⁻¹	≥	3.1	2.8	2.6
4	断裂强度变异系数(CV)/%	≤	8.8	12.5	18.8
5	断裂伸长率/%		18~32	18~32	18~25
6	断裂伸长变异系数(CV)/%	≤	12.5	15.0	18.8

序号	指标名称		一等品	二等品	三等品
7	紧缩伸长率/%	≥	100	95	90
8	紧缩伸长变异系数(CV)/%	≤	12.5	15.0	18.8
9	合股捻度/捻·m^{-1}		95~120	95~125	90~125
10	合股捻度变异系数(CV)/%	≤	12.5	15.0	18.0
11	弹性恢复率/%	≥	95	90	85
12	卷曲收缩率/%	≥	50	45	40
13	卷曲收缩率变异系数(CV)/%	≤	5.0	5.5	5.5
14	卷曲稳定度/%	≥	100	95	90
15	卷曲稳定度变异系数(CV)/%	≤	5.0	5.3	5.5
16	染色均匀率(灰卡)/级	≥	4	3	3

注　(1)表中1~4项作为考核定等指标,其余项作为参考指标。
　　(2)卷曲收缩率、卷曲稳定度及其变异系数适用于筒装弹力丝。
　　(3)弹力丝的标准回潮率为4.5%,各项物理指标值均修正到标准回潮状态时的值。

表4－45　锦纶66弹力丝的外观质量指标(Q/SH 009—05—1989)

序号	指标名称	一等品	二等品	三等品
1	僵丝(标样)	无	无	轻微
2	毛丝(标样)	轻微	轻微	稍重
3	油污丝(标样)	无	轻微	稍重
4	毛刺丝(标样)	轻微	稍重	重
5	竹节丝(标样)	轻微	稍重	重
6	成型(标样)	良好	良好	稍差
7	绞重/g·绞$^{-1}$	250±30	250±50	250±70
	筒重/g·筒$^{-1}$	150	100	50

注　(1)毛刺丝:指丝条上出现密度很大的1mm左右的小刺,也叫卡丝。
　　(2)竹节丝:丝条上有周期性的捻度较高、无黏性丝称多竹节丝,其长度在1mm左右。

(四)丙纶长丝的质量指标

丙纶长丝主要为丙纶长丝和弹力丝,下面介绍将丙纶长丝和弹力丝的物理质量指标和外观质量。

1.丙纶长丝　丙纶长丝产品质量指标包括物理指标和外观指标。丙纶长丝分为优等品、一等品、二等品和三等品,按 FZ/T 54008—1999(原 ZB W 52013—1990)标准取样逐项评定,以最低等定等,低于三等者为等外品。丙纶长丝的物理质量指标和外观质量指标见表4 –46、表4 –47。

表4 –46　丙纶长丝的物理性能质量指标(FZ/T 54008—1999)

序号	指标名称			优等品	一等品	二等品	三等品
1	线密度偏差率/%			$M_1 \pm 2.0$	$M_1 \pm 3.5$	$M_1 \pm 4.5$	$M_1 \pm 5.5$
2	线密度变异系数(CV)/%	本色	≤	1.50	3.00	4.00	5.00
		有色	≤	3.00	3.50	4.50	5.50
3	断裂强度 cN·dtex^{-1}	本色	≥	3.80	3.50	3.40	3.30
		有色	≥	3.50	3.30	3.20	3.10
4	断裂强度变异系数(CV)/%		≤	6.0	10.0	12.0	14.0
5	断裂伸长率/%			$M_2 \pm 7.0$	$M_2 \pm 10.0$	$M_2 \pm 13.0$	$M_2 \pm 15.0$
6	断裂伸长变异系数(CV)/%	本色	≤	15.0	—	—	—
		有色	≤	17.0	—	—	—
7	沸水收缩率/%			$M_3 \pm 1.0$	$M_3 \pm 1.5$	$M_3 \pm 1.8$	$M_3 \pm 2.0$
8	含油率/%			$M_4 \pm 0.50$	$M_4 \pm 0.60$	$M_4 \pm 0.70$	$M_4 \pm 0.70$

注　(1)M_1为设计线密度,线密度偏差以设计线密度为计算依据。
　　(2)M_2在30~80范围内;根据用途各厂自选,一经选定不得任意变更。
　　(3)M_3在≤10范围内,各厂可自选中心值,一经选定不得任意变更。
　　(4)M_4在0.8~1.3范围内选定,一经选定不得任意变更。

表4 –47　丙纶长丝的外观质量指标(FZ/T 54008—1999)

序号	指标名称	优等品	一等品	二等品	三等品
1	毛丝/个·筒$^{-1}$	0	≤5	≤10	≤15
2	毛丝团/个·筒$^{-1}$	0	0	≤2	≤3
3	松圈丝/个·筒$^{-1}$	0	≤10	≤20	≤30
4	成型(标样)	良好	较好	一般	一般
5	色差(标样)	极微	轻微	较明显	较明显
6	结头/个·万米$^{-1}$	0	≤0.5	≤1.0	≤1.5
7	未牵伸丝(标样)	不允许	不允许	不允许	不允许
8	尾巴丝/圈·筒$^{-1}$	≥2.0	≥2.0	无尾巴 多尾巴	无尾巴 多尾巴
9	油污(标样)	极微	轻微	稍明显	较明显

序号	指标名称	优等品	一等品	二等品	三等品
10	牵伸管/kg·筒⁻¹	≥满筒名义质量90%	≥满筒名义质量85%	≥满筒名义质量50%	≥满筒名义质量30%
11	络筒管/kg·筒⁻¹	≥满筒名义质量90%	≥满筒名义质量85%	≥满筒名义质量30%	≥满筒名义质量20%
12	筒净重/kg	—	—	—	—

注 (1) 成型：卷装表面平整为"良好"；卷装表面不平整、但不影响退绕为"较好"；卷装表面凹凸不平、但不影响退绕为"一般"；卷装表面凹凸不平或动程过长、过短有可能影响退绕，但不造成塌边为"较差"（正常动程为丝层离筒两端 1~4cm）。

(2) 色差项目的标样制作参照《纺织品 色牢度试验 评定变色用灰色样卡》（GB/T 250—2008）4.0~4.5 级为"极微"，3.5~4.0 级为"轻微"，3.0~3.5 级为"较明显"，同一批丝筒中，个别色泽特别深或特别浅的丝筒做降级处理。

(3) 油污项目中，油污系指浅黄色油污，"极微"指浅黄色油污总面积不超过 0.2cm²，"轻微"指浅黄色油污总面积不超过 0.6cm²，或较深色油污总面积不超过 0.3cm²，"稍明显"指浅黄色油污总面积不超过 1.2cm²，或较深色油污总面积不超过 0.6cm²，"较明显"指浅黄色油污总面积不超过 2.0cm²，或较深色油污总面积不超过 1.0cm²。

2. 丙纶弹力丝 丙纶弹力丝产品质量指标包括物理性能质量指标和外观质量指标。丙纶弹力丝分为优等品、一等品、二等品和三等品，按 FZ/T 54009—1999（原 ZB W 52014—1990）标准取样逐项评定，以最低等定等，低于三等者为等外品。丙纶弹力丝的物理性能质量指标和外观质量指标见表 4-48、表 4-49。

表 4-48 丙纶弹力丝的物理性能质量指标（FZ/T 54009—1999）

序号	指标名称			优等品	一等品	二等品	三等品
1	线密度偏差率/%			$M_1 \pm 4.0$	$M_1 \pm 5.0$	$M_1 \pm 6.0$	$M_1 \pm 7.0$
2	线密度变异系数(CV)/%		≤	3.00	4.50	5.50	6.50
3	断裂强度/cN·dtex⁻¹	本色	≥	3.6	3.4	3.3	3.2
		有色	≥	3.4	3.2	3.1	3.0
4	断裂强度变异系数(CV)/%		≤	7.00	12.00	13.00	15.00
5	断裂伸长率/%			30±3.0	30±6.0	30±8.0	30±10.0
6	断裂伸长变异系数(CV)/%		≤	12.00	20.00	22.0	25.0
7	紧缩伸长率/%	(1) <111dtex×2	≥	120	110	100	90
		(2) ≥111dtex×2	≥	110	100	90	80
8	弹性回复率/%		≥	84.0	80.0	78.0	75.0
9	含油率/%			$M_2 \pm 8$	$M_2 \pm 12$	$M_2 \pm 15$	$M_2 \pm 20$

注 (1) M_1 为伸长丝的名义线密度。

(2) M_2 为合股捻数的中心值，根据线密度由各厂自定，一经选定不得任意变更。

表4-49　丙纶弹力丝的外观质量指标(FZ/T 54009—1999)

序号	指标名称	优等品	一等品	二等品	三等品
1	成型(标样)	好	较好	一般	较差
2	毛丝(标样)	轻微	较好	稍重	较重
3	油污丝(标样)	不允许	极轻	轻微	稍重
4	色差(标样)	极微	轻微	较明显	明显
5	僵丝(标样)	不允许	不允许	不允许	轻微
6	卷缩不匀(标样)	极少	较少	少	较多
7	粘连(标样)	极微	轻微	轻	较重
8	竹节丝	极少	较少	少	较多
9	单股	不允许	不允许	不允许	不允许
10	多股	不允许	不允许	不允许	不允许
11	丝绞质量/g	150±50	150±50	150±60	150±70

注　(1)色差标样参照 GB/T 250—2008 规定,4 级或 4 级以上为"极微",3.5-4 级以下为"轻微",3-3.5 级以下为"较明显",2.5-3 级以下为"明显"。
　　(2)线绞结头采用满把结,结头长度不大于3mm。

第三节　化学纤维大品种的品质检验

化学纤维的品质检验对提高化学纤维的品质、稳定化学纤维的生产工艺和产品质量,对纺织工业生产和合理使用原料等方面都具有重要的意义。下面介绍化学纤维大品种的试样制备及主要品质检验的主要内容和方法。

一、试样制备

(一)取样

1. 合成短纤维取样　涤纶、锦纶、腈纶、丙纶、维纶等合成短纤维的取样方法按 GB/T 14334—2006 执行。采取阶段性或随机取样方法,从批中按规定随机抽取试样。所谓整批产品,是指用同一原料,按着同一工艺条件和设备,在一定时间内连续生产的同一品种。它的取样方法是:1~5 包,全部取样;6~25 包,取样 5 包;25 包以上,取样 10 包。

取样方法很复杂,参考 GB/T 14334—2006 标准进行。

2. 粘胶纤维取样　联样方法为:一定数量的包装件(或样品)作为批样品,再从中抽取一定数量的纤维作为实验室样品,最后按一定规律混合成试样。所谓包装件,就是包装的单位(如件、箱、盒、包、袋等);批,是指检验批或货单上指定批的全部包装件批样品,就是能代表整个批的包装件(或样品);实验室样品就是为实验室试验而抽取的批样品包装件(或样品)中纤维的一部分;试样就是用于测定性能项目的实验室样品的混合样。3t以下为全部取样;3~5t 60%取样;5~10t 40%取样;10t以上20%取样。

(二)恒温恒湿平衡处理

在对化学纤维品质进行具体检验时,需要在标准的大气条件下进行,具体方法如下。

(1)若试样中的实际回潮率大于标准回潮率时,需要对试样进行低温预烘干,条件是(45±2)℃,每隔10min称重一次,两次称重差异不超过后次质量的0.05%时,则后次质量即为恒重(或干重)。最终使得实际回潮率小于标准回潮率。国家对各种纤维所规定的回潮率称为标准回潮率,几种化学纤维的标准回潮率为:粘胶纤维13%、涤纶0.4%、腈纶2%、锦纶4.5%、维纶5%、丙纶基本为零。

(2)然后将试样在标准大气条件下进行恒温恒湿平衡处理。条件是(20±3)℃,湿度(65±3)%。处理时间一般是:粘胶纤维、腈纶2h,锦纶、维纶2~3h,涤纶1h,丙纶可不作处理。

二、化学短纤维大品种的品质检验

化学短纤维大品种的品质检验包括细度检验(包括线密度偏差)、长度检验(包括长度偏差、超长纤维率、倍长纤维含量)、疵点检验(包括倍长纤维含量检验、异状纤维检验)、拉伸性能检验(包括断裂强度测试、断裂伸长测试、初始模量测试、湿拉伸强力测试、勾接强力测试、断裂强力和断裂伸长的变异系数检验等)、卷曲检验(包括卷曲数、卷曲率、卷曲恢复率、卷曲弹性恢复率)、残硫量检验(棉型粘胶纤维)、质量比电阻检验、热收缩检验、含油率检验、上色率的检验(腈纶)、硫氰酸钠含量检验(腈纶)和白度检验(粘胶纤维)等。

(一)细度检验

细度的检验方法有切断称重法、直径测量法、振动仪法、气流仪法等。其中振动仪法被ISO确认。

直径测量法测定纤维的细度比较方便,如光学投影法、液体分散法、气流分散法等都可以测定纤维的直径,特别是横截面接近圆形的化学纤维。光学投影法测量纤维的直径,一般用目镜测微尺配以物镜测微尺进行,也有用目镜移动测微尺以代替目镜测微尺的。目镜测微尺上有刻度,通常5mm划分为50格,每格为0.1mm。一般应先求得目镜测微尺1格在显微镜视野中表示的尺寸,一般可用物镜测微尺的分度来进行对比求得。物镜测微尺将1mm分为100格,每格为0.01mm,即10μm。测定时将物镜测微尺和目镜测微尺重合。如图4-20所示,已知物镜测微尺3格,每格10μm,则目镜测微尺每格应为10格,每格为:$10\mu m \times \frac{3}{10} = 3\mu m$,求得目镜测微尺每格的大小后,除去物镜测微尺,即可根据目镜测微尺的格数,就可以计算出被测纤维的直径。

此外,激光纤维细度测试仪可以测量具有圆形截面的单根化学纤维直径及其分布。具体操作是将纤维束剪成1.8mm的短绒,放在一定的液体中搅拌均匀,液体流经测量槽,纤维逐根掠过并遮断激光光束,从而在激光监测器上检测出与单根纤维直径大小相应的电信号。该信号通过鉴别电路和模数转换电路后进入计算机进行数据处理,显示打印出纤维的平均直径、标准偏差、直径变异系数以及纤维直径分布情况,还可显示打印试验总根数和有效根数。试验测试纤维数量多、速度快、误差小。

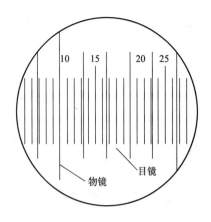

图4-20 目镜测微尺和物镜测微尺对照图

(二)长度检验

1. 长度的基本概念 长度的基本概念已在第二章介绍。长度偏差是指实测平均长度和纤维名义长度差异的百分率。其计算公式如式(4-1):

$$长度偏差 = \frac{L - L_B}{L_B} \times 100\% \qquad (4-1)$$

式中:L表示实测平均长度(mm);L_B表示纤维名义长度(mm)。

超长纤维率是指超长纤维质量占长度试样质量的百分率。用式(4-2)计算:

$$超长纤维率 = \frac{G_{OY}}{G_O} \times 100\% \qquad (4-2)$$

式中:G_{OY}表示超长纤维质量(mg);G_O表示长度试样质量(mg)。

倍长纤维率是以100g纤维所含倍长纤维质量表示。其计算式如式(4-3):

$$倍长纤维率 = \frac{G_{ZZ}}{G_Z} \times 100\% \qquad (4-3)$$

式中:G_{ZZ}表示倍长纤维质量(mg);G_Z表示试样质量(mg)。

2. 长度的检验方法 测量纤维长度指标的方法,大致有切断称重法、排图法、梳片式长度测定法和罗拉式长度测定法等。切断称重法测纤维长度指标的方法已在第二章介绍。下面介绍排图法、梳片式长度测定法和罗拉式长度测定法。

(1)排图法。从经过调湿平衡的试样中取出若干,质量G可按式(4-4)计算:

$$G = 6.9 \times L \times \sqrt{\frac{\gamma \times T}{10}} \qquad (4-4)$$

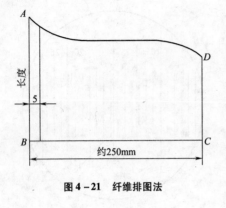

图4-21 纤维排图法

式中:G 表示试样质量(mg);T 表示试样名义线密度(dtex);γ 表示纤维密度(g/mm³);L 表示试样名义长度(mm)。

试样经整理、归入纤维束,通过梳片式长度仪整理、按长短排成底边宽约250mm 的纤维图,描出图形轮廓如图4-21,用透明纸复出绘于坐标纸上,根据坐标纸上的图形,以底边 5mm 为一组记出每组最长长度,同时将超长纤维和短纤维界限以下的纤维分别取出称重,并称出全部式样质量。

平均长度计算如式(4-5):

$$\overline{L} = \frac{\frac{1}{2}(\overline{AB} + \overline{DC}) + \sum L_i}{n} \qquad (4-5)$$

式中:$\overline{L}$ 表示纤维平均长度(mm);$\overline{AB}$表示纤维图形中最长纤维长度(mm);$\overline{DC}$表示纤维图形中最短纤维长度(mm);L_i 表示除$\overline{AB}$、$\overline{DC}$外,其余各组中最长纤维长度(mm);n 表示组数。

超长率、短纤维率的计算方法同切断称重法。

(2)梳片式长度测定法。梳片式长度测定法可适用于棉型化学纤维的 Y121 型梳片式长度分析仪,如图4-22 所示和适用于测定人造短纤维的 Y133 型化学纤维长度分析仪,也可适用于毛型化学纤维的羊毛长度分析仪。这些仪器结构的主要部分都是有等距离平行排列的梳片所组成,梳片的梳针向上,各块梳片能够下落。为了较好地控制纤维,仪器上装有梳片。上下梳片的针尖同时都穿透纤维片,以加强对纤维的控制。纤维经梳片梳理伸直平行呈一端平齐的纤维束后,按长度分组并称重,得出纤维各组长度的质量,由此可以作出纤维长度质量分布图和纤维长度质量累积分布图,再计算出相应的综合指标。

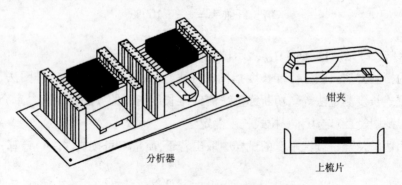

图4-22 Y121 型梳片式长度分析仪

在用梳片式长度测定仪选分纤维时操作者要有熟练的操作技术,每次试验所需的时间较长。与称重法试验相比,称重法试验操作较为方便。

(3)罗拉式长度测定法。罗拉式纤维长度测定仪是选分纤维长度的另一类仪器。先把纤维整理成一端平齐,使从罗拉钳口送出,平齐的一端在前,结果较短的纤维先脱离罗拉钳口的控制。以后用钳夹将脱离控制的纤维分别加以收集和称重。由这种仪器可以得出纤维长度—重量分布。当用该仪器测量长度时,试样首先经过引伸器制成棉条,再从其中取出一束纤维,排成一端整齐,并按长短次序自上而下分层重叠的纤维束,就可以放入罗拉式长度分析仪器进行分析。可将纤维按1mm或2mm组距进行分组,分别称重。由实验得出,当按2mm组距分组时,每组中长度符合本组长度的纤维质量仅占46%,其中有上一次未被抽尽的较短的纤维,也有一部分较长的纤维被带着抽出。钳夹的夹持力应该随时进行校验。在计算综合指标之前,须对各组称得质量进行修正,得出各组的真实质量。所用修正公式如式(4-6):

$$g_L = 0.17g_{l-2} + 0.46g_l + 0.37g_{l+2} \tag{4-6}$$

式中:g_L表示第L组纤维修正后的质量(mg);g_l表示第L组纤维修正前的质量(mg);g_{l-2}表示短于g_l组2mm一组纤维修正前的质量(mg);g_{l+2}表示长于g_l组2mm一组纤维修正前的质量(mg)。

3.倍长纤维的检验方法 倍长纤维的长度为其名义长度两倍及以上,包括漏切一刀的纤维(漏切纤维)。由于其纤维长度为名义长度两倍以上,严重妨碍了纤维在牵伸加工中的正常运动。因此漏切纤维含量是棉型短纤维外观质量的一个必测项目,是纺纱加工可纺性的一个重要指标。

倍长纤维检验一般采用手拣法。

(1)仪器和工具。天平(感量0.1g、0.0001g两种)、黑绒板、镊子、钢尺等。

(2)检验步骤。

①随机从品质试样中取50g混合样一份(涤纶、腈纶各取25g),称准到0.1g。

②将纤维用手扯松,在黑绒板上拣出漏切纤维(拣出纤维用钢尺测量其长度),然后将拣出的倍长纤维在天平上称重(称准至0.0001g)。

(3)计算。

$$倍长纤维含量(mg/100g纤维) = \frac{倍长纤维总量(mg)}{试样质量(g)} \times 100 \tag{4-7}$$

(三)短纤维疵点检验

1.疵点的主要种类 化学短纤维的疵点指粗纤维、纤维块、并丝、扭结纤维、流丝、异常丝、油污纤维、黄纤维等。纤维中疵点含量愈高对纺织加工和成品质量危害性也愈大。故在化学短纤维中,外观疵点检验是一个重要项目。

根据各种化学短纤维质量标准规定,常见疵点有以下几种。

(1)粘胶块:粘胶纤维中夹杂的未形成纤维的小块凝固原液,其上或附有纤维。

(2)粗纤维:纺丝抽伸不足,直径粗达正常纤维4倍及以上的纤维。

(3)硬丝:在合成纤维中,形状如粉丝,较粗而硬的纤维。

(4)硬块(粘胶块):纺丝不良,未形成纤维的块状体。

(5)并丝:5根及以上纤维胶合在一起不易分开者。

(6)瘤丝:纺丝断头在凝固浴中受酸处理时间过长而发硬,或断头在纺丝过程中未经牵伸,形成发硬或卷曲不易分离的纤维。在粘胶短纤维中称流丝,涤纶短纤中称未牵伸丝或硬丝。

(7)油污纤维:沾上油污的纤维。

(8)异状纤维:外形不同于正常纤维,染色后不上色的或出现发亮闪点的纤维。

(9)黄纤维:未经清洗呈现黄色的纤维。

(10)扭结纤维(缠结纤维):扭成实结或辫子状的一束纤维,难以扯松者。棉型维纶称软并丝。

(11)毛粒:纤维缠结成粒状。

(12)粉末纤维:因化纤生产工艺不当,而呈现长度很短,在10mm以下的粉末状疵点。

(13)树脂化丝:维纶生产过程中形成的混乱胶合的熔化纤维。

(14)酸烧丝:维纶生产过程中,表面硫酸未洗净,出现的紫红或紫褐色的纤维。

(15)硬板丝:腈纶生产过程中因卷曲挤压形成的纤维硬块。

2.化学短纤维疵点的检验方法 目前有机拣法和手拣法两种。棉型短纤用机拣法较多,毛型短纤因纤维长度较长,用机拣法检验有一定困难,故用手拣法较多。由于机拣和手拣法取样数量和操作方法不同,检验结果差异较大,故不能互相取代,应按各种化学纤维质量标准规定的方法进行。

(1)机拣法。

①仪器设备。Y101型原棉分析机(图4-23)、台秤、镊子、天平、黑绒板等。

②试验步骤。

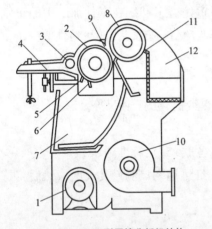

图4-23　Y101型原棉分析机结构

1—电动机　2—刺毛辊　3—给棉罗拉　4—给棉板

5—除尘刀　6—流线刀　7—杂质箱　8—尘笼

9—剥棉刀　10—风扇　11—导棉板　12—净棉箱

a. 在试样中随机取出混合样每份150g(粘胶纤维为250g),精确到0.1g。

b. 将试样稍加撕松,均匀平铺于给棉板上。先行开车,待各部转动正常后,再开动给棉罗拉,随后用双手将纤维喂入给棉罗拉,待纤维出现于尘笼中部表面时,再将其余纤维逐步喂入,全部试样处理完毕约 10min(粘胶纤维为 20min),然后取出净纤维及疵点、杂质。

c. 将第一次处理过的纤维用同样方法再作第二次分析处理。

d. 将二次落在杂质盘内的落物放在黑绒板上,用镊子把各项疵点拣出,在天平上称重(精确到 0.1mg)。

③计算。

$$疵点含量(mg/100g 纤维) = \frac{疵点总量(mg)}{试样质量(g)} \times 100 \tag{4-8}$$

取小数点后一位。

(2)手拣法。目前进口短化纤、国产毛型纤维及维纶棉型短纤维均用此法检验疵点。此外棉型粘胶纤维中的油污纤维及黄纤维,因原棉分析机中无法检验,也用手拣法和倍长纤维检验结合进行。

①仪器用具。天平(感量 0.1g、0.001g 两种),镊子,黑绒板等。

②试验步骤。

a. 从全批品质样中均匀取出混合试样,取样质量:进口短纤维取 100g 重试样 2 份,国产短纤维取 50g 试样 1 份,精确到 0.1g。

b. 将称准试样放在黑绒板上用手逐步撕松,拣出各类疵点。但检验时必须在室内北向射入的正常天然光线下进行。

c. 将拣出的疵点和油污纤维、黄纤维等分别在精密天平上称计质量(准确至 0.001g),然后折算到每 100g 纤维所含疵点的毫克数。

③计算。

$$疵点含量(mg/100g 纤维) = \frac{拣出疵点总量(mg)}{试样质量(g)} \times 100 \tag{4-9}$$

$$\begin{array}{c}油污纤维及黄纤维\\含量(mg/100g 纤维)\end{array} = \frac{拣出油污纤维及黄纤维质量(mg)}{试样质量(g)} \times 100 \tag{4-10}$$

计算结果取整数。

(3)异状纤维检验。异状纤维是毛型粘胶纤维的一种外观疵点,其外形不同于正常纤维,染色后不易着色或色浅而发亮。在机拣和手拣中不易鉴别,故采用染色方法进行检验。

①仪器与用具。天平(感量 0.1g、0.0001g 两种),水浴锅、染色瓷缸,量筒(10mL 和 20mL),镊子,黑绒板,玻璃棒,温度计等。

②试验步骤。

a. 取试样 10g,精确到 0.1g。

b. 染色处方:

直接耐晒蓝(1% 浓度)	30mL
硫酸钠 100g/L	20mL
浴比	1:40
温度	(80 ± 2)℃

c. 将染料溶液倒进染缸,然后放入试样,用玻璃棒搅拌,试样浸透后再升温至(80 ± 2)℃。

d. 染色时间约 1h,须经常翻动试样,达到染色均匀,如发现染色不匀出现白点时必须重染。

e. 待染液冷却后将试样取出水洗。水洗后的试样放入电热烘箱内烘干,然后在黑绒板上逐根检验,拣出异状纤维称重,准确到 0.0001g,并折算到 100g 纤维的毫克数。试验数据计算如式(4-11):

$$异状纤维含量测定(mg/100g 纤维) = \frac{异状纤维总重(mg)}{试样质量(g)} \times 100 \qquad (4-11)$$

(四)色泽检验

纤维的色泽在一般情况下可在室内北面射入正常光线下用人眼判别。但因人眼的生理差别,判别差异较大,故粘胶纤维质量标准规定,要用仪器来判定纤维色泽。

目前,国际上测定纤维色泽,比较通行的是分光光度仪和光电积分测色仪,其原理是测定物质在红、绿、蓝三色光照下得到三个刺激值,然后代入三种类型白度公式进行计算:

$$W = f(X,Y,Z) \ , W = f(A,B,G), W = f(L,a,b) \qquad (4-12)$$

式中:W 表示白度值;(X,Y,Z)、(A,B,G)、(L,a,b) 表示不同公式时三个光刺激值或换算值。

可测定化纤白度的两种常用仪器为 ZBD 型白度仪(图 4-24)和化纤白度测定仪。

1. ZBD 型白度仪检验法

(1)将开松除杂后的 3g 纤维试样装入试样盒中,并用圆片盖着试样。

(2)将试样盒玻璃面向上放入测试位置。

(3)选择十位和个位"白度指示"开关,使电流计指示为零。这时"白度指示"的值即为纤维的白度值。

在粘胶短纤维标准中采用 ZBD 型白度仪。ZBD 型白度仪由于测得的是纤维在 450~460nm 蓝光时的反射强度,可以得到试样的亮度值与黄光值,而不能较全面地反映纤维的色泽,要全面反映纤维的色泽,就需测定两个或三个波长的反射率(红,绿,蓝)。ZBD 白度仪的这个缺点在化

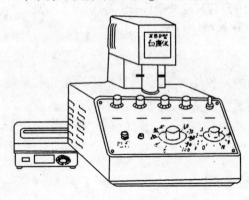

图 4-24　ZBD 型白度仪

纤白度仪中得到改进。

2. 化纤白度仪检验法　检验法仪器的工作原理和 ZBD 白度仪基本一致,但有三点重大改进。

(1)在 ZBD 白度仪测蓝光的基础上,又加入一组绿色滤色片,如图 4-25 所示。

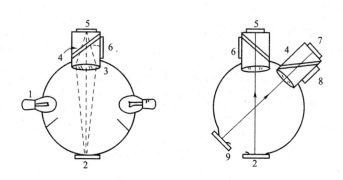

图 4-25　白度仪光路图

1—钨丝灯(6V,15W)　2—试样　3—透镜　4—折光镜　5,7—蓝光接受器

6,8—绿光接受器　9—参比板

(2)光源采用积分球漫反射照射。由于采用一个空心铝球,内部喷涂反射率高、稳定性好的硫酸钡,光源的光经过上半球内多次反射,产生漫反射光,四面八方照射到样品上,这样试样的反射光也向四面八方散射,垂直接受器接受试样的反射光,这样就大大消除了试样反射光线的方向性问题。

(3)采用稳压电源,减少由于电源波动引起的误差。

此外,仪器还附有荧光测定器,可测定荧光增白的纤维。

(五)拉伸性能检验

化学纤维的拉伸性能,包括断裂强度与断裂伸长、湿拉伸强力、勾接强力、断裂强力和断裂伸长变异系数、比强度和初始模量等的检验方法已在第三章介绍,这里不再赘述。

(六)卷曲检验

一般合成纤维表面光滑,摩擦力小,抱合力差,纺纱加工困难,所以在后加工时要用机械、化学或物理方法使纤维具有一定的卷曲。卷曲后成卷,增加可纺性,改善织物的服用性能。表示短纤维卷曲性能的指标有卷曲数、卷曲率、卷曲恢复率和卷曲弹性恢复率等,它们的基本概念与检验方法已在第三章介绍。

(七)质量比电阻检验

纤维的导电性用比电阻表示。通常有体积比电阻、表面比电阻和质量比电阻三种表示方法。它们的基本概念与检验方法已在第三章介绍。

(八)热收缩检验

化学纤维热收缩的基本概念已在第四章叙述。短纤维热收缩测试仪器用 XH-1 型纤维热收缩测试仪,它适用于短纤维的沸水、蒸气、干热空气收缩率的测定。其检验方法已在第三章介绍。

(九)含油率检验

纤维含油率的基本概念与检验方法已在第三章介绍。

(十)残硫量检验

该指标针对棉型粘胶纤维和富强纤维。

目前残硫量测定的常用方法有重量法和容量法,容量法又可分正滴定和反滴定法。

1. 重量法　重量法是根据成品丝上的单质硫以过氧化氢作氧化剂与氢氧化钠生成硫酸钠,然后生成的硫酸钠与氯化钡作用产生硫酸钡沉淀,根据沉淀灼烧后的重量计算残硫量,反应式如下:

$$4S + 6NaOH \Longrightarrow 2Na_2S + Na_2S_2O_3 + 3H_2O$$

$$H_2O_2 \Longrightarrow H_2O + [O]$$

$$Na_2S + 4[O] \Longrightarrow Na_2SO_4$$

$$Na_2S_2O_3 + 4[O] + 2NaOH \Longrightarrow 2Na_2SO_4 + H_2O$$

$$Na_2SO_4 + BaCl_2 \Longrightarrow 2NaCl + BaSO_4$$

(1)试验仪器、设备和试剂。

①仪器设备:高温炉,烘箱,电光天平(感量0.0001g),化验器皿,定性、定量滤纸等。

②试剂:过氧化氢,氢氧化钠,盐酸,甲基橙指示剂,硝酸银,氯化钡。

(2)试样准备。

①从化学试样中随机称取试样3份,每份5g,其中1份作校正回潮率用。

②将试样在70℃热水中充分洗涤,以除去纤维表面的杂质,然后进行脱水。

(3)试验步骤。

①将上述试样置于250mL烧杯中,注入蒸馏水约20mL,加氢氧化钠3g,搅拌使氢氧化钠溶解,然后加30%过氧化氢10mL,置于水浴锅上加热,待气泡发生完毕后,分两次加入30%过氧化氢各5mL,不断搅拌,直至氧化完全为止。

②氧化完毕,加甲基橙指示剂1～2滴,用盐酸(1:2)中和并过量3mL,边中和边用玻璃棒搅拌纤维残渣呈均匀糊状。再加入1%稀盐酸,用以洗涤纤维残渣上的硫酸根。然后用倾斜法将上层溶液倒入漏斗,用定性滤纸过滤。如此反复洗涤多次,最后一次将滤液同残渣一起移入漏斗进行过滤。总滤液量约500mL。

③将滤液加热蒸发到100～150mL,然后徐徐加入10%热氯化钡溶液10mL,搅拌煮沸约30min,静置一昼夜,然后用无灰滤纸(定量滤纸)过滤,并以温热蒸馏水洗涤到无氯离子存在(用1%硝酸银溶液来鉴定)。

④将沉淀过的滤纸移入已知质量的坩埚中,先以小火在电炉上烟化,再移入高温炉内以

800℃高温灼烧30min。取出在干燥器内冷却到室温后称至恒重。

⑤同时进行空白试验以修正试剂所引起的误差。

(4)计算。

$$残硫量(mg/100g 纤维) = \frac{G_S - G_P}{\dfrac{100G}{100 + R}} \times 0.1373 \times 100 \qquad (4-13)$$

式中：G_S 表示灼烧后硫酸钡沉淀的质量(mg)；G_P 表示空白试验的质量(mg)；R 表示试样校正回潮率(%)；G 表示试样原重(g)；0.1373 为常数，即 $\dfrac{M(S)}{M(BaSO_4)} = \dfrac{32}{233} = 0.1373$。

2. 容量法

(1)正滴定法。本法是使成品丝上的硫与亚硫酸钠反应生成硫代硫酸钠：

$$S + Na_2SO_3 \Longrightarrow Na_2S_2O_3$$

生成的硫代硫酸钠用碘标准溶液滴定：

$$2Na_2S_2O_3 + I_2 \Longrightarrow 2NaI + Na_2S_4O_6$$

其中多余的亚硫酸钠可加入甲醛以除去干扰：

$$Na_2SO_3 + HCHO + CH_3COOH \Longrightarrow H-\overset{\displaystyle OH}{\underset{\displaystyle H}{\overset{\displaystyle |}{\underset{\displaystyle |}{C}}}}-SO_3Na + CH_3COONa$$

①试验仪器、设备和试剂。

a. 仪器设备：加热设备、冷凝设备、抽滤设备、滴定设备、分析天平(感量为0.001g)。

b. 试剂：亚硫酸钠溶液、碘溶液、甲醛、醋酸、淀粉指示剂。

②试样准备。取试样5g，称重准确到0.001g，同时取5g纤维作含水率测定。

③试验步骤。

a. 将称重后的试样置于500mL三角烧瓶内，加入150mL 1.5%亚硫酸钠溶液，瓶子上部装接冷凝管，然后在电炉上加热至沸腾时，把瓶子提高，距电炉5~10cm(以沸腾不溅出为准)，再继续煮沸1h，稍加冷却后用少量蒸馏水(约30mL)冲洗冷凝管，然后将试样取出，在装有布氏漏斗的抽滤瓶上过滤[漏斗上铺上一层10~12.5tex(80~100公支)府绸]，再用150mL蒸馏水(水温50℃左右)，分几次洗涤三角烧瓶和试样并抽滤至干。

b. 将滤液倒至500mL碘滴定瓶中，冷却至(20±2)℃，然后加入5~10mL 40%甲醛溶液，充分振荡后加入20mL 20%醋酸和1%淀粉指示剂2.5mL。再用微量滴定管以 $c\left(\dfrac{1}{2}I_2\right) =$

0.05mol/L碘标准溶液进行滴定至溶液呈蓝色(在30s内不退色)即为终点。

④计算。

$$S = \frac{(V_1 - V_0) \times C \times M}{m_s(1-n)} \times 100 \tag{4-14}$$

式中:S表示试样的残硫量(mg/100g);V_1表示试样消耗碘标准滴定液的体积(mL);V_0表示空白试验中碘标准滴定溶液的体积(mL);C表示碘标准溶液浓度(mol/L);M表示硫的摩尔质量(g/mol);m_s表示试样的质量(g);W表示试样的含水率(%)。

(2)反滴定法。该法测定原理与正滴定法相同,试验方法的不同点仅在于所生成的硫代硫酸钠不直接用碘标准溶液滴定,而是加入过量的碘与生成的硫代硫酸钠作用。剩余的碘用硫代硫酸钠标准溶液进行回滴。

①仪器、设备和试剂。

a.仪器、设备:与正滴定法相同。

b.试剂:除增加硫代硫酸钠标准溶液外与正滴定法相同。

②试样准备。与正滴定法相同。

③试验步骤。

a.与正滴定法 a 的步骤相同。

b.将滤液倒入500mL碘滴定瓶中,冷却至(20±2)℃,然后加入40%左右的甲醛溶液5~10mL充分振荡后,再加入20mL 20%醋酸溶液摇匀,用微量滴定管加入$c\left(\frac{1}{2}I_2\right) = 0.05$mol/L碘液5mL(此碘液不需标定),放置2~3min。然后加1%淀粉指示剂5~10mL,用0.05mol/L硫代硫酸钠回滴,直至蓝色变为无色为止。

c.按上述步骤做一空白试验。

④计算。

$$S = \frac{c(\text{Na}_2\text{S}_2\text{O}_3) \times (V_0 - V_2) \times M \times 100}{m_s(1-W)} \tag{4-15}$$

式中:V_2表示试样溶液所消耗的硫代硫酸钠的体积(mL);V_0表示空白试验所消耗的硫代硫酸钠的体积(mL);$c(\text{Na}_2\text{S}_2\text{O}_3)$表示硫代硫酸钠标准溶液之量浓度(mol/L);$M$为32.06;$W$表示试样含水率(%)。

(十一)上色率的检验

纤维在染浴中染色后,总有一部分染料残留于染浴中,用分光光度计对染色残液进行比色测试,就可计算纤维上色率。下面介绍腈纶上色率的测定。

1. 仪器、用具和试剂 721型或者其他分光光度计、小型染色机、100mL容量瓶、刻度吸管、天平。阳离子孔雀石绿(浓度0.2%)、醋酸钠(化学纯,浓度2%)、元明粉(化学纯,浓度10%)、醋酸(分析纯,浓度2%)、表面活性剂1227(浓度<10%)。

2.染液配制　1g纤维所用染液的配方如下:

2%醋酸钠	0.5mL
10%元明粉	1mL
2%醋酸	1.5mL
2%1227表面活性剂	5mL
0.2%孔雀石绿染料	5mL
水	91 mL

染色工艺流程:70℃入染 $\xrightarrow{20min}$ 100℃ $\xrightarrow{60min}$ 100℃冷却

3.测定方法

(1)开启染色小样机进水阀,将水放到一定液位,开启电热开关、控温仪器开关及电动搅拌器,将配制的染料吸入染色管,放入染色小样机中。

(2)当温度达到70℃时,将纤维入染,控制指针拨至100℃,盖上染色机盖子,拧紧螺丝,温度上升至100℃,恒温染色1h,染色结束后将热水放掉,放入冷水中冷却,然后在染色管中吸取3mL染色残液,移入100mL容量瓶中稀释至刻度,在72型分光光度计上测定其光密度,同样吸取染液3mL移入100mL容量瓶中稀释至刻度,测定染液的光密度。测定条件为波长614nm,比色皿30mm,以去离子水做空白测定。

4.计算

$$上色率 = \frac{染液光密度值 - 残液光密度值}{染液光密度值} \times 100\% \qquad (4-16)$$

此法为腈纶部标准规定方法,测定时,若无染色小样机也可在染杯中进行,用甘油浴加热。

(十二)腈纶硫氰酸钠含量检验

目前国内部分腈纶生产厂商采用硫氰酸钠法工艺。用此法生产腈纶过程中,经凝固成形和拉伸后的纤维内硫氰酸还未全部脱除,据测定其含量约4%~9%。纤维上若含有过多的硫氰酸钠盐,易使丝束发粘,不易分散,在烘燥时造成纤维发脆、发黄,所得成品手感较硬,光泽不柔和,同时由于硫氰酸钠的存在使纤维染色时染料发生沉淀。染得的纤维有斑点,大大降低其使用性能。此外硫氰酸钠盐有强烈的腐蚀性;如含盐的丝长期在设备上运转,会使设备腐蚀。降低成形纤维的硫氰酸钠含量,是在后处理过程中进行水洗,最后成品纤维的硫氰酸钠量应低于0.1%。

本法测定硫氰酸钠含量的原理是硫氰酸根与三价铁离子反应生成硫氰酸铁络离子 $[Fe(SCN)]^{2+}$ 而显示红色。这是一个可逆反应,当有汞离子存在时,打破上述平衡,生成难于离解的硫氰酸汞的白色沉淀,继续滴定,汞离子完全取代了硫氰酸铁中的铁离子时,溶液变为无色。反应式如下：

(1) $Fe^{3+} + 3SCN^- \rightleftharpoons Fe(SCN)_3 \rightleftharpoons [Fe(SCN)]^{2+} + 2SCN^-$

(2) $2Fe(SCN)_3 + 3Hg(NO_3)_2 \longrightarrow 3Hg(SCN)_2 \downarrow + 2Fe(NO_3)_3$

1.试验仪器、设备和试剂

(1)仪器设备：微量滴定管(5mL)、烧杯(600mL)、锥形烧杯(500mL)、甘油浴锅。

(2)试剂：0.05mol/L 硝酸汞标准溶液、10%铁明矾指示剂。

2.试验步骤　称取 5g(精确到 0.01g)纤维，放入 500mL 锥形烧杯内，然后注入约 400mL 蒸馏水，放入甘油浴中加热煮沸 30min，将溶液冷却至室温，取出纤维，并压出纤维内液体，加入 2~5mL 10%铁明矾指示剂，加浓硝酸 3mL，用 0.05mol/L 硝酸汞滴到溶液无色为终点。

3.计算

$$硫氰酸钠含量 = \frac{c \times V \times 0.0811}{W} \times 100\% \qquad (4-17)$$

式中：W 表示纤维的绝干质量(g)；c 表示硝酸汞标准溶液之量浓度(mol/L)；V 表示滴定消耗的硝酸汞溶液的体积(mL)；0.0811 表示硫氰酸钠的毫摩尔质量。

(十三)锦纶低分子物含量检验

己内酰胺的聚合反应是一个可逆反应，因此在聚合过程中总含有一定量的低分子物，其主要是己内酰胺单体、二聚物、三聚物等。

目前，锦纶低分子物含量的测定一般都采用容量法。其测定的原理是将己内酰胺溶于浓硫酸中，然后将高分子物用水析出，其低分子物则溶解于水中。分析时先用重铬酸钾($K_2Cr_2O_7$)与试样发生如下反应：

$2(CH_2)_5CONH + 10K_2Cr_2O_7 + 41H_2SO_4 = (NH_4)_2SO_4 + 10K_2SO_4 + 10Cr_2(SO_4)_3 + 10CO_2 + 48H_2O$

然后加入硫酸亚铁铵$[Fe(NH_4)_2(SO_4)_2]$反应如下：

$K_2Cr_2O_7(余量) + 6Fe(NH_4)_2(SO_4)_2 + 7H_2SO_4 = K_2SO_4 + Cr_2(SO_4)_3 + 3Fe_2(SO_4)_3 + 6(NH_4)_2SO_4 + 7H_2O$

再用高锰酸钾($KMnO_4$)反滴定，反应如下：

$10Fe(NH_4)_2(SO_4)_2(余量) + 2KMnO_4 + 8H_2SO_4 = 5Fe_2(SO_4)_3 + 10(NH_4)_2SO_4 + K_2SO_4 + 2MnSO_4 + 8H_2O$

1.试验仪器、设备和试剂

(1)仪器设备：分析天平(感量为 0.0001g)、电炉(附变压器)、红外灯、滴定设备、定性滤纸及有关化验器皿。

（2）试剂：硫酸（3P）、$c\left(\dfrac{1}{6}K_2Cr_2O_7\right)=0.2mol/L$ 重铬酸钾溶液、0.2mol/L 硫酸亚铁铵溶液、$c\left(\dfrac{1}{5}KMnO_4\right)=0.1mol/L$ 高锰酸钾标准溶液。

2.试样的准备　将试样在红外灯下烘 10min（红外灯在开启 10min 后，烘燥试样的位置温度必须达到 100℃），然后在分析天平上准确称取试样 1g，精确到 0.0001g。

3.试验步骤

（1）将上述试样放入 250mL 烧杯，加入 5mL 浓硫酸，用玻璃棒搅拌至全部溶解。倒入 100mL 蒸馏水，静置 5min，让高聚物基本析出，其低分子物则溶于水中。

（2）用少量蒸馏水反复洗涤杯内聚合体，将单体洗下，并全部滤入 500mL 容量瓶中，待洗至清晰后，再在烧杯内加入少量蒸馏水放于电炉上加热煮沸，仍滤入容量瓶中。待瓶内溶液冷却至室温后，用蒸馏水稀释至刻线，摇匀。在短形三角漏斗中铺上两层定量滤纸，将容量瓶内的试液小心滤入 100mL 容量瓶中待测。

（3）在放有玻璃珠的 250mL 三角烧杯中用吸管加入 10mL $c\left(\dfrac{1}{6}K_2Cr_2O_7\right)=0.2mol/L$ 重铬酸钾溶液，20mL 试样及 8mL 硫酸，摇匀。插入 200℃ 温度计，加热至 178～180℃，立刻离开热源，再冷却到 100℃ 以下。同时以 20mL 蒸馏水代替试样做空白试验。加入蒸馏水 80mL，用滴定管准确放入 0.2mol/L 硫酸亚铁铵溶液 18mL，以 $c\left(\dfrac{1}{5}KMnO_4\right)=0.1mol/L$ 高锰酸钾标准溶液滴定至溶液从绿色变为微紫色即为终点。

4.计算

$$低分子物含量=\dfrac{(V_1-V_0)\times c\left(\dfrac{1}{5}KMnO_4\right)\times M}{m\times\dfrac{20}{500}}\times 100 \qquad (4-18)$$

式中：V_1 表示试样溶液中所消耗高锰酸钾溶液的体积（mL）；V_0 表示空白试验中所消耗高锰酸钾溶液的体积（mL）；$c\left(\dfrac{1}{5}KMnO_4\right)$ 表示高锰酸钾标准溶液浓度（mol/L）；M 表示己内酰胺 $\left\{\dfrac{1}{30}\left[HN(CH_2)_5CO\right]\right\}$ 摩尔质量的数值（g/mmol）（$M=0.00377$）；m 表示试料的质量（g）。

（十四）维纶缩醛度检验

经过缩醛化的聚乙烯醇（PVA）纤维的缩醛度以在 30%～40%（摩尔比）之间为宜。

1.测定　从试样（色相测定或丝束细度测定后的试样）中取 0.2～0.3g 纤维，放入 100～105℃ 的烘箱中干燥 1h，冷却后准确称重，作为试料。装配好如图 4-26 所示的装置。在作为蒸汽发生装置的圆底烧瓶中，加入约 1.7L 的水，并加入少量高锰酸钾（氧化水中的有机物使之不致因蒸发而跑到三口烧瓶中去),在三口烧瓶中加入200mL H_2SO_4(浓度为25%),并将试样装入,塞紧橡皮塞。在接受器(1L褐色容量瓶)中,加入约20mL 2%的 $NaHSO_3$ 及130mL水,冷凝器的玻璃管插入此溶液中,冷凝器通入冷凝水,打开电炉加热圆底烧瓶,使之沸腾,再打开电炉加热三口烧瓶,以螺丝夹头调节通入三口烧瓶中的蒸气量,进行蒸馏,在整个蒸馏过程中,要控制进入三口烧瓶的蒸汽量,使三口烧瓶中的溶液不致冲出。当接受器中溶液的体积达到约800mL时(此时纤维中的甲醛已全部被蒸出了)蒸馏结束,向接受瓶内加入蒸馏水,使之体积达1L,充分摇动均匀。取充分混合均一的溶液100mL,注入三角烧瓶(300mL)中,加入约5mL淀粉溶液作指示剂,先以 $c\left(\dfrac{1}{2}I_2\right)=0.1$mol/L 的碘溶液滴定,中和溶液中过剩的 $NaHSO_3$,当接近终点时,以 $c\left(\dfrac{1}{2}I_2\right)=0.02$mol/L 的碘溶液准确地滴至终点(即溶液呈微蓝色),然后加入5mL 5%的 Na_2CO_3 溶液,使蓝色消失。游离出来的 $NaHSO_3$,立即用 $c\left(\dfrac{1}{2}I_2\right)=0.02$mol/L 的碘液滴定,求出到终点时所需的 $c\left(\dfrac{1}{2}I_2\right)=0.02$mol/L 的碘液量。主要的反应如下:

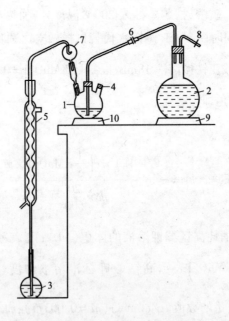

图4-26　缩甲醛化测定装置图

1—1L三口烧瓶(装入试样及稀硫酸溶液200mL)　2—2L平底烧瓶(加入水约1.7L及少量高锰酸钾)

3—接受器,褐色容量瓶(1L)　4—橡皮塞　5—冷凝管(球形、长400mm)　6—螺丝夹子(调节阀)　7—凯氏球

8—橡皮管及弹簧夹(安全阀)　9—电炉(100V、300W)　10—电炉

(1)蒸馏中 H_2SO_4 将纤维中的甲醛游离出来:

$$—CH_2—CH—CH_2—CH— + H_2O \xrightarrow[\triangle]{H_2SO_4} —CH_2—CH—CH_2—CH— + HCHO\uparrow$$
$$\qquad O—CH_2—O \qquad\qquad\qquad\qquad OH\quad\quad OH$$

（2）蒸出的甲醛和接受器内的 $NaHSO_3$ 作用：

$$NaHSO_3（过量） + HCHO \longrightarrow H—\overset{\displaystyle OH}{\underset{\displaystyle H}{C}}—SO_3Na$$

（3）在滴定中以碘液中和过量的 $NaHSO_3$：

$$NaHSO_3 + I_2 + H_2O \longrightarrow NaHSO_4 + 2HI$$

（4）中和后加 Na_2CO_3，使溶液呈碱性，在碱性溶液中使与 HCHO 结合的 $NaHSO_3$ 离解出来：

$$H—\overset{\displaystyle OH}{\underset{\displaystyle H}{C}}—SO_3Na \xrightarrow[碱性]{Na_2CO_3} HCHO + NaHSO_3$$

（5）最后以碘液滴定游离出来的 $NaHSO_3$：

$$NaHSO_3 + I_2 + H_2O \longrightarrow NaHSO_4 + 2HI$$

2. 计算

$$HCHO\ 的质量分数 = 0.0003 \times a \times \frac{1000}{100} \times \frac{100\%}{试样重（g）} \qquad (4-19)$$

式中：0.0003 表示 1mL 0.02mol/L 的碘液相当于 0.0003gHCHO；a 表示滴定到终点时所需要的 $c\left(\frac{1}{2}I_2\right) = 0.02$mol/L 的碘液量（mL）。

$$\begin{matrix}PVA\ 的\\质量分数\end{matrix} = \left[（100 - 油脂含有率） - HCHO\ 的质量分数 \times \frac{12}{30}\right] \times \frac{100\%}{100 + K} \qquad (4-20)$$

式中：K 表示生产无光纤维时，对 PVA 的 TiO_2 百分含量（%）。

$$缩醛度 = \frac{HCHO\ 质量分数/15}{PVA\ 质量分数/44} \times 100\% \qquad (4-21)$$

（十五）维纶水中软化点检验

水中软化点就是维纶纤维束在 $19.6\mu N/dtex（2mg/旦）$ 的张力下，在水中收缩长度 10% 所需要的温度。从而可鉴定纤维的耐热性，间接地可知缩甲醛化的程度。

维纶水中软化点的测定方法为：从 5 组试样中，每组任取少许纤维，以镊子梳理整齐后，从梳理整齐的纤维束中,数取 25 根纤维,以手稍沾点水使其并成一束,在一端夹上一个小铅块,每 dtex/19.6μN(每旦施加 2mg 的张力)。制成 5 个纤维束。在带有刻度的玻璃刻度尺上,绕上 5 圈左右棉纱线,圈与圈之间空一根棉纱线的位置,将做好的纤维束放在刻度尺上,带有铅锤的一端低于刻度尺的下边线,另一端放在绕好的棉纱线上,以手指按住纤维束,将棉纱线再往回绕,正好绕在空出的位置上,将纤维束绑住,将棉纱线结好,剪去多余的线头,将刻度尺立起,拉纤维束在棉纱线圈上面露出部分,使纤维束的下端铅锤的上边对准刻度尺的基准线。则从刻度尺的基准线到上面纤维束最初被绑住的线之间的距离,为纤维束的试验长度。再将刻度尺固定在温度计(150℃)上,并注意温度计的水银球和丝束铅锤在同一水平上。将绑有刻度尺的温度计缓缓插入盛有 2/3 水的硬质玻璃管中,将温度计挂在橡皮塞上,塞上塞子,加上压紧装置,放在盛有热甘油的三角烧瓶中,将三角烧瓶移到电炉上盛有细沙的铁盘中进行加热,如图 4－27 所示。在开始加热时,升温速度可以快一些,当温度达到 80℃,以 1℃/min 的速度升温,随时观察纤维束的收缩情况,当纤维束收缩 10% 时,读出温度计上的数值,即为水中的软化点。

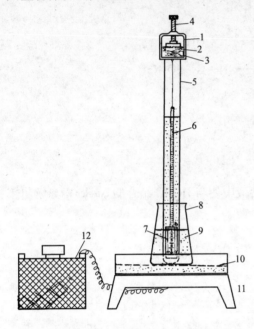

图 4－27 水中软化点测定装置

1—压紧螺母 2—玻璃管口 3—木块

4—压紧螺丝 5—玻璃管 6—温度计

7—刻度磁板尺 8—三角烧瓶 9—热媒

10—沙浴 11—电炉 12—变压器

三、化纤长丝大品种的品质检验

化纤长丝和变形丝一般都直接经过机织或针织工艺加工制成成品,丝的质量直接影响成品质量。因此对长丝和变形丝的质量,要求比短纤维更高,故做好长丝和变形丝的质量检验分析工作对减少疵品的产生,提高最后成品质量有着重要的作用。化纤长丝的品质检验包括内在质量与外观质量两方面。内在质量检验项目有:细度、断裂强度和断裂伸长率、捻度及捻向、复丝单丝根数、网络度、定伸长弹性恢复率、沸水收缩率,以及条干均匀度、摩擦系数、静电荷大小等。粘胶长丝、醋酯长丝、铜氨长丝等,因其干、湿态时强伸度变化较大,要增加检验丝在湿态时的强伸度。用于针织物及渔网、绳索等的化纤长丝,模拟实际使用中丝的受力情况,还要检验勾接强度和打结强度。此外,锦纶弹力丝与涤纶低弹丝(包括其他纤维变形丝)因通过变形加工后具有较大的伸缩性和蓬松度,故除了进行一般长丝检验项目外,需增加变形丝卷缩性、蓬松性及残留扭矩等检验项目。外观质量检验主要是指成型规格(如筒重、尺寸、卷装形式)、色泽及外观疵点等。尤其是外观疵点中的毛丝、结头、污染、松紧丝、硬头丝、跳丝、乱丝等,都直接影响织造加工和成品质量。因此长丝的外观质量检验,一般均需逐筒(绞,并)检验,剔出疵丝,保证成品质量。

长丝检验中含油率、回潮率、拉伸性能、质量比电阻等项目与短纤维检验方法基本相同,已在第三章介绍。下面重点介绍长丝检验的其他 12 个检验项目。

(一)长丝细度检验

1. 长丝细度的基本概念　化纤长丝和变形丝多数都是由许多根单丝组成的复丝,其直径或截面积的大小除了与纤维密度有关外,还受单丝截面形状、复丝加捻多少等影响。化纤长丝和变形丝一般用线密度(定长制)来表示长丝的细度,也有采用定重制单位即用公制支数表示,这些指标第三章已述。在化纤长丝的细度检验中,细度偏差率和细度不匀率(或变异系数)也是两个重要指标。

细度偏差率是指实际细度与名义细度的差异的百分率,计算公式如式(4 - 22):

$$细度偏差率 = \frac{T - T_b}{T_b} \times 100\% \qquad (4 - 22)$$

式中:T 表示实测线密度(dtex);T_b 表示名义线密度(dtex)。

在化纤长丝的质量标准和进口合约中,细度偏差率均有一定的允许范围。如果细度偏差率超出了允许范围,则说明该批丝偏细或偏粗了。因此,在化纤长丝细度检验中,要测定细度偏差率,以控制最后成品设计规格。

细度不匀率或变异系数是指沿丝条长度方向的粗细不均匀程度。细度不匀率过大,不仅会使丝的强度下降,在织造过程中增加断头、停台,而且会使织物和针织物产生条纹或布面不平等疵点,影响外观质量,降低其耐穿耐用性。因此,在长丝的细度检验中,细度不匀率也是评定丝质量的一项重要指标。

2. 长丝细度的测试仪器　长丝、变形丝的细度测试仪器,主要有测长机与称重仪两种。

(1)测长机。国内常用的是 Y351 型公制缕纱测长机和 YG086 型缕纱测长机,也可用 D421 型电动式纤度机(简称小丝车)。

(2)称重仪。国内常用旦尼尔秤、扭力天平、电光天平等,亦采用电子自动纤度秤称重。

扭力天平与电光天平系通用称重仪器,旦尼尔秤与电子自动纤度秤系测试长丝细度专用仪器。

3. 长丝细度的检验方法　长丝和变形丝的细度检验,目前国内外均采用小绞法和单根复丝法两种检验方法,前者适用于长丝,后者适用于变形丝。

(1)小绞检验法。小绞法即用测长机或 D421 型纤度机(即小丝车)摇取一定长度的丝绞,然后在一定精度的称重仪上测定线密度来表示长丝的细度,由于摇取绞丝长度和称重仪的精度对测定的线密度影响较大,故目前有两种方法可供检验时选用。

①A法。该法采用旦尼尔秤称量。

a. 仪器与用具。旦尼尔秤(试样定长450m,称量0~120旦,感量为0.5旦)、测长机[周长1m或1.125m,精度0.001m,速度(200±20)m/min]、天平(感量为0.01g)、盛试样的格子盘、纱剪等。

b. 试验条件。测长机摇取张力为$0.5cN/tex\left(\dfrac{1}{18}gf/旦\right)$,测试长度450m。

注:根据国际标准ISO规定,在做化纤长丝物理性能测试时,预加张力为:$0.5cN/tex\left(\dfrac{1}{18}gf/旦\right)$;变形丝为:$1.0cN/tex\left(\dfrac{1}{9}gf/旦\right)$;湿态测试时预加张力为干态的一半。

c. 试验步骤。

第一,将每个样筒(并或绞)剥去$\dfrac{1}{100}$表层丝后,用测长机摇取450m长的丝绞两绞,全批为40个丝绞。

第二,将摇好的纤度丝绞,经(45±2)℃低温烘箱预烘和标准试验条件平衡后,在旦尼尔秤上逐一称得细度。

第三,分称完毕后,将全部纤度丝绞放到天平上总称其质量,然后折合成旦数与逐绞分称总数核对,如分称与总称的差异,110dtex(100旦)以下超过13.2dtex(12旦),110dtex(100旦)以上超过26.4dtex(24旦),说明操作误差或旦尼尔秤误差过大,须进行逐绞复称检查,直至称到符合允许差额时止。

第四,称好细度后,将全部样丝绞,在(105±2)℃烘箱内烘到恒重,得到全部样丝绞的干重。

d. 计算。

$$实测纤度(旦)=\frac{\sum D_i}{n}$$

$$平均公称纤度(旦)=\frac{G_0(100+A)\times 20}{100\times n} \tag{4-23}$$

式中:D_i表示逐绞称得的纤度(旦);G_0表示全部样丝绞干重(g);n表示测试绞数;A表示合约公差(%)。

细度偏差率和细度不匀率或变异系数按通用公式(4-23)计算,取小数后两位。

②B法。采用天平称重。

a. 仪器与用具。测长机(周长 1m,精度 $\frac{1}{1000}$m,速度 150～250m/min)、天平(感量 0.001g)、盛试样的格子盘、纱剪等。

b. 试验条件。测长机摇取丝绞时张力为 0.5cN/tex($\frac{1}{18}$gf/旦),测试长度为 50m(细度≥45旦)或 100m(细度<45旦)。

c. 试验步骤。

第一,将试样依次插在筒管架上(绞丝或丝并需放在特制架上),打开结头,引出丝头,经导纱张力装置拉去 1～2m 丝,绕于测长机机框的铜片上。

第二,开启电动机,绕取规定长度后关闭电动机,用纱剪在丝的头尾相对处剪断,打好结头取下丝绞,依次放在格子盘中,在(45±2)℃烘箱内烘 30min(如试样回潮率低于公定回潮率则不必预烘),随后放在标准试验条件下平衡 24h,使其达到吸湿平衡。

第三,将达到吸湿平衡的丝绞,依次逐绞在天平上称重,并记录。

第四,将称重后的全部丝绞,放入(105±2)℃的烘箱中烘到恒重,得到实际平衡回潮率。

d. 计算。

$$实测纤度(旦) = \frac{\sum G_i}{nL} \times 9000$$

$$实测线密度(tex) = \frac{\sum G_i}{nL} \times 1000$$

$$标准纤度或线密度(旦或 tex) = 实测纤度或线密度(旦或 tex) \times \frac{100+A}{100+W} \quad (4-24)$$

式中,G_i 表示每缕绞丝质量(g);n 表示测试次数;L 表示每缕绞丝长度(m);W 表示平衡回潮率(%);A 表示公定回潮率(%)。

(2)单根复丝检验法。

①仪器与用具。立式量尺(上端附有夹持器)、扭力天平或分析天平(感量均为 0.1mg)、自动控制恒温烘箱、秒表。

②试验步骤。

a. 从剥去 $\frac{1}{100}$ 表层丝上经过标准试验条件处理后的每个品质样丝中,保持卷缩状态下各取一定长度(锦纶弹力丝为 40～60cm,涤纶低弹丝为 80～90cm)的样丝两根,全批测试 30～40 根。

b. 将每根样丝夹入立式量尺的上端夹持器中,下端加 1.0cN/tex(相当于 $\frac{1}{9}$gf/旦)的预加张力匀速下降,待 30s 后,准确切取 90cm 长的样丝放在黑绒板上,逐根在扭力天平(或分析天平)上称重(准确到 0.1mg)。

c.同时从各样绞中取出样丝共5g作平衡回潮率试样,放入(105±2)℃烘箱内烘至恒重,得到实际平衡回潮率。

③计算。

$$实测纤度(旦) = \frac{\sum G_i \times 9000}{nL \times 1000}$$

$$标准纤度(旦) = 实测线密度 \times \frac{100 + A}{100 + W} \qquad (4-25)$$

式中,G_i表示每根样丝质量(mg);n表示测试根数;L表示切断样丝长度(m);A表示公定回潮率(%);W表示平衡回潮率(%)。

细度偏差率与变异系数计算公式同前。

(二)定伸长弹性恢复率检验

纤维拉伸过程中伸长变形回复能力的大小(即回弹率)与制成织物的坚牢度有着密切关系。回弹率高的纤维,每受力拉伸一次其塑性变形量较小,伸长变形积累速度就慢,使纤维能承受多次加负荷—去负荷的反复拉伸,由于纤维耐疲劳性好,制成织物就坚牢耐穿;反之回弹率低的纤维,每拉伸一次其塑性变形量大。伸长积累速度就快,由于纤维耐疲劳性能差,制成织物就不耐磨、耐穿。

此外,纤维回弹率的高低还直接影响制成织物的尺寸稳定性和折皱回复性能,锦纶、涤纶等合成纤维,由于具有较高的回弹性能,因此与棉、麻、丝等天然纤维混纺或交织后,可使织物的折皱回复弹性显著改善。同时回弹率高的纤维,由于其伸长变形小,故使制成织物的尺寸稳定性也较好。

因此对化纤长丝回弹率的测定,是衡量纤维弹性变形性质的一个重要检验项目。目前测试化纤长丝弹性变形的方法,有定负荷弹性恢复率和定伸长弹性恢复率两种,其基本概念第三章已述。目前用定伸长弹性恢复率来表示化纤长丝弹性较多,其检验方法有三种,分别介绍如下。

1. 常规检验法

(1)仪器与用具。Y361型单纱强力机、红印泥、秒表等。

(2)试验条件。试样长度500mm,拉伸时下降速度90mm/min,预加张力为0.5cN/tex(相当于$\frac{1}{18}$gf/旦),定伸长5%或根据合约规定。

(3)试验步骤。

①把经过标准试验条件处理的样丝一端固定在上夹持器中,另一端挂上预加张力后,夹紧下夹持器取下预加张力,在下夹持器钳口处作一标记M。

②开动扳手,以90mm/min速度下降(用摆杆固定钩勾住摆杆不使上夹持器下降),当下夹持器下降到使其伸长为原样丝长度5%(即下降2.5cm)或合约规定伸长时,立即停止下降。

③保持 1min 后,回升下夹持器到原位,放松下夹持器使样丝自然回缩。

④待回缩 30s 后,将样丝下端再加上预加张力并夹于下夹持器内,在下夹持器钳口处再作一点标记 M'。

⑤打开下夹持器,量 M 与 M' 之间的距离。MM' 即为剩余伸长值。

⑥总试验次数不少于 20 次。

(4)计算。

$$定伸长弹性恢复率 = \frac{L_1 - L_2}{L_1 - L_0} \times 100\% \qquad (4-26)$$

式中:L_0 表示试样原夹持长度(cm);L_1 表示试样按规定伸长率伸长后长度,即 $L_0 \times (1 + 定伸长率)$(cm);L_2 表示回复后的长度,即 $L_0 + MM'$ 的距离(cm)。

2. Y391 型纱线弹性仪检验法　Y391 型纱线弹性仪是利用丝条或纱线在定伸长或定负荷下的伸长性能,来测定其定伸长弹性及定负荷弹性性质,仪器结构示意图见图 4-28。

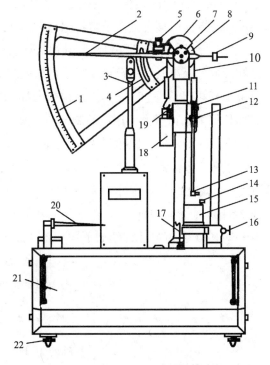

图 4-28　Y391 型纱线弹性仪

1—伸长尺　2—指针　3—升降顶杆　4—定长螺母　5—止动开关　6—罩　7—油杯　8—中心盘　9—螺母　10—钢带
11—上夹持器　12—螺钉　13—下夹持器　14—加热器　15—水杯　16—螺钉　17—导线钩
18—加重杯　19—手轮　20—纱管轴芯　21—控制箱面板　22—调节螺钉

下面介绍采用 Y391 型纱线弹性仪测试定伸长弹性的测试方法。

(1)移动定长螺母,使指针回转终点控制在伸长尺上所需定伸长值。

(2)选择好牵引负荷,一般以试样的平均断裂强度值作为牵引负重。对于多数比较规格化的产品可按表 4 - 50 所列,约略计算。

表 4 - 50　定伸长回弹率测定牵引负荷表

项　别	粘胶丝	铜氨丝	醋酯丝	锦纶丝	涤纶丝	维纶丝	腈纶丝
mN/旦	17.7	19.6	12.8	49	49	34.3	39.2
mN/tex	157	157	117.7	441	441	313.9	353.16

(3)将选择好的牵引负荷,加到加重杯中,并挂于钢带左端钩子上。

(4)取下上夹持器,将试样一端夹紧于夹持器中,再轻轻挂上;在试样下端挂 $26.5\mu N/tex$(30mgf/旦)的预加张力钳,并在钢带左端钩子上挂上等重的初张力挂钩,然后在指针指示零位的状态下,将试样夹紧于下夹持器中。

(5)将“时间指示 I”开关开启,按“定负荷定伸长”按钮(“工作”灯暗后再松按钮),升降顶杆缓缓下降,试样受负荷牵引伸长,指针偏移直至搁于定长螺母上,升降顶杆下降至下限自停。

(6)试样在紧张状态下,定伸长 3min,升降顶杆自动回升把指针顶至零位自停,当试样松弛 105s 时,讯响器发出音响,做好读数记录准备(取下加重杯),待松弛 2min 时,即“工作”灯再跳亮,立即按“顶杆下”按钮,升降顶杆再下降,这时试样只在初张力挂钩重力的作用下使指针偏转,待“读数”灯跳亮,即记录伸长尺上在初张力作用下的剩余伸长值。

(7)按“顶杆上”按钮,升降杆回升使指针回零位自停。去掉试样,一次测试完毕。

试验次数 10 ~ 20 次,然后计算定伸长弹性恢复率。计算公式同前,原始长度 L_0 为 200mm。

3. 自动单纱强力机检验法　测定化纤长丝定伸长弹性恢复率,也可在具有自动记录的单纱电子强力机上进行,它可以描绘出纤维受力拉伸循环图(图 4 - 29),以分析各种纤维拉伸弹性变形情况。现将日本 JISL 1013—1981 测试方法介绍如下:

采用带有自动记录装置的等速伸长型单纱强力机。将试样以悬挂 $0.294cN/tex$($\frac{1}{30}$gf/旦)初负荷夹入强力机的上下夹持器中(夹持距离合纤丝 200mm,人造丝 500mm),然后以每分钟为试样夹持距离的 10% 或 50% 的拉伸速度将试样拉伸 3% 或合约规定(2% 或 5%),放置 1min 后,以同样的

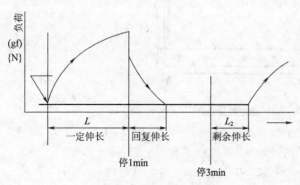

图 4 - 29　纤维复力拉伸循环图

速度回升除重,放置3min后再拉伸到一定伸度。从记录的负荷—伸长曲线(图4-33)推算出剩余伸长,按照下式算出伸长弹性率,试验做6次,结果用平均值表示。

$$伸长弹性率 = \frac{L - L_1}{L} \times 100\% \tag{4-27}$$

式中:L表示定伸长3%(或规定伸长)时的伸长值(mm);L_1表示剩余伸长值(mm)。

(三)捻度检验

化纤长丝单位长度内的捻回数称为捻度,以每米内的捻回数表示(捻/m)。捻向分"Z"捻与"S"捻两种。加捻对长丝结构起重要作用,适当的捻度,能增加单丝之间的抱合力,提高单丝之间的向心压力,使丝条结构紧密,增大单丝间的摩擦力,使复丝拉伸断裂时单丝的滑脱根数减少,可减少毛丝、抽丝及粘连等疵点,改善丝条的条干均匀度及外观,有利于提高织物质量和改善加工性能。但捻度也不宜太大,超过临界捻度时丝的强力反而下降,且因捻缩增大,丝条容易扭结,增加织造中疵点,织物手感发硬,蓬松性也变差。此外,捻度太大对丝的细度、伸长、光泽及染色均匀度也有一定影响,还会降低加捻设备生产效率。因此,长丝捻度的大小应视织物及生产工艺的要求而定。

加捻的均匀程度及捻回方向,对长丝、变形丝及织物质量也有很大影响,尤其是捻度不匀率除影响丝的力学性能外,对丝的结构稳定性、条干均匀度、染色均匀性及外观质量等均有一定影响。因此,通过对长丝捻度、捻度不匀率及捻向的检验,可以鉴定加捻过程是否符合生产工艺要求,以便采取合理的织造加工工艺。

1.检验仪器　采用Y331型纱线捻度机,它由传动计数、张力装置、解捻装置、放大镜及辅助部件等组成,各部分由一块底板连成一个整体(图4-30)。

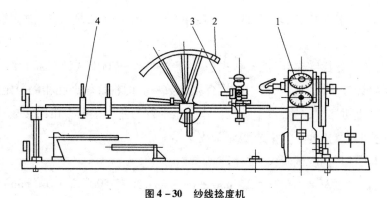

图4-30　纱线捻度机

1—计数箱　2—张力装置　3—放大镜　4—辅助夹

(1)传动计数。电动机通过皮带传动手轮,经齿轮传动右夹钳与计数指针。一个指针指示右夹钳0~100的回转数(精确至1转),另一个指针指示100~2500的回转数。右夹钳轴颈刻

有 $\frac{1}{4}$、$\frac{1}{2}$ 及 $\frac{3}{4}$，计数可精确至 $\frac{1}{4}$ 捻回。

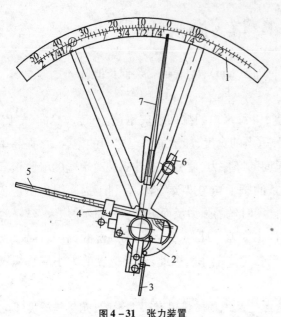

图 4－31　张力装置

1—弧形标尺　2—摆动片　3—定位片
4—游码　5—秤杆　6—左夹钳　7—指针

电动机的转速由变阻器调节控制。右夹钳的转向根据长丝的捻向确定，扳动搭牙板改变过桥轮啮合位置即可改变转向。

（2）张力装置。如图 4－31 所示，使试样在适当的张力下进行解捻，并可测试捻缩。

张力装置包括弧形标尺与张力平衡秤两部分。张力平衡秤由垂直指针、左夹钳、秤杆、游码及摆动片等组成。游码在秤杆起点时，垂直指针在弧形标尺零位处平衡状态。移动游码的位置，可得到需要的张力。定位片用以锁住张力平衡秤，不使左右摆动。

张力装置能在刻有长度标尺的横轨（图 4－31）上左右移动，以适应不同夹持距离的需要。试样在解捻时伸长或加捻时缩短的距离。由指针在标尺上指出。

此外，Y331A 型纱线捻度机对 Y331 型纱线捻度机作了改进，增加了自控和数字显示等装置。

仪器采用 SZ65－K 型电机，功率 25W，速度 4000r/min，并附带插纱架、放大镜、分析针等零部件。

2. 检验方法　长丝捻度检验方法，根据（GB/T 2543.1—2001）《纺织品　纱线捻度的测度第 1 部分：直接计数法》的规定，采用解捻直接计数法。即将长丝夹在相隔一定距离的两个夹钳内，使其中一个夹钳回转解捻，直至各根单丝完全平行为止。根据夹钳回转数及夹持距离，计算单位长度内捻回数及捻度不匀率或变异系数。

（1）仪器与用具。捻度试验仪、挑针等。

（2）试验条件。试样夹持长度 250mm ± 0.5mm（或者 500mm ± 0.5mm），预加张力按表 4－57规定。

（3）试验步骤。

①调节张力装置在横轨上的位置，使夹持距离固定为 250mm ±0.5mm（或者 500mm ±0.5mm）。

②根据规定的预加张力，调节好游码位置。

③根据样丝的捻向将塔牙板移到"S"捻或"Z"捻处。

④从样筒上引出丝条拉去 2～3m（但勿拉断），引入左夹钳器中旋紧，放开定位片，使丝条承受张力，当指针近弧形标尺"0"位时，将样丝另一端夹入右夹钳器中，剪断丝条，再进一步调整指针指向"0"位。

⑤扳动开关，使右夹钳轴转动进行解捻，同时用挑针自左至右将丝束分开，直至捻度解完，关掉开关，记录捻数，准确到 1 捻。

⑥记录捻度后，指针回复到零位。

⑦每批总试验次数不少于 30 次。

（4）计算。

捻度按式（4－28）计算：

$$t_s = \frac{100x}{l} \tag{4-28}$$

式中：t_s 为试样捻度（捻/m）；l 为试样初始长度（mm）；x 为试样捻回数。

平均捻度按式（4－29）计算：

$$t = \frac{\sum T_i}{n} \tag{4-29}$$

式中：t 表示样品平均捻度；$\sum T_i$ 表示全部试样捻度数的总和；n 表示试样数量。

（四）复丝单丝根数检验

化纤长丝按组成其纤维的根数（孔数）分单丝与复丝两种。除锦纶、涤纶有单丝外，其他化纤长丝均是由若干根单丝组成的复丝。复丝的单丝根数一般在 5～50 根，单丝线密度为 2.2～6.1dtex（2～5.5 旦）左右。

复丝中单丝根数多少对长丝与变形丝及其织物的力学性能、外观、手感及服用性能有一定影响，应根据织物用途、质量要求加以选择。一般在复丝的细度一定时，单丝根数越多，则单丝细度越细，制成织物手感越柔软，外观也较丰满。但单丝易断裂，织造中毛丝较多，制成织物抗起毛起球、耐磨性较差，故适宜于做内衣。反之根数减少，单丝细度粗，制成织物手感较硬，布面不够细洁、丰满，吸色性比根数多时稍差，但丝的刚性与弹性、耐磨性比根数多的要好，抽丝及单丝断裂相对减少，适宜于做袜子或外衣一类的织物。此外，复丝中单丝根数多少还与采用的编织方法有关。

鉴于单丝根数是复丝的技术指标之一，对复丝及织物性能有较大的影响，故复丝的单丝根数偏差必须控制，单丝根数应逐批检验，通过检验可发现单丝根数与产品设计规格是否相符，有无断丝，少（多）孔等疵丝。

复丝的单丝根数检验方法目前主要有两种。

(1)剪取样丝一段放在黑绒板上,一端用压板压住,用挑针挑开纤维,计数单丝根数。

(2)结合捻度检验同时进行,可在捻度机后背竖一黑绒板,做完捻度检验后,用挑针挑开纤维,计数单丝根数。

检验次数一般可与捻度检验次数相同。

(五)沸水收缩率检验

经拉伸后的纤维会产生内应力,虽经热定型处理,仍有残留应力,致使在织造、染整和使用过程中受热处理时会产生不可逆的热收缩。如果热处理的介质为沸水,则称为沸水收缩。沸水收缩率就是纤维处理前长度与处理后的长度之差对处理前长度的百分率。

由于化纤长丝在后加工中拉伸倍数比短纤维要大,故其沸水收缩率也较高,如锦纶长丝与涤纶长丝的沸水收缩率分别为8%～12%和6%～10%,涤纶变形丝为2%～5%,而涤纶短纤维只有1%左右。

就织造加工与使用要求而言,希望长丝的沸水收缩率要小而均匀。沸水收缩率过大时,织造加工中门幅尺寸难以控制。织物尺寸稳定性和保形性较差,织染加工中产生吊经、吊纬、皱痕、凹凸不平、条纹以及染色不匀等疵点较多。此外,织物缩率大时制成率也相应降低。

由此可见,化纤丝沸水收缩率是物理性能的一项重要指标,对织造、染整加工、成品质量及制成率关系极大。通过对成品丝沸水收缩率的检验,可以检查纺丝工艺拉伸与热定型等后处理效果是否良好,丝的沸水收缩率是否符合质量标准,并为织染加工提供工艺设计参数。

沸水收缩率检验方法,目前国内外均采用小绞法和单根复丝法两种,一般长丝用小绞法测试,变形丝多数用单根复丝法测试,现将两种方法分别介绍如下:

1. 小绞检验法

(1)仪器与用具。测长机(周长1000mm,转速150～250r/min)、电炉、秒表、立式量尺(精确到1mm)、水浴锅或铝锅、晾丝架、预加张力重锤、纱布等。

(2)试验条件。处理温度100℃沸水,时间30min,预加张力为名义细度(旦)的0.5cN/tex×圈数×2。

(3)试验步骤。

①将试样筒子按次序插在测长机的筒管架上,打开结头,经导纱张力装置,逐个分开丝头,拉去1～2m丝头固定在测长机机框的铜片上,然后绕取25m后停机,并头尾打好结。

②取下样丝绞放在标准试验条件下平衡1h以上,使丝绞消除卷绕张力自然回缩,然后逐绞挂在立式量尺上端的钩子上,下端挂上规定的预加张力重锤,30s后准确测量煮前长度L_0。

③把各丝绞折叠成环状,按顺序号用纱布包好放入沸水中沸煮30min,取出沥干水分。

④打开纱布按号顺序取出丝绞,分别平放在晾丝架上,在标准试验条件下平衡12h,或者在(45±2)℃烘箱内预烘30min后,在标准试验条件下平衡2h。

⑤将干燥后的丝绞,逐绞挂在原立式量尺上挂上原负荷,待30s后测量煮后收缩长度。

⑥全批试验次数不少于10次。

(4)计算。

$$沸水收缩率 = \frac{L_0 - L_1}{L_0} \times 100\% \qquad (4-30)$$

式中:L_0表示煮前长度(cm);L_1表示煮后长度(cm)。

2. 单根复丝试验法

(1)仪器与用具。电炉、秒表、水浴锅、立式量尺、晾丝架、绒板,纱布、纱剪等。

(2)试验条件,预加张力为$1.0cN/tex[\frac{1}{9}gf/旦]$,处理温度及时间同小绞测量法。

(3)试验步骤。

①从每个品质样筒上剪取60~70cm的样丝,放在标准试验条件下进行平衡处理1h以上。

②将处理后的样丝,逐根挂于立式量尺上,丝下端加规定的预加张力重锤,使样丝消除卷曲达到伸直状态,30s后在零点与50cm处作上标记(50cm即煮前长度),拿下重锤。

③取下样丝,将样丝对折平放,用脱脂纱布包好,待水沸后放入样丝沸煮30min。

④取出煮后样丝,沥干水分平放在晾丝架上自然干燥,然后放入标准试验条件下平衡12h以上。

⑤将水分平衡后的样丝分别挂于立式量尺上,挂上原预加张力重锤,待30s后准确测量每根样丝的煮后收缩长度。

每批测试根数及沸水收缩率的计算公式同小绞测量法。

(六)变形丝卷缩性能检验

卷缩特性是反映变形丝质量的一个重要指标。变形丝卷缩率的大小和蓬松度的高低,对织物或针织物加工时的工艺设计和成品质量均有密切关系。如用于袜类和内衣类的变形丝,要求织物尺寸伸缩余地大些,故卷缩率要高些,而用于外衣类织物的变形丝,因为织物要求外观挺括、尺寸稳定,其丝的卷缩率和蓬松度就要低些。此外,为了保证织物的质量和风格特征,除了要选用合适的卷缩率外,还要求每批丝的卷缩伸长和弹性回复均匀一致。因此,变形丝卷缩性能的检验,对合理使用变形丝和提高变形丝织物的质量均有十分重要的意义。

由于对变形丝卷缩性能的检验,化纤生产和使用单位均较重视,故制订了不少测试方法,研制了测试仪器,但其基本原理是一致的,即对变形丝施加不同负荷和湿热处理,测其长度变化求得各种卷缩性能指标。现将国内外采用的几种测试方法与测试仪器分别介绍如下:

1. 紧缩伸长率与紧缩弹性恢复率检验法 紧缩伸长率与紧缩弹性恢复率是目前衡量变形丝卷缩特性最常用的两项指标。

紧缩伸长率:表示变形丝弹性及卷缩程度的指标。为变形丝加重负荷时的长度与加轻负荷时初始长度之差对初始长度的百分率。

紧缩弹性恢复率:表示变形丝弹性及卷缩稳定性的指标。为变形丝加重负荷时的长度与去除重负荷再施轻负荷下的回复长度之差对加重负荷时的长度与初始长度之差的百分率。

检验方法采用单根复丝测试,有直立量尺法和仪器测量法两种。直立量尺法操作方便、实用。

(1)直立量尺法。

①设备与用具。电热恒温水温箱(温度为 $0 \sim 100℃$)、立式量尺、秒表、红印泥、小钢尺、张力钳等。

②试验条件。

a. 预加张力。轻负荷为 $0.0176cN/tex[\frac{2}{1000}gf/旦]$,重负荷为 $1.0cN/tex[每旦\frac{1}{9}gf/旦]$。

b. 试样热水预处理温度。锦纶丝为 $(60 \pm 2)℃$,涤纶丝为 $(90 \pm 2)℃$,丙纶丝为 $(70 \pm 2)℃$。

③试验步骤。

a. 从每筒(绞)的品质试样中剪取 $30 \sim 40cm$ 保持卷缩状的样丝两根,然后将样丝单根自然状态放入水温箱的格子盘中,按试验条件规定温度热水处理30min。

b. 将经过热水处理的样丝取出,放于脱脂纱布上沥干,待水分自然风干,一般为 24h,或放入 $(45 \pm 2)℃$ 低温烘箱中进行预烘,使样丝的回潮率降低到公定回潮率以下,然后将样丝放在标准试验条件下达到吸湿平衡。

c. 将标准试验条件处理后的样丝,逐根夹在直立量尺的上端夹持器的零位处,让其自然下垂,然后在样丝末端加轻负荷张力钳,使样丝垂直不晃动,30s 后在标尺 20cm 处做一红印记号 (M) 即为初始长度 L_0,如图 4 - 32 所示。

d. 去掉轻负荷张力钳后,再加 $1.0cN/tex\left(\frac{1}{9}gf/旦\right)$ 的重负荷张力钳,使样丝消除卷曲达到伸直状态,停 30s 后观察样丝上的记号(M)点在标尺上的位置,记录其长度即为卷曲消失后样丝伸长时的长度 L_1。

e. 用手取下重负荷张力钳,使样丝慢慢回缩,恢复 2min 后,再按(c)方法加轻负荷张力钳,30s 后观察(M)点,在标尺上的位置,记录其长度 L_2,即为恢复后长度。如 L_2 与 L_1 的长度差异很小,则说明变形丝的紧缩弹性恢复率很好。

f. 每批试验次数不少于 30 次。

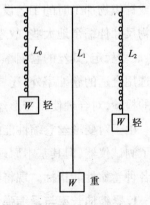

图 4 - 32 卷缩性能测试示意图

④计算。

$$紧缩伸长率 = \frac{L_1 - L_0}{L_0} \times 100\%$$

$$紧缩弹性恢复率 = \frac{L_1 - L_2}{L_1 - L_0} \times 100\% \qquad (4-31)$$

式中：L_0 表示样丝初始长度(cm)；L_1 表示样丝加重负荷后长度(cm)；L_2 表示样丝去除重负荷恢复后长度(cm)。

并计算紧缩伸长率和紧缩弹性恢复率的变异系数。结果取小数后两位。

(2)仪器测量法。变形丝的紧缩伸长率与弹性恢复率用直立量尺法操作虽简便，但劳动强度较高，且影响测试的因素较多，为了提高测试精度，减轻操作时劳动强度，天津纺织纤维检验所研制了变形丝卷缩弹性测试仪，把手工操作的几个步骤用仪器操作来代替。用仪器测试变形丝的紧缩伸长率及变异系数，紧缩弹性恢复率变异系数与直立量尺法对比均无显著差异。现将仪器的结构原理，主要特点简介如下。

①结构与用途。仪器结构如图4-33所示，仪器除可用于测试变形丝的紧缩伸长率与紧缩弹性恢复率外，也可用于长丝细度的测试(测试时切取90cm定长样丝)。

②主要特点。

a.测试仪是工作台式仪器，测试人员可坐在工作台前工作，不仅减轻了测试时的体力劳动，且读数可平视，消除视差。仪器能进行水平调节，每次可同时测试5个试样。

b.测试面板可以升降，升降速度可由控制部分调节，代替手工加减负荷，可保证重复测试时速度的一致性，消除加减负荷时的人为误差。

c.仪器上设有专门的电动打印装置，打印时样丝不受张力牵伸。

d.仪器专门设有上夹持器和轻重负荷，能使样丝在测试时与面板保持平行，保证测试精度，夹持纤维时省力且不滑脱。

e.仪器上装有上、下切刀，距离固定为90cm，可保证切取样丝的准确性。

2. 全收缩率、全卷缩率、残余卷缩率检验法　全收缩率表示变形丝受热后的全部收缩量，它与制成织物的幅度有关；全卷缩率表示变形丝在常温中所发生的卷缩量及受热后发生的卷缩量之和，即反映变形丝受热与受力后的总的卷缩

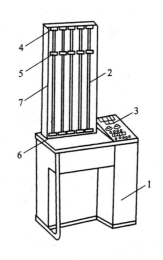

图4-33　变形丝卷缩弹性测试仪

1—传动部分　2—面板部分
3—控制部分　4—切刀　5—打印装置
6—下切刀　7—直刀

情况;残余卷缩率表示变形丝被加工时卷缩的热稳定性及力学稳定性,它与制成织物形变有关。

这三项指标及测试方法,是日本帝人公司为检验涤纶变形丝的卷缩特性而制订的方法(简称 TSW 法)。该法采用小绞丝检验。主要特点是能较全面地反映变形丝各阶段受热、受力后卷缩性能的变化情况,但测试方法繁琐、费工费时,一批样丝需 2~3 天内测试完毕,难以满足生产上快速测定的要求。

(1)仪器与用具。测长机、沸水浴槽、绒板、纱剪刀、立式量尺、挂丝棒等。

(2)试验条件。丝绞绕取时预加张力为 1.0cN/tex;轻负荷为名义线密度 ×0.002cN ×2 ×圈数 ×2;重负荷为线密度 ×0.2cN ×2 ×圈数 ×2;处理负荷为线密度 ×0.01cN ×2 ×圈数 ×2。

(3)试验步骤。

①将丝筒放在取样车上,在测长机上每只丝筒绕 5 圈,打好结后轻轻地取下,把丝绞圈折成双股圈形(∞)平放于绒板上,在标准试验条件下放置 16~24h。

②把平衡后的样丝绞对折挂于立式量尺上,在丝绞下端加上轻负荷与重负荷,1min 后读取其长度 L_0,立即去掉重负荷,1min 后读取其长度 L_1。

③将挂着轻负荷的样丝绞放进水浴槽内沸煮 20min 后取出,去掉轻负荷,放在标准试验条件下脱湿平衡 16~24h。

④将脱湿平衡后的样丝绞再挂在量尺上,加上轻负荷和重负荷,1min 后读取其长度 L_1,立即去掉重负荷,1min 后读取其长度 L_3。

⑤把已挂着轻负荷的样丝绞再加上处理负荷,再次放进水浴槽中沸煮 20min 取出,去掉处理负荷,冷却 3min 后加上重负荷,1min 后读取其长度 L_4,然后去掉重负荷,1min 后读取其长度 L_5。

⑥每批测试 20 个丝筒,每次可同时测试几个丝绞,全批测试分几次完成。

整个操作步骤见图 4-34 所示。

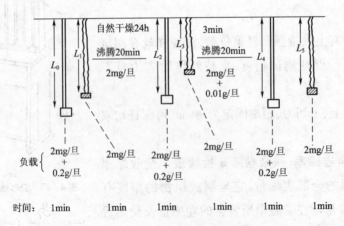

图 4-34 TSW 法卷算性能测试示意图

（4）计算。

$$全收缩率\ TS = \frac{L_0 - L_3}{L_0} \times 100\% \qquad\qquad (4-32)$$

$$全卷缩率\ TC = \frac{L_2 - L_3}{L_0} \times 100\% \qquad\qquad (4-33)$$

$$残余卷缩率\ RC = \frac{L_4 - L_5}{L_4} \times 100\% \qquad\qquad (4-34)$$

式中：L_0 表示加上轻负荷与重负荷的初始长度；L_1 表示去掉重负荷的初始长度；L_2 表示沸煮后加上轻、重负荷的长度；L_3 表示沸煮后去掉重负荷的长度；L_4 表示再次沸煮后去掉处理负荷加上重负荷的长度；L_5 表示去掉重负荷的长度。

3. 卷缩率试验法　　卷缩率也是反映变形丝卷曲程度的指标。卷缩率与紧缩伸长率的区别在于前者是用卷曲回缩程度来描述卷缩特性，其值小于 100，后者是从卷曲→伸直比值来描述卷缩特性，其值可大于 100。西欧等国家生产的变形丝，多数采用卷缩率和卷曲模量等指标来表示丝的卷缩特性。

卷缩率也是用小绞法测试。可采用德国 Textechno 公司制造的 Texturmat 变形丝卷缩测定仪进行测试。该仪器由主机、专用计算机及丝绞架等组成，其主要特点是：可一次同时测试 30 只丝绞，并全部自动进行测试，测试结果由计算机自动演算和打印，可免除人为的操作误差，每批测试可在 1~2h 内完成，是一种简便、快速、高效率的测试方法。

（1）仪器与用具。Texturmat 自动变形丝卷缩特性测定仪（附丝绞架三只）、测长机（圈长 1m，圈数可任意设定）、烘箱（TK/LB 型，精度 ±2℃）、张力仪（量程 3~30cN）。

（2）测试条件。

①测长机制绞时预加张力为 1.0cN /tex。

②丝绞架可同时放置 30 只丝绞，附 2.5 cN 初负荷砝码 30 只。

③制丝绞总细度为 2500dtex（对折）。

$$④绕丝圈数 = \frac{2500}{2 \times 变形丝线密度（dtex）} \qquad\qquad (4-35)$$

（3）试验步骤。

①将丝筒放在取样车上，调节制绞张力，按计算圈数制取丝绞，打好结轻轻取下，挂在丝绞架上，挂上 2.5cN 砝码，连同丝绞架一起放进 120℃烘箱中热处理 10min（测试丙纶变形丝时，烘箱温度为 60℃）。

②将热处理后的丝绞，连同丝绞架在标准试验条件下冷却 30min，然后把丝绞架放在自动变形丝卷缩特性测定仪中进行测试卷缩率 E、卷曲模量 K、卷曲稳定度 B 的自动测试。测试程

序见表4-51。

表4-51 变形丝卷缩特性测试程序表

测试程序	1	2	3	4	5
荷重/cN	250	2.5	25	2500	2.5
加载时间/s	10	600	10	10	1200
绞丝长度/mm	L_g	L_2	L_f	—	L_b

注 若无自动仪器,可按本试验步骤,用手工方法测量。

(4)计算。自动测试按上述程序进行完毕后,由计算机自动演算和打印出下列计算结果。

$$卷缩率\ E = \frac{L_g - L_z}{L_g} \times 100\% \tag{4-36}$$

$$卷曲模量\ K = \frac{L_g - L_f}{L_g} \times 100\% \tag{4-37}$$

$$卷曲稳定度\ B = \frac{L_g - L_b}{L_g - L_z} \times 100\% \tag{4-38}$$

4. 变形丝伸缩复原率检验方法 伸缩复原率反映变形丝在水中卷缩性能的变化情况,它也是用小绞丝测试。整个试验过程都在20℃水中进行,适用于游泳衣等织物的变形丝卷缩性能的测试。

(1)仪器设备。测长器、玻璃圆筒、量尺、秒表。

(2)试验条件。

①玻璃圆筒内水温为(20+2)℃。

②重负荷为1.0cN/tex×10圈×2。

③轻负荷为0.01cN/tex×10圈×2。

(3)试验步骤。

①用周长为1m的测长器,以1.0cN/tex[每旦(名义细度)$\frac{1}{9}$gf]的张力,从每个样筒上直接摇取10圈的小绞。

②每个小绞丝放入一定温度的热水中(锦纶丝为60℃,涤纶为90℃)处理30min,注意绞丝不得相互纠缠。

③将经热水处理后的小绞丝取出并吸干水分,平放于通风网上自然干燥,并达到吸湿平衡。

④将绞丝一端挂于钩上,另一端加上轻负荷和重负荷,注意不要使绞丝受到碰撞,迅速垂入盛有(20±2)℃的水的圆筒中,固定挂钩,放置2min后测量其长度L_1(精确到1mm)。

⑤量好长度后,在水中轻轻地去掉重负荷,使丝绞在挂有轻负荷的状态下放置2min,再测量其长度 L_2(精确到1mm)。

⑥总试验次数不少于20次。

(4)计算。

$$伸缩复原率 = \frac{L_1 - L_2}{L_1} \times 100\% \qquad (4-39)$$

式中:L_1 表示挂上轻、重负荷时测得的长度(cm);L_2 表示去掉重负荷后测得的长度在(cm)。

注:轻、重负荷应是在水中的质量。

(七)变形丝蓬松特性检验

蓬松性与卷缩性一样也是反映变形丝质量的一项重要性能,用蓬松度等指标来表示。蓬松度是指变形丝的蓬松程度,以一定压力下单位质量的变形丝所具有的体积来表示。对变形丝蓬松性的检验,是化纤厂检查变形加工质量的一项重要手段,也是化纤厂预测和提高变形丝织物风格和质量的一个重要检测项目。

变形丝的蓬松性与卷缩性有着密切的联系,一般卷缩率高即伸缩性大的变形丝,其蓬松性也较好,尤其是假捻法制得的变形丝,其伸缩率的大小已能间接地反映变形丝的蓬松程度,故一般可不进行蓬松性检验。但对于不用假捻法制得的非伸缩性变形丝,则蓬松性必须单独进行检验。

变形丝的蓬松性检验方法比卷缩性检验复杂,通常有并列法、冲压法、编织法、玻璃管法和虹吸法五种方法。并列法和冲压法是日本 JIS L1090 标准中规定的试验方法,玻璃管法是英国锡莱研究所采用的方法。现将这五种方法分别介绍如下。

1. 并列法　将经过温水处理卷缩显现后的变形丝排列成大小为4cm×4cm的试样片,排列时要求每根丝条保持自然状态,彼此平行,互不重叠,并将两端用适当的黏合剂固定,见图4-35所示。

用相同方法做成试样片三块,重叠组成一套,重叠时丝条的方向彼此交错,使用压缩弹性仪将重叠成套的试样片,按表4-52规定的任一种初负荷条件进行试验,测定其厚度 t_0,然后按表4-52规定的任一种重负荷条件放置1min,再测定其厚度 t_1,除去负荷后放置1min,再次测定在初负荷条件下的厚度 t_0' 最后把重叠的试样片上的黏合剂除去,测定其表面积 A 和质量 W,并按照式(4-40)~式(4-42)计算下列各项指标。

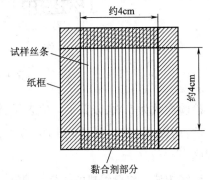

图4-35　试样排列图

表4-52 变形丝蓬松度测定负荷表

初负荷/gf·cm^{-2}(kPa)	重负荷/gf·cm^{-2}(kPa)	压缩面积/cm^2
3 (0.3)	150 (14.7)	2
7(0.7)	300 (29.4)	2

$$蓬松度（cm^3/g) = \frac{At_0}{W \times 10} \qquad (4-40)$$

$$蓬松压缩率 = \frac{t_0 - t_1}{t_0} \times 100\% \qquad (4-41)$$

$$蓬松压缩回弹率 = \frac{t_0' - t_1}{t_0 - t_1} \times 100\% \qquad (4-42)$$

检验次数为5次,以平均值表示,结果取小数后一位。

2. 冲压法 使用测长机将试样卷绕为1cm厚的小丝绞,在框的四边分别用细绳捆扎,并将丝绞的一处切断,然后在细绳捆扎纤维束的中央,用长方形(尺寸为25cm×40cm)的金属模手工冲压,制作如图4-36(a)那样的测定试样。使用压缩弹性试验机,将试样放在如图4-36(b)那样的字形3个侧面框内,加上按表4-58规定的初负荷,测定厚度t_0,然后按表4-58规定加上重负荷,放置1min后测其厚度t_1,除去负荷后放置1min,再次加上初负荷后测定厚度t_0,接着测定试样的表面积A和质量W,按照并列法相同的公式计算蓬松度(cm^3/g)、蓬松压缩率(%)及蓬松压缩回弹率(%)。

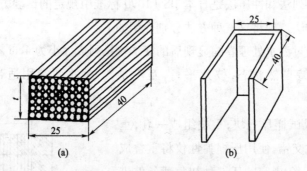

图4-36 冲压法试样排列图

检验次数为5次,以其平均值表示,结果取小数后一位。

注:用并列法和冲压法测定时,样丝都应进行热水预处理,条件与紧缩伸长率检验预处理条件相同。

3. 编织法 将筒编机的模具盘位置、给丝张力、速度等参数都固定不变,将样丝织成成品,用模具(尺寸为6cm×8cm)冲压成成品样片,把三个样片依次直交重叠,先施以轻负荷(7gf/cm^2),

1min 后测其厚度 t_0，再加重负荷（300gf/cm^2），1min 后测其厚度 t_1，去掉重负荷 1min 后再加轻负荷测厚度 t_0。计算公式同并列法。

4. 玻璃管法　将总细度为 3080 ~ 4400dtex 的变形丝丝绞（具体总细度由变形丝的卷缩性决定，最常用的是 3080dtex），用钩子引进内径为 3.5mm，长为 200mm 的玻璃管，如图 4 – 37 所示。

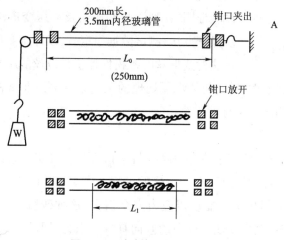

图 4 – 37　玻璃管测量法示意图

玻璃管的两端有两个夹持力强大的钳口。开始时，一端将丝勾在固定钩 A 处，另一端绞丝下挂重锤 W（W 的质量是使卷曲伸直，采用 0.09cN/dtex），然后将玻璃管两端的夹钳夹住，在相距 L_0 = 250mm 处切断（切口刚好在两端的夹钳中间槽内，切断后仍不影响夹持），再松开夹钳，丝绞则缩进玻璃管内。再将玻璃管放进热水里处理（涤纶丝在 90℃ 下处理 20min，锦纶丝在 60℃ 下处理 20min），使变形丝进一步缩进玻璃管内，测量其长度 L_1。

$$收缩率\ S = \left(1 - \frac{L_1}{L_0}\right) \times 100\% \qquad (4-43)$$

$$卷缩率\ CS(\%) = S - HS$$

式中：HS 表示热水收缩率（%）。

注：此处的卷缩率与拉伸卷缩率内容、概念不同，这些卷缩率是表示变形丝蓬松特性的。

5. 虹吸法　是利用虹吸原理，将变形丝一头浸入水中，虹吸出的水滴入量杯中，如图 4 – 38 所示。一般说，蓬松性越好的变形丝在单位时间内虹吸的水量也越多，从而根据水量看出丝的蓬松性。

编织法与其他蓬松度检验方法相关性较差，这是因为编织机的隔距、张力、模具盘等影响测量的因素较多。但编织法对同品种、同规格、同条件下编织的样丝尚有可比性。玻璃管法和虹

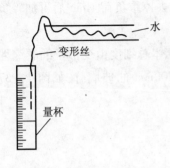

图 4 - 38　虹吸法示意图

吸法其试验方法均较简单,在一定范围内和变形丝的蓬松性呈线性相关,所以化纤生产厂和使用厂采用较多。并列法操作很麻烦,且绕丝时容易使丝的卷曲受到影响,因此测试结果不够稳定。冲压法在冲出样品时对试样要加以压力,试样可能恢复不到原来的厚度,为此应先分别施轻、重负荷(顺序与原冲压法同),最后将框外两端样丝去掉,测量框内纤维表面积和质量。试验证明,并列法与冲压法及冲压变形法,测试结果是相关的,从操作方法、测试数据稳定看,以冲压变形法较好。并列法和冲压法对变形丝的蓬松性评价是以丝的压缩性和集束性为主。此外,变形丝的蓬松性同卷缩性一样,与热水预处理的工艺条件关系非常密切。样丝必须按规定方法进行处理,才能使测试结果有可比性。

(八)变形丝残留扭矩检验

残留扭矩是假捻变形丝的一个特有检测项目。扭矩是一种扭应力的概念。用假捻变形法制成的变形丝,一般均经过加捻→定型→解捻的过程。由于加捻时储存进丝条的能量,虽经解捻与定型使扭应力衰减,但仍不可能使扭应力完全消失,这种残留的扭应力,当丝条松弛时,就会以残留捻回的倾向释放出来,捻回的方向与加捻的方向相反,如图 4 - 39 所示,即顺时针方向(Z 向)加捻的丝,残留捻回方向是逆时针的(S 向)。如果将 Z 向加捻的丝像 U 形一样悬垂握持,并使握持的两端靠拢,则会引起 S 方向的反转(称反转捻),一直到 S 方向反转和原来 Z 方向的扭应力平衡为止,见图 4 - 39 所示。这种残留扭应力称变形丝的残留扭矩,用丝在 25cm 内残留捻回的个数来表示。

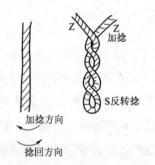

图 4 - 39　残留扭矩释放平衡图

假捻变形丝残留扭矩的存在,直接影响织造加工性能和成品质量。如果丝条上适当存在一些残留扭矩时,则可减少织物表面起毛起球的现象,但丝条上残留扭矩过多时,在织造加工中,当织机瞬时停车时,丝条易卷绕、扭结,再开车时易使丝条断头或轧坏织针,造成织物破洞,如果呈扭结丝条(俗称小辫子),通过织机针筒时,则织物表面形成粗节(小疙瘩)、横路等疵点,影响生产效率和产品质量。据实际生产质量分析:在经编机上使用残留扭矩,为 50 捻/25cm 的涤纶低弹丝时,造成光坯布断头结辫比正常丝每 10kg 要多 2 个,影响生产正常进行。同时残留扭矩高的变形丝在针织纬编织物上使用时,还会使织物产生歪斜等弊病。因此对变形丝残留扭矩的检验,是直接关系织造加工和成品质量的一个检测项目。

残留扭矩检测方法目前有两种。一种是在纱线捻度机上进行反转捻退解(简称捻度机法),另一种是用残留扭矩测定仪进行反转捻数和扭应力测定,现分别介绍如下。

1. 捻度机检验法

(1)仪器和用具。Y331 型纱线捻度机、纱剪、挑针等。

(2)试验步骤。

①把捻度机的两夹钳头距离调准到 25cm,负载杆上放上规定负荷作预加张力,预加张力为 1.0cN/tex×2(因丝呈双股)。

②将变形丝筒子的外层稍许拉去,然后右手拿住丝头,左手拿住离开右手约 70cm 的丝条处(尽量不使丝条逃捻,以免影响测试正确性)。

③将 0.0176cN/tex(0.002gf/旦)的负荷挂在丝条中央,然后两手慢慢靠近,使丝条自由旋转,在旋转停止的同时,用左手抓住负荷。

④在丝条的下端 3cm 处,使之固定在捻度机左侧夹钳头上,另一端挂在捻度机的右侧夹钳头上,将丝条拉直使弧度标尺上的指针与零刻度重合为止,在此状态下把丝条夹在右侧夹钳头上。

⑤用针从左侧夹钳头端点起将两股丝条分开,通过电动机回转或手动,使样丝完全解捻,此时读取计数器上的捻度值。

⑥按以上操作程序重复测试 30 次。

(3)计算。

$$T = \frac{\sum X_i}{N} \qquad\qquad (4-44)$$

式中:T 表示试样的残余扭矩捻回数(捻/25cm);$\sum X_i$ 表示计数器读数;N 表示试验次数。

2. 仪器测量法　该方法系参照法国(NF G07—303)变形丝残留扭矩试验方法,在由北京市纺织纤维检验所研制设计的变形丝残留扭矩测定仪上进行,具有自动化程度较高、测试方便、功能多、准确性好等优点。

(1)仪器结构和主要技术参数。

①仪器结构。仪器由测量主机,开关控制箱,计数器等组成。

②主要技术参数。

a. 夹持距离:500mm。

b. 预加张力:按 0.1cN/dtex 计算,分 5gf、7gf、7.5gf、10gf、13.5gf、15gf 等几档。

c. 轻负荷:100 旦以下用 100mg,100 旦及以上用 200mg。

d. 动夹持器移动速度:5cm/s。

(2)操作方法。

①开启电源,6W 日光灯亮。

②开启动夹持器控制键,调整动夹持器速度旋钮,使动夹持器以 5cm/s 的速度向左滑动

（调整方法是用秒表测定 10s 移动 50cm）。

③将样丝从仪器左端引入，通过定夹持器，在不松捻的条件下拉向右端，通过滑轮夹上预加张力夹和张力计，旋紧定夹持器，转动张力计调节旋钮，按规定的预加张力旋转张力计至相应的刻度，用夹持器夹好样丝，除去预加张力。

④在 25cm 处的样丝上挂上轻负荷。开启控制键，使滑动夹持器向左移动，用肉眼观察当轻负荷发生第一个扭转时的距离，记下这时两夹持器之间的距离 L 作为开始扭转的距离。在将要打转时可用微动开关控制。然后使滑动夹持器继续向前移动直至与定夹持器重合。

⑤当轻负荷不再转动时，将轻负荷夹在解捻装置上。识别捻回方向（Z、S）。计数器清零，按捻回方向开启解捻机控制键，计数器自动记录捻回数，在解捻将要终了时，可用微动开关点动控制，以免过解捻。

⑥去掉轻负荷，拨动控制键使动夹持器复位。

⑦回数。变形丝的捻向一批样丝基本相同，只记录一个丝筒即可。

（3）计算。

$$平均扭转距离（cm） = \frac{各测定样扭转距离之和}{测定次数}$$

$$T = \frac{\sum X_1}{N} \tag{4-45}$$

$$L_1 = \frac{\sum X_2}{N} \tag{4-46}$$

式中：T 表示试样的残余扭矩捻回数（捻/0.5m）；L 表示扭转距离（mm）；X_1 表示计数器读数；X_2 表示试样开始扭转时，两夹持器间距离（mm）；N 表示测定总次数。

（九）条干均匀度检验

长丝条干均匀度是反映长丝短片段或长片段的均匀度程度。它与制成织物的质量关系密切。用条干均匀度好的长丝制成的织物表面平整光洁、色泽均匀、内在质量好、使用寿命长。由于化纤长丝的制造为一连续的生产过程，每个加工制造阶段由于原料及设备状态不良和工艺条件不良等所造成的条干不匀的疵点都会在成品丝上表现出来。长丝条干均匀度包括同批长丝中不同卷装之间的均匀度以及同卷装中条干的短片段和长片段的均匀度等。条干均匀度的检验一方面反映成品丝的质量，另一方面也反映长丝各制造工艺条件及设备状况存在的问题。

目前化纤长丝一般采用乌斯脱长丝条干均匀度仪测定。

1. 乌斯脱长丝条干均匀度仪测试方法简介　乌斯脱长丝条干均匀度仪用以测定长丝（纱）

的条干均匀度,其原理是:纱条在电容器极板中通过时,电容器的电容量随着纱条体积变化而变化,仪器通过电容量的变化来反映沿纱条上截面的变化。乌斯脱长丝条干均匀度仪分 B 型和 C 型,C 型用于化纤长丝,最初型号为 GGP－C 型,后改进成 I－C 型及全自动的 II－C 型。仪器可以自动记录不匀率的变化曲线,并用积分仪得出不匀率的大小,通过波谱分析仪作出波谱图以揭示不匀率的结构。斯托 II－C 型仪器由监测仪、控制仪、记录器、气压控制箱组成,见图 4－40。

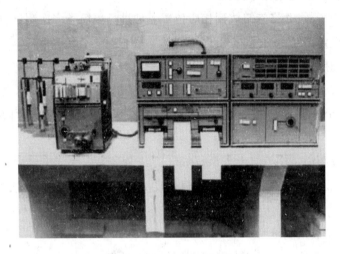

图 4－40　斯托 II－C 型条感均匀度仪

II－C 型仪器可对长丝条干不匀变异系数 $CV(\%)$、平均差系数 $U(\%)$、相对支数(细度) AF 进行定量的测定,还可以绘制长丝条干不匀曲线图、波谱图,用以进行定性分析。波谱图的波长范围为 2cm～40m,因此 40m 以下的各种长、短片段的不匀可被检测。II－C 型仪器可测试筒与筒(卷装)之间的条干不匀,可以检测一个筒子(卷装)内不匀。仪器用数字显示不匀值和疵点,并能将数据自动并记录打印,可连续测十只丝筒,自动换筒,每只丝筒可分别记录,十只丝筒测完后可总评。

II－C 型仪器测量范围为 10～1670dtex,根据被测长丝的细度分别放入相应的测量槽内。测量不匀率曲线的振幅有 ±12.5%、±5%、±50%、±100% 四种量程。化纤长丝不匀测定一般为 ±12.5% 档。长丝条经过测量头的速度可调节,一般为 400m/min。长丝不匀率是指一定长度中的粗细变化,积分仪给出的是一定时间内经过测量头的丝条粗细变化值。因此一般积分时间为 2.5～5min。记录纸速度选择,可根据记录丝条短、中、长片段变异的要求选择。一般在记录短片段变异时速比取 8～10,中片段变异时速比取取 40～160,长片段变异时速比取 200～1000,短片段时记录纸速度为 50cm/min、中片段时记录纸速度为 100cm/min,长片段时记录纸速度为 25cm/min。

2. 试验步骤

(1)打开电源使仪器预热。将波谱仪图数设定于1。

(2)清洁测量槽,可用长毛刷及胶片进行。

(3)调节气压。输入气压保持 588.6kPa(6kgf/cm²) 以上,输出气压低于输入气压 98 ~ 147kPa(1 ~ 1.5kgf/cm²),并使气源指示灯指示复位。

(4)根据所测长丝细度,选择测量槽。

(5)确定试验筒子数,并将旋钮放到相应位置。如进行单筒子多次测试,旋钮放"9"位置。

(6)张力盘钮设定在 0 ~ 3 之间。

(7)设定试验速度为 400m/min。

(8)设定控制仪,按下打印机及记录仪按钮。求值时间为 1min(正常测试);刻度范围为 12.5%。连续做数个丝筒时应按下自动喂纱按钮,按无材料试验钮至灯熄灭,此时百分表指 100%。

(9)不匀率曲线图记录仪纸速为 2.5cm/min。

(10)波谱仪上放大率可手动调整、自动调整或按第一个丝筒调整,可依需要选取。但应与控制仪设定一致。

(11)将被测丝条放入测量槽。

(12)启动监测仪罗拉。8s 后不匀曲线图记录笔开始摆动。

(13)将吸气式张力钮置于"0"位置,按丝的捻度方向(Z 或 S)调整"捻度"钮,使记录笔摆动振幅至最小(注意区别曲线的起伏与笔的摆动),然后固定"捻度"钮,调整"张力"钮,亦使笔的摆动振幅至最小,交替调整捻度及张力直至满意为止。

(14)记录纸恢复至 10cm/min,按"stop – clear – start"钮。开始测试,测试时间到,打印机自动打印出数据,波谱仪记录器画出波谱图。

(15)按"stop"钮,使监测仪罗拉停止。

3. 用记录图和波谱图对长丝质量进行分析

(1)无疵点化纤长丝。化纤长丝条干的不匀等疵点都会分别反应在不匀曲线图、波谱图、AF 值及不匀率分布等方面。为了对长丝的条干不匀率定量、定性分析。首先须了解无疵点长丝的不匀曲线图、波谱图及 AF 值及不匀率值分布特征。

锦纶66 长丝(22dtex/7f)测得各指标如图 4 – 41 所示。

图 4 – 41(a)为不匀率直方图。

图 4 – 41(b)为相对支数(AF)直方图。

图 4 – 41(c)为不匀率曲线图。

图 4 – 41(d)为波谱图。

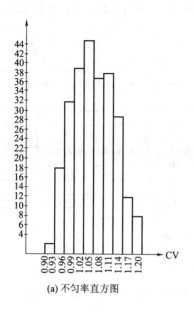

(a) 不匀率直方图

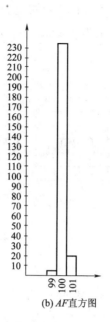

(b) AF直方图

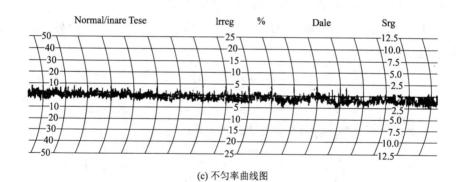

(c) 不匀率曲线图

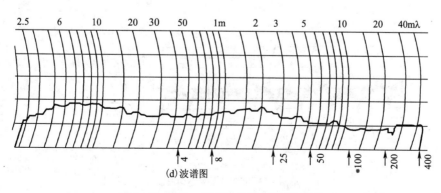

(d) 波谱图

图 4 −41　22dtex/7f 锦纶 66 长丝的不匀测试

（2）筒与筒（卷装）之间的不匀测定。如图 4 - 42 所示，反映了两个丝筒（卷装）之间的不匀，其各自的 $CV(\%)$ 分别为 0.87% 与 1.55%。

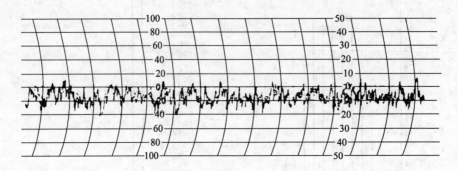

图 4 - 42　筒与筒之间的不匀

（3）一个丝筒（卷装）内不匀的测定。一般进行筒与筒之间条干不匀的对比试验，也就是每只丝筒测一次条干均匀度，因此每次试验只取丝筒外层一定长度的试样。而在一个筒子上按照一定长度，一段接一段地连续测定，则长丝长片段不匀和偶发性疵点都可以被检测出来。仪器如按 400m/min 的速度，每 5min 打印一次，1h 可测 2×10^4m。

如图 4 - 43 所示，表明一个丝筒中内外层不匀的变化。在一个丝筒中内外的不匀，对机织和针织产品质量是有影响的。

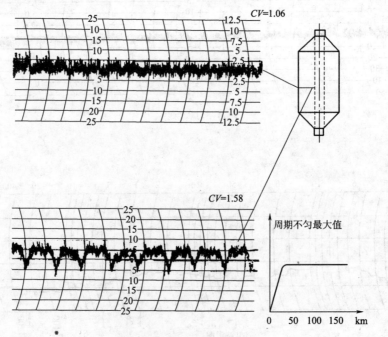

图 4 - 43　丝筒内外层不匀曲线

图4-44表明某一丝筒的长片段细度不匀。由于熔融纺丝过程中长丝常常与名义细度有较大的偏差,在进行筒内不匀试验时不匀范围用100%,可以看到细度不规律增加,大约超出名义细度的10%,这可在不匀曲线图和相对支数AF直方图中看出。

(十)长丝内应力均匀度检验

化学纤维在纺丝、牵伸和热处理等过程中产生潜在内应力,冷却成型后内应力被暂时冻结,纤维成为接近稳定状态的结构。在无张力情况下,只要吸收热能,分子的热运动会使内应力起作用,内应力稳定化的结果产生了自由收缩及变形,这种收缩和变形影响到各方面,如纸管变形、卷形塌边、丝质不匀、染色不匀,

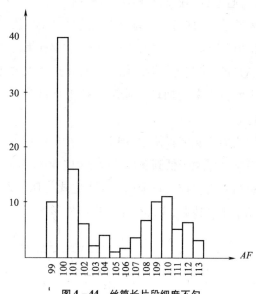

图4-44　丝筒长片段细度不匀

再加工性及纤维其他性质都会受到影响。由于上述工艺条件的偏差和单体质量的好坏都能使纤维具有不同程度的结晶缺陷,例如分子错位、杂质及键端等,以及牵伸时伸长因子的差异影响纤维结构单元沿纤维轴取向性和产生三维结构的规整性差异。这些差异在纤维的力学性质上表现为纤维内部的应力差异。也是反映纤维内部微小变化的依据。这些物理性和化学性的不均匀,造成织造时断头增加,出现松紧横档,在织物染色过程中往往出现条花、染斑、云斑等质量问题。

内应力均匀度测试仪器有 Dynagraph II 型内应力均匀仪和 LFY-14 II 型长丝内应力均匀度仪等。将被测长丝施加一定倍率的牵伸应变后,测其应力差异曲线图形,根据图形计算出全平均应力($\bar{\bar{X}}$)和全平均波动范围($\bar{\bar{R}}$)。波动范围是指图形中每个波峰与波谷的极差。

1.仪器　仪器机械结构如图4-45所示,从筒子直接拉出的丝经导纱器通过锥形导辊,在锥形导辊与方向变换轮之间,用装在天平杆上的预应力调节导轮检测丝的预应力大小,当预应力大于规定值[1.76cN/tex(0.2gf/旦)]时,预应力调节导轮向下

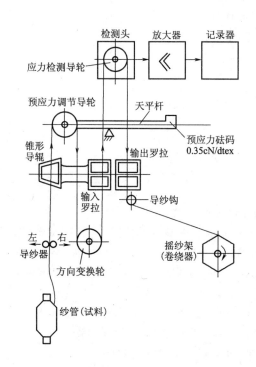

图4-45　应力测试机构原理示意图

移动,通过自动控制机构使导纱器右移,丝线移至锥形导辊的大直径部位,增加送纱速度来减小过大的预应力;当预应力小于规定值时则作用与上相反,始终使送至输入罗拉前的丝线预应力保持恒定。丝线在输入罗拉→应力检测导轮→输出罗拉之间施加一定倍率的牵伸(10%)应变,通过装在应力检测导轮上的检测头经放大器,记录应力差异曲线图形。用摇纱架来卷绕从输出罗拉出来的回丝。输出罗拉下面的导纱钩上装有电气断纱自停机构,以保证试验正常进行。

应力检测装置使用 BHR -7A 型电阻应变式荷重传感器,配以调制式电子电位差计直接检读系统。零飘降低到允许范围之内。该装置简便可靠、灵敏度高、量程范围大、测量精度高。初始负荷张力自控装置采用红外光电式位移偏差检测的电子继电器,反应灵敏,定位正确。机械传动采用低速制,噪声较小。仪器外形图如图 4 - 46。

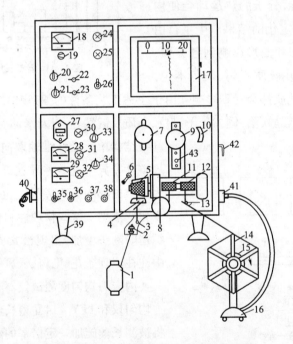

图 4 - 46　LFY - 14 II 型内应力均匀度仪外形图

1—试料(筒子)　2—进纱张力器　3—进纱导纱钩　4—导纱器　5—锥形导辊　6—锥辊加压手柄　7—预应力调节导轮
8—方向变换轮　9—应力检测导轮　10—预应力砝码座　11—输入罗拉　12—输出罗拉　13—输出导纱钩　14—卷绕器
15—力矩电机　16—摇纱架座　17—记录器　18—应力增益指示表头　19—调零旋钮　20—增益微调　21—增益粗调
22—信号输出座　23—信号输出座　24—电源指示灯　25—试验指示灯　26—电源开关　27—试验计长表
28—试验速度表　29—纱框速度表　30—计长指示灯　31—主电机工作指示灯　32—纱框工作指示灯
33—试验速度调节钮　34—纱框速度调节钮　35—纱框开关　36—引纱开关　37—主电机启动按钮
38—主电机停上按钮　39—仪器水平调节脚　40—电源插座　41—卷绕器接线插座
42—右侧门开关把手　43—校正砝码座

2. 操作步骤

（1）从筒子的表层剥下约 10m 长丝，将其竖在筒子架上。

（2）开启电源、引纱开关。

（3）手持试验的丝端，按仪器导纱路径的要求挂上纱线，扳动锥辊加压手柄和罗拉加压把（在右侧门内）使各压辊加压。打开卷绕器开关。

（4）按电动机启动按钮使其各部运行正常后，将引纱开关打到"试验"位置，按马达停止按钮，待罗拉停转后，按试验计长表上复位按钮。将已放好记录纸的记录器接通，放下记录表。

（5）开启电动机按钮，进行正式试验，测定约 5min，根据试样数或试验要求重复上述测试，测试完毕将总电源开关切断。

（6）取下记录纸，按前述计算方法求得测试结果。

3. 计算

（1）逐个计算以下各项（取整数）。

①平均应力（$\bar{X}$）。根据量程求出记录曲线平均值，作为平均应力 $\bar{X}$(gf)。

②平均波动范围（$\bar{R}$）。记录记录纸的每 1cm 的曲线最大值和最小值之差 R，求出 10 点的 R 平均值即为平均范围 $\bar{R}$(gf)。

（2）全平均的计算（取小数后两位）。

①全平均应力（$\bar{\bar{X}}$）。将每个的 $\bar{X}$ 全部加起来进行平均。

②全平均波动范围（$\bar{\bar{R}}$）。将每个的 $\bar{R}$ 全部加起来进行平均。

注：常用试验长度为 100m，试验速度为 20m/min 时，1 只筒子在记录纸上记录 10cm 应力差异曲线。共取 10 只筒子进行试验。

（3）管理幅度。取 10 只筒子进行试验时，各筒子试样的试验结果对涤纶长丝产品一般可控制在：$\bar{X}$ 平均应力差异允许为 ±10gf；$\bar{R}$ 平均波动范围差异允许为 5gf。

（十一）动态摩擦系数检验

化纤长丝的表面摩擦系数的大小对织物的织造和针织物编织加工的顺利进行有很大影响。如长丝的摩擦系数过大时，加工中单丝断裂而产生的毛丝就较多，影响成品质量。因此，要根据各种化纤丝表面摩擦系数的大小来合理确定织造的工艺参数。同时丝表面摩擦系数的大小与所上油剂品种、油剂吸附量及导丝器材的材料性能有关，所以也可从测定丝表面的摩擦性能来判断丝上含油率情况及合理选择导丝器材材料。因此，正确测定纤维摩擦系数是评定纤维性能的重要指标之一。

关于纤维摩擦系数的基本概念及检验方法，第三章已述。下面介绍长丝动摩擦系数的检验仪器和方法。

前述的日本 Roder 摩擦系数仪主要用于测定纤维静态时的摩擦系数，虽对长丝和纱线的摩擦系数也可测定，但因辊轴直径低于 8mm，回转速度不能太高，否则纤维不稳定，且受测试长度的限制,故要测定纱线或长丝的摩擦系数,不但费时,而且精度较差。瑞士的 Rothschild 公司制造的 R - 1182 型电子式摩擦系数仪,和国产的 LFY - 19 型纱线动态摩擦测试仪,主要用来测定纤维动态时的摩擦系数。动摩擦系数测定的相对速度可以较高,其测试工艺条件可以模拟纱线和长丝的实际加工情况,因此对于化纤长丝表面摩擦性质的测定,采用动态摩擦测定仪较好。现对 R - 1182 型电子摩擦系数测量仪和 LFY - 19 型纱线动态摩擦测试仪简介如下。

1. R - 1182 型电子摩擦系数测量仪

瑞士 R - 1182 型电子摩擦系数测量仪由测试仪、控制计算仪、记录仪三部分组成,如图 4 - 47 所示。

图 4 - 47　R - 1182 型电子摩擦系数测量仪

1—预张力轮　2,4,6,8—导轮　3—张力测量头　5—摩擦区　7—测量头　9—卷绕轮

可以根据柔性体的欧拉公式求得丝线与摩擦体之间的摩擦系数。

$$\frac{T_2}{T_1} = e^{\mu\theta} \tag{4-47}$$

式中:T_1 表示摩擦辊前的丝线张力;T_2 表示摩擦辊后的丝线张力;μ 表示动态摩擦系数;θ 表示与摩擦辊的包围角。

T_1、T_2 各用测量头经电子放大后由面板上电流仪表读出,因此在设定的 θ 角下该机通过电子模拟计算机可直接求出 μ 值。T_1、T_2、μ 三个量值亦从记录仪上作图表示。

该仪器可作多种测量用途。

(1)可动态连续测定纱线(丝线)与各种摩擦体或导丝器之间的摩擦系数,以合理选择加工工艺和导丝器材,见图 4 - 48 所示。

(2)通过摩擦系数的测定确定丝线表面的平滑度或用来正确选择各种油剂。

(3)可用加捻方法测定丝线与丝线间的摩擦系数,如图 4 - 49 所示。该方法特点是纤维相

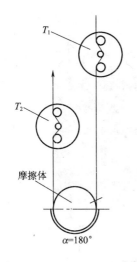

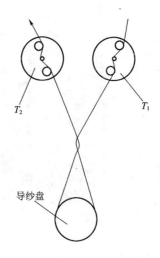

图4-48　丝线对导纱器的摩擦测量　　　　图4-49　丝线对丝线的摩擦测量

互接触长度较长,因而对于摩擦系数较小的纱线(丝线)也容易测定。其摩擦系数可用式(2-58)求出。

(4)可做丝线张力仪使用,测定一根或两根丝线的张力。

瑞士R-1182电子摩擦系数测量仪具有使用面广等优点,同时该仪器用模拟计算电路直接算出摩擦系数值,测试效率高、操作方便,并且能动态测量纱线摩擦系数,与实际生产差异较小,因而是用做纱线或化纤长丝摩擦系数测定的较好的仪器之一。但该仪器在实际生产使用中也发现存在一些缺点。例如,由于采用电容式传感器装置,故测量头与放大器零飘较大;预加张力装置采用电磁张力吸盘,使预加张力的控制与调节不够稳定;换向滚动导轮设计不够合理,虽用滚珠轴承装置,但仍存在一定摩擦阻力(5gf左右),影响测试精度;更换磨料麻烦,且没有用于纺织材料测定的专用部件;仪器结构复杂、维修不便且价格昂贵。

2. LFY-19型纱线动态摩擦测试仪

LFY-19型纱线动态摩擦测试仪克服了瑞士R-1182型仪器的缺点,具有设计合理、测定数据稳定、使用方便等优点。

(1)仪器结构。该仪器由测试主机、控制计算仪和记录仪三部分组成,仪器结构外形如图4-50所示。测试结果由电子计算机自动计算,并由记录仪自动作图记录。

(2)操作步骤。

①按输出罗拉传动电机按钮,转动偏心离合器,合上罗拉,输出罗拉即以一定速度送出纱线。

②T_1的初张力调整。转动调压器旋钮,使T_1指示表指针稳定在选定的张力数。从试验表

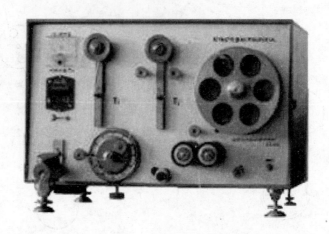

图 4−50 LFY−19 型纱线动态摩擦测试仪

明 T_1 过小纱线未能充分伸直,会增加测试误差,应按国际标准,即每旦加 0.1gf 预加张力来选定 T_1 的初张力。

③速度和长度选定。转动调速旋钮在适当位置→开启计数(计长)器,测定 30s 的数字即为纱线速度(m/min)→打开计数器指令小口,如预置数字"0100"即试样进行 100m 以后自行停车。试验证明,只有在速度增加到 5m/min 以上的条件下测试,其摩擦系数波动较小、数据正确,故正常测试速度以 5~50m/min 为宜,一般常用 20~25m/min。

④角度的选定。松开摩擦辊角度调节器座的定位螺丝→转动摩擦辊圆盘至规定位置→再紧固定位螺丝,按箭头方向进行绕纱。据试验证明,摩擦包围角小,测试误差大,一般选用 180°~360°之间。

⑤测试摩擦系数(μ)。把摩擦系数开关拨在"μ"位置→拨动机后积分选用开关为 5s 或 10s 即可,等待摩擦系数表头指示值与数字电压表一致时,即可连续读得摩擦系数。

(3)数字记录。在正常测试时打开记录仪的测量和记录开关,描绘 1~2min 摩擦系数(或 T_1、T_2)的实际波动情况,当数字电压表平均摩擦系数相对稳定后,可以每 10s 记录一个瞬时值,然后以 10~15 个数字计算其平均摩擦系数。

试验完毕,松开输出罗拉偏心离合器→输出罗拉按钮→关引纱开关,使纱线松弛至全部停止,根据需要再进行下一次试验。

(十二)外观疵点检验

生产实践表明,长丝的外观疵点与编织、染整加工、织物质量以及服用性能之间存在着密切的关系。长丝中的各种疵点,如毛丝、断丝、僵丝、粘连、条干不匀(肥细丝)、卷曲不良、橡筋丝、色差、白斑等都会使织物产生疵病,如表面起毛,起球、稀密不匀、凹凸不平以及色花、色差等。这些病疵大大降低了织物的质量和服用性能。长丝的疵点多,还会造成编织生产过程断丝增加,降低生产效率及产生新的病疵。此外,在化纤生产中,外观疵点也是造成产品降等的主要原因,有的占降等率的 90% 以上。由此可见,减少疵点对提高长丝质量和织物质量都是十分重要的。因此,长丝外观疵点的检验是化纤质量检验的一个重要项目,对改进化纤质量,把好原料质量关,提高成品质量均具有十分重要的意义。

长丝外观疵点检验,可以分为感官检验和仪器检验两大类。感官检验方法简便,可逐筒(绞)检验,但多数项目只能检验丝筒(绞)表层,且容易产生人为误差,故须统一制作疵点标样,定期统一检验人员目光。但感官检验通常对疵点的名称解释及标样缺乏统一标准。仪器检验能检查每个丝筒(绞)内外层疵点,方法科学,误差小,但能检测的疵点项目较少,不能反映丝筒(绞)疵点全貌。现将长丝外观疵点名称及两种检验方法介绍如下。

1. 长丝外观疵点名称解释与识别　合纤长丝一般有以下几种疵点:

(1)结头。两根长丝丝头接在一起的小结称结头。结头多、结头长度长会影响编织加工,故规定丝筒结头的结尾长度不大于 5mm,结头要留在丝筒的上、下斜面上。

(2)毛丝。复丝中丝条受擦伤、呈毛茸现象或单丝断裂,丝头超出于复丝表面的称为毛丝。

(3)毛丝团。复丝中单根或多根纤维断裂,扭缠成的团状物称为毛丝团。

(4)松圈丝。未经复捻的长丝,有一根或几根单丝成圈状凸出在筒子表面,其高度大于 2mm 的称为松圈丝,又叫线圈丝。

(5)松紧丝。经复捻的长丝中,因短片段捻度过多形成小辫子状,或三根以上束纤维捻度过小,形成单纤维松散,并呈环状突出在丝筒的表面称为松紧丝。

松紧丝与松圈丝的区别:前者多是由于加捻不良造成捻度过多或过少,整股露在筒子表面;后者是由于复丝中单纤维断裂或伸长成环状露出在丝筒表面,在无捻复丝中存在较多。两者的成因及形态不同。

(6)乳白丝。在拉伸温度过低而拉伸倍数又较大的情况下形成强制性拉伸,使纤维内部产生空穴,密度减小。形成强度减弱、颜色泛白的纤维称为乳白丝。

(7)硬头丝。复丝中单纤维上呈现长度 ≥2mm 的晶体状,或断裂突出在丝筒表面的硬头丝。硬头丝产生于纺丝过程,或由于纺丝温度太低,纤维中含有未熔小颗粒;或因熔体中含有缩聚物与纺丝时形成的不熔物,均可形成硬头丝。

(8)珠子丝。纤维表面呈现微小的点状粒子晶体,其长度 ≤2mm,类似珠子状,称为珠子丝。珠子丝疵点轻重程度以个数考核,5 个及以下称为"轻微",30 个及以下称为"轻",60 个及以下称为"重"。

珠子丝与硬头丝的区别:前者呈白色点状,只有在筒子表面才能看到有光泽不同的小点,退绕后单股复丝上无法看出,手摸无粗感,强力弱、易断丝。它是由于切片中含有粉末状物质较多,或熔体高温下产生不熔物,含有杂质或部分分子量较高的分子未充分熔融所致。硬头丝长于 2mm,手摸有粗感。

(9)拉伸不足丝。成品丝片段性拉伸不足,条干偏粗,泛白色荧光,能明显伸长者称为拉伸不足丝。

(10)色差丝。丝筒本身的内、中、外丝层色泽有差异,或整只丝筒与标样丝筒的白度色泽有差异,称为差丝。

(11)油污丝。凡丝筒上沾有油、污、色、锈等斑渍者统称为油污丝。

(12)白斑。丝筒表面呈现白斑点、白霜、白条的丝称为白斑丝。

(13)成型不良。丝筒卷绕过硬或过软,三个面上有凹凸不平,斜面上丝条交叉呈蜘蛛网状及卷装位置不当等称为成型不良,见图4-51。

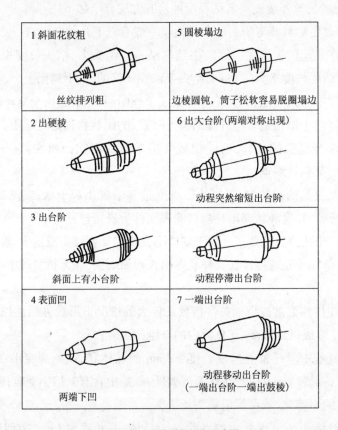

图4-51 卷装成形不良示意图

(14)尾巴丝圈数。把平装丝筒第一层下端露于斜面之外,留作后道工序接头用的若干圈丝称尾巴丝,圈数应在1.5圈以上,便于接头。

2. 变形丝外观疵点名称解释与识别 锦纶合股弹力丝,涤纶、丙纶低弹丝等变形丝的疵点主要有以下几种:

(1)僵丝。变形丝中的一股或双股在某一片段呈现竹节状,单纤维粘连,丝条细瘦,或者缺乏卷曲弹性及蓬松性,丝条僵直发亮等统称僵丝。

僵丝是变形丝中一种常见疵点,织入织物后表面发亮,染色后吸色深,对成品外观质量影响很大,其长度短的仅 1～2cm(称短僵丝),长的可达几十厘米(称长僵丝),僵丝因产生原因不同在锦纶与涤纶变形丝中表现形态也有区别,现列举如下:

①锦纶合股弹力丝僵丝。主要有以下几种形态:

a.双股中的一股捻度很高形成小辫子状,突出在变形丝外,编织成织物外观毛糙如麻粒状,系一股丝假捻未退尽所致。

b.片段性单纤维互相粘连,缺乏卷曲弹性与蓬松性,单丝不能分开,形成似竹节状僵丝。主要由于热定型温度过高接近软化点。使纤维发黏,甚至熔融。

c.复丝中各单纤维呈点粒状粘连一起,成为僵丝。

d.双股中的一股定型不足,弹性卷曲差,主要是定型温度太低,假捻器加捻效率差造成。

②涤纶(丙纶)变形丝僵丝。主要有以下几种形态:

a.由于片段性变形不良,造成卷曲不明显,无弹性,仍似原丝。

b.叠捻丝,由于假捻时形成重叠捻度,当丝条处于紧张状态时不明显,当丝条处于松弛状态时,叠捻成枝叉状突起处手感发硬。

c.竹节丝,又称紧捻丝,它是沿变形丝每2～5cm处捻度集中形成紧捻的细节,紧捻点的丝手感同样发硬,蓬松性差。竹节丝将使布面不清晰,染色时有芝麻点色花。

d.加弹时由于定型温度过高使单丝相互黏结甚至熔融。

(2)毛丝。与合纤长丝的毛丝概念不同。是指变形丝外观粗糙,有毛刺、毛茸,丝条蓬松,手感软绵。

(3)卷曲不匀丝。是指假捻变形后丝的卷曲、弹性不均匀。卷曲不匀丝只有织成袜筒后才能呈现,在筒(绞)装上不易发现。

(4)粘连。是指锦纶合股弹力丝因合股捻度太小,油剂太黏,上油过多或同向丝合股等原因造成丝条之间部分单丝相互牵扯、粘连,梳理不清似棉花状。粘连对织造加工和成品质量危害很大,退绕时易产生断丝、毛丝,增加织造断头,影响织物外观质量。

(5)成型不良丝。筒装与合纤长丝筒(绞)装要求成绞良好,退绕时顺利,绞重符合规定,反之属于成型不良丝。

(6)色差丝、油污丝等与合纤长丝同。

3.人造长丝外观疵点名称解释与识别　粘胶丝、铜氨丝、醋酯丝等人造长丝的主要疵点有以下几种:

(1)毛丝。指丝条受伤呈毛茸现象或单丝断裂。检验时筒装以严重一头定等,绞装数其整绞的毛丝数。

(2)结头。一根复丝断裂后,两端丝头互相打结为结头。检验时筒装丝从小头上直接计数,绞装丝从内层到外层计数。

(3)色泽。指一个丝筒(绞)的表面和各筒(绞)之间的颜色和光泽的均匀情况,包括有乳白丝、白点丝、白节丝等疵点。

①乳白丝。指有光长丝中呈现半无光或无光丝光泽的丝条。

②白点丝。指有光长丝中呈现半无光或无光丝光泽的小点丝。

③白节丝。指乳白丝分节段出现的丝节。

(4)卷曲。指丝条受力后形成不规则卷缩的现象。包括纺丝卷缩和一般弯曲。

(5)污染丝。是指油丝、锈丝和不能用水洗去的其他污斑点沾污的丝。

(6)跳丝。指丝筒的大头斜面上矢长超过 5mm 的跳丝,检验时从大头计数。

(7)松紧圈。指绞装丝内外层丝束的卷绕松紧情况,圈长大于或小于标准圈长(1m)者。

(8)脆断丝。指丝筒(绞)因化纤厂生产过程中,丝并处理不当,造成严重影响丝绸生产的丝。

(9)成型。指丝筒层的卷绕整齐情况。

4. 感官检验疵点方法 生产厂检验外观疵点与使用厂验收方法稍有区别。

生产厂通常采用对每批全部丝筒(绞)出厂前进行逐筒(绞)检验定等。但各种长丝的定等方法也有不同。锦纶、丙纶丝采用预分等方法,即先逐筒(绞)检验外观疵点预分等,然后在预分等的各等丝中按规定数量取样检验理化性能,最后以其中最低一项考核指标作为该批产品的等;涤纶丝及粘胶丝,则采取先抽样检验理化性能,然后逐筒(绞)检验外观疵点。

使用厂验收时,可按每批规定扦样数量,对抽验样箱的全部样筒(绞)逐只检验疵点,来代表全批外观质量情况,必要时可扩大检验数量。

现将锦纶丝、涤纶丝、粘胶丝的外观疵点检验方法介绍如下。

(1)锦纶长丝及变形丝。

①设备。分级台、各类疵点标样及标准、照明设备。

②照明条件。

a. 灯光。乳白色 40W 日光灯两只平行照明,周围无散光。

b. 灯罩。内刷白搪瓷漆或无光白漆(灯罩深度以 18 ~20cm 为宜)。

c. 照度。丝筒检验处照度达 400 ~600lx。

③操作步骤。

a. 将放有丝筒(绞)的分级台置于检验灯下方,准备好各种疵点标样。

b. 检验员手拿丝筒,离灯管 40 ~70cm,逐只检验丝筒的三个表面,检验毛丝时丝筒高度与视线相平。根据疵点项目,按指标或标样规定评定,并做好疵点记录。以每只丝筒各项疵点中最低的等级作为外观等级。

检验锦纶绞装弹力丝时,先普遍检查全批丝绞色泽是否一致,成型有无缺点。然后手拿丝绞表面环视一周,再细看两侧面,拨看丝绞的内层,按指标或标样进行评等,做好记录后将丝绞放入预分等箱内。

c. 有的疵点(如卷曲不匀、某些僵丝)在绞装或筒装上不易发现,必要时可织成袜筒进行检验,每只样筒(绞)摇袜筒 10cm 以上。

d. 色差评等除按白度标样对照评定外也可按照染色牢度灰色样卡(GB/T 250—2008)进行评定。

④锦纶丝疵点轻重程度掌握标准。

a. 油污丝。轻重程度按以下状态与深浅掌握:

· 点、线、段状。宽度 ≤2mm,三个表面累计长度 ≤40mm 称为"轻";累积长度 ≤80mm 称为"较重";累积长度 ≤160mm 称为"重"。

· 片状。宽度 >2mm,三个表面累计面积 ≤8mm×8mm 称为"轻";≤12mm×12mm 称为"较重";≤17mm×17mm 称为"重"。

b. 白斑。轻重程度按以下状态与程度掌握:

· 白霜、白斑点。轻微而少称为"轻微";较重而少称为"轻";重而较多称为"较重";严重称为"重"。

· 白条。5 条称为"轻微";10 条称为"轻";16 条以上称为"较重"。

c. 成型不良。按以下标准评定:

· 硬丝、软丝。硬丝:硬度 >90 的丝;外层软丝:用手指按丝筒三个表面有明显凹陷出现,其硬度 <55;内层软丝:丝筒内层的上端或下端呈现软丝,其厚度 >2mm。

· 凹凸不平丝。丝筒三个面上的丝凹凸不平,其凹凸深度 >1.5mm。

· 蜘网丝。蜘蛛丝有以下三种形态。丝筒上任一处交叉丝的丝层厚度 >3mm,并形成一圈;丝筒上丝条呈弧形,悬挂的弧形高度 <5mm,上下端超过 6 根;丝筒上丝条呈弧形,悬挂的弧形高度 >5mm,上下端超过 3 根。

· 卷装位置不当。以下两种情况称为卷装位置不当。丝筒外层平面长度小于正常丝筒外层平面长度的 $\frac{2}{3}$;丝筒内层绕丝位置距筒管头端距离 <5mm。

(2)涤纶长丝及变形丝。

①设备。分级台(图 4 - 52)及各类外观疵点标样及标准。

②照明条件。同前。

③操作步骤。

a. 准备好色泽等标样。把长丝筒子,(抱平)插在分级台的水平锭子上,筒子呈水平状,如图 2 - 117 所示。

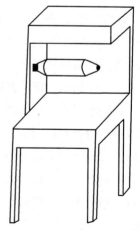

图 4 - 52　分级台

b. 用手转动丝筒,观察筒子的三个表面,根据疵点项目,按指标或标样规定进行评定,并作好记录。

④疵点轻重程度掌握标准。

a. 涤纶长丝:

·毛丝。一等品每筒 2 只以内,二等品 3 ~ 6 只。

·圈丝。一等品每筒 9 只以内,二等品 10 ~ 20 只。

·油污丝。一等品不明显,二等品稍有。

·筒重。一等品为 1000g 及以上,二等品为 300g 及以上。

b. 涤纶变形丝:

·毛丝。一等品少于 4 个,二等品 4 ~ 6 个。

·油污丝。一等品不明显,二等品稍有。

·成形。一等品为好,二等品为较好。

·筒重。一等品为 1000g 及以上,二等品为 500g 及以上。

(3)粘胶长丝。

①设备。分级台、分级架,各类疵点标样及标准等。

②照明条件。同前。观察距离为 30 ~ 40cm(检查丝筒毛丝时为 20 ~ 25cm);观察角度为 45° ~ 60°(检查丝筒毛丝时与目光平行)。

③操作步骤。

a. 筒装丝。将丝筒大(小)头立于分级台中心并转动一周,观察筒子的小头,然后将丝筒倒置,按相同方法观察大头,接着用双手将筒子托起,使大头丝面与目光呈水平,徐徐转动一周,检查毛丝。最后再将丝筒侧面水平转动一周,观察其侧表面,检查白节丝时,可将丝筒倾斜观察。对照指标或标样进行评定,作好记录。

b. 绞装丝。将丝绞穿在分级架上,抖开丝绞达最宽幅度,用手把丝绞拉直并与水平面呈 45° ~ 60°倾角,同时将丝绞转动一周进行观察。再把丝绞内层翻向外层,依上法观察内层。按指标或标样进行评定,作好记录。

④疵点轻重程度掌握标准。

a. 毛丝。筒装丝以严重一头定等。绞装丝数其整绞的毛丝个数。凡丝筒大头有 3mm 以下的绒毛丝时,形成半圈者为等外品,绒毛丝虽不成圈,但在大头表面分布较广较密者为等外品,丝筒大头有环形毛丝者(单丝未断)形成弧形,其矢长超过 3mm 者,亦按毛丝计数。

b. 色泽。凡丝筒表面有不明显的颜色不匀,称为"轻微不匀",与标样进行对比评定,若有白点丝则作为等外品;凡丝绞内部有颜色不匀时,与标样进行对比评定,若有白点丝则作为等外品。

凡各丝筒(绞)之间有色差时,按每个丝筒(绞)内部色差处理。

c. 结头。筒装丝从小头上直接计数,绞装丝从内层到外层计数。断头未接或接错者为等外品。

d. 油污丝。筒装丝测其表面污染的总面积 $<4mm^2$ 时称为"稍明显",总面积 $<8mm^2$ 时称为"较明显"。绞装丝数其根数和量其总长度,3 根以下或总长度短于 20mm 时称为"稍明显",7 根以下或总长度短于 40mm 时称为"较明显"。

e. 跳丝。凡出现矢长超过 5mm 的大网状跳丝和矢长不足 5mm 的小网状跳丝,其量占大头面积的 1/2 者,均应返打成绞丝。凡矢长不足 5mm 的网状跳丝,最高定为二等。

f. 松紧圈。凡出现 5 根以上松紧丝条,圈距相离 40mm 者作为等外品。

g. 成型。凡筒装丝纸管两头突出丝面,大头 >3mm,小头 >5mm,以及丝筒丝层凹凸处最高与最低相差 ≤7mm 者均为正品,大于 7mm 者为等外品。

凡内外层丝条有明显的两种松紧层者称为"稍差",有三种松紧层者称为"较差",超过三种松紧层者称为等外品。

凡丝筒纸管头端与丝面距离不符上述规定者,最高定为二等,纸管与丝面平齐时应返打成绞。

注:铜氨丝、醋酯丝的外观疵点检验,可参照粘胶丝。

5. 疵点仪检验疵点方法 通常用 Elkometer Ⅱ 型纱线疵点仪已用于检测长丝疵点情况。

Elkometer Ⅱ 型纱线疵点仪是由德国 Textechno 公司生产,可用于检测长丝(纱线)中存在的毛丝、毛丝团、夹杂物等各种粗节以及变形丝中的紧捻丝等。仪器由探头、探头座、卷取装置(设有长度计数器和疵点计数器)等组件,接合件组成。外形结构如图 4-53 所示。

纱线(丝)上疵点主要靠电容式检测头检测(俗称探头),当毛丝、粗节等疵点通过时,触动探头装置,放出电脉冲,计数器就进行计数。探头有 T 型与 F 型两种。

(1)T 探头:由两根平行竖立的瓷柱组成。一根瓷柱固定,一根瓷柱为活动的探测装置,两瓷柱间的缝隙可根据纱(丝)的粗细和所要检查的粗节

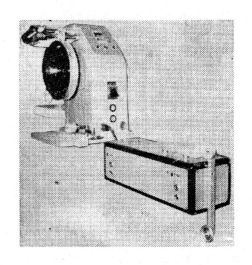

图 4-53 纱线疵点仪外形图

的大小而精确调节。此探头适用于检查紧捻丝、毛丝团等粗节,当粗节通过两瓷柱间的缝隙时,触动探测瓷柱,给出电脉冲,计数器进行计数。

(2)F 探头:结构和 T 型探头相似,只是在固定瓷柱上开有三角形截面的槽,纱线由小槽通过,此装置对毛丝非常敏感,共有三只具有不同槽深的固定瓷柱同时装在一个环上,转动这个环

即可选用不同的槽深,测定不同程度的毛丝。故 F 测头主要作测定毛丝用。

使用时如将 T 型探头和 F 型探头,通过接合件 KZGN 串联,则可同时测定粗节和毛丝。

为了提高测试效率,使用时可把 5 组或 10 组的 T 型和 F 型探头并列和一台卷绕装置组合在一起,则可同时测试 5 只和 10 只丝筒,纱(丝)先经过 T 型探头,再经过 F 型探头,探头装在探头座上,每组探头都有 2 只疵点计数器,分别记取各自的疵点数。

参考文献

[1] 谢军.纺织纤维检验检测与质量性能测试及质量控制技术标准实用手册[M].北京:银声音像出版社,2004.

[2] 瞿才新,张荣华.纺织材料基础[M].北京:中国纺织出版社,2004.

[3] 李栋高.纤维材料学[M].北京:中国纺织出版社,2006.

[4] 邢声远,江锡夏,文永奋,等.纺织新材料及其识别[M].北京:中国纺织出版社,2002.

[5] 董纪震,吴宏仁,何勤功,濮林.合成纤维生产工艺学(中)[M].北京:纺织工业出版社,1984.

[6] 董纪震,吴宏仁,陈雪英.合成纤维生产工艺学(下)[M].北京:纺织工业出版社,1984.

[7] 沙建勋.范德忻.纤维检验[M].北京:中国纺织出版社,1995.

[8] 赵书经.纺织材料实验教程[M].北京:中国纺织出版社,2000.

[9] JAMES C. MASSON.腈纶生产工艺及应用[M].陈国康,沈新元,译.北京:中国纺织出版社,2004.

[10] MUKHTAR AHMED.聚丙烯纤维的科学与工艺[M].吴宏仁,赵华山,译.北京:纺织工业出版社,1987.

[11] 上海市第三十一棉纺织厂.丙纶生产基本知识[M].北京:纺织工业出版社,1980.

[12] 中国纺织总会标准化研究所.纺织品基础标准方法标准汇编[M].北京:中国标准出版社,1990.

[13] 李春田.标准化概论[M].3 版.北京:中国人民大学出版社,1995.

[14] 中国大百科全书纺织编辑委员会编.中国大百科全书:纺织[M].北京:中国大百科全书出版社,1984.

[15] 姜怀.纺织材料学[M].北京:中国纺织出版社,2001.

第五章

新型化学纤维的检验

化学纤维的问世,结束了人类几千年来只将天然纤维作为唯一纺织原料的历史,为纺织工业提供了一个稳定的、持续发展的原料来源。使人类的穿衣状况得到了非常巨大的改善。同时,由于是人工产品,所以化学纤维的性能不像天然纤维那样是天生的、有限的,而是可以人为改变和控制的,可以制得各种不同性能的新型纤维。

长久以来,为了满足人类穿着日益增长的需要,人们一直在寻找更多的纤维材料来源,研究出不同种类的人造纤维和合成纤维;同时,世界范围内的技术进步和产业结构调整,也促进了世界各国加强对化学纤维新产品的科研投入和工程化的研究。因此,新型化学纤维的品种也越来越多。

新型化学纤维的分类第一章已述及,每类新型化学纤维大品种又有许多产品。

本章介绍差别化化学纤维、功能纤维、智能纤维和生态纤维的检验与品质控制。

第一节　差别化化学纤维的检验

一、概述

(一)差别化化学纤维的作用

关于差别化化学纤维及其主要品种的概念已在第一章叙述。

差别化化学纤维主要通过纤维的物理和化学改性实现,学术上称为差别化或者仿真化。其实差别是相对而言的,差别化只是一种手段,而主要目的是为了进一步完善和拓展化学纤维材料的性能与品种,同时提高相应纤维制品的相关性能,开发新产品,提高企业的市场竞争力。具体来说,它主要有如下几个方面的作用:

(1)提高适应性、应变性,适用于不同领域、品种、用途的产品。

(2)克服常规合成纤维在吸湿、静电、染色、阻燃性能等方面存在的某些缺陷。

(3)改善纤维性能。

(4)具有天然化、自然化、仿真化的特点。

(5)具有差异化、特殊化、个性化的特点。

（6）增加产品附加值。

（7）增加产品花色品种，开发新产品。

（8）开发新功能、高功能，获得高感性、超自然的效果。

（9）提高织物的可纺性、可织性、可染性等加工性能。

（二）差别化纤维的发展与主要产品

化学纤维的差别化和仿真化研究从 20 世纪 50 年代开始到现在已经有 60 年的历史。其技术、工艺、效果不断变化，由简单到复杂，从单一到多元，自初级到高级，渐臻完善。根据其发展变化的总体水平，可以将差别化纤维的发展过程归结为若干个阶段，以最初的产品作为第一代，现在的产品可以定义成第五代差别化纤维。

专家认为，服用型差别化纤维可由两条途径开发，即对衣料织物外观及结构的改进和穿着舒适性的改进。图 5-1 和图 5-2 列举了通过这两条途径开发的差别化纤维。表 5-1 列举了日本改性化学纤维的品种数量。

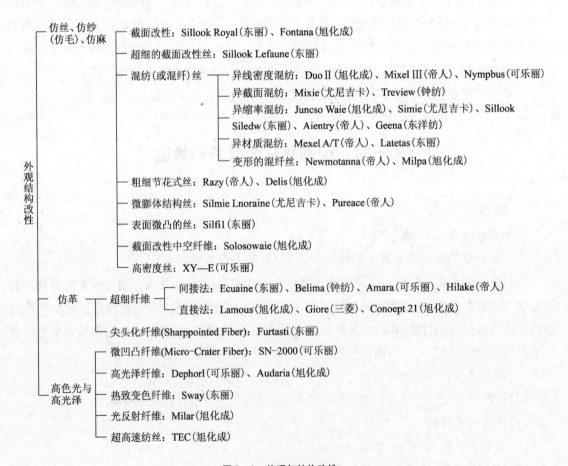

图 5-1　外观与结构改性

图 5 - 2　穿着舒适性改性

表 5 - 1　日本改性化纤的品种数量(种)

纤维材料	改 性 目 的		
	染色、光泽、手感、截面形状	功能,性能	总计
涤纶长丝	121	23	144
涤纶短纤	93	53	146
锦纶	58	42	100
腈纶短纤	79	59	138
腈纶长丝	14	4	18
乙纶、丙纶、氯纶	4	9	13
铜氨纤维	26	3	29
总计	395	193	588

　　20 世纪 80 年代以来,我国差别化纤维有了较快发展,有色纤维、网络长丝、高强低伸纤维、空气变形纱、高收缩锦纶 66 等都具有国际一流水平,高强低伸缝纫线具备了进入国际市场的水平。但总体来说,我国差别化纤维与国外相比品种还不多。1999 年 7 月 14 日,国家发展计划委员会、科学技术部联合发布了我国第一部引导高技术产业化发展的指导性文件《当前国家优先发展的高技术产业化重点领域指南》,在已确定的 138 个重点发展领域中,差

别化、功能化纤维以及超细复合纤维及系列化产品位于其中。同时,国家出台了一系列的优惠政策和措施,为我国差别化纤维的新一轮开发创造了良好的外部环境。2010 年,我国的化学纤维差别化率已达到 43% 以上,比 2005 年提高了 12%。在这种形势下,差别化纤维的检验工作就显得更加重要。

二、差别化纤维的检验

第一章已述,差别化纤维的品种有许多,由于它们的特征与常规纤维有较大的差异,因此需要制订特殊的检验指标。目前,一些差别化纤维的检验指标已经制订并已被采用,另一些差别化纤维的检验指标还在制订中。下面介绍异形纤维和复合纤维的特征及其检验指标。

(一)异形纤维

1. 异形纤维的特征　异形纤维是异形截面化学纤维的简称。所谓异形截面是指这种化学纤维的横截面呈特殊的形状,如表 5 - 2 所示。

表 5 - 2　异形纤维品种和主要性能

型式	板孔形状和截面形状	特　征
三角(三叶·T)形		闪光性强
		光泽柔和,用于仿真丝绸产品
		闪烁光泽、耐污应用于点缀性装饰品
		光泽较差、透气性好,蓬松度大
		有强烈的反射光泽、卷曲能力强
多支角形(菱形、五叶、形)		闪光调和,织物挺爽,蓬松度大、染色好
		金刚石般的光泽、手感好
		特殊的光泽,抗起球性,蓬松性好
		手感滑爽,覆盖性好,高蓬松度

续表

型式	板孔形状和截面形状	特征
扁平、带状、狗骨、豆形		短边凹面及和长边凹面能反射出两种不同强度的光泽、刚性强
		光泽闪耀
		光泽闪耀
中空（圆、三角、藕孔）形		手感丰满，刚性好
		覆盖性好，表面光滑
		手感丰满，弹性好
		仿棉型、手感好、透气性好
		具有藕孔形，丰满、透气性好，保暖性好
		潜在立体卷曲性

2. 异形纤维的检验　表征异形纤维的形态特征有不少指标，下面简单介绍生产上用来表征和检验异形纤维的常用参数。

（1）异形度。

①星型、Y 型、三角型等。异形度的定义为异形截面的外接圆周长（L_1）内切圆周长（L_2）之差与外接圆周长（L_1）之比。

$$异形度\ B = (L_1 - L_2/L_1) \times 100\% = (2\pi R - 2\pi r/2\pi R) \times 100\% = (1 - r/R) \times 100\% \quad (5-1)$$

式中：r 表示异形截面内切圆半径；R 表示异形截面外切圆半径。

②矩形等。异形度的定义为矩形断面的长边长（W）和短边长（H）之差与长边长（W）之比。

$$异形度\ B = \frac{1-H}{W} \times 100\% \quad (5-2)$$

（2）形状系数、表面系数。形状系数定义为断面周长（L）的平方与相应的形状面积（A）之比；表面系数定义为异形纤维断面周长与长纤维细度（tex）之比。

（3）面积系数、周长系数、半径系数和圆系数。对三叶形异形纤维可以采用更多的异性度指标，诸如：

$$面积系数 = \frac{纤维断面面积(S_E)}{外接圆面积(S_C)} \quad\quad (5-3)$$

$$周长系数 = \frac{纤维断面周长(P_E)}{外接圆周长(P_C)} \quad\quad (5-4)$$

$$半径系数 = \frac{外接圆半径(R)}{内切圆半径(r)} \quad\quad (5-5)$$

圆系数定义为异形纤维断面积(A)与异形纤维外接圆面积之比。

（4）中空度。对中空纤维一般应用中空度指标。

$$中空纤维的中空度 = \frac{中空面积}{外圆面积} \times 100\% \quad\quad (5-6)$$

中空纤维的中空度可以通过密度求得。关于纤维密度的测试方法已在第三章介绍。中空纤维的中空度，一般以纤维横截面的中空部分面积(S_0)对横截面积(S)之比表示。测得中空纤维的密度可由下式计算其中空度：

$$中空纤维的中空度 = \frac{S_0}{S} = \frac{\rho_{实} - \rho_{空}}{\rho_{实}} \times 100\% \quad\quad (5-7)$$

式中：$\rho_{空}$ 表示某段中空纤维的密度；$\rho_{实}$ 表示与该段中空纤维的长度、横截面积和组成均相同的非中空纤维在相同条件下测得的密度。

（二）复合纤维

1. 复合纤维的特征　又称多组分纤维、共轭纤维、组合纤维或异质纤维，是指由两种或两种以上成纤高聚物通过同一喷丝孔复合纺丝而制得。其品种很多，如图5-3所示。

2. 复合纤维的检验　表征复合纤维的主要指标为复合比，它是指组成某种复合纤维的各组分的百分含量。纤维的复合比可以通过纤维的密度求得。假定复合纤维的密度也具有加和性，则若设 $\rho_{复}$ 为复合纤维的密度，可根据式（5-8）求得复合纤维中某一组分的体积分数：

$$\rho_{复} = \rho_A \times C_{V \cdot A} + \rho_B (1 - C_{V \cdot A}) \quad\quad (5-8)$$

式中：ρ_A 表示复合纤维中纯 A 组分的密度；ρ_B 表示复合纤维中纯 B 组分的密度；$C_{V \cdot A}$ 表示复合纤维中 A 组分的体积分数，即体积复合比（%）。

根据式（5-8）可求得质量复合比：

$$C_{W \cdot A} = C_{V \cdot A} \frac{\rho_A}{\rho} \quad\quad (5-9)$$

式中：$C_{W \cdot A}$ 表示复合纤维中 A 组分的质量分数，即质量复合比（%）。

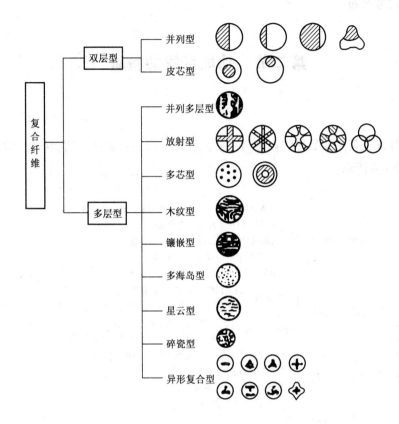

图5-3　复合纤维的分类

(三)纳米纤维

1.纳米纤维的特性　纳米材料结构的特殊性,如大的比表面以及一系列新的效应(小尺寸效应、界面效应、量子效应和量子隧道效应)决定了纳米材料出现许多不同于传统材料的独特性能,进一步优化了材料的电学、热学及光学性能。由于纳米纤维具有优良的微纤效应、力学性能、电学性能等,使其具有广泛的应用领域,如高性能及功能性纺织品、储氢材料、过滤阻隔材料、生物组织材料及光电材料等。

2.纳米纤维及其纺织品的检验　纳米纤维在纺织品功能化中具有广泛用途,例如抗紫外、抗菌和高吸湿等。纳米纤维及其纺织品的检验主要包括两方面内容,一是纳米纤维的形态,二是纳米功能纺织品的功能性。纳米功能纺织品功能性的检验将在下节叙述。这里只介绍纳米纤维形态的检验。

纳米纤维形态的检验通常采用电镜观察法。可采用扫描电镜(SEM)和透射电镜(TEM)两种方式进行观测。可以直接观察纳米纤维的大小和形状,但有可能会有较大的统计误差。由于电镜法是对样品局部区域的观测,所以在进行尺寸分布分析时,需要观测多幅照片,通过软件分析得到统计的尺寸分布。

第二节　功能纤维的检验

一、概述

关于功能纤维及其主要品种的概念与主要品种已在第一章叙述。功能纤维品种很多，其分类与应用如图 5 - 4 所示。

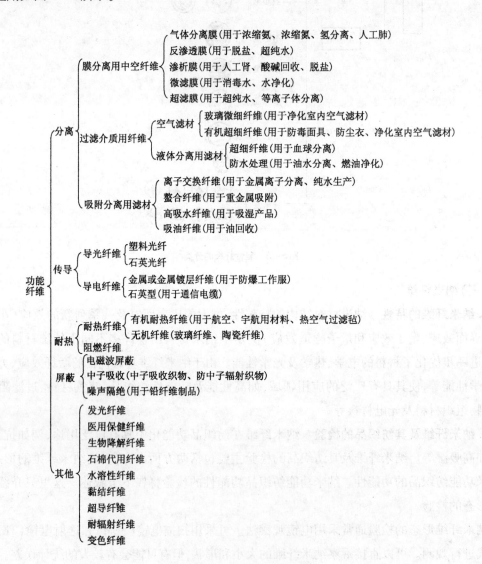

图 5 - 4　功能纤维的分类与应用

二、功能纤维的检验

　　由于功能纤维的特征与常规纤维有较大的差异,因此需要制订特殊的检验指标。目前,一些功能纤维的检验指标已经制订并已被采用,另一些功能纤维的检验指标还在制订中。下面介绍几种功能纤维的特征及其检验指标。

(一)抗菌纤维

　　1. 概述　自然界的有害细菌、真菌和病毒等微生物是使人类遭受传染、诱发疾病的主要原因。在自然界物质循环的漫长过程中,微生物存在极为广泛。一般情况下,纤维上会吸附很多微生物,其数量依环境条件和纤维种类的不同,为 $10^3 \sim 10^8$ 个/cm^2。如果环境条件适宜,这些微生物细菌就会迅速繁殖,产生种种危害。人的皮肤对于自然界中的微生物是一种很好的营养基,脱落的皮屑、分泌的汗液和体液以及适宜的温湿度给细菌的繁殖提供了良好的环境。在一般情况下,人们皮肤上的一些常驻菌起着保护皮肤免受致病菌危害的作用,一旦微生物中的菌群失调,它们中的少量致病菌就会大量繁殖,并通过皮肤、呼吸道、消化道以及生殖器黏膜对人体造成危害。随着生活水平的提高,人们对生存环境的要求也越来越高。由此,包括抗菌纤维在内的抗菌材料的生产已成为一个新兴的产业。

　　纤维要具有抗菌效果,采用工艺方法如表 5-3 所示。

表 5-3　纤维制品的抗菌防臭加工方法与抗菌作用

加工方法			应用范围	抗菌作用	特点
后处理加工法	表面涂层	将抗菌剂与涂层剂配成溶液对织物进行涂层处理,使抗菌剂固着在织物表面	磺胺药类、呋喃药类、有机硅季胺类	固化的抗菌剂显示抗菌性	持久性差、安全性差
	树脂整理	将抗菌剂溶解于树脂中配成乳化液,将织物放在乳化液中充分浸渍,再通过轧、烘,使含有抗菌剂的树脂附着于织物表面	溴代肉桂醇等(需加少量催化剂)	抗菌剂从纤维表面溶出,起抗菌作用	
	微胶囊法	将抗菌剂制成微胶囊,再用高分子黏合剂或涂层剂处理织物	抗菌剂适合黏合剂的加工条件,且能渗透到纤维无定形区		
原纤维加工法	湿纺	在合成纤维纺丝阶段,将抗菌剂混入聚合物中进行纺丝,使抗菌剂分散于纤维内部	无机盐类,如铜系、银系金属盐离子,也可用二苯醚类	纤维表面上的抗菌剂与一部分溶出的抗菌剂一起发挥抗菌作用	持久性好、耐洗涤、安全性高
	熔纺	在纤维加工中控制相应的工艺条件,使抗菌剂分散于纤维内部,如铜氨纤维	多为沸石类无机物质		
染整加工方法		将纤维的染色与抗菌整理同时进行,抗菌剂既可以与染料先行结合,也可在染色过程中被固定并分散于纤维中	一些具有抗菌活性的吖啶黄,某些胺类衍生物和活性染料	染料中的抗菌剂显示抗菌作用	持久性好

2. 化学纤维及纺织品抗菌性能测试方法及标准

（1）织物抗菌性能测试方法分类。织物抗菌性能的测试分为定量测试方法和定性测试方法，以定量测试方法最为重要。

①定量测试方法。目前纺织品抑菌性能定量测试方法及标准包括美国 AATCC Test Method 100（菌数测定法）、GB 15979—2002《一次性使用卫生用品卫生标准》、奎因实验法等。

定量测试方法包括织物的消毒、接种测试菌、菌培养、对残留的菌落计数等。它适用于非溶出性抗菌整理织物，不适用于溶出性抗菌整理织物。该法的优点是定量、准确、客观，缺点是时间长、费用高。图 5 - 5 是菌数测定法测试结果的示意图。

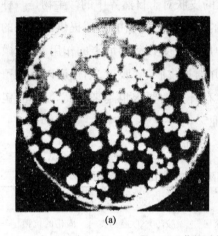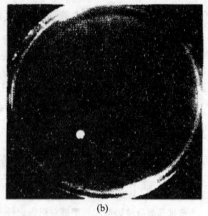

(a)   (b)

图 5 - 5   菌数测定法测试结果示意

②定性测试方法。定性测试方法主要有美国 AATCC Test Method 90（Halo Test，晕圈法，也叫琼脂平皿法）、AATCC Test Method 124（平行划线法）和 JISZ 2911—1981（抗微生物性实验法）等。

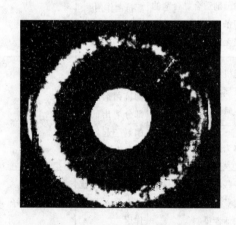

定性测试方法包括在织物上接种测试菌和用肉眼观察织物上微生物的生长情况。它是基于离开纤维进入培养皿的抗菌剂活性不同的原理进行测试，一般适于溶出性抗菌整理，但不适用于耐洗涤的抗菌整理。优点是测试费用低，速度快，缺点是不能定量测定抗菌活性，结果不准确。图 5 - 6 是晕圈法测试结果的示意图。

（2）测试菌种的选择。在抗菌纤维的抗菌性能评价中，菌种的选择必须具有科学性和代表性。表 5 - 5列出的菌种在自然界和人体皮肤及黏膜上分

图 5 - 6   晕圈法测试结果示意图

布最为广泛。金黄色葡萄球菌是无芽孢细菌中抵抗力最强的致病菌,可作为革兰阳性菌的代表。巨大芽孢杆菌是芽孢类细菌中常见的致病菌;枯草杆菌易形成芽孢,抵抗力强,可作为芽孢菌的代表。大肠杆菌分布相当广泛,已作为通常的革兰阴性菌的代表,目前已用于各种试验。黄曲霉作为规定的防霉试验用菌种,已列入我国国家标准 GB 15979—2002,其他所选择的霉菌,则是侵蚀纺织品或高分子材料的常见霉菌。白色念珠菌是人体皮肤黏膜常见的条件致病性真菌,对药物具有敏感性,具有真菌的特性,菌落酷似细菌却不是细菌,又不同于霉菌,因具有酷似细菌的菌落,易于计数观察,常作为真菌的代表。因此,为考核抗菌纺织品是否具有广谱抗菌效果,较合理的选择是按一定的比例,将有代表性的菌种配成混合菌种用于检测。目前大部分抗菌产品的抗菌性能,往往仅选择金黄色葡萄球菌、大肠杆菌和白色念珠菌分别作为革兰阳性菌、革兰阴性菌和真菌的代表。但实际上仅用这三种菌是远远不够的。其他用于试验的菌种如表 5-4 所示。

表 5-4　代表性的供试菌种

细菌	革兰阳性菌	金黄色葡萄球菌	真菌	霉菌	球毛壳霉
		巨大芽孢杆菌			宛氏拟青霉
		枯草杆菌			腊叶芽枝霉
	革兰阴性菌	大肠杆菌		癣菌	石膏样毛癣菌
		荧光假单胞杆菌			红色癣菌
真菌	霉菌	黑曲霉			紫色癣菌
		黄曲霉			铁锈色小孢子菌
		变色曲霉			孢子丝菌
		橘青霉			白色念珠菌
		绿色木霉			

(3)抗菌性能评价方法的选择。作为抗菌性试验,一般应具有如下基本条件:

①试验条件要尽可能近似于纤维制品的实际衣着状态。

②不同加工方法,纤维材料或形状的抗菌产品均采用同一标准评价。

③能定量地检测。

④操作简便,易于掌握。

为考查抗菌纤维产品是否具有广谱抗菌效果,较为合理的选择是按一定的比例,将有代表性的菌种配成混合菌种用于检测。但大部分抗菌产品的抗菌性能测试,常常仅选用金黄色葡萄球菌、大肠杆菌和白色念珠菌分别作为革兰阳性菌、革兰阴性菌和真菌的代表。根据样品情况采用各种方法测定抗菌性能,如表 5-5 和表 5-6 所示,这些方法大多数存在一定的局限性,各种方法的测定结果之间没有严格的可比性。

表5-5 抗菌效力测定方法

试验方法名称		定性或定量	评价依据
Halo法	AATCC—90	定性	阻止带宽度
	改良 AATCC—90(喷雾法)	定性	显色的程度
	改良 AATCC—90(比色法)	定量	显色的程度
	Petrocci 法	定量	阻止带
菌数减少法	浸渍法	AATCC—100	定量	菌减少率
		改良 AATCC—100	定量	菌减少率
		细菌增殖抑制法	定量	增殖抑制效果
		菌数测定法	定量	增减值差
		Latief 法	定量	菌减少率
		Isquith 法	定量	菌减少率
		Majors 法	半定量	滴定值
		新琼脂平板法	定量	杀菌抑菌活性
	振荡法	振荡瓶法	定量	菌减少率
		改良振荡瓶法	定量	菌减少率
	其他方法	Quinn 法	定量	菌减少率
		平行划线法	定性	阻止带
		AATCC—147	半定量	阻止带宽度

表5-6 抗霉菌效力测定方法

试验法	定性或定量	评价依据	试验法	定性或定量	评价依据
JIS Z 2911 抗霉性法	定性	菌发育情况	增湿瓶法	定性	菌生长情况
AA7CC—30	定性	强度残留率	真菌生长抑制法	半定量	对菌生长抑制
AA7CC—90	定性	阻止带宽度	真菌生长繁殖阻止效果法	半定量	菌生长程度
AATCC—147	半定量	阻止带宽度	真菌定量评价法(滤纸接触法)	半定量	菌生长程度
平行划线法	定性	阻止带	白癣菌生长繁殖阻止效果法	定量	菌减少率

目前国际上比较通用的是 AATCC 系列标准,其中 AATCC—30 是用于抗真菌效果评价的定性方法,AATCC—90 是用于抗菌剂筛选的抗菌效力快速定性方法,AATCC—147 是对纺织品抗菌效力的半定量实验方法。上述三种方法均采用琼脂培养基接种菌种,放置试样后,经一定时间和温度的培养,观察试样周围的抑菌圈半径或抑菌宽度,以此评定样品的抗菌效力。AATCC—100 则是一种定量分析方法,适用于抗菌纺织品抗菌率的评价。

目前被广泛采用的我国纺织行业标准《织物抗菌性能实验方法》(FZ/T 01021—1992)是参

照美国 AATCC 100—1981 方法制订的,在技术条件未做根本变动的前提下,对部分内容作了技术性调整,实际上更接近于改良的 AATCC—100 方法。但值得注意的是,以上的多数方法单独使用时都有一定的缺陷,需要几种方法综合评价,才能得到更加科学和有价值的测试结果。该方法要求在接种菌种时,样品必须被充分地滋润以保证样品与菌种的充分接触,从而将其杀灭。显然,对化纤产品,特别是纯化纤的纤维样品在静止状态下很难达到此要求。因此,在实际采用中,往往会考虑到纤维试样与织物试样的不同,为使试样能充分润湿(与菌液的充分接触),在维持接种菌落数不变的情况下,会增加菌液容量,并适当振摇,以保证试样与菌液的充分接触,其余操作均按标准进行。

由于大部分真菌无法计数菌落数,因此,纺织品抗真菌性能的评价主要通过观察试样接触真菌后,在一定的温湿度的条件下,经过一定时间以后真菌在试样上的生长情况来评定的。通常采用恒温、恒湿悬挂法来评价样品的抗真菌性能。而对真菌生长程度的评定,则采用英国标准 BS 6085—1981 来进行等级评定,其中 0 级为试样在规定条件下,真菌完全不能生长,而 5 级则为无任何抗真菌效果,一般等级在 2 级以下被认为是具有抗真菌效果。

(二)防水透湿纤维

1. 概述　防水透湿织物(Waterproof & Moisture Permeable Fabric)通常也叫防水透气织物,国外一般称为可呼吸织物 (Waterproof and Breathable Fabric)。防水透湿织物是指具有使水滴(或液滴)不能渗入织物,而人体散发的汗气能通过织物扩散传递到外界,不致在衣服和皮肤间积累或冷凝,从而使穿着者感觉不到发闷现象的功能性织物。它是人类为抵御大自然的侵害,不断提高自我保护的情况下出现的,是集防风、雨、雪,御寒保暖,美观舒适于一身的高技术纺织品。

早期的防水织物,由于人体散发的汗蒸气不能及时通过织物扩散或传导到外界而积聚在体表和织物之间,由此产生湿冷感,促使人们着手研究能防水且透湿的织物。20 世纪 40 年代初,英国锡莱(Shriley)研究所设计的著名文泰尔(Ventel)防雨布,它的出现标志着防水透湿织物正式走向市场。今天,人们已成功地将矛盾的防水和透湿性能集于一种织物之中,巧妙地将防水透湿织物的设计与纺织品转移水蒸气及液态水的机理密切结合起来,根据不同的机理,开发了许多防水透湿织物。

2. 化学纤维及织物透湿性能测试　织物透湿性检测方法主要有三种,即吸湿法、蒸发法和模拟法。

(1)吸湿法。吸湿法分为倒置法和正置法。

①倒置法。倒置法分为干燥剂吸湿法和透湿杯醋酸钾法。

a. 干燥剂吸湿法:把一组织物样品和一套金属环紧密地固定在一个装有颗粒干燥剂的干燥器杯口上,然后把杯口朝下放置在恒湿环境中,一定时间后,通过检测干燥剂的质量变化并且测定各块布样的质量,来衡量织物的透湿性能。这种方法不适于测定高透湿性材料,高透湿性材料会使里面的干燥剂表面变湿;但是这种方法也不适于低透湿性的材料,检测低透湿性材料时,干燥剂将使材料或材料的一侧变得很干,而产生很高的阻力。

b. 透湿杯醋酸钾法:用于测定较难浸透水的织物的透湿性能。实验采用可以放置并固定试样架的较大水槽,试样架规格为内径80mm,高度约50mm,厚度约3mm的合成树脂圆形框架。该法的操作步骤如下。

· 取3块20cm×20cm的试样,将试样绷架在试样架上面,并以胶带固定。

· 将温度为23℃的水倒入水槽,试样架以织物试样的里面浮于水槽中的水面上,试样的正面向上的位置固定在水槽上面。

· 水槽放在30℃的恒温装置中。

· 透湿杯中倒入23℃的醋酸钾溶液,约2/3透湿杯的容积。醋酸钾溶液为100mL水中加入300g醋酸钾后,放置24h析出结晶的溶液。

· 将聚四氟乙烯薄膜(厚度为25μm,孔隙率为80%)作为测定透湿性的辅助膜覆盖在透湿杯上,并用胶带固定。

· 称量装有醋酸钾和辅助膜的透湿杯质量 m_1。

· 将透湿杯倒置放在试样架上。15min后取出,反转后取其质量 m_2。

· 结果计算:

$$G_{WVT} = 96 \times (m_2 - m_1)/S \tag{5-10}$$

式中: G_{WVT} 表示透湿度 $[g/(cm^2 \cdot 24h)]$; $m_2 - m_1$ 表示同一透湿杯两次称重之差(g); S 表示织物透湿面积 (cm^2)。

②正置法。

a. 中国国家标准 GB/T 12704.1—2009《纺织品 织物透湿性试验方法 第1部分:吸湿法》:采用正置吸收法测定织物透湿量。操作步骤如下:

· 在干燥的透湿杯中加入烘干的氯化钙吸湿剂,并使吸湿剂平面至杯口 3~4mm。

· 取直径为7cm的试样3块,测试面朝上放在3个透湿杯上,用垫圈、压环和螺帽固定。

· 透湿杯放入试验箱平衡0.5h。

· 上对应杯盖,放入硅胶干燥器中平衡0.5h,分别称量透湿杯质量。

· 去掉杯盖,将透湿杯放入试验箱1h后取出,再按照上方法称重。

· 透湿量计算:

$$G_{WVT} = \frac{24\Delta m}{S \cdot T} \tag{5-11}$$

式中: G_{WVT} 表示每平方米每天(24h)的透湿量 $[g/(m^2 \cdot 24h)]$; Δm 表示同一透湿杯两次称量之

差(g);S表示试样试验面积(m^2);T表示试验时间(h)。

b. 中国台湾标准 CNSL 3223—1988《纤维制品透湿度检验法》:采用正置吸收法测定织物透湿度。此方法与 JISL 1099《纤维制品的透湿度试验方法》等同。操作步骤如下:

・取 3 块直径为 7cm 的圆形试样。

・将透湿杯加热至 40℃,放入氯化钙吸收剂至杯口 3mm。

・试样用垫圈和螺丝在透湿杯口固定,并且用胶带密封,作为试样组合体。

・将试样组合体放入恒温恒湿(温度为 40℃,相对湿度为 90%)装置,1h 后取出并称取试样组合体质量 $m_1(g)$。

・再将试样组合体放入恒温恒湿装置 1h 后,第二次称质量为 $m_2(g)$。

・湿度计算:

$$P = \frac{10^4(m_2 - m_1)}{S} \tag{5-12}$$

式中:P 表示透湿度$[g/(m^2 \cdot h)]$;S 表示透湿面积(cm^2)。

(2)蒸发法。蒸发法包括正相杯法和反相杯法,它们是测定在一定温度、湿度和一定的风速下单位时间内透过织物单位面积的水汽量,一般用 $g/(m^2 \cdot 24h)$ 来表示。正相杯法与反相杯法的根本区别在于前者织物涂层一侧与水面保持一定的距离,而后者被测织物涂层一侧紧贴水面。

①正相杯法。正相杯法的测试条件与人体在静止或少量运动状态下所穿织物的透湿性相近,这时人体排出的汗液较少,皮肤与织物间有一定的空隙,且它们之间存在较大水汽浓度的空气。

②反相杯法。反相杯法的测试条件与人体在剧烈运动状态下的透湿性相近,在这种状态下,人体排出的汗液急剧增多,织物与人体皮肤上的汗液直接接触。

美国 ASTME—96 Procedure B 及中国国家标准 GB/T 12704.1—2009 透湿杯法中的方法 B——蒸发法,均属正相杯法。ASTME—96BW 属反相杯法。ASTM 的测试条件规定温度为 23℃,相对湿度为 50%,风速为 2.5m/s,测试的条件允许改变。日本 JIS L—1099 法和英国的 B. T. G. 法(此法为英国 British Textile Technology Group 所推出的一种透湿度的测试方法)均属蒸发法,只是测试条件不同。另外还有 Lyssy 法。此种测试方法以电阻式阻抗检测器在温度为 28℃,相对湿度为 90% 的条件下,测定一定时间内水蒸气透过单位面积试样的质量,因此也可以将其视为蒸发法中的一种。由于其测试时间较短,且测试结果是由计算机自动换算后,再经打印机直接打印,故此法为众多测试方法中最为省时的一种方法,缺点是不能同时测试多块试样。

(3)模拟法。模拟法是测试在周围空间的温度、湿度条件下,模拟人体出汗时,纤维材料的透湿性能。就模拟测试而言,环境控制室则成了必不可少的条件,用来模拟各种天气环境和人体运动状态,测试舒适性。环境控制室中装有人工雨塔,可把水从 10m 高处以 $450L/(m^2 \cdot h)$ 的流量如暴雨般地泄向人体模型,直径约为 5mm 的水滴从顶部 2 000 个孔中喷出,其速度约为 40km/h(为空气中最大雨滴速度的 90%)。通过调节,在大约 $2m^2$ 的面积上可模仿大小程度不同的阵雨。在人体模型身体表面装满了传感器,目的是测定最终水透过的时间和位置以及其他指标。这种测试手段较实地测试而言,所需时间大为缩短,数天内便可完成,但花费较高。

3. 化学纤维及织物防水性能测试　对经防水透湿整理后织物防水性的测试可分为三类。

(1)静水压试验。可以在织物的一侧不断增加水压,测定直至织物另一侧出现规定数量水滴时织物所能承受的静水压的大小。如 YG312 型水压仪就是用来测定织物防水性能的。美国的 ASTMD—751 以及美国联邦标准测试法 FED—STD—191A 5512 都是测定织物的静水压,其所用仪器为牧林水压测试仪(Mullen Tester),所测得的结果不仅与防水透湿材料有关,而且与织物本身的性质有关系。另外,除了测试静水压的大小外,也可以在织物的一侧维持一定的水压,测定水从这一侧渗透到另一侧所需要的时间;还可以在一侧维持一定的水压,测定单位时间内透过织物的水量,当然压力要大到足以使水能够从织物的一侧渗透到另一侧。

(2)喷淋试验。即从一定的高度和角度向待测织物连续滴水或喷水,可测定水从织物被淋一侧浸透到另一侧所需的时间,也可测定经过一定的时间后试样吸收的水量或观察试样的水渍形态。ISO 4920—2012 防雨性能测试即采用此方法进行测试。

(3)是吸水性实验。它是测定经防水透湿整理后织物在水中浸渍一定时间后的增重率,这种测试方法简单、方便。

除对织物透湿性和防水性进行测试外,考虑到实际穿着中防水透湿织物往往仅为服装系统中的一部分,而以前的大部分测试工作均把重点放在了单层织物上,忽略了组成服装系统其他层织物对整个织物性能的影响,因而有人指出服装系统应作为不可分割的整体去评估,于是模拟实际穿着系统来研究防水透湿整理后织物的透湿速度。测试的方法是 BS　7209 蒸发盘法,此方法的重现性较好,且这种方法中纺织品的分类与服装领域里的分类类似,实验同时对单层和多层防水透湿整理后织物进行透湿量测量,周围环境温度为 $(20 \pm 1)℃$,相对湿度为 $(65 \pm 2)\%$。

除此之外,还有人利用穿孔的金属圆柱体来研究热和湿汽同时透过织物的情况,通过热损失线和湿汽损失线来分析衣着体系内的冷凝问题,试图通过调节饱和线和湿汽浓度线来解决衣着体系内的冷凝问题。总之,整理后织物的防水透湿性测试的方法各异,测定时要根据需要,选择合适的测试手段,同时必须说明测试方法与测试条件,各种透湿性能测试结果只能作相对比较。

4. 防水透湿织物的评价　就其综合评价而言,以往由于人们主要关注其防水性能或透湿性能,对这方面的研究较少。但随着人们消费观念的转变、消费水平的提高以及其应用领域的不断扩大,如何在其主要性能不断提高的同时,满足人们对防风、保暖、抗菌防病毒、美观(包括手感、舒适感、悬垂性等)、降低成本,甚至个性化等多方面的需要已成为设计者重点考虑的问题。

对普通面料的风格评价可能并不适合防水透湿织物。而且,由于功能性的需要,也不可能单独对织物进行评价,必须综合考虑其加工过程、面料、服装、使用过程、弃后处理等各个方面。比如,防水透湿织物作为服装面料必须具有一定的耐久性,耐水洗性、相剥离强度是表明耐久性的两个最重要指标,特别是耐水洗性。国外资料称,Gore – Tex 织物大约经过七八次水洗之后,耐水压才开始大幅度下降,而国内同类防水透湿织物有的洗涤一两次性能就显著下降。另外,加工过程中的污染和使用后的织物回收、降解环保等问题,已经成为摆在研究者面前的重要问题。

(三)拒水纤维

1.概述　纤维或者织物接触水或油类液体而不被水或油润湿,则称此纤维或者织物具有拒水性或拒油性。织物具有一定的防水、防污、易去污或拒水拒油等功能,既可减少服装的洗涤次数,又能降低洗衣劳动强度和时间,对服装寿命、服装保洁和服装的整体形象都是非常有益的。人类很早就能制造出防水服装抵御大自然的雨淋,譬如我国用桐油涂浸的油布可以做成雨伞、雨靴和衣服,另外一些衣着用品,如油田工作服、家庭用的纺织品、汽车椅套布、部分军用织物以及其他特殊用途的纺织品都需具有一定的拒水拒油性。目前对拒水拒油纺织品的要求是既具有出色的拒水拒油效果,又有良好的耐久性。

2.纤维和纺织品拒水性能测试

(1)拒水级别测试。对织物的拒水级别测试一般用淋水性能测试方法,大多参考 AATCC 22—1977 实验方法。截取 18cm × l8cm 的试样 1 块,紧绷于试样夹持器(金属弯曲环)上,并以 45°放置。使织物的经向顺着布面水珠流下的方向,实验面的中心在喷嘴表面中心下的 150mm 处。将 250mL 冷水迅速倾入如图 5 – 7 所示的玻璃漏斗中,使水在 25 ~ 30s 内淋洒于织物表面。淋洒完毕,取起夹持器,使织物正面向下呈水平,然后对着一硬物轻敲两次。将实验织物与标准图片对照图 5 – 8,评定拒水级别。

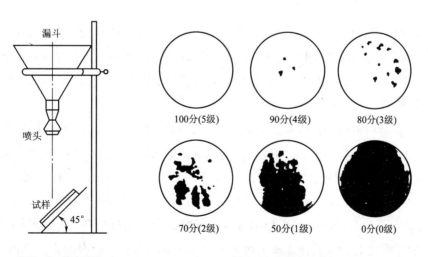

图 5 – 7　拒水实验　　　　　　　图 5 – 8　标准拒水等级

（2）耐水压性能测试。用连通管型水压仪测定试样的耐水压性能。试验前先将试验仪的水槽、水柱高度与试样夹持器的平面校正在同一平面上。测试时，先把 17cm × 17cm 的试样平置于试样夹持器上，再用螺杆旋紧使之紧闭。开动电动机，使水柱上升。由于连通管的作用，使试样夹持器中充水（应使用蒸馏水），水压随水柱升高而增加。试样受水压力亦逐渐增大，直至水透过试样，在布面上出现 3 滴水珠时，即为测试终点。随即关闭进水及出水阀，关闭电动机，同时读取水柱高度（cm）。做 3 次平行试验，求其平均值。在测试时应注意不能用手抚摸试样。

（3）织物耐水洗性测试。服装总要定期水洗，大多数用氟碳类化合物涂层的织物经过水洗后，其表面能会升高，会逐渐失去拒水拒油的能力。因此，耐水洗性能也是拒水拒油织物的重要性能。耐洗性测试一般根据 GB 12799—1991 的标准方法，采用弱碱性不含酶和增白剂的洗涤剂，浓度为 2g/L，浴比为 1:30，洗涤温度为 (30 ± 3)℃，pH 值 ≤9，水溶液为 30L 以上，中速洗涤，洗涤 10min 后排水，漂洗 2min，脱水 2min，最后晾干或烘干，重复洗涤至 30 次后，再测定剩余拒水拒油性能。此时应注意，在测定剩余拒水拒油性能之前，试样必须经过干燥箱 150℃ 焙烘处理 4min 或用相同温度的熨斗熨烫 2min，目的是通过加热活化有机高分子，来重新修复纤维表面经过洗涤后的有机高分子在纤维表面的排序和结合，然后再用标准配比的试剂进行检测，此时得出的检验结果比较真实。在此过程中采用 150℃ 焙烘处理 4min 的方法处理试样较为科学，而用熨斗熨烫 2min 的方法很难被检验人员把握，其中 150℃ 的温度难以保证，熨烫力度难以掌握，造成不同检验人员检验出的结果差异较大。

（4）拒水织物的透气性测试。根据 GB/T 5453—1997 的标准，对于劳保用拒水服装，夏季透气性应 ≥6 × 10^{-2} m^3/(m^2 · s)；冬季透气性应 ≤2.3 × 10^{-2} m^3/(m^2 · s)。在电脑式透气性测试仪上测定。

3. 纤维和织物拒油性能测试　用不同表面张力的碳氢化合物所组成的一系列标准试液涂在涂层表面，观察涂层织物的润湿情况。拒油等级以织物表面不润湿标准液的最高编号来确定。此法最早是 3M 公司提出的，而 AATCC 118—1992 则用了 8 个表面张力依次降低的烃类同系物的标准试液。

取 20cm × 20cm 的试样置于温度为 (20 ± 2)℃，相对湿度为 65% ± 2% 的标准大气中，调湿至少 4h。然后置于密闭容器中，立即转移至通风良好的房间内实验。将试样平放在光滑的平面上，如玻璃、台面等，用滴瓶吸管小心地吸一管 1 级拒油标准试液，在试样表面间隔一定的距离，同时滴 2 小滴，每滴直径大约为 5mm，以约 45° 角观察试样在 30s 内的润湿情况。如果试样不润湿，在液滴邻近处再滴加高一个拒油等级的标准试液，再观察 30s，继续这个操作，直到某级标准试液滴在织物上，30s 后在液滴下面或液滴周围出现明显的润湿为止。织物润湿的迹象是油滴处织物变深，油滴消失，油滴外圈渗化或油滴闪光消失。

织物拒油性能等级的评定应遵循以下原则：

①拒油等级评定是以操作过程中，所试各级标准试液使涂层织物表面不润湿的最后一个等级来评定。例如，滴4级标准试液时，涂层织物不润湿，而滴5级标准试液时，涂层织物明显润湿，则评定的拒油等级为4级。

②如测定结果2滴等级不一致，应在试液邻近处再重复测定，最多测定3次（每次2滴），确定次数最多的等级为拒油等级。

4. 纤维和织物易去污性能测试

（1）污液的配制。

① 干洗污液。在装有冷凝管、搅拌棒和温度计的500mL三口烧瓶内，加入30g的织物干洗残渣，然后加入270mL三氯乙烯，在50~60℃下保温搅拌，使其冷凝分解。

将上述污液用水泵或真空泵抽滤，除去未溶解物质，然后将抽滤好的污液稀释成45%的污液，保存在棕色瓶中，放在避光的干燥容器中，待试验用。

② 人工污液。用炭黑40g、猪油20g、液体石蜡20g、三氯乙烯8000g进行配制。配制方法是：用烧杯称好猪油和液体石蜡，加热溶解，然后加进炭黑搅拌，再加三氯乙烯倒入混匀，充分搅匀使其分散溶解变成污液。

（2）试验方法。

① 滴污法。将试样用织物剪成6cm×6cm的试样。将污液倒入滴定管中，将试样放在100mL的烧杯上，使滴定管离布样3cm，每块试样上滴一滴（以每毫升约80滴的量），待自然阴干后，用玻璃纸隔开，再用1000g砝码压置1h。取出试样，放在旋转式洗涤机里进行洗涤，洗后取出，用温水洗、冷水洗，熨斗熨干，评价去污效果（洗涤条件为皂粉：3g/L；浴比：1：50；温度：60℃；时间：10min）。

② 摩擦沾污法。取上述污液使其温度保持在15~20℃之间，将干燥的30cm×40cm的漂白织物（双面绒布）浸渍在污液中，中途搅动一次，持续约1min后，取出污布进行轧压，再重复一次，自然晾干，放在干燥器中备用。为确保洗涤性能稳定，以放至10~30天内使用较宜。取上述污布平铺在摩擦牢度试验机的摩擦平板（垫有呢绒）上面，将试样安装在摩擦圆柱头上往返10次进行摩擦，摩擦试样用白布沾色样卡进行评级。

（四）抗静电纤维

1. 纤维和纺织品的静电性能参数及相关标准　静电测试包括危险静电源参数测试、纤维和纺织品静电性能检测以及易燃易爆物品静电感度测试。表征纤维和纺织品静电性能的主要参数有电阻率、泄漏电阻、电荷面密度及半衰期、摩擦带电电压及其半衰期等。纤维和纺织品静电性能的评价有电阻类指标（体积比电阻、质量比电阻、表面比电阻、泄漏电阻、极间等效电阻等）、静电电压及其半衰期、电荷面密度等指标以及吸灰试验、张帆试验、吸附金属片试验等简易测试方法得到的低精度指标。我国现行国家标准和纺织行业标准中与纺织品防静电功能有关的产品标准有《防静电工作服》(GB/T 12014—1989);与纺织品静电性能测试方法有关的标准有《纺织品静电测试方法》(GB/T 12703—1991)、GB/T 12703.1—2008《纺织品静电性能的评定　第 1 部分静电压半衰期》、《纺织材料静电性能纤维泄漏电阻的测定》(FZ/T 01044—1996)、《织物摩擦静电吸附测定方法》(FZ/T 01059—1999)、GB/T 12703.2—2009《纺织品静电性能的评定　第 2 部分　电荷面密度》《织物摩擦起电电压测定方法》(FZ/T 01061—1999)。

2. 纤维和纺织品静电性能测试方法　纤维和织物的带电性的测试方法大致可分为定性分析和定量分析两类。定性分析可观察有无放电火花、电击、放电音及吸引(灰尘附着、沾污、缠绕身体)。定量分析可进行纤维电阻率、静电电压、半衰期的测定或织物的摩擦带电电压、半衰期、摩擦带电电荷量、摩擦带电衰减性的测定,还可测定电阻率、缠贴性。

(1)织物缠贴性测试。将试样用摩擦布摩擦,使之带电后粘在金属板上,然后进行反复附着和脱离的操作,测定试样脱离金属板所需要的时间。

(2)电阻率测试。织物电阻率的测定是将试样挂在阳极上,然后在一定的电压下,测定试样中通过的电流,再换算成电阻率。纤维体积电阻率的测定则是将一定质量的纤维填塞在测定箱中,测其电阻,再计算出电阻率。

(3)摩擦带电电压测试。测定试样边回转边用摩擦布摩擦时产生的静电电压。

(4)半衰期测定。将试样在固定电场中充电后,测定静电电压减少到一半所需的时间。

(5)吸灰高度法。将纤维或织物在特定摩擦布上摩擦一定次数,然后迅速贴近新鲜烟灰,观察纤维或织物带静电后吸附烟灰的高度和吸灰量。

按测试对象可分为纤维、纱线、织物、铺地织物等;产生静电的方法分为摩擦式和电晕放电(感应)式;按测试结果有电阻、带电量、电压、半衰期等表示方法。

3. 纺织品静电性能检测　新的 GB/T 12703《纺织品静电测试方法》分为 7 个部分,是我国目前最系统、最完备的纺织品静电测试方法标准。此外,部分行业标准也在同时执行。这些标准提出的纺织品静电性能测试方法主要有六种。

(1)A 法。即半衰期法。用电压为 +10kV 的高压对置于旋转金属平台上的试样放电 30s 后,测量感应电压的半衰期(s)。GB/T 12703—2008《纺织品静电性能的评定第 1 部分静电压半衰期》所使用的方法与之完全相同。此法可用于评价织物的静电衰减特性,但同一含导电纤维试样在不同放置条件下得出的测试结果差异极大,故不适合于含导电纤维织物的评价。且该法规定的试样尺寸为 4.5cm×4.5cm,当导电长丝以嵌织方法添加到织物里面去时,采样位置不同,即可造成很大的导电长丝含量差异,故此法也不可取。

(2)B 法。即摩擦带电电压法。将试样(4 块,2 经、2 纬,尺寸为 4cm×8cm)夹置于转鼓上,转鼓以 400r/min 的转速与标准织物(锦纶织物或丙纶织物)摩擦,测试 1min 内的试样带电电压最大值(V)。除磨料规格、子样数等稍有差别外,其他与 FZ/T 01061—1999《织物摩擦起电电压测定方法》相同。此法因试样的尺寸过小,对嵌织导电纤维的织物而言,导电纤维的分布会随取样位置的不同而产生很大的差异,故也不适合于含导电纤维纺织品的防静电性能测试评价。JISL 1094 也规定了该法不适合于含导电纤维的纺织品。

(3)C 法。即电荷面密度法。试样在规定条件下以特定方式与锦纶标准织物摩擦后用法拉第筒测得电荷量,根据试样尺寸求得电荷面密度($\mu C/m^2$)。除在摩擦布规格、试样预处理、摩擦棒直径、摩擦次数等方面略有变化外,其他与 FZ/T 01060—1999《织物摩擦带电电荷密度测定方法》相同。电荷面密度法适合于评价各种织物,包括含导电纤维织物经摩擦后积聚静电的难易程度,但由于试样与标准织物间的摩擦起电是人工操作实现的,故测试条件的一致性、测试结果的准确性和重现性易受操作手法的影响。

(4)D 法。即脱衣时的衣物带电量法。按特定方式将工作服与化纤内衣摩擦后,脱下工作服,投入法拉第筒,求得带电量($\mu C/$件)。此法的测试对象限于服装,且内衣材质未作规定,摩擦手法难以一致,故缺乏可比性。

(5)E 法。即工作服摩擦带电量法。用内衬锦纶或丙纶标准织物的滚筒烘干装置(转速在45r/min 以上)对工作服试样摩擦起电 15min,投入法拉第筒测得工作服带电量(C/件)。此法与电荷量测量方法、电荷面密度法以及防静电工作服的产品标准(GB/T 12014—2009)所规定的电荷量测量方法基本一致,此法适合于服装的摩擦带电量测试。其技术实质与 C 法(电荷面密度法)也相一致。

(6)F 法。即极间等效电阻法。将织物试样按规定间距和压力与接地导电胶板良好接触,再将专门的电极夹持于试样,经短路放电后施加电压,根据电流值求得极间等效电阻(Ω)。含导电纤维织物与导电胶板接触时会引起导电纤维暴露的局部区域之间的短路,难以测得真实的等效电阻。纺织行业标准 FZ/T 01044—1996《纺织材料静电性能纤维泄漏电阻的测定》等电阻类测试方法的主要检测对象为纤维。FZ/T 01059—1999《织物摩擦静电性吸附测定方法》将织物以规定方法摩擦后吸附于金属斜面,据吸附时间评价织物防静电性能。此法设备简单,适合于反映服用织物因静电吸附肢体的程度。但测试结果受操作手法的影响过大,属简易测试方法。对含导电纤维的织物试样而言,金属与裸露导电纤维的接触状态的不确定性也将导致测试结果的不稳定。

现行国家标准和纺织行业标准中适合于含导电纤维织物静电性能测试的方法标准,只有GB/T 12703.2—2009《纺织品静电性能的评定　第 2 部分电荷面密度》有实际使用意义。GB/T 12014—2009 防静电工作服标准规定的防静电织物的概念是:纺织时大致等间距或均匀地混入导电纤维或防静电合成纤维或者两者混合交织而成的织物,规定的测试方法是:对经规定时间(33h 和 16.5h 两档,对应洗涤 50 次和 100 次两档)和规定方法洗涤的防静电工作服试样,由内衬锦纶、丙纶标准织物的回转式滚筒摩擦机进行摩擦起电,由法拉第筒检测试样的带电电荷量(应满足带电电荷量小于 $0.6\mu C/$件),由带电电荷量来评价防静电工作服的防静电功能。由此可见 GB/T 12014—1989 标准也采用电荷面密度作为评价含导电纤维纺织品的评价指标。有关文献在研究含导电纤维纺织品的导电丝种类、用量、使用条件与织物防静电性能的关系时,限于国内检测手段的现状,采用了电荷面密度这一指标。对于一般纺织品而言,用电荷面密度评价织物抗静电性能是比较可信的。但对于含有机导电纤维纺织品而言,由于导电纤维所含静电荷往往与基础纤维所含静电荷极性相反,光从电荷面密度考虑,不能反映织物峰值电位,在有限的被测面积上,导电长丝以较宽的间距嵌织时,裁样方法的不确定性显然会导致检测结果的显著误差,并且检测的灵敏度、多次检测结果的一致性均较低,难揭示有机导电纤维的抗静电机理,难以解释含有机导电纤维织物在干燥多灰的地区的吸灰问题。

(五)防紫外线纤维

1. 概述　据研究表明,适当的紫外线对人体是有益的,它能促进维生素 D 的合成,对佝偻病有抑制作用,并具有消毒杀菌作用。但过量的紫外线对人体是十分有害的,它不仅能使人体黑色素增多,使皮肤老化,严重的还会使皮肤起水泡、红斑,甚至引起皮肤癌。每年人们着装最少的是在夏秋季节,而同时也是使用空调量最大,氟利昂排放量最大,空气臭氧层破坏以及紫外线辐射最严重的季节。另外,紫外线对纺织品也有不良影响,其不仅能使纺织品褪色,也可使蚕丝、锦纶和纤维素纤维等脆化,使其强力下降。

不同肤色的人种在 290 ～ 300nm 波长范围内紫外辐射致红斑的临界剂量值如表 5 – 7 所示。由于肤色不同,承受紫外辐射的程度相差可达一个数量级;另外,色素性干皮症患者耐紫外辐射剂量的临界值是正常人群的 1/7。在采取防御措施时,这些宏观和微观因素都应加以考虑。由于波长范围界定不同,致红斑剂量临界值就不一样,不能简单地作对比。

表 5 – 7　不同肤色的人种在 290 ～ 300 nm 波长范围内紫外辐射致红斑的临界剂量

肤　色	临界剂量/$J \cdot m^{-2}$	暴晒致红斑	肤　色	临界剂量/$J \cdot m^{-2}$	暴晒致红斑
白色	150 ～ 300	极易产生	淡棕	450 ～ 600	较少产生
白色	250 ～ 350	极易产生	棕色	600 ～ 1000	极少产生
白色	300 ～ 500	中等程度	黑色	1000 ～ 2000	不会产生

2. 防紫外线纤维的特征

(1)纤维质量。表 5 – 8 为 135dtex/36 f 抗紫外涤纶低弹丝的质量指标,由此表可见,其强度较常规丝低,这主要是由于加入抗紫外母粒后,熔体黏度较低所致。其他物理性能与普通 DTY 丝相同,质量稳定。但从外观看,僵丝、小卷丝降等较多,主要由于纺丝过程中飘单、断头较多而引起的质量降等所致。

表 5 – 8 抗紫外涤纶低弹丝的质量指标

物检指标	测 试 值	抗紫外 DTY 丝一等品标准	常规 DTY 丝一等品标准
线密度/dtex	129.8	—	—
线密度偏差率/%	-3.9	±3.0	±3.0
线密度变异系数(CV)/%	1.45	≤3.9	≤1.40
断裂强度/cN·dtex^{-1}	2.60	≥2.40	≥3.0
断裂强度变异系数 CV/%	8.90	≤10.0	≤8.0
断裂伸长率/%	19.1	20±7.0	M±7.0
断裂伸长率变异系数 CV/%	11.0	≤14.0	≤14.0
卷曲收缩率/%	26.0	20±7.0	18.0
卷曲收缩率变异系数 CV/%	9.14	≤14.0	≤14.0
卷曲稳定度/%	75.0	≥55.0	≥45.0
卷曲模量/%	16.3	—	—
沸水收缩率/%	2.4	2.4±0.8	≤3.5
含油率/%	2.74	—	—

(2)功能性指标。抗紫外线纤维最重要的指标是紫外屏蔽率,样品 1 为纯抗紫外线涤纶 DTY 丝织成的双纱珠滴布,样品 2 为抗紫外线涤纶与棉纱的混纺布(涤/棉,65/35),检测结果见表 5 – 9、表 5 – 10。

表 5 – 9 抗紫外线涤纶织物的紫外线屏蔽率

波长/nm	透射率/%	屏蔽率/%	波长/nm	透射率/%	屏蔽率/%
400	7.8	92.2	320	1.5	98.5
390	3.2	96.8	310	1.1	98.9
380	2.2	97.8	300	1.1	98.9
370	1.9	98.1	290	1.1	98.9
360	1.7	98.3	280	1.1	98.9
350	1.6	98.4	270	1.2	98.8
340	1.6	98.4	260	1.3	98.7
330	1.5	98.5	250	1.3	98.7

表 5 - 10　抗紫外线涤纶与棉纱混纺布的紫外线屏蔽率

波长/nm	透射率/%	屏蔽率/%	波长/nm	透射率/%	屏蔽率/%
400	8.4	91.6	320	2	98.0
390	3.5	96.5	310	1.6	98.4
380	2.6	97.4	300	1.6	98.4
370	2.3	97.7	290	1.6	98.4
360	2.2	97.8	280	1.6	98.4
350	2.2	97.8	270	1.6	98.4
340	2.1	97.9	260	1.7	98.3
330	2.1	97.9	250	1.8	98.2

注　以上数据均由中国计量科学研究院测试。

由表 5 - 10 可以看到,抗紫外线涤纶织物的紫外屏蔽率较高,波长在 250 ~ 390nm 之间的紫外线的透射率在 3.2% 以下,即紫外线屏蔽率达到 96.8%,尤其是对波长在 290 ~ 320nm 之间的互外紫外线(UVB)的屏蔽率达 98.5% 以上,表明其功能性相当显著。

由表 5 - 11 可以看到,加入 35% 的棉纱后,其织物的紫外线屏蔽率虽有所下降,但下降的幅度不大,仍具有较强的抗紫外线功能。

(3)穿着舒适性分析。抗紫外线涤纶分别进行纯纺和与棉纱混纺,制成的针织双纱珠滴面料,风格独特、手感舒适、织造性能良好。因纤维内部加入的添加剂主要是无机粉末,可在纤维内部形成微孔,从而使织物具有较好的透气性、导湿性,且具有干爽、不贴身的特点。但用纯抗紫外线涤纶制成的织物吸湿性较差,而用抗紫外线涤纶与棉纱混纺制成的织物,具有导湿、吸湿的双重效果,可提高其穿着舒适性。另外,在后加工过程中,应对织物进行碱减量处理,可使其透气性及吸湿性得到明显的改善。

(4)纺织纤维的防紫外辐射性能。纺织纤维和其他材料一样,用紫外辐射透过率作为防护辐射特征值,不同波长的紫外辐射有不同的透过率,一些主要纤维的紫外辐射透过率特征可参见图 5 - 9。从图 5 - 9 可以看出,对聚酯纤维的透过率特性,在波长 310 ~ 320 nm 区段透过率有急剧增大趋势,在 355 ~ 375nm 的范围,又出现第二次陡增现象。不同纤维的透过率特性不同,要考虑波长的影响,应在一较宽范围做分光测试,因为光谱透射比 $T(\lambda)$ 是波长(λ)的复杂函数,它不像纺织纤维其他物理、化学指标那样,有一个比较确定的值。

聚酯纤维、羊毛纤维等比棉纤维、粘胶纤维、蚕丝等的紫外辐射透过率低,因为聚酯结构中的苯环具有吸收紫外线的作用。采取特种紫外防护处理的纤维材料,如埃斯摩(ESMO)等,其透过率更低。

单纯从防御紫外辐射的角度来看,服装面料一味地追求回归大自然并非是万全之策,若不经防护处理,夏季穿着纯棉或丝绸产品,其抗紫外线辐射效应很小。如女士夏季防晒披巾大多

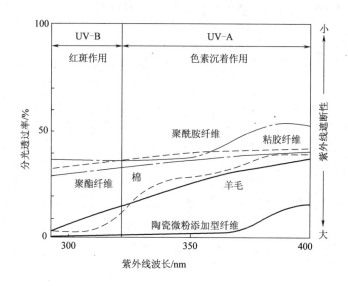

图 5－9　一些主要纺织纤维的透过率特性

采用浅色纯棉、粘胶纤维、丝绸面料,甚至网眼结构,防晒效果非常有限,紫外线防护系数 UPF (SPF)值很小。

一些结构相似的产品,所有原料不同(如涤纶和棉),其 UPF (SPF)值测算结果如表 5－11 所示,经测算证实涤纶抗紫外辐射性能较好,其 UPF (SPF)值比棉产品可大 3～4 倍。

表 5－11　不同原料的织物的 UPF (SPF)值对比

产品名称	覆盖系数/%	织物面密度/g·m^{-2}	UPF (SPF)值	产品名称	覆盖系数/%	织物面密度/g·m^{-2}	UPF (SPF)值
涤纶塔夫绸	98	149.2	34	纯棉针织物	83	124.1	4
纯棉斜纹布	100	264.8	13	涤纶机织物	83	133.0	12
涤纶针织布	81	106.1	17	纯棉印花布	81	106.1	4

3. 评价纤维和纺织品抗紫外线性能的指标　目前,织物抗紫外线性能的检验有许多标准, 如澳大利亚和新西兰的 AS/NZS 4399,我国的 GB/T 18830—2009,美国的 AATCC 183—1998、 ASTM 草案 D13.65,英国的 KS 7914—1998、BS 7949—1999 以及 prEN 13758 等。

评价纤维和纺织品抗紫外线效果的指标有多种,现分别叙述如下。

(1)紫外线透射比。紫外线透射比(又称为透过率、光传播率)是指有试样时的 UV 透射辐 射通量与无试样时的 UV 透射辐射通量之比。也有人描述为透射织物的紫外通量与入射到织 物上紫外通量之比,通常分为长波紫外线(UV－A)透射比和中波紫外线(UV－B)透射比。透 射比越小越好。它以数据表或光谱曲线图的形式给出,一般情况下给出的透过率波长间隔为

5nm 或 10nm。可用下列公式求得 UV-A 和 UV-B 下的透射比：

$$T_{UV-A} = \frac{\int_{315}^{380} E_\lambda \cdot S_\lambda \cdot T_\lambda \cdot d\lambda}{\int_{315}^{380} E_\lambda \cdot S_\lambda \cdot d\lambda} \times 100\% \qquad (5-13)$$

$$T_{UV-B} = \frac{\int_{280}^{380} E_\lambda \cdot S_\lambda \cdot T_\lambda \cdot d\lambda}{\int_{280}^{380} E_\lambda \cdot S_\lambda \cdot d\lambda} \times 100\% \qquad (5-14)$$

式中：T_{UV-A} 表示织物在 315~380nm 区域内的透射比；T_{UV-B} 表示织物在 280~315nm 区域内的透射比；E_λ 表示相对红斑量光谱影响力；S_λ 表示太阳光谱辐射度 [W/(m·nm)]；$d\lambda$ 表示波长间隔(nm)。

使用透射比不但能直观地比较织物防紫外线性能的优劣，并且还可用公式计算，以评价织物的紫外线透射比是否低于允许紫外线透射比，从而判断在特定的条件下，织物是否可以避免紫外线对皮肤的伤害。

(2)紫外线屏蔽率。紫外线屏蔽率(又称阻断率、遮蔽率、遮挡率)的计算公式为：

$$屏蔽率 = 1 - 透射比$$

用屏蔽率来评价抗紫外性能更直观，更易被消费者所接受。日本提出了紫外线屏蔽率与紫外线透过量减少率相结合的标准。紫外线透过量减少率等于传统织物透过量与防紫外线织物的差值与传统织物透过量的百分比。日本提出的标准是，织物首先要满足紫外线透过量减少率达到50%的要求，然后再根据绝对屏蔽率划分等级。一般分为 A、B、C 三个等级。屏蔽率在90%以上者为 A 级，屏蔽率在80%~90%者为 B 级，屏蔽率在50%~80%者为 C 级。从屏蔽率的计算公式可以看出，紫外线透射比和紫外线屏蔽率，是从两个不同的角度进行描述的，但实质是相同的。

(3)防晒因子(SPF)和紫外防护因子(UPF)。其中 SPF(Sun Protection Factor)用于化妆品行业，UPF(UV Protection Factor)用于纺织行业。紫外防护因子 UPF 也称为紫外线遮挡因子或抗紫外指数，它是衡量织物抗紫外性能的一个重要参数。UPF 值是指某防护品被采用后，紫外辐射使皮肤达到某一损伤(如红斑、皮肤损伤甚至致癌等)的临界剂量所需时间阈值，与不用防护品时达到同样伤害程度的时间阈值之比，换句话说，是皮肤在使用纺织品前后可接受紫外线辐射量之比。即在一定的辐射强度下，皮肤在使用纺织品前后达到某一辐射量所需辐射时间的比例关系。比如在正常情况下裸露皮肤可接受某一强度紫外线辐射量为 20min，则使用 UPF 值为 5 的纺织品后，可在该强度紫外线下暴晒 100min。

根据着眼点不同以及人体皮肤的差异，从理论上讲，某一防护品将有许多 UPF 值，但一般常以致红斑的 UPF 值作为代表。另外，紫外辐射的强度、稳定性、再现性和时间延续性均难以掌握,所以目前大多采用人工模拟光源。UPF 值的定义与测试,同样是建立在织物紫外光透过率的测试基础上的。

SPF(UPF)的计算,可采用下列公式:

$$SPF(UPF) = \frac{\sum S(\lambda) \cdot E(\lambda)}{\sum S(\lambda) \cdot E(\lambda) \cdot T(\lambda)} \qquad (5-15)$$

式中:λ 表示光波波长(nm);$E(\lambda)$ 表示紫外辐射在各波长段的强度(W/m²);$E(\lambda) \cdot S(\lambda)$ 表示在不加防护措施时,紫外辐射在各波长段直接损害人体的强度密度值[W/(m² · nm)];$T(\lambda)$ 表示紫外辐射在某波段的透过率(%)。

或:

$$UPF = \frac{\sum_{290}^{400} E_\lambda \cdot S_\lambda \cdot \Delta\lambda}{\sum_{290}^{400} E_\lambda \cdot S_\lambda \cdot T_\lambda \cdot \Delta\lambda} \qquad (5-16)$$

式中:T_λ 表示试样的光谱透射比;E_λ 表示相对红斑量光谱影响力(效应);S_λ 表示太阳辐射能[W/(m² · nm)];$\Delta\lambda$ 表示波长间隔(nm)。

以色列 Ramat – Gan 的 Schenkar 学院提出了一种简单、快速的测试纺织品抗紫外线性能的方法。该方法使用辐射测试仪来测量试样在 UV – B(280 ~ 315nm) 和 UV – A(315 ~ 400nm) 波谱内的平均光传播,以确定织物的防紫外线性能。经过推导,下面的简化公式可计算 UPF 值:

$$UPF = 5.374/(4.705T_B + 1.025T_A) \qquad (5-17)$$

式中:T_B、T_A 分别表示试样在 UV – B 和 UV – A 波谱内的平均光传播效率(可用辐射测试仪较方便地测量)。

UPF 是目前国外采用较多的评价织物抗紫外线性能的指标。由于没有引入限制使用条件,UPF 可以用来评价不同织物的防紫外性能。UPF 的数值及防护等级见表 5 – 12。

表 5 – 12　UPF 的数值及防护等级关系

UPF 值的范围	防护分类	紫外线透过率/%	UPF 等级
15 ~ 24	较好防护	6.7 ~ 4.2	15,20
25 ~ 39	非常好的防护	4.1 ~ 2.6	25,30,35
40 ~ 50,50⁺	非常优异的防护	≤2.5	40,45,59,50⁺

近几年来,紫外线透过率测试仪发展很快。美国仪器制造商制造的 UV – 1000F 紫外线透过率测试仪只需几秒钟就能够快速、精确地测定织物的紫外线透过率,并且不受织物表面的荧光增白剂的影响。澳大利亚制造的 UPF 织物实验仪能够快速而准确地测量织物样品的光谱传导率,自动将数据转换成 UPF 值,测量时间只需 5s。

一些防紫外线织物的紫外线性能试验数据见表 5 – 13。

表 5 – 13 一些防紫外线织物的性能测定值

样品编号	UPF 平均值	UVA 透射比/%	UVB 透射比/%	样品编号	UPF 平均值	UVA 透射比/%	UVB 透射比/%
1	78.167	1.671	0.976	9	77.316	0.482	1.199
2	48.639	5.371	5.082	10	19.767	12.008	3.291
3	52.4	6.052	1.336	11	78.167	1.671	0.976
4	201.796	1.445	0.348	12	23.255	4.543	3.447
5	66.257	3.276	1.221	13	15.204	5.896	5.595
6	246.514	1.039	0.26	14	27.731	4.027	3.32
7	35.813	2.287	2.57	15	414.94	0.153	0.211
8	107.417	0.697	0.794				

从表 5 – 13 中数值可以看出,UPF 值高的样品,它的 UVA 透射比不一定高,而 UVB 透射比一般都比 UVA 透射比小,而且它的数值也小。另外,UVA 能全部达到地面,而 UVB 能被臭氧层部分吸收,所以 UVA 对人体的危害是最显著的。因此,欧洲标准中的 UPF 值和 UVA 透射比值考核指标是较科学、合理的。我国的评定标准也与国际接轨,指标要求 UPF 值大于 30,UVA 透射比不大于 5%。

(4)穿透率。穿透率是 UPF 值的倒数。

(5)紫外线反射率。此指标应用不多,但应用于经过防紫外线处理的织物和未经防紫外线处理的织物进行对比测量时,其数据仍有一定的意义。

(6)A、B 波段织物平均透射率的对数。可以分别用 UV – A、UV – B 波段织物平均透射率的对数来表征其抗紫外线的能力。其理由为:

①用两参数替代透射率曲线更为方便。

②UV – A、UV – B 两波段防护目的和数量级不同,故分开表示。

③取对数,抗紫外线能力越强,其绝对值越大,符合习惯,应用此参数有一定的意义。

4. 纤维和织物抗紫外线性能的检验 检验纤维和织物抗紫外线性能的方法有许多,测试反射率通常用积分球法,测试透过率可用紫外分光光度计法等。研究表明,紫外反射率越大或紫外透过率越小,织物隔断紫外线的效果越好。紫外反射率大小受被测物表面光洁程度等客观因素影响较大,而且从隔断紫外线能力的角度分析,紫外透过率比紫外反射率对织物的抗紫外效果的评价更具说服力。下面介绍测试纤维和织物抗紫外线性能的主要方法。

(1)标准检测方法。我国标准 GB/T 18830《纺织品 防紫外线性能的评定》,适用于各类织物。

①基本原理。采用辐射波长为中波段紫外线(波长为 290 ~ 400nm)的紫外光源及相应紫外

接受传感器,将被测试样置于两者之间,分别测试有试样及无试样时紫外光的辐射强度,计算试样阻断紫外光的能力。

②仪器。紫外线透射测试仪。

③试样准备。匀质材料至少取4块代表性试样,距布边5cm以内的织物不用。对不同色泽或结构的排匀质料,每种颜色和结构至少测2块试样,试样在标准大气条件下调湿。

④实验步骤。

a. 仪器预热30min以上,调零。

b. 在无试样时,将紫外传感器置于紫外辐射区,并调整仪器量程旋钮,使读数在表头范围内,测试透过的紫外线辐射强度I_0。

c. 将织物试样放在仪器上,置于紫外光源与传感器之间,调整量程旋钮,测试有试样时透过的紫外线辐射强度I_1。

d. 重复步骤c,保证测试随机地在织物不同位置上进行,试验次数不少于10次。

e. 计算。

·紫外线透过率$T(\%)$,指有试样时透过的紫外线辐射强度与无试样时透过的紫外线辐射强度之比。

$$T = \frac{I_1}{I_0} \times 100 \qquad (5-18)$$

式中:I_0表示无试样遮盖时紫外线辐射强度;I_1表示有试样遮盖时透过的紫外线辐射强度。

·计算紫外线透过率的平均值及变异系数。

最终结果计算值的数值修约按GB/T 8170—2008的规则进行。

(2)其他测试方法。除标准外,用于紫外线防护效果的测试方法还有很多,主要的方法有以下几种。

①分光光度计法。分光光度计法是采用紫外分光光度计作为辐射源,产生一定波长范围(280~400nm)的紫外线,照射到织物上,然后用积分球收集透过织物的各个方向上的辐射通量,计算紫外线透射比。紫外线透射比越小,表明织物阻隔紫外线效果越好。分光光度计法可检测各个不同波长下的透射比,是目前国际上较流行和通用的测定方法。虽然国际上尚无统一的测试标准,但澳大利亚、新西兰、英国、美国、欧盟等均采用分光光度计法。

a. UVR波长区域平均法。即通过紫外线分光光度计测定紫外线波长区域内试样紫外线透过率的平均值,然后求出屏蔽率。

b. UVR特定波长平均法。即通过紫外线分光光度计测定试样在若干有代表的特定波长内的紫外线透过率。然后计算出上述测定值的平均透过率,再求出屏蔽率。

$$屏蔽率 = 1 - 透过率(\%) \times 100\% \qquad (5-19)$$

所以整理效果既可采用整理品的屏蔽率和未整理品的屏蔽率之差表示,也可用透过率的减少率表示。

$$透过率的减少率 = (B - C)/B \times 100\% \qquad (5-20)$$

式中:B表示未整理品的紫外线透过率(%);C表示整理品的紫外线透过率(%)。

用紫外线分光光度计或者紫外线强度计测定各种抗紫外线试样的分光透过率曲线,可以判断各波长的透过率,并可用面积比求出某一紫外线区域的平均透过率,评价防护效果。该方法精度较高,因此,在研究过程中较多采用分光光度计来测试。该法也有不完善之处,因为大多数织物呈半透明状,表面凹凸不平,因此光在织物中透过情况较复杂。除部分光被吸收外,还有光的折射和反射。折射、反射量与单纤维的表面形态、织物组织结构和厚度密切相关,因而测出的透过率偏低。

②积分球法。积分球是一种在光度学测量中常用的仪器。它的构造简单,是一个内壁均匀喷涂高反射率漫射材料(如聚四氟乙烯、硫酸钡等),并内置多个小体积光源的球形腔体和一些附件。

积分球法采用的紫外可见分光光度计本身没有什么特殊,做固体样品的漫发射主要依靠积分球。采用的紫外光源的激发光波长为365nm,激发光能量由紫外辐照计读数,通过一小孔垂直入射到样品上(样品置于面积为0.5cm² 样品托上),经过积分球的全方位反射,消除了由于固体表面差异所带来的影响,由探测器从另一小孔收集。

测试时首先需要把积分球装入主机,连接好数据线。如果积分球第一次使用,应该调整一下积分球上的反射系统,使入射光能够照射到固体样品池。然后放入参比白板(BaSO₄ 或PTFE),开机。自检通过后,设置参数,比如扫描范围之类的。一般要用 zero/baseline 走基线,然后就可以放入样品进行扫描。

对于结果的分析,要依据具体情况,一般来讲,要分析在紫外波段是否有吸收,峰值在什么位置,吸附峰的起始点(onset)在什么位置等。

积分球法的优点在于它不仅能收集样品上的全部反射光,而且球壁各部分向接收器反射的光具有对称性,与反射的角分布无关,这种性能与球的结构以及内涂层密切相关。新型的测光积分球,是用聚四氟乙烯悬浮树脂(F4)代替常用的氧化镁(MgO),硫酸钡(BaSO₄)作积分球涂层,在0.2~2.5μm 波长范围内,光谱反射比都高于 MgO 和 BaSO₄,且反射比中性好,有利于减小它对积分球非中性的影响。另外,涂层黏性好,不易破裂与起皱,灰尘可以用清洁的毛刷清除,不会损伤涂层。F4涂层不怕潮湿,暴露在紫外光下也不会变黄,F4涂层是当前国际照明委员会(CIE)推荐的一种最好的漫反射材料。

③紫外线强度累计法。利用紫外光(UV)照射放在紫外线强度累计仪上的织物,按给定时间照射,测量通过织物的紫外线累计量,然后进行计算。因为紫外线强度较弱时延长测定

时间和紫外线强度较强时缩短测量时间,其结果累计量几乎相同,这就是紫外线强度的累计性。

将被测试样放在紫外灯和紫外线累计仪器之间,对被测试样按给定时间进行照射,测定通过试样的紫外线累计量 Q_s(J/cm^2)。同时在未放试样的情况下,测定相同给定时间内紫外线的照射累计量 Q_k(J/cm^2)。则紫外线透过率为:

$$UVR \text{ 透过率} = Q_s/Q_k \times 100\% \qquad (5-21)$$

其中所谓的累计并不是指时间上的累计,而是指波段上的累计。即:

通过试样的光累计量:

$$Q_s = \sum T_\lambda \cdot \Delta\lambda \qquad (5-22)$$

照射累计量:

$$Q_k = \sum T_\lambda \cdot \Delta\lambda \qquad (5-23)$$

式中:T_λ 表示波长为入射时的光透过率(%);$\Delta\lambda$ 表示波长间隔(nm)。

④照度计法。用紫外灯为光源,照度计上加装透紫外线玻璃,分别测定通过试样的紫外线累计量 Q_s(J/cm^2)和未放试样的情况下紫外线的照射累计量 Q_k(J/cm^2),紫外线透过率计算同式(5-23)。

⑤褪色法。将试样覆盖于耐晒牢度标准卡上,距试样50cm处,用紫外灯照射,测定耐晒牢度标准卡变色等级达到1级时所需的时间。所用时间越长,则屏蔽效果越好。但该方法无法确定纺织品通过抗紫外线整理加工后所获得的防护效果。因为除了屏蔽剂会对紫外线产生屏蔽作用外,其他诸如纤维种类、面料颜色以及厚度等都会对紫外线的穿透能力产生影响。

显色物不同,具体评价方法也不同。下面列出了两种不同显色物对抗紫外效果的评价方法。

a. 光敏色布。利用光敏染料染色的基布,放在标准紫外光光源下,上面覆盖待测织物,开启光源,光照一定时间后,然后观察覆盖物下面光敏染料染色基布的颜色变化情况,颜色变化越小,说明待测织物阻隔紫外线的效果越好。光敏色布可由光敏性可溶性还原染料染色而成。颜色变化由大至小,抗紫外效果由好至差。

b. 重氮感光纸或利用感光活性:将同样的紫外线灯光透过一对织物试样而照射在涂有重氮材料的感光纸上。紫外光照射量不同,感光纸曝光后定影,显示出深浅不同的颜色,与蓝色标准相比较,就可以评价织物紫外线遮蔽能力的强弱,颜色由浅至深,抗紫外效果由差至好。

⑥皮肤直接照射法。在同一皮肤的相近部位,以一块或几块织物覆盖皮肤,用紫外线直接照射,记录和比较出现红斑的时间,并进行评定。这类方法应属于主观测试,其优点是快速、简便、面广、量大,但这种方法也有不完善之处,所得结果受主观因素影响,人员间存在系统偏差,

并且对人体有害;地理条件(纬度和海拔不同)、气温和湿度对实验结果有影响;紫外线辐射的强度、稳定性、重现性和时间延续性等均难以掌握,甚至无法控制,所以目前大多采用人工模拟光源。此外,照射条件(如照射率、照射时间和照射位置及大小等)、试样(如厚度等)、实验者皮肤种类(如对紫外线过敏程度等)等差异也会对结果产生一定的影响。

(六) 亲水性纤维

亲水性合成纤维与普通合成纤维相比较,在纤维的结构上有明显的差别,亲水纤维表面和内部均有各种大小不等的微孔。如果只采用常规的合成纤维的检测方法和手段,很难反映亲水纤维这一重要的特性。下面重点介绍微孔和亲水性的检测方法。

1.微孔性质的检测   对采用物理改性方法获得的亲水性合成纤维而言,微孔是极为重要的特征。亲水性纤维的吸水能力强弱,是由纤维内外微孔尺寸的大小、数量的多少、微孔间相连程度所决定的。亲水性纤维的微孔性质的检测,大多需借助现代微结构测量技术,如压汞法、X光小角散射法、气体吸附法、电子显微镜法等。根据测量结果,常用孔径、孔径分布、比表面积、多孔纤维的形态等微孔结构参数,来表征亲水纤维微孔的性质。

纤维的微孔孔径及分布可用压汞法和X光小角散射法来测定。这两种方法测定的微孔半径范围分别为 1.8 ~ 7 500nm 和 1.5 ~ 100nm。对于不同亲水纤维,其微孔尺寸及分布各不相同,因此要按照纤维内部微孔尺寸范围,选择合适的测量方法。

(1) 压汞法。压汞法是测量孔径及孔径分布的一种实验方法。对一般有机物而言,汞是一种非浸润液体,汞要渗入这些物质的内部,需要外部的压力,压力的高低可作为微孔大小的量度。假设微孔是半径为 R 的圆形柱孔,则有如下关系:

$$p\pi R^2 = -2\pi R\sigma\cos\theta \qquad\qquad (5-24)$$

即,
$$R = -2\sigma\cos\theta/p \qquad\qquad (5-25)$$

式中:p 表示外界压强(Pa);R 表示微孔半径(nm);θ 表示汞与孔壁接触角(°);σ 表示表面张力(N/cm)。

在20℃条件下:$\theta = 140°$,$\sigma = 4.80 \times 10^{-3}$N/cm。

上式表明,一定的压强值,对应一定的孔径值,而对应的汞压入量,相当于孔径的孔体积对于亲水性多孔纤维,只要从实验上测定各个压强点下的汞压入量,即可求出其孔径及孔径分布。

(2)X光小角散射法。X光小角散射法理论上可测定体系中 1.5 ~ 100nm 的微孔,其中测定半径为20nm以下的纤维孔径较为有效。固体聚合物中的孔隙是光学不均匀体系,以X光为入射光源,由于X光波长为0.1nm数量级,因此只能在很小的范围内观察到光的散射。散射光的强度和散射角度与孔隙的尺寸、形状、分布等有关,所以可利用该法测量纤维内部的微孔尺寸。

以X光小角测量法检测微孔,以 Fankchen 分析法为基础,假设微孔为均一球状,并忽略微孔之间的相互干涉,其散射强度公式为:

$$I(S) = I_e Nn^2 \exp(-S^2 R^2/5) \qquad (5-26)$$

$$I_e = I_0 e^4/m^2 c^2 r^2 \qquad (5-27)$$

$$S = 2\pi\theta/\lambda \qquad (5-28)$$

式中：S 表示衍射矢量；I 表示光强度；N 表示微粒数目；n 表示粒子内总电子数；R 表示粒子半径（nm）；I_0 表示射线的强度（B°q）；λ 表示 X 射线波长（nm）；m,e 表示广电子静止质量和电荷；r 表示试样与测量点间的距离（nm）；θ 表示散射角（°）。

上式取对数得：

$$\lg I(s) = \lg I_e Nn^2 - \left[\frac{1}{5}(2\pi/\lambda)^2 R^2 \lg e\right]\theta^2 \qquad (5-29)$$

可见散射强度 $\lg I(S)$ 与散射角 θ^2 呈直线关系。直线的斜率与截距分别与微孔半径和微孔容量有关。设斜率为 d，可按下式求出微孔半径 R：

$$R = 0.8314\sqrt{d} \qquad (5-30)$$

2. 纤维亲水性的检验　亲水性纤维具有较强的亲水性能，较快的排湿性能和较高的孔隙度等物理性质。这些性质包括纤维的吸湿和吸水两个方面，可用吸水率和保水率来表示。

（1）吸湿率。纤维表面和内部化学基团对气态水的吸引或物理吸附即称为吸湿性。纤维的吸湿率，指的是单位绝干重量的纤维，在一定温度、一定湿度的外界条件下，达到吸湿平衡时所能吸收的水分的质量，用质量百分比表示。吸湿率计算公式为：

$$M = \frac{W_0 - W}{W} \times 100\% \qquad (5-31)$$

式中：M 表示吸湿率（%）；W_0 表示纤维试样吸湿平衡时的质量（g）；W 表示纤维试样绝干质量（g）。

测定纤维吸湿率方法有很多，可归纳为直接测定法和间接测定法两类。直接法是将含有水分的纤维先去除水分，再称取纤维干重；或直接测得水分的含量，然后按吸湿率公式计算吸湿率。间接法不去除纤维中的水分，而是通过其他方法来检测纤维中的水分含量，经计算而得吸湿率。

（2）保水率。液态的水在纤维表面扩散，被纤维内部孔隙所握住，这种特性称为纤维的吸水性。通常吸湿性强的亲水纤维，其保水性也较强。反之，保水性强的亲水纤维，其吸湿性不一定强。保水率用单位绝干质量的纤维所含有的不能用机械方法除去的水分，以质量百分率来表示：

$$K = \frac{G_0 - G}{G} \times 100\% \qquad (5-32)$$

式中：K 表示保水率（%）；G_0 表示经过一定机械方法除水后纤维的质量（g）；G 表示绝干纤维的质量（g）。

有多种测定保水率的方法,其间无统一标准,所得数值亦不尽相同。例如,布袋法是将纤维封入布袋并浸于水中一定时间后称其质量,求算保水率;离心法则将纤维置于离心机中以一定速度离心脱水,然后测定纤维中所含不能用机械方法除去的水分含量。

要全面反映亲水纤维的性质,还需要检测亲水纤维的干燥速率、浸润密度和孔隙度等数值。随着亲水纤维的开发应用,纤维的力学性能、染色性也是不可忽视的,而它们的检测方法基本上与常规纤维相仿。同时考虑到亲水织物的亲水性和人体穿着舒适性密切相关,所以有时亲水纤维的舒适性也需检测。

(七)远红外纤维

远红外纤维及其织物的性能表征主要包括三个方面,即远红外辐射性能、远红外保温性能以及远红外纺织品对生物体的保健作用。

1. 远红外辐射性能　材料的远红外辐射性能可利用傅里叶变换红外光谱仪和红外辐射测量仪来检测。远红外辐射性能一般以比辐射率,也称发射率来表示。发射率又可分为法向发射率和半球发射率。其中,法向发射率包括法向全发射率和法向光谱发射率,而半球发射率又包括半球全发射率或半球积分发射率以及半球光谱发射率。法向发射率一般较常用。国外一般都采用法向发射率来衡量产品的远红外辐射性能,而国内现尚无统一的测试方法。法向光谱发射率为物体在特定波长下向法向方向的辐射与同温度下黑体辐射的接近程度,其数值随波长不同而变化。法向全发射率为物体在整个波长范围内向法向方向的辐射与同温度下黑体辐射的接近程度,其数值与波长无关。由于只有波长在 $4 \sim 14\mu m$ 范围内的远红外线在该领域有实际意义,因此以法向光谱发射率来衡量产品的辐射性能似乎更有意义。远红外发射率都是采用傅里叶红外光谱仪测定的。

2. 远红外保温性能　远红外纤维及纺织品的保温性能测试方法较多,大致可分为六种,即热阻 CLO 值法、红外测温仪法、皮肤表面温度测试法、不锈钢锅法、传热系数法和统计法。

(1)热阻 CLO 值法:在 0℃ 环境下,将试样放在 32℃ 的热板上,向热板输入电能,以使通过试样传递的损失掉的热能得到平衡,使热板温度维持在 32℃ 不变,根据电能耗量求出试样的绝热值,再换算成 CLO 值,1CLO 值 $= 0.155m^2 \cdot ℃ \cdot W$。

(2)红外测温仪法:在温度为 20℃、相对湿度为 60% 的恒温室内,用 100W(或 250W)红外灯光源,以 45°角且以一恒定距离分别照射参比织物和远红外纤维或织物样品,用红外测温仪分别记录不同时间两组样品的表面温度 T_0 和 T_1,其温升 $\Delta T(℃)$ 可表示为 $\Delta T = T_0 - T_1$。织物吸收红外线越多,其表面温度越高,穿着织物后向人体辐射的远红外线也越多,保温性能越好。

(3)皮肤表面温度测试法:用相同规格和组织的普通织物和远红外织物分别做成护腕,套在健康者的手腕上,在室温为 27℃ 且达到辐射升温平衡后,用测温仪分别测定皮肤表面温度,求出温度差值,从而评定远红外织物的保温性能。

(4)不锈钢锅法:用薄的不锈钢制成高 10cm、容积为 500mL 的不锈钢圆筒,圆筒上下底采用泡沫塑料,温度计插在盖上,分别将普通织物及远红外织物包覆在不锈钢圆筒外,在红外灯照射下,当达到温度平衡时,分别测试两种织物的温度值,求出温度差值。

(5)传热系数法:在恒定温差的条件下,测定热源在无试样和有试样两种情况下,单位时间、单位面积散发的热量,从而计算出材料的传热系数,用来比较其保温性能。

(6)统计法:将远红外织物制成成衣,选择一组试验者,进行穿着试验,在规定的环境及条件下,根据穿着者的感受对比,统计出两种织物的保温性能,或用测温仪测试衣服内部温度随时间的变化。

上述六种方法中,前五种为客观评价方法,后一种为主观评价方法。这些方法各有优缺点,但都能反映远红外纤维及织物的保温性能。在对不同远红外产品进行横向比较时,最好采用同一方法测试的结果。

3. 远红外织物的保健性能　评价远红外纺织品的保健性能,须进行临床试验,涉及的内容很多,如皮肤、皮下组织、肌肉及血液循环系统等在远红外辐射下的各种生理变化。实际上,远红外线对人体的作用很复杂,且是多方面的。有些测试难以排除人为的因素干扰,比如,对于背酸肩疼的医疗效果究竟有多大,恐怕还需医疗界以大量的科学实验来证明。应由医学界、生物学界、物理学界、纺织界的专家进行深层次的研究、测试与论证,方能指导远红外纺织品朝着正确的方向发展。

(八)阻燃纤维

1. 纺织品阻燃法规　在阻燃技术研究的同时,国外就制定了相关的阻燃纺织品法规。如著名的 DOCFF 3—71《儿童睡衣的可燃性标准》,是美国在 1971 年制定的商业部标准。其他如飞机内装饰材料、室内装饰织物、地毯等,各国均有相应的产品阻燃标准。我国民航系统也已制定了 TY—2500—0009《机务通告》及 HB 5875—1985《民用飞机机舱内部非金属材料阻燃要求和试验方法》的标准,阻燃装饰织物的阻燃标准也已颁布实施,以上法规将大大推动和促进纺织品阻燃技术研究的深入。

2. 阻燃性能的测试方法及标准　对材料阻燃性能的评估一般说来有以下一些指标:

①点燃难易性。

②火焰表面传播速度。

③发烟能见度。

④燃烧产物的毒性。

⑤燃烧产物的腐蚀性。

①、②项统称为"对火的反应",并且是对燃烧性能评估的最主要指标。

(1)基本试验方法。所谓基本试验方法,是指测定材料的燃烧广度(炭化面积和损毁长度)、续燃时间和阴燃时间的方法。一定尺寸的试样,在规定的燃烧箱里用规定的火源点燃12s,除去火源后测定试样的续燃时间和阴燃时间,阴燃停止后,按规定的方法测出损毁长度(炭长)。根据试样与火焰的相对位置,可以分为垂直法、倾斜法和水平法。一般来说,垂直法比其他方法更严格些,垂直法适用于装饰布、帐篷、飞机内装饰材料等;倾斜法适用于飞机内装饰用布;水平法适用于衣用织物等普通织物。我国的 GB/T 5455—1997 标准适用于各类织物的测试。

(2)限氧指数法。试验在氧指数测定仪上进行。一定尺寸的试样置于燃烧筒中的试样夹上,调节氧气和氮气的比例,用特定的点火器点燃试样,使之燃烧一定时间自熄或损毁长度为一定值时自熄,由此时的氧、氮流量可计算限氧指数值,即为该试样的限氧指数。我国标准 GB/T 5454—1997《纺织品 燃烧性能试验氧指数法》规定试样燃烧 2min 自熄或损毁长度恰好为40mm 时所需要的氧的百分含量即为试样的限氧指数值。

(3)表面燃烧试验法。对于铺地纺织品,可用热辐射源法或片剂法。热辐射源法是用一块以可燃气为燃料的热辐射板,与水平放置的铺地试样呈 30°角倾斜,并面向试样。由热辐射板做出标准辐射热通量曲线,而后按规定的方法点燃试验,测出试样的临界辐射热通量(CRF)和试样特定位置上的 30min 辐射热通量值(RF－30)。片剂法是用六亚甲基四胺片剂作火源,测量碳化面积。

(4)其他测试方法。为使实验条件更接近于实际情况,有些国家建立了小型实验室,例如,美国的保险业实验室(简称为 UL)。但这些小型实验室存在任意性强、局限性大,距实际火情相差甚远等缺点。欧洲认为在某些特殊场合下需直接采用标准的大型试验,例如,墙角试验,更接近于实际火情。

锥形量热计(CONE)是 20 世纪末发展起来的一种新型燃烧测试装置,主要用来测量材料燃烧时的热释放速率,该参数被认为是影响火势发展的最重要的参数。此外,它可以测量材料燃烧时单位面积热释放速率、样品点燃时间、质量损失速率、烟密度、有效燃烧热、有害气体含量等参数。这些参数对于分析阻燃材料的综合性能,预测材料及制品在火灾中的燃烧行为是十分有用的。

利用热分析可定量地研究出阻燃效果,探索阻燃机理。如利用 DSC 法可以分析纤维的分解稳定变化,表明阻燃前后裂解方式改变。TGA 法可以测定纤维的热失重变化情况;利用色谱—质谱联用可以研究纤维的热裂解产物等。

单一的阻燃测试方法往往不能全面地反映材料的燃烧性能,应尽量将几种测试方法结合起来使用。

(九)电磁波纤维

目前,国内外关于织物抗电磁辐射屏蔽效能的测试方法有多种,概括起来主要有远场法、近场法和屏蔽室测试法三大类。

1. 远场法　主要用以测试抗电磁辐射织物对电磁波远场（平面波）的屏蔽效能。远场法又有以下两种主要方法：

（1）ASTM—ES—7同轴传输线法。同轴传输线法是美国国家材料实验协会（ASTM）推荐的一种测量屏蔽材料的方法。该方法根据电磁波在同轴传输线内传播的主模是横电磁波这一原理，模拟自由空间远场的传输过程，对抗电磁辐射织物进行平面波的测定。测试样品的参考试样屏蔽效应值与负载屏蔽效应值之差，即为被测样品的屏蔽效应。其优点是快速简便，无须建立昂贵的屏蔽室及其他辅助设备。测试过程中能量损失小，测试的动态范围较宽，可达80dB，适应范围的频率为30MHz～1.5GHz。材料可以是薄至10mm的均匀的抗电磁辐射织物。其缺点是只可以测试远场的辐射源，测试的结果受材料与同轴传输装置的接触阻抗的影响，重复性较差。

（2）法兰同轴法。该方法是美国国家标准局（NBS）推荐的一种测量屏蔽材料的方法。这种方法的原理与同轴法传输线法相似，所不同的是改进了样品与同轴线的连接，使其接触阻抗减小，因此重复性较好。但对试样厚度有一定要求，负载试样的厚度≤5mm，其他的测试特点与ASTM—ES—7同轴传输线法相同。

2. 近场法　ASTM—ES—7双盒法主要用来测试抗电磁辐射织物对电磁波近场（磁场为主）的屏蔽效果，该方法广泛应用于试样的近场屏蔽效能（SE）的测量。双屏蔽盒的各个腔体分别安装一小天线用来发射和接收辐射功率。

其基本的测量方法是：不加试样时接收天线所接收到的功率为P_0，加入试样后接收到的功率为P_1，则屏蔽效能为：

$$SE = 10 \times \lg(P_0 / P_1) \tag{5-33}$$

该方法的优点无须昂贵的屏蔽室、辅助设备，测量快速简单、方便。

缺点是腔体工作频率将随腔体的物理尺寸而产生谐振，并且该方法测量结果的重复性受指型弹簧支撑片的状态影响；其适用的频率范围较窄，为1～30MHz；对试样厚度有一定要求，厚度≤4mm；动态范围较窄，为50dB。

3. 屏蔽室法　由电磁学知识可知，屏蔽室测试法既非远场也非近场或介于两者之间的一种方法。该测试方法是测量有无抗电磁辐射织物的阻挡时，接收信号装置测得的场强和功率值之差，即为屏蔽效能（SE）。此法测试结果较为准确，但结果也受抗电磁辐射织物与屏蔽室连接处的电磁泄漏的影响，且屏蔽室等设备较为昂贵。测试频率的范围为1～30MHz，对织物的厚度没有太高的要求。

以上几种测试方法中的抗电磁辐射织物的屏蔽效能如表5-14所示。这几种测试方法各有其优缺点，简单的比较见表5-15。

表 5-14 测试频率与屏蔽效能的表示

频率/MHz	测试参数	单 位	屏蔽效能(SE)
<20	H_1,H_2	$\mu A/m,\mu T$	$20\lg(H_1/H_2)$
	V_1,V_2		$20\lg(V_1/V_2)$
20~300	E_1,E_2	$\mu V/m$	$20\lg(E_1/E_2)$
300~1000	E_1,E_2	$\mu V/m$	$20\lg(E_1/E_2)$
>1000	P_1,P_2	W	$20\lg(P_1/P_2)$

注 H_1、V_1、E_1、P_1 分别为无抗电磁辐射物屏蔽时测得的磁场强度值、电压值、电场值、功率密度值;H_2、V_2、E_2、P_2 分别为有抗电磁辐射织物屏蔽时测得的磁场强度值、电压值、电场值、功率密度值。

表 5-15 常见的抗电磁辐射织物测试方法的比较

辐射源	测试方法	适用频率	材料厚度	动态范围
远场环境	同轴传输线法	30MHz~1.5GHz	≤10mm	80dB
	法兰同轴法	30MHz~1.5GHz	≤5mm	>100dB
近场环境	双盒法	1~30MHz	≤4mm	50dB
	改进 MIL-STD-285 法	1~30MHz	范围较大	100dB 左右
日常生活的电磁环境	屏蔽室法	≥30MHz	范围较大	较宽

综上所述,抗电磁辐射织物的屏蔽效能与材料本身的特性、电磁波的频率特性和辐射源到屏蔽体的距离有关,因此测试抗电磁辐射织物的屏蔽效能时应考虑到这些因素的影响。一般来说,当 $r>\lambda/2\pi$ 时,辐射源为远场源;当 $r<\lambda/2\pi$ 时,辐射源为近场源(其中 r 为辐射源到屏蔽体的距离,又为电磁波的波长)。日常生活离辐射源的距离可从几十厘米到几米的环境,电磁波的频率为几十兆赫到几吉赫(GHz),电磁波的波长从几米到几毫米的范围,考虑到辐射频率为连续的频谱,而非单一的频谱,电磁波的波长与辐射源到屏蔽体的距离难以确定,因而较难准确划分我们生活所处的电磁环境是远场还是近场。因此,测试抗电磁辐射织物的屏蔽效能应考虑实际生活时人所处的电磁环境,才能准确地评定抗电磁辐射织物的屏蔽效能。

由表 5-16 知,从频率的范围来看,同轴传输线法、法兰同轴法、屏蔽室法适合实际的需求。双盒法不适合。从人们实际生活的所处电磁场环境来看,很难划分为远场或近场,而屏蔽室法测试时发射天线与屏蔽体的距离可模拟实际人与发射源的距离,测试的结果相对准确。因此,屏蔽室法较能准确地评定抗电磁辐射织物的屏蔽效能,但设备昂贵。

(十)负离子纤维

国内外还没有针对纤维负离子发生量的标准测试方法(包括国家标准、企业标准和地方标准)。我国在 2002 年 10 月份颁布了《空气离子测量仪通用规范》作为国家标准,也只是针对建立健全空气离子测量仪产品标准体系而定。对负离子纤维的测试没有统一的测试方法,不同研究者所采用的测试方法及手段都不尽相同。下面介绍几种测试负离子纤维系统中负离子浓度的仪器和方法。

1. 负离子纤维测试仪器

（1）DLY－2空气离子测量仪。

①测量原理。空气离子测量仪一般采用电容式收集器收集空气离子所携带的电荷,并通过一个微电流计测量这些电荷所形成的电流。其结构如图5－10所示。

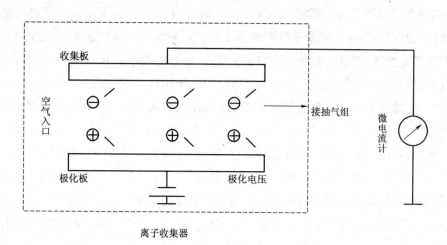

图5－10　空气离子浓度测量示意图

　　正、负空气离子随取样气流进入收集器后,在收集板与极化板之间的极化电场作用下,按不同极性分别向收集板或极化板偏转,把各自所携带的电荷转移到收集板或极化板上。收集板上收集到的电荷通过微电流计落地,形成一股电流 I;极化板上的电荷通过极化电源（电池组）落地,被复合掉,不影响测量。通过转换极化电场的方向,可分别测试正、负离子浓度。

　　一般认为,每个空气离子只带一个电荷。所以,空气离子浓度可以从所测得的电流及取样空气流量通过式(5－34)换算出来,计算公式如下:

$$N = \frac{I}{q \cdot V \cdot A} \tag{5－34}$$

式中:N 表示每单位体积空气中离子数目（个/cm³）;I 表示微电流计读数（A）;q 表示基本电荷电量（1.6×10^{-19}C）;V 表示取样空气流速（cm/s）;A 表示收集器有效横截面积（cm²）。

②仪器主要指标。

离子浓度检测范围:$10 \sim 1.000 \times 10^9$ 个/cm³;

最高分辨率:10 个/cm³;

离子迁移率测量范围:0.15,0.04,0.004[cm²/(V·s)];

取样空气流速:180cm/s,35cm/s 两种;

响应时间常数:约 15s;

误差:离子浓度 ≤ ±10%,迁移率 ≤ ±10%;

电源:DC12V 或 AC220V;

额定工作温度:0～40℃;

额定相对湿度:≤80%,湿度在 80%～90% 范围内时可做短时间(≤10s)测量。

(2)负离子激发装置。对于添加了负离子发生材料的纤维而言,其负离子特性来源于负离子发生体微粒,如电气石粉体、微量放射性的稀土类矿石粉体等。这些负离子发生体材料通常具有热电性和压电性,即当空气温度和压力发生微小变化时,能引起电气石晶体微粒间的电势差,形成的静电压足以使空气发生电离,产生的自由电子附着于临近的分子成为空气负离子。因此,对负离子纤维施加一定的物理刺激才能更好地激发负离子的产生。即使负离子添加剂是微量放射性物质,考虑到安全性,其添加量有限,往往与电气石等材料混用,为了获得理想的负离子发生效果也最好施加某种外力,激发其能量的产生。另外,纤维在实际使用过程中,并非处于静止状态,而是不断受到各种外力的作用,如摩擦、挤压、摆动及人体的热辐射等。正是因为这些外力的存在,使得负离子发生材料与纺织品的结合成为可能。所以要正确评价负离子纤维的负离子特性,应该选择动态状态下的测量方式,即设计与实际运动模式相符的装置作为负离子激发装置。

目前普遍采用的手搓式测试法就是一种实现动态测量的最简单方法,用手搓的方式模拟试样实际使用过程中的受力情况。这种方法简单易行,在负离子纤维的测试没有统一标准和测试规范的前提下,多数研究者都会采用这种方法进行负离子发生量的测试。但经过分析和实验,这种手搓式方法无法量化,很多测试条件难以控制:第一,测试过程所处大气环境的稳定性,包括温度、湿度、气流速度等条件;第二,大气原有的负离子状况,测试的场所是城市市区有空调的室内,还是郊区污染较轻的室内,或者森林、大山旁的疗养院等,测量过程中负离子浓度的累加等;第三,面料摩擦的条件,如时间、压力、面积等;第四,人为的差异,不同的人摩擦用力大小,皮肤的干、湿状态不同,摩擦同一块试样所得的结果差异很大。由于手搓式测试法不规范,导致测试结果误差大、重现性及可比性差。通过分析总结目前的测试仪器与方法,设计和研制新型纺织品负离子测试系统,提高测试结果的准确性。

①平摩式负离子激发装置。

a. 设计原理。摩擦是指两物体间接触并发生或将要发生相对滑移时的现象。从微观力学角度来说,是两物质接触面分子间的相互作用,在切向外力作用下产生剪切和分离的过程。显然,当两物质接触面积越大,两接触面靠得越近,这种分子间的作用就越强。从物质作用的宏观形态来看,两物质接触不可能是平行平面的理想接触,这时的摩擦作用过程变成了两接触物质间的碰撞和挤压。

服装织物在穿着使用过程中的摩擦情况很复杂,随着人体的活动,织物的摩擦形式多样,属于三维摩擦接触。为了便于研究,有人将这种复杂的三维摩擦简化为平面摩擦,设计了平摩式负离子激发装置。

b. 总体设计。

·材料的选择。在能满足设计要求的情况下,各部件材料的选择以易于加工、成本低为标准。多数部件都采用硬铝材料,硬铝主要是铝、铜、镁、锰的合金,因其热处理后有较高的强度而得名,因此能满足本装置的低受力要求,同时铝还具有良好的抗腐蚀性能和较好的塑性,适合于各种压力加工。

·绝缘处理。金属材料表面易于吸附负离子。装置中多数部件都是导电的金属材料,在测试过程中可能会造成负离子的损失,使测量值低于实际值。因此,要进行绝缘处理,给裸露在外的金属表面涂上绝缘漆,主要是与实验面料直接接触或靠近的金属部件。平摩式负离子激发装置的示意图如图5－11所示。

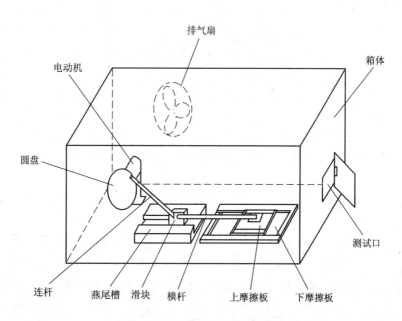

图5－11　平摩式负离子激发装置示意图

②悬垂摆动式负离子激发装置。

a. 设计原理。织物在实际使用过程中,除了摩擦的运动方式之外,另一个主要的运动方式是悬垂摆动,如人在步行、跑动和受到微风吹拂时,衣服的摆动现象。要系统地研究纺织品负离子特性,就要充分考虑实际使用过程中产生负离子的各种主要激发模式,通过机械装置模拟以提供接近真实状态的动态测试。而且,对于负离子纤维,其负离子添加剂是以微米级大小的颗粒状存在,摆动式的外部刺激可以促使微观世界中粒子间的相互摩擦、碰撞,达到激发能量,促使负离子的产生的目的。因此,设计悬垂摆动式负离子激发装置,通过调节摆动频率可以规范化地改变物理刺激的强弱,为测试不同用途织物产生负离子的效果设计不同的测试条件。

　　b. 总体设计。悬垂摆动式负离子激发装置如图5-12所示。

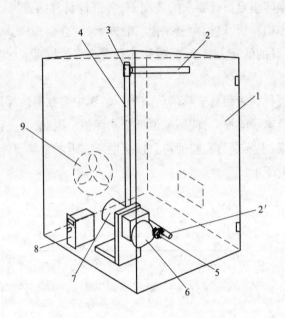

图5-12　悬垂摆动式负离子激发装置
1—带孔箱体　2,2′—上、下摆动杆　3—三通件　4—旋转杆　5—锥形滚轮
6—凸轮　7—电动机　8—调速器　9—排风扇

　　如图5-13所示,该装置的结构是用有机玻璃制成的透明箱体,这对避免外界因素而影响负离子浓度,起到了一定的保护作用,并且便于控制每次试验的空气环境,并对测试过程进行监控。在进行每次实验的前后,都须使用排气扇,其目的是为了抽出上次试验后残留在箱体里的空气负离子,并重新吸入新的空气,这样可以使每次试验都能够不受上次试验的影响,保证了每次试验条件的一致性,而且缩短了试验时间。动力装置是一台带调速器的异步电动机,可以通过调节调速器,测量在不同摆动频率下面料产生负离子的效果,模仿实际使用过程中的不同使用情况,如可用于模仿窗帘负离子面料在不同风速吹拂下的负离子发生情况,以及模拟人在行进过程中,衣服的摆动摩擦产生负离子的情况等。凸轮机构作为传动机构,在电动机的驱动下,使摆动机构按设计要求的运动规律往复运动。摆动机构由三通件与其连接成90°的可旋转及左右摆动的杆件组成。为使杆件既牢固又能不受阻地旋转,要求高的垂直度和公差配合。测试时将被测面料挂在上摆动杆上,由凸轮装置推动下摆动杆,由于上、下摆动杆是一个整体,使得

上摆动杆和被测面料同下摆动杆一起,以相同速度在水平面内做快速摆动。考虑到传动机构和摆动机构都为金属部件,可能会对负离子浓度测试带来削减影响,故在布线时做了接地处理,使所有金属部件都有导地的通路,这样金属表面就不会积累电荷。另外,将上下摆杆和旋转杆都缠上绝缘胶带,以提高机构的绝缘效果。

2. 负离子纤维测试方法

(1)平摩式负离子测试方法。

①测试条件。根据测试目的和测试对象特点设定合理的测试条件。平摩式负离子激发装置影响负离子产生效果的因素有正压力、摩擦面积、摩擦时间及摩擦速率。机构在设计时已经确定了上、下摩擦板的面积和电机的转速,即摩擦面积和摩擦速率为恒定值,就剩下正压力和摩擦时间是可调量。空气负离子还受到环境因素影响,如环境温度、相对湿度、空气流速和空气洁净度等。

a. 环境条件。空气负离子的产生和消失都与环境条件有关。通常洁净空气中的负离子主要是轻负离子,随着空气中烟雾、灰尘的增多,中、重负离子含量显著增加,测试对象就变成中、重负离子。同时空气负离子的量还会随着环境温、湿度的变化而变化。温度升高使分子热运动加剧,致使碰撞电离概率增加,电离出的电子数增多,从而负离子含量也随之增加;相对湿度变大,水分子含量增加,则电解出的羟基负离子数增加。为避免环境温、湿度对负离子测试的影响,最好是选择恒温恒湿实验室进行测试。但实验条件有限,只能选择在洁净室内,稳定的温、湿度环境下进行试验。经过研究,在过低的温、湿度条件下,纺织品负离子的发生量很低,测试的意义不大;而在温、湿度过高逼近空气离子测量仪的额定工作条件时,又会使测量不准确。结合上海的气候特点,最终确定可进行测试的环境条件为:温度范围为 $10 \sim 35℃$,相对湿度为 $30\% \sim 80\%$ 。

b. 正压力。将上摩擦板的自重(126g)作为初始压力,用这个力值大小比拟衣服在穿用过程中受身体挤压产生摩擦的受力大小,可作为一般面料测试时的压力条件。同时,可以通过砝码加压的办法,改变上摩擦板的受力情况,提供不同压力下的测试条件,可用于研究负离子发生量与正压力之间的变化关系。

c. 摩擦时间。摩擦时间对负离子发生量测试的影响较复杂。一方面摩擦时间越长面料受到的物理作用力越充分,产生的静电场越强,以致负离子发生量越大;另一方面摩擦时间过长已产生的负离子又会消失、变迁,使测得的负离子量反而降低。因此要找到一个理想的摩擦时间,既使摩擦强度达到最大,又使负离子的累加量最多。选择 $5 \sim 20min$ 作为有效摩擦时间,通过研究这个时间段内负离子发生量的变化,可以找到测试所需的最佳摩擦时间。

②操作步骤。

a. 校正零点。

·把"离子极性"开关置于"0"。

·"迁移率"的旋钮置于"1"。

·输入电缆接到插座。

·"倍率"关打到"×10",调整"调零"旋钮,使显示器显示零。

b. 检查收集器绝缘程度。先把"倍率"较高的档次,把"离子极性"开关打到"＋"过 10～20s 再降低量程至"×10",待读数稳定后即可读出收集器的漏电多少。一般要求第 I 级收集器漏≤4 单位(在 ×10 挡),第 II 级收集器漏电≤20 单位(在 ×10 挡)。

注意:在把"离子极性"由"0"转到"＋"之前,务必先把"倍率"转到较高的档次,并在"离子极性"转到'＋'之后,10～20s 再降低量程,否则由于极化电压的冲击,将使数字表长时间"溢出"(显示"1")。

c. 离子浓度测量。

·按所需要的离子极性、迁移率定好档位,调好零点。打开风机开关,稍等片刻即可读出离子浓度。

·读数指示太小时,把倍率开关往右旋,注意搬动倍率开关后应重新校正零点。即重复前面校对零点的操作。若测量时发生超量程的情况,数字表会显示"1",这时操作者应先升高倍率。

·旋转"离子极性"旋钮,可改变测量的离子极性,在旋转这个旋钮之前,应先把倍率开关置于较大位置,以防冲击表头。

③测试步骤。

a. 调整空气离子测量仪。

·输入电缆、短路插头。

·开关置于最高挡($\times 10^6$);

·"离子极性"开关置于"0"。

b. 关好实验室门窗,以减少空气流动。

c. 记录室内的温、湿度。

d. 将测试面料安装在摩擦机构上。上摩擦板面积为 15cm×10cm,下摩擦板面积为 26cm×10cm,上摩擦板重量即初始正压力为 1.2N(126gf)。

e. 启动换气装置使测试箱体内大气与室内大气处于稳定平衡状态。

f. 按上一节步骤调整离子测量仪到测量状态,测试箱体内原有空气负离子含量。

g. 启动摩擦机构,使被测样以恒定速率做水平往复的摩擦运动。

h. 摩擦一段时间后,调整离子测量仪到测试状态,关闭摩擦机构,打开测试窗口进行测量读数。

i. 下一次重复测试从步骤 e 开始。

3. 悬垂摆动式负离子测试方法　悬垂摆动式激发装置模拟织物在实际使用过程中悬垂摆动的运动状态,同时悬垂摆动也是激发纺织品产生负离子的另一种物理刺激模式。因此建立悬垂摆动式负离子测试系统并设定实验方法有利于更全面地研究纺织品的负离子特性。

（1）测试条件。悬垂摆动式负离子激发装置影响负离子产生效果的因素有摆动频率、摆动时间以及试验面料尺寸。同样空气负离子还受到环境因素影响，如环境温度、相对湿度、空气流速和空气洁净度等。由于箱体设计的比较紧凑，面料在摆动过程中与箱体离得很近，连续的快速摆动会带动箱体内气流的流动，流动的气流会不断冲击箱体，使空气和有机玻璃材料的摩擦加剧，因此极易在有机玻璃制成的箱体上积聚静电。所以对悬垂摆动式负离子激发装置而言，箱体上的静电也是影响负离子测试的一个因素。

①摆动频率。摆动频率决定了试验面料所受摆动物理刺激的强弱，其快慢可以通过改变电机转速进行调节，电机的转速在100~500r/min，由数显调速器控制，电机转一圈就完成一个来回的摆动。理论上电机转速越高，摆动频率越快，对面料的作用力就越强，激发产生的负离子也就越多。但考虑到机械方面的问题，如碰撞磨损加剧、噪声等，选择的摆动频率范围为185~215r/min，因为在这个摆动频率范围内面料已经获得了足够的物理刺激。

②摆动时间。摆动时间对负离子发生量测试的影响较复杂。一方面摆动时间越长，面料受到的物理作用力越充分，以致负离子发生量越大；另一方面摆动时间过长已产生的负离子又会消失、变迁，使测得的负离子量反而降低。而且凸轮机构长时间高速运转的话，因碰撞产生的铁屑会增多，也可能会减少负离子的量。因此要找到一个理想的摆动时间，既使摆动强度达到最大，又使负离子的累加量最多。一般选择5~15min作为有效摆动时间。

③实验面料。负离子发生量与织物露地面积有关，因此织物露地面积越大，产生的负离子数也就越多。平摩式负离子激发装置受限于要满足小测试空间的要求，因此设计的摩擦机构的有效摩擦面积不大，实验面料较小。摆动式负离子激发装置采用悬挂的方式安装试样，因而可以选择大尺寸的试样，增大试样面积使产生负离子的效果更加明显，测试结果更准确。根据摆动空间的设计尺寸，实验面料的尺寸一般为100cm×100cm。

④静电。

a. 静电的分布。考虑到有机玻璃是一种绝缘性相当好的材料，极易积累静电，更重要的是在试样的连续摆动过程中，箱体不断受到空气流的冲击，从而在其表面积聚了较高的静电压。因此采用DWJ-81型静电电位计对测试实验中的悬垂摆动式负离子激发装置的箱体及相关实验试样做静电电压分布的研究。测试步骤为：设定摆动频率为185r/min，摆动时间为5min，被测面料在规定的摆动频率下持续摆动5min后，用DWJ-81型静电电位计在距离被测试样的下摆上方30mm处测试其静电电压，读数并记录。然后对测试装置进行2min的排风，以清除装置内残留的负离子，然后吸入室内空气，准备进行下次实验，实验依次按照毛、丝、麻、棉的顺序进行，在实验最后，用该静电电位计，以同种方法对激发装置的箱体表面进行静电电压的测量。测试开始前先用静电消除器消除箱体表面的原有静电。

静电分布的实验结果如表5-16所示，空气温度为18℃，相对湿度为65%。

表 5 −16　静电分布测试实验结果

测试对象	测量装置转速/r·min⁻¹	摆动持续时间/min	静电电压/V
毛	185	5	−100
丝	185	5	−200
麻	185	5	+400
棉	185	5	+400
有机玻璃箱体	185	5	−5000

注　测试用仪器:DWJ −81 静电电位计;最大量程:50kV;测试探头与试样的测试距离:30mm;测试位置:试样内层。

　　b.静电的影响。静电放电和静电场对于不同的静电敏感元器件会产生不同的失效机理和失效表现。我们采用的测量纺织品负离子浓度的仪器是 DLY −2 型空气离子测量仪,其结构主要包括离子收集器和微电流放大器两部分。从表 5 −17 可以看出,激发装置的有机玻璃箱体在实验过程中会产生高静电电压,它会以干扰信号的形式对微电流放大器的串、并联电路产生影响,干扰测量结果。严重的会使 CMOS 等元器件由于高漏电造成短路。

　　另外,由所测试样的静电电压大小顺序来看,其结果与通常的静电序列存在差异。常见的纺织品及空气的静电序列为(由正到负):石棉、锦纶、羊毛、蚕丝、粘胶纤维、空气、棉、麻、丝绸、涤纶、维纶、腈纶、乙纶、氯纶,由于本次试验的性质属同种物质的摩擦起电,可以归结为织物与空气的接触分离,则空气作为一种静电介质亦可排在静电序列中。一般说来,织物与空气两者之间静电电压的差越大,织物的静电效应越显著,带电程度越高,那么实验试样中的静电效应排列应为:棉纺织品 < 麻纺织品 < 丝纺织品 < 毛纺织品,而实验所得结果与此理论分析相矛盾。说明在没有任何静电消除措施的前提下,由于测试先后顺序的不同,测试靠后的试样,受到了有机玻璃箱体上电子不断积累的静电影响,最终导致在相同摩擦强度、摩擦时间、实验环境条件下,静电效应较小的纺织材料显现出较高静电电压的现象,影响负离子浓度测试结果的准确性。

　　c.静电消除。实际使用中有多种消除静电的措施,如空气电离,产生离子和电子,将表面电荷中和;气体放电,利用尖端放电,引导电荷散逸;给湿,形成导电机制和连续的导电膜;使用抗静电剂、静电刷中和电荷;摩擦器件的接地导电及静电屏蔽等。对于悬垂摆动式激发装置面临的静电问题,可行的静电消除方法有以下几种:

　　第一种,采用抗静电剂在每次实验前进行整个有机玻璃箱体内外的擦拭。但此方法的弊端在于,每次擦拭的量难以控制,容易产生箱体各部分抗静电性能不均一;抗静电剂的有效时间难以掌握,擦拭的间隔时间难以得到控制,从而影响测量数据的准确性;当需要实验量大时,必须反复多次用抗静电剂擦拭箱体内外,操作费时费力,程序太过复杂。

　　第二种,在每次实验结束后,采用静电刷反复刷有机玻璃箱体内外。由于有机玻璃上的静电积累,有一定量的能量储存,在每次实验结束后,静电刷须反复刷很多次才能完全消除静电,但这样耗时太长,实验进展太过缓慢,因此,此种方法并不可取。

第三种,静电屏蔽的方法能完全消除静电影响并利于操作。静电屏蔽是一种利用金属空腔,隔离静电场影响的措施。其原理是:由于静电感应,达到静电平衡的空腔内部的场强为零,也就是说金属导体自身内部的场强为零。从而使空腔外部的电场无法进入空腔,对空腔所包围的区域起了屏蔽和保护的作用。如果导体空腔所包围的区域内有带电体,可将空腔导体接地,则内部带电体在空腔导体外表面产生的感应电荷因接地而消失,从而使空腔内带电体的电场不能穿透到外部,消除了对空腔外区域的影响。因此,采用金属铜网作为屏蔽罩,可以对测试装置内外进行屏蔽。因为铜网具有易于实验观察、易于剪裁,不易生锈,可长时间使用等优点。屏蔽层采用"点接地"的方法,可靠接地。通过对悬垂摆动式激发装置的有机玻璃箱体进行内外屏蔽并采用点接地的方法,在箱体内部,纺织材料的摩擦运动产生的静电荷由于屏蔽罩的原因,不会对屏蔽罩外的区域产生影响,消除了对 DLY－2 型空气离子浓度测量仪的影响;同时,对有机玻璃的屏蔽接地,使屏蔽罩上的感应电荷消失,从而使有机玻璃形成的电场不能穿透到外部,消除了对测试装置内部试样的影响以及外部对空气离子浓度测量仪的影响。而且,当屏蔽罩制作完成后,无须反复操作,每次准备实验前,只需把整个屏蔽层点接地即可,大大缩短了进行多组实验的实验时间,而且防静电性能稳定,时间持久,操作简单。

(2)操作步骤。与平摩式负离子测试方法相同。

(3)测试步骤。

①调整空气离子测量仪。

a. 接好输入电缆、短路插头。

b. 倍率开关置于最高档($\times 10^6$)。

c. "离子极性"开关置于"0"。

②关好实验室门窗,以减少空气流动。

③记录室内的温、湿度。

④将测试面料悬挂在上摆动杆上。

⑤启动换气装置使测试箱体内大气与室内大气处于稳定平衡状态。

⑥按平摩式负离子测试方法步骤调整离子测量仪到测量状态,测试箱体内原有空气负离子含量。

⑦启动凸轮机构,调节好电机转速,使被测样以一定频率做水平面的摆动运动。

⑧摆动一段时间后,调整离子测量仪到测试状态,关闭凸轮机构,打开测试窗口进行测量读数。

⑨下一次重复测试从步骤⑤开始。

(4)数据读取与处理。

①直接读数。负离子浓度由 DLY－2 空气离子测量仪进行测量。由于多数情况下纺织品是在激发状态下产生负离子,当物理刺激停止时,产生的负离子因发生复合、迁移等作用

使其浓度呈衰减趋势,因此在测量读数时,采用峰值取值的方法,即在测量时间段内以出现的稳定的最大值为测试值。又因为负离子本身存在不稳定性,测量显示常常不是一个定值,而是在某一值附近上下波动,所以最终选择峰值附近取值,再取平均值的办法。空气离子测量仪的响应时间常数为巧秒,即打开风机 15s 后读数开始稳定,也就是说在测试开始 15s 后进行读数,记录下峰值以及峰值出现后 2s 和峰值出现后 4s 的读数,然后取 3 个数的平均值作为最终测试值。

②计算机测量。对 DLY‒2 空气离子测量仪进行改装,与计算机联机,通过 PCL‒818L 数据采集卡完成测试信号的采集和数据处理,实现负离子测试的计算机控制。操作步骤为:先将 DLY‒2 空气离子测量仪外壳接地,按照仪器操作说明书对仪器进行调零操作,在 LCD 读数稳定的情况下启动测量系统的零电位漂移校正程序,系统在 30s 内连续测量 A/D 信号,之后将所得数据的平均值作为零电位漂移值 V_1,此值在后续的操作中作为电压补偿常数纳入到数量值的转换公式中;然后设定测量时间,打开仪器的风机开关,同时启动测量程序,由计算机自动完成测量过程,并自动生产数据文件;最后通过绘图和分析数据绘制负离子浓度变化曲线,完成包括异常值处理、有效数据截取、平滑曲线绘制、频数统计、曲线拟合等测试数据的处理工作。

(十一)医用纤维

对于医用纤维和纺织品的生物学性质的评价,按生物医学材料或其原料和中间制品在试管内、生物体内和体外的实验程序进行。表 5‒17 列出了测定生物医学纤维材料对活细胞的毒性作用和与血液的相容性的主要实验程序。

表 5‒17　生物医学材料基本生物学性质的评价方法

测试内容		评价方法
毒性	在试管内	组织培养程序,溶血作用实验,细胞生长的抑制或细胞特性的改变(作为评价致变性的一部分)
	在体内	皮肤内发炎实验;系统的毒性实验,肌肉内植入实验,致癌性实验
与血液的相容性	在试管内	动态凝血实验,"Lindholm"实验,椭圆细胞系统,蛋白质吸附和血小板黏合(血浆蛋白的稳定吸收和时变吸收,血小板的时变黏合),微液滴中的血小板保持;剪切力引发的溶血作用
	在体外	静点流动系统,动静脉的分流系统
	在体内	腔静脉环实验,肾的栓阻实验系统
力学性能的保持		定期将以适当形式植入皮下或肌肉内的、或浸泡在适当缓冲介质中的生物医学材料取出,并检测它们的力学性

(十二)保健功能纤维

由于保健功能纤维种类繁多、发展迅速,难以找到一个客观标准用以全面、确切地评价其性质。因此不同的领域有不同的标准,一般是通过人的主观感受来衡量。例如,芳香是人对气味的一种嗅觉感受,因而不同的公司对芳香纤维的性能评价有不同的标准。帝人公司是将芳香纤维密闭存放一定时间后,将其切断到一定长度,作为标准芳香纤维。被评价的芳香纤维切断到与标准芳香纤维同样长度,经过处理,如水洗、干洗或在空气中存放一定时间后,与标准芳香纤维的香味进行对比,对比结果分5级,见表5－18。而钟纺公司则是由10名专家评价,将香味分为6级。见表5－19。

表5－18　帝人公司芳香性能评价标准

级别	评　价
5	香味基本与标准物相同
4	香味比标准物稍弱
3	香味比标准物弱
2	香味比标准物弱得多
1	无香味

表5－19　钟纺公司芳香性能评价标准

级别	评　价
5	良好的香味
4	稍微有所降低
3	降低一些
2	感觉到有一些
1	感觉到稍微有一些
0	无香味

(十三)中空纤维膜

中空纤维膜作为功能纤维的主要分支,可以对气体及液体组分起分离作用。中空纤维膜与平板膜、管式膜等其他形式的分离膜相比较,具有组件组装更容易,单位体积的膜面积大的优点。

中空纤维膜的评价方法包括膜的孔径分布、孔隙率、分离性能、机械性能、表面性能、耐用性等方面。

1. 孔隙率与膜密度测试　膜孔隙率是表征膜多孔性能的一项指标,其定义为膜中孔的总体积占膜表观体积的百分数。海洋行业标准 HY/T 065—2002《聚偏氯乙烯微孔滤膜》中采用压汞仪来测定分离膜的孔隙率,但由于有机分离膜抗压强度低,在较高的测试压力下容易变形,故适合采用差重法来测定分离膜的孔隙率。采用差重法测试中空纤维胚体及膜的孔隙率,具体步骤如下:取一定长度的中空纤维膜样品,在 100℃ 下烘干 24h,称量其干膜重量 m_{dry}(g),记录样品内径 d,外径 D 及长度 l(cm)。将样品膜在水中充分湿润 48h 后,称量其湿重 m_{wet}(g),由式 (5 – 35)计算其孔隙率(ε),V 表示中空纤维膜的有效体积(cm³)由式(5 – 36)计算其膜密度 ($\bar{\rho}$),每种膜重复测试 3 次后取平均值。

$$\varepsilon = \frac{\Delta m}{V \cdot \rho_{H_2O}} \times 100\% = \frac{m_{wet} - m_{dry}}{\frac{\pi}{4}(D^2 - d^2)l \cdot \rho_{H_2O}} \times 100\% \qquad (5-35)$$

$$\bar{\rho} = \frac{m_{dry}}{V} = \frac{m_{dry}}{\frac{\pi}{4}(D^2 - d^2)l} \qquad (5-36)$$

2. 泡点压力及最大孔径测试　对于最大孔径在 0.05 ~ 10μm 范围内的多孔膜,其最大孔径可以采用泡点法进行测量。多孔膜被某种液体完全润湿后,由于存在界面张力,气体通过不同尺寸的孔结构所需压力也不同。因此,定义气体透过多孔膜时,在膜表面形成每一个气泡所需的压力为泡点压力。根据 Laplace 定律,相应的最大孔径 R_{max}(μm)可由泡点压力计算:

$$R_{max} = \frac{2\sigma\cos\theta}{P} \qquad (5-37)$$

式中:σ 表示液体在测试温度下的表面张力(N/cm);θ 表示液体与多孔膜的接触角(°);P 为泡点压力(Pa)。

将中空纤维膜样品制成组件,采用泡点压力测试装置进行测试,如图 5 – 13 所示,将组件浸没在盛有纯水的大烧杯中,待膜被完全润湿后,缓慢通入氮气并升高压力,当膜表面出现气泡的瞬间,停止升压并记录此时的气体压力值,该值即为泡点压力。如果材料亲水性非常好,使得纯水与膜表面的接触面几乎为零,因此可以近似取 $\cos\theta \approx 1$,式(5 – 38)即可简化为:

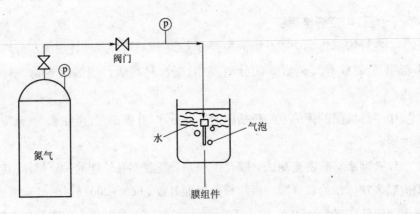

图 5 – 13　中空纤维泡点测试示意图

$$R_{max} = \frac{2\sigma}{P} \qquad\qquad (5-38)$$

使用式(5-38)计算中空纤维膜的平均孔径,式中:σ 为纯水在20℃下的表面张力($\sigma = 72.75\text{mN/m}$)。

3. 纯水通量和平均孔径计算　纯水通量(PWF)是指在一定温度和工作压力下(一般为0.1MPa),单位面积的膜在单位时间内所透过的纯水量。中空纤维膜按内压、外压方式所测得的纯水通量有明显差别,一般情况下,膜的内压纯水通量大于外压纯水通量,尤其是当膜的孔隙率较高、膜较软时,内、外压通量差别更为显著。对于中空纤维膜,在进行通量测试前,需先将其制备成膜组件,组件两端用环氧树脂密封,待环氧树脂完全固化后将组件在纯水中浸泡24h以上,以保证膜孔充分润湿,然后即可安装在通量测试装置上进行实验。在0.1MPa、室温条件下向膜组件进口处通入纯水,测量一定时间 t 内出口处透过纯水的体积 V_w,由式(5-39)计算出复合中空纤维膜的纯水通量 PWF。

$$PWF = \frac{V_w}{A \cdot t \cdot \Delta P} \qquad\qquad (5-39)$$

式中:PWF 为纯水通量$[\text{L/(h} \cdot \text{m}^2 \cdot \text{bar})]$;$V_w$ 为透过纯水的体积(L);A 为有效膜面积(m^2);t 为透过 v_w 的纯水所需要的时间(h);ΔP 为操作压力,为1bar[❶]。

目前对于膜孔径的测试方法较多,主要有压汞法、气体渗透法、泡压滤速法等。其中,压汞法测膜孔径使膜孔压实压密,孔径有偏低的倾向。泡压滤速法倾向于滤速法与泡压法相结合的方法,滤速法用以反映孔径的平均性质,泡压法可反映孔径的均匀程度,当两者一致时,膜结构比较均匀。滤速法包含了膜通量、厚度、孔隙率等诸多重要的结构参数。根据 Guerout-Elford-Ferry 方程,r_m 可以由式(5-40)计算得到:

$$r_m = \sqrt{\frac{(2.9 - 1.75\varepsilon) \times 8\eta l Q}{\varepsilon \cdot A \cdot \Delta P}} \qquad\qquad (5-40)$$

式中:r_m 表示平均孔径(μm);ε 表示膜孔隙率(%);η 表示纯水的黏度($8.9 \times 10^{-4}\text{Pa} \cdot \text{s}$);$l$ 表示膜的厚度(m);ΔP 表示操作压力(0.1MPa);Q 表示通过中空纤维膜的流量(L/h)。

4. 截留率和截留相对分子质量测试　中空纤维膜的截留率是溶液经过滤处理后,被膜截留的溶质质量占溶液中该溶质总质量的百分率,反映中空纤维膜的筛分性能,按式(5-41)计算:

$$R_j = \left[1 - \frac{C_p}{C_f}\right] \times 100\% \qquad\qquad (5-41)$$

---

❶ $1\text{bar} = 10^5\text{Pa} = 100\text{kPa}$。

式中:R_j 表示截留率;C_p 表示滤过液的溶质浓度;C_f 表示原液的溶质浓度。

图5-14为截留率测试示意图,如图5-15所示,通过泵将储液槽中的溶液输送至中空纤维膜封装组件的入口,通过泵的功率以及阀门的开度来稳定过滤的压力差,滞留液循环回储水罐。溶液中的溶质浓度可采用化学或者仪器分析的方法测试,如采用紫外分光光度计测量原液及滤过液在其特征波长处的吸光度并通过式(5-42)求出截留率 R_j。

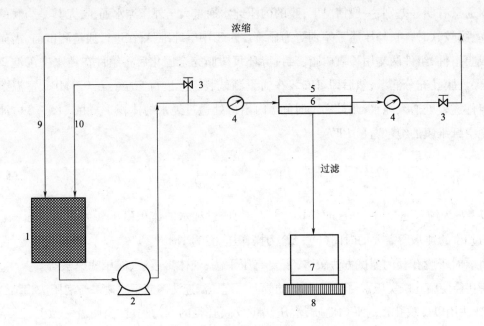

图5-14 截留率测试示意图

1—储液槽 2—水泵 3—调节阀 4—液压表 5—膜丝测试管 6—中空纤维膜
7—滤过液 8—天平 9—截留液 10—液流通道

$$R_j = \left[1 - \frac{A_i}{A_0} \right] \times 100\% \tag{5-42}$$

式中:A_i 表示滤过液在特征波长的吸光度;A_0 表示原液在特征波长的吸光度。

当超滤膜对某一已知相对分子质量物质的截留率达到90%时,定义该物质相对分子质量为该超滤膜的截留相对分子质量值。直接用已知相对分子质量的标准物质,配制成一定浓度的测试原液,通过测定其在多孔膜上的截留特性来表征膜的孔径大小,是应用最广的一种方法。常用的标准物质有:聚乙二醇($M_W = 1000 \sim 20000$)、卵清蛋白($M_W = 45000$)、牛血清蛋白($M_W = 68000$)、丙球蛋白($M_W = 150000$)等。在海洋行业标准 HY/T 051—1999《中空纤维微孔滤膜测试方法》中,未说明测定时的出口压力、测试液体积,对标准物质的浓度也只给出范围,这些都会对截留相对分子质量的测试结果产生影响。

5.爆破强度测试 爆破强度是表征中空纤维膜压力耐受作用的指标。一般在水过滤的情况下,其值应大于0.25MPa。如图5-15所示,将样品固定于测试装置之上,通水一段时间将装置及膜中气泡排净之后,封闭中空纤维膜另一端。缓慢增大压力,当中空纤维膜被压爆时,此时的压力即为此样品的爆破强度。由于样品长度取100mm左右,高度相对于水压力较小,因此可忽略其竖直放置所带来的水力压力误差。

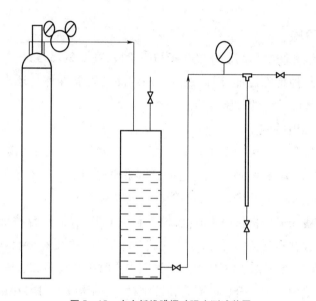

图5-15 中空纤维膜爆破强度测试装置

第三节 智能纤维的检验

一、智能纤维的特性

关于智能纤维及其主要品种的概念已在第一章叙述。从仿生学的观点出发,智能纤维和纺织品应具有或部分具有以下八种生物智能:

(1)信息感知。能接受信号、积累信息,并能识别和区分传感网络得到的各种信息,进行分析和解释。

(2)学习预见。能通过对以往经验的收集积累,对外界刺激做出更适当的反应,并可预见未来和采取适当的行动。

(3)反馈传递。能通过传感神经网络,对系统的输入和输出信息进行比较,并将结果提供给控制系统,从而获得需要的各种功能。

(4)响应性。能根据环境或内部条件的变化,适时地动态调节自身,并做出反应。

（5）自维修。通过自繁殖或自生长及原位复合等再生机制，来修补某些局部破坏。

（6）自诊断。通过比较，能对故障及判断反馈等问题进行自诊断并自动校正。

（7）自动平衡。对动态的外部环境条件，能自动不断地调整自身内部，从而改变自己的行为。

（8）自适应。能以一种优化的方式对环境变化做出响应，并自动地适应动态平衡。

二、智能纤维的检验

目前某些智能纤维和纺织品的研究仅处于初级阶段，在此领域虽进行了一定研究，但仅是从感官上确定其具有某种特殊性能，因此纤维与纺织品的智能性评价还未形成完全统一的体系。现介绍其中两种智能纤维的检验方法。

（一）相变储能纤维的检验

相变材料的质量检测是优化制备工艺必不可少的辅助手段，也是正确使用相变材料（PC-Ms）产品的前提。合理的质量表征体系、先进的测试手段有助于生产工艺的改进和产品质量的提高。下面介绍几种相变储能纤维材料的性能进行检验的方法。

1. 傅氏转换红外线光谱分析仪（FTIR）测试　利用 FTIR 表征聚合物反应结束后产物的基团分析结果。对于胶囊材料制备的纤维，主要测试在纤维中分布的相变材料囊芯和囊壁的红外线光谱图，在产物的囊芯和囊壁的 FTIR 的红外谱图中同时出现囊芯和囊壁的特征吸收峰，一般认为囊芯被包裹在囊壁中。对于合成的聚合物纤维材料、纳米纤维材料在聚合物中反应基团也同样是用此方法来表征。

2. 差热分析法（DTA）　差热分析法是一种在程序控制温度下，测量物质和参比物之间温度差与温度对应关系的一种技术，它通过信号放大，比直接的热分析测量更为灵敏。其参比物往往采用实验过程中不发生相变的物质，将仪器温度以 $2 \sim 10K/min$ 的速率均匀变化，通过记录样品温度与参考样品的温差及参考样品的温度（炉温），就可以得到 DTA 热谱图。当样品有相变发生时，便会有热效应产生，这样会促使样品与参比物温升（温降）速率发生变化，反应在 DTA 谱图上就会有一个脉冲出现，根据谱图就可以得到相变的有关信息，从而分析纤维的相变过程。

3. 差示扫描量热分析仪（DSC）测试　差示扫描量热法也是一种相对的热分析实验方法。与 DTA 相比，它在测定过程中，样品和参比物之间始终保持相同的温度。在程序温升过程中，记录的是样品的温度和向样品输入的热流量与向参考样品输入的热流量的差值。用于测量相变纤维材料吸热和放热的热转变点、熔点、结晶点和温度变化的范围，并可提供热转变中的能量损耗。它是相变材料的相变行为常用的直接表征方法。在大多此类研究中，相变特征和行为的表征与测量均采用此方法。DSC 不但可以得到纤维的相变温度而且可以得到纤维的相变热，即可以得到吸放热温度和热量的数据。由于成纤聚合物也具有结晶性，因此扫描温度应设定在较低温度范围内。

DSC 是鉴定几种纤维材料相变性能的重要方法,但需注意测量前需对试样进行消除热历史处理,否则测量结果可比性差。

4. 热重(TG)分析　相变材料的热稳定性能一般通过 TG 来表征。一个理想的相变材料应具有以下特征:合适的相变温度、较高的潜热、成本较低、原料易得、无腐蚀性、不易燃、无过冷和相分离,除了上述特征,相变纤维还应该具有较长的使用寿命,也就是在经过多次熔融—结晶循环后,它的热稳定性仍较好。因此,对相变纤维的热稳定性能评价是个重要的环节。

5. 偏光热台显微镜(POM)分析　POM 可以在相变纤维材料熔融和结晶过程中进行形态观察,也能根据控制加热时间得到结晶速率及进行动力学计算,从而对相变晶体材料进行观察与评价。

6. SEM 和 TEM、STM 分析　相变材料的表征一般采用扫描电子显微镜(SEM)和透射电子显微镜(TEM)、扫描隧道显微镜(STM)进行观测,从而可以分析纳米相变材料的粒径和分散性等,但是利用 TEM 和 STM 对纳米相变材料的分析报道很少。相变材料的分散性越好,其熔值越高,制成的相变材料也越好。如相变材料微胶囊(MicroPCMs)的粒径及其分布可采用 SEM 照片扫描进行统计,同时能够观察并总结出此类相变材料的形貌特征及其分散性,对评价相变材料是一个重要的方法。

张兴祥等对正十八烷、正十九烷和正二十烷微胶囊进行 SEM 观测,结果表明,相变材料微胶囊的粒径在 $0.3 \sim 6.4\mu m$。相变材料微胶囊中的三种 PCM 的质量分数均在 70% 左右,与理论质量分数 69% ~ 72% 相符。

7. FIHT 测试　当相变储能纤维材料接触到高于其相变的熔融温度的热板时,将发生吸热,热量被传递到这些材料中,利用这一热流变化原理也可以表征其储热性能。

B. A. Ying 等采用织物智能手感仪(FIHT)(图 5 – 16)测试储热调温涂层织物的热流(Heat Flux)变化。测试在恒温室内进行,设置 FIHT 的热测量头的温度较 PCM 的熔融吸热温度高 2℃,测试时首先将相变织物在恒温热板表面放置一段时间,然后将热测量头迅速下降到其表面并保持一定的压力,开始测试从热测量头上传递到相变织物中的热流。含有 $20g/m^2$、$40g/m^2$、$80g/m^2$ 和 $120g/m^2$ PCM 的储热调温织物的热流分别是 $- 0.48kW/m^2$、$- 0.87kW/m^2$、$-1.44kW/m^2$ 和 $-1.90kW/m^2$,热流具有明显的随 PCM 含量增大而增大的趋势。进一步计算出 4 种织物的热调节能力(Thermal Regulating Capability)结果分别为:5.50s、10.09s、11.26s 和 19.76s。

8. ACR 评定测试方法　Outlast 相变纤维的温度调节功能评定用 ACR(Adaptive Comfort Rating)值表示,用来衡量产品吸收、储存以及在适当时释放能量的能力。该值反映了相变材料的密度、类型以及可供储存和释放热量的 PCM 总量(即热敏变相材料的微胶囊总量)。产品的 ACR 值越高,舒适性越强,传统纤维的 ACR 值接近于零。并且很难储存热量。Outlast 产品的

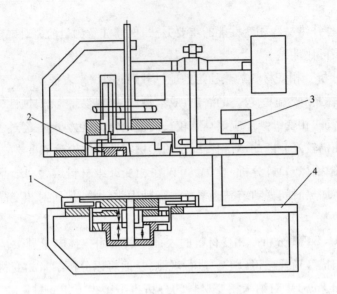

图 5 – 16　织物智能手感仪示意图

1—恒温热板　2—热测量头　3—测量头驱动电动机　4—铝制支架

ACR 值高达 5000,进行层叠后材料的 ACR 值可超过 11000,使产品倍感舒适。

按 OUTLAST 公司的专家解释 ACR 的计算方法为:在实验室内,每单位的 ACR 按 2.5J 对其舒适度的测量,即:ACR = [Outlast 材料的比热(J/m^2) × Outlast 材料的面积(m^2) × 接近系数] / 2.5(J)(接近系数是指材料在产品中接近身体的程度)。

最近出现了一种新的非生理检测方法,测量影响温度调节的各种因素。它适用于在实验室模拟真实生活状况的生理测试。这个系统使用连续的环境温度和能量维持一种模拟皮肤的温度。通过测量皮肤温度如何随着外界能量变化的波动,这种能量正是织物和纤维调节温度的决定因素。希望这种技术能够区分没有热能力和有热能力的相似织物间的差别,这将有助于将来织物的设计。

9. 克罗值法　目前国际上常用克罗值(CLO)来表征蓄热材料的保温效果。克罗的定义为:一个安静坐着或从事轻度脑力劳动的人,在室温 20 ~ 21℃,相对湿度小于 50%,风速不超过 0.1m/s 的环境中,感觉舒适时所穿着服装的隔热值为 1 克罗(CLO)。最合理的测试方法为人体主观测试,利用人体试验得到试验数据从而得出最佳保温性指标。

美国 Kansas 州立大学的 Shim 等用计算机控制的人体模型与相邻两个测试室(暖室和冷室)对人体模型从较暖环境到较冷环境中的热效应进行测试。得知人体模型穿着含有相变材料微胶囊的服装,与不含相变材料的对照服装相比,其热阻值比未含相变材料的对照服装要高,含相变材料的是 1.57CLO,而不含相变材料的是 1.48CLO。这种效应使得人体得到较舒适的"衣内微气候"环境,使人体皮肤表面温度处于较舒适的状态。

（二）凝胶纤维

凝胶纤维含有复杂的三维结构,内部含有一定量的水分子,而且水分在空气中容易挥发,因此,其结构的测试有一定的困难,目前主要利用以下方法进行测试:

1.电子显微镜　利用电子显微镜极高的放大倍数和分辨率,观察凝胶纤维的微观结构和表面形态。其能够观察尺寸为 $1\mu m$ 甚至更小的颗粒,是直接观察高分子微观结构的主要手段。

2.原子显微镜　原子显微镜超越了光和电子波长对显微镜分辨率的限制,在立体三维上观察凝胶纤维的结构和表面形态。利用一个微小的探针扫描凝胶表面,通过控制和检测探针与凝胶纤维间的相互作用力而形成试样的表面形态。

3.分子光谱　分子光谱是测试聚合物化学和物理特性最常见的重要物理方法之一。红外光谱、核磁共振光谱、紫外光谱可用于测试凝胶纤维中的亲水基团以及亲水基团的差异和数量对凝胶纤维吸水能力的影响。

4.热力学性能测试　差热分析和差示扫描量热法常用于测试凝胶纤维的玻璃化温度(T_g)和结晶结构,低温 DSC 还用于测试凝胶纤维中水的状态和含量。

5.溶胀度的实验　凝胶纤维在吸水或其他溶剂后会发生溶胀,其溶胀程度可用溶胀前后的变化来衡量,一般用量体积法或称重法测试溶胀前后的变化。

6.X 射线衍射　X 射线衍射用于研究凝胶纤维内部结晶结构特征。

7.光散射　激光光散射可用于测试凝胶纤维的微观结构。

第四节　生态纤维的检验

一、概述

所谓生态纤维和纺织品是指经过毒理学测试,是符合环保和生态指标要求的并具有相应标志的纤维和纺织品。它具有保护人体健康和环境的作用。生态纤维和纺织品原则上应符合以下三点要求:

(1)生产工艺流程各阶段所用化学品符合生态要求,即毒理学和卫生方面的一般要求。

(2)无某些有害物质,或其含量在市售纺织品上以特定限度以下,以避免对使用者的危害。

(3)满足染色牢度和其他性能的质量要求。

二、生态纺织品的环保标准

为了避免纺织品上可能存在各种具有生物毒性的物质对人体健康造成损害,目前一些发达国家,特别是欧盟国家、美国和日本等在国际贸易中普遍开始自觉和不自觉地实行服装纺织品环保标准。各个国家或地区在制定各自标准时,对从纺织品上检出某些有害物质的最高浓度的限量规定也不完全相同。制定标准者可以是一些国家的政府部门，也可以是社会研究机构，或是生产、销售或消费团体。还有一些环保标签标准。

表 5 - 20 为有关国家政府或社会团体对服装纺织品中残留金属的限量值；目前欧洲市场上风行使用的国际纺织品生态研究与检验协会标准(Oeko - Tex Standard 100)规范和欧洲风行的生态纺织品要求(Eco - Textile)的指标列在表 5 - 21 中。表 5 - 22 为有关国家政府或社会团体对纺织品中甲醛含量的限量。

表 5 - 20　纺织品中重金属限量

| 标准 | 类别 | 金属限量/mg·kg^{-1} | | | | | | | | | |
		As	Pb	Cd	Hg	Ni	Co	Cu	Cr(Ⅲ)	Cr(Ⅳ)	Zn
EN71 - 92	玩具类纺织品	25	90	75	60	—		60			
	瑞典	—	75								
Oeko - Tex Standard 100	一般纺织品	—	—	—	0.1	10	20	100	20		
	婴儿服装及床上用品				0.02	1	1	30	1	ND	ND
M.S.T		0.01	0.04	0.005	0.001	0.2	0.2	3.0	—	0.1	5.0
Eco - Textil	一般服装	0.2	0.8	0.1	0.02	4	4	25	2	ND	50
	婴儿服装	0.02	0.08	0.1	0.02	1	1	5	1	ND	10

注　ND(Not Detected)意为检测不出,以下同。

表 5 - 21　环境纺织品标准规范

| 项目 | | 生态纺织品(Eco - Textile)要求 | | | Oeko - Tex Standard 100 | | |
		不直接与皮肤接触	直接与皮肤接触	婴儿及儿童服	不直接与皮肤接触	直接与皮肤接触	婴儿及儿童服
酸度(pH 值)	一般纺织品	4.8~7.5	4.8~7.5	4.8~7.5	4.8~7.5	4.8~7.5	4.8~7.5
	羊毛丝	4.0~7.5	4.0~7.5	4.0~7.5	4.0~7.5	4.0~7.5	4.0~7.5
有机汞/mg·kg^{-1}		1	1	1	1	1	1
卤化物载体		ND	ND	ND	ND	ND	ND
违禁偶氮染料		ND	ND	ND	ND	ND	ND
杀虫剂/mg·kg^{-1}		1	1	0.1	1	1	0.5
五氯苯酚/mg·kg^{-1}		0.5	0.5	0.05	—		—
色牢度/级	水浸	3	3	3	3~4	3~4	3~4
	水洗	3	3	3	3	3	3
	干磨	4	4	4	4	4	4
	湿磨	2~3	2~3	2~3	2~3	2~3	2~3
	汗渍	3~4	3~4	3~4	3~4	3~4	3~4
	唾液	—	色素不溶	—	—	防流涎	—

表5-22 各国政府对纺织品中残留甲醛的限量规定

国 家	纺织品类别	限量/mg·kg⁻¹
日本(厚生省1974年34号令)	24个月以内婴儿用品	15
	24个月到成人用品、假发、假睫毛、假须、袜带等的黏合剂	75
	成人中衣,包括衬衣等	300
	成人外衣	1000
日本(纺织检查协会)	2岁以下儿童服装	50
	其他服装	300
	机织男女便裤,机织儿童、妇女裙	1000
日本(通产省)	内衣和2岁以下儿童服装	75
	上衣	300
美国	所有纺织品和服装	1000
美国(服装业)	所有纺织品和服装	500
斯洛伐克	3岁以内婴儿纺织成品,人造纤维丝袜	300
芬兰 (工商业专署1987年法例规定)	2岁以下婴儿用品	30
	直接接触皮肤的纺织品	100
	不直接接触皮肤的纺织品	500
德国(MUT, MST标鉴)	内衣和2岁以下儿童服装	75
	上衣	300
德国(Steilmann标鉴)	2岁以下儿童服装	50
	内衣	300
澳大利亚(Eco-Tex标准)	上衣	500
	内衣	75
	2岁以下儿童服装上衣	300
国际(Clean Fashion标准)	内衣和2岁以下儿童服装	75
	上衣	300
国际(Eco-Textile标准)	婴儿及儿童服装	20
	直接与皮肤接触的纺织品、服装	75
	不直接与皮肤接触的纺织品、服装	300
国际(Oeko-Tex Standard 100标准)	婴、幼儿纺织用品、服装	20
	床单	20
	接触皮肤的纺织衣物	75
	床垫	75
	不接触皮肤的衣服	300
	桌布、窗帘、装饰用纺织品	300

以上所列标准以及其他一些标准,有的是政府硬性规定的,有的是销售商在进货时作出选择的,也可以是买卖双方在签订合同时预先约定的。消费者也可以根据实际情况,选择不同的标准。

三、生态纤维与纺织品的评价体系

(一)生态纺织品检验方法标准

我国生态纺织品检测方法标准的制定是依据 Oeko – Tex Standard 100 所涉及的检测和限量参数,并结合我国的国情制定的。目前采用的检测方法标准见表 5 – 23。

表 5 – 23 我国生态纺织品检测方法标准汇编

标准号	标准名称	制标单位	备　注
GB/T 2912.1—2009	《纺织品甲醛的测定第 1 部分:游离和水解》	上海纺织科学研究院	本标准等效采用 ISO/FDIS14181—1:1997《纺织品甲醛的测定》第 1 部分:游离水解的甲醛(水萃取法)
GB/T 3920—2008	《纺织品色牢度试验耐摩擦色牢度》	江苏省技术监督纺织染料助剂产品质量检验站	标准根据 ISO105—X12:1993 及 GB/T 1.1—1993 对 GB 33920—1983 进行修订,在技术内容上与该国际标准等效,编辑上略有修改
GB/T 3922—1995	《纺织品耐汗渍色牢度试验方法》	上海纺织标准计量研究所;上海毛麻科研所;上海丝绸科研所	本标准等效采用 ISO105—E04—1894《纺织品—色牢度试验—耐汗渍色牢度》,编辑上作了适当修改,操作上有所补充
GB/T 5713—1997	《纺织品　色牢度试验耐水色牢度》	中国纺织总会标准化研究所、上海纺织标准计量研究所、上海毛麻科研所	本标准根据 ISO 105—E01—1994《纺织品色牢度试验 E01 部分:耐水色牢度》对 GB/T 5713—1997 进行了修订,修订后的文本等效于 ISO 105 – E01
GB/T 7573—2009	《纺织品　水萃取液 pH 值的测定》,纺织品禁用偶氮染料检测方法气相色谱—质谱法	上海毛麻纺织科学技术研究所、纺织工业标准化研究所	本标准参考德国标准 DIN 53316:1997《皮革检验中某些偶氮色素的测定》和上海市进出口商品检验局《染色纺织品上禁用偶氮染料检验方法》
GB/T 17592—2011	《纺织品　禁用偶氮染料的测定》	上海市纺织科学研究院、纺织工业标准化研究所	本标准参考德国标准 DIN 53316:1997《皮革检验中某些偶氮色素的测定》和上海市进出口商品检验局《染色纺织品上禁用偶氮染料检验方法》

续表

标准号	标准名称	制标单位	备　注
GB/T 17593.1—2006	《纺织品　重金属的测定第 1 部分:原子吸收分光光度法》	上海纺织科学研究院南测中心、天津出入境检验检疫局	本标准综合不同国家不同环保标准对金属含量的浓度限制,特别是参考国际纺织品生态研究与检验协会标准(Oeko - Tex Standard 100)对纺织品上重金属离子的最高允许极限值的要求,用原子吸收分光光度法测定纺织品上残留重金属离子镉、钴、铬、铜、镍、铅、锌的游离量和总量
GB/T 18412.2—2006	《纺织品　农药残留量的测定第 2 部分:有机氯农药》	吉林出入境检验检疫局、纺织工业标准化研究所	本标准根据吉林检验检疫局制定的DB22/T 141—1997《纺织品中多种有机氯化药残留量检验方法》制定的,本标准的测定低限是参考国际纺织品生态研究与检验决会标准(Oeko - Tex Standard 100)对纺织品有机氯杀虫剂的最高允许残留量制定的
GB/T 18413—2001	《纺织品 2 - 萘酚残留量的测定》	吉林出入境检验检疫局、纺织工业标准化研究所	本标准根据吉林检验检疫局制定的DB22/T 147—1997《纺织品、服装中 2 — 萘酚残留量检验方法》制定的本标准的测定低限是参考国际纺织品生态研究与检验协会标准(Oeko - Tex Standard 100)对纺织品中防腐剂(防霉剂)的最高允许残留量制定的
GB/T 18414.1—2006	《纺织品五氯苯酚的测定第 1 部分:气相色谱—质谱法》	江苏出入境检验检疫局、吉林出入境检验检疫局、纺织工业标准化研究所	本标准根据吉林检验检疫局制定的DB22/T147—1997《纺织品服装中 2 - 萘酚残留量检验方法》制定的本标准的测定低限是参考国际纺织品生态研究与检验协会标准(Oeko - Tex Standard 100)对纺织品中防腐剂(防霉剂)的最高允许残留量制定的
GB/T 18414.2—2006	《纺织品　五氯苯酚的测定　第 2 部分:气相色谱法》	江苏出入境检验检疫局、吉林出入境检验检疫局、纺织工业标准化研究所	本标准根据江苏检验检疫局《纺织品五氯苯酚的测定　气相色谱—电子俘获法》制定的,本标准的测定低限是参考国际纺织品生态研究与检验协会标准(Oeko - Tex Standard 100)对纺织品中防腐剂(防霉剂)的最高允许残留量制定的

（二）我国生态纺织品的限量技术标准

1. GB 18401—2010《国家纺织产品基本安全技术规范》 GB 18401—2010《国家纺织产品基本安全技术规范》是强制性国家标准，由纺织工业标准化研究所制定。该标准等同采用了Oeko – Tex Standard 100 标准中甲醛含量的限量值，因此，我国纺织品的限量指标从开始制定，就步入了国际先进行列，与国际市场接轨。《国家纺织产品基本安全技术规范》强制性国家标准与其他国际相关法规和标准化对比见表 5 – 24。

表 5 – 24　我国纺织品甲醛含量的限定与其他国际相关法规对比

国　家	限定甲醛含量的相关标准	甲醛含量的限定指标及内容
中国	GB 18401—2010《国家纺织产品基本安全技术规范》	按产品最终用途分为四档：其中，婴幼儿类小于 20mg/kg；与皮肤直接接触的不超过 75mg/kg；与皮肤无直接接触的不超过 300mg/kg；装饰类不超过 300mg/kg
日本	日本商业与工业部根据日木第 112 号法令(1973)《关于日用品中有害物质含量法规》	与皮肤直接接触的服装：75mg/kg；与皮肤直接接触较少的服装（如衬衫）：300mg/kg；外衣：1000mg/kg；2 岁以下的婴幼儿服装：20mg/kg；婴儿用品 A – A_0 0.05 以下（相当于是 15 ~ 20mg/kg）；其他产品：75mg/kg
	日本厚生省 34 号令(1974)《关于日用品中有害物质含量法规的实施细则》	2 周岁以内婴幼儿服装 Af 值为 0.05；内衣为 75mg/kg 以下；男女衬衣为 300mg/kg 以下；男女便裤及裙子为 1000mg/kg 以下
	日本纺织品检查协会标准	织物中的游离甲醛大于 700mg/kg 时，皮肤长时间与此接触会引起皮肤刺激；释放甲醛大于 1000mg/kg 时，将会造成场所空气中含甲醛过浓
英国	《甲醛检测方法标准》	对工作场所空气中的甲醛含量规定为：0.75mg/kg 以下；一些服装公司规定值为 250 ~ 300mg/kg
美国	AATCC 112—1998《织物释放甲醛的测定：密封瓶法》	各种服装的释放甲醛限量为 500mg/kg
德国	1984 年德国联邦健康总署提出的《甲醛含量报告》	报告中指出高于浓度 300mg/kg 就会导致过敏反应
欧盟	欧盟生态纺织品标签（Eco – LABEL – LING）	婴幼儿纺织品、内衣及床上用品为 30mg/kg 以下；外衣为 100mg/kg 以下；窗帘、家具纺织品、地毯为：300mg/kg 以下
荷兰	2000 年 7 月 1 日起生效的甲醛含量限定相关规定	禁止含过量(120mg/kg)的商品进出。该规定适用于一切服装及有可能与人体皮肤接触的非服装类纺织品（例如床单、枕套等）。该新规定并无完全禁止使用甲醛，但必须在按照洗涤指示经过第一次洗涤后，甲醛含量低于 120mg/kg 且产品上或其包装上必须标示"需在使用前洗涤"

2. 强制性国家标准《纺织品通用安全技术要求》和推荐性国家标准《生态纺织品通用及特殊技术要求》　2001 年 4 月,由纺织工业标准化研究所起草强制性国家标准《纺织品通用安全技术要求》。该标准详细规定了如下内容:

(1)纺织品安全技术要求的甲醛含量、pH 值、染色牢度和异味 4 项基本指标的限量值,其中,甲醛含量和 pH 值的限量值等同,采用 Oeko – Tex Standard 100 中对其的限量值,染色牢度和异味在个别分类中,低于 Oeko – Tex Standard 100 对其的限量值。

(2)投放市场的婴幼儿用品、直接接触皮肤的产品和非直接接触皮肤的产品应分别符合 A,B,C 类安全要求和相应的产品标准,婴幼儿用品必须在包装上和耐久性标签上表明"婴幼儿用品"字样,其他产品应在使用说明上标明所符合的安全技术要求类别。

(3)安全合格标识及实施方式可采用生产者自我声明、安全合格产品证明和安全合格产品认证三种方式之一。

(4)对商标或标志的使用和管理提出了明确的规定。该标准规定,各类纺织品的基本安全技术条件和实施要求,在我国境内投放市场的所有服用和装饰用纺织产品(包括制品)必须执行。

另外,推荐性国家标准《生态纺织品通用及特殊技术要求》等效采用了 Oeko – Tex Standard 100 标准的重金属、杀虫剂、氯酚、有机氯载体、PVC 增塑剂、有害染料、色牢度、挥发性物质以及气味等 11 项技术要求。

3. HJBZ 30—2000《生态纺织品》　HJBZ 30—2000《生态纺织品》是强制性环境保护专业标准,由国家环境保护总局起草发布。主要技术内容为:

(1)规定了纺织品甲醛含量、pH 值、可萃取的重金属、杀虫剂以及色牢度等项指标的限量值。其中,耐水色牢度和耐汗渍色牢度较 Oeko – Tex Standard 100 标准的限量值偏低,仅考核原样变色情况,而对婴幼儿类用品不考核。

(2)规定了 5 个产品不得经过含氯漂白处理;产品不得进行防霉蛀整理和阻燃整理;产品中不得添加五氯苯酚和 2,3,5,6 – 四氯苯酚;产品不得有霉味、汽车味及有毒的芳香气味;产品不得使用可分解为附录列出的有毒芳香胺染料、可致癌的染料和可能引起过敏的染料。

(3)产品质量应符合各自产品质量标准的要求。

(4)企业污染物排放必须符合国家或地方的污染物排放的要求。

四、生态纤维与纺织品的检验

(一)生态纤维与纺织品的检验方法

生态纤维与纺织品常规检测项目有 pH 值、甲醛含量、可萃取重金属含量、禁用偶氮染料、致敏染料、致癌染料等。这些物质含量多是在生产加工过程中产生的,因此,要改变现在传统的产品结构,除在后加工处理上,如染整工艺上采用国家允许使用的染料外,主要还应从纺织原料的开发上下工夫。

纤维与纺织品中生态毒性物质的分析检测技术,目前在世界范围内已有较为成熟且适宜推广的部分项目的检测方法,随着各种现代化、智能化分析仪器的不断涌现,如气相色谱(GC)、高效液相色谱(HPLC)、等离子发射光谱(ICP)、原子吸收光谱(AAS)、红外光谱(IR)以及气相色谱—质谱(GC—MS)联用、GC—IR—MS联用等,纤维与纺织品上微量甚至痕量的有害物质都可进行检测。

1.禁用染料的检测方法　GB/T 18885—2009将可分解致癌芳香胺分为第一类(对人体有致癌性的芳香胺)和第二类(对动物有致癌性,对人体可能有致癌性的芳香胺)在内的24种。致癌染料是指未经还原等化学变化即能诱发人体癌变的染料,绝对禁止使用,GB/T 18885—2009列举了9种致癌染料。致敏染料是指某些会引起人体或动物的皮肤、黏膜或呼吸道过敏的染料,GB/T 18885—2009列举了21种致敏染料。

可分解芳香胺染料测试方法采用气相色谱—质谱法、高效液相色谱法和薄层层析法,目前已经有相应的国家标准,即GB/T 17592—2011《纺织品　禁用偶氮染料的测定》。致癌染料的一部分可以采用禁用偶氮染料的检测方法。致敏染料的检测方法是采用有机溶剂对样品进行萃取,然后用气相层析法进行定性和定量分析。目前据有关报道,主要采用GC—MS和GC—IR方法能十分快速和准确地检测偶氮染料,当然有的企业或检测单位也使用HPLC和GC的常规分析方法。

2.甲醛的检测方法　国内外普遍采用比色分析法来测定甲醛含量。测试分为游离水解的甲醛含量测试和释放甲醛含量测试,通过其萃取液与乙酸丙酮显色,用分光光度计进行测定。目前我国国家标准中相应的方法标准分别是GB/T 2912.1—2009《纺织品　甲醛测定第1部分:游离和水解》和GB/T 2912.2—2009《纺织品　甲醛测定第2部分:释放的甲醛(蒸气吸收法)》。

3.重金属的检测方法　纺织品上的重金属含量都是痕量级的,目前主要采用原子光谱分析技术,包括原子发射光谱、原子吸收光谱(AAS)、等离子发射光谱(ICP)和新近发展起来的等离子体质谱联用技术(ICP—MS)。测试方法主要采用人造汗液提取,按原子吸收光谱法、等离子发射光谱或紫外/可见吸收分光光度计法进行定量测定。目前我国国家标准中相应的方法标准是GB/T 17593《纺织品　重金属离子检测方法　原子吸收分光光度法》。

4.防腐剂、杀虫剂、特种处理剂的测定方法　由于含量少,其混合物可直接用气相色谱(GC)法或高效液相色谱(HPLC)法进行定量分析,分离能力特别强。GB/T 18885—2009《生态纺织品技术要求》列出应限制的杀虫剂有54种。检测原理是采用气相色谱法中的质谱检测器或电子捕获检测器检测澄清的提取液。目前我国国家标准中对其中部分杀虫剂测试方法是GB/T 18412《纺织品　有机氯杀虫剂残留量的测定》。

5.染色牢度的测定方法　属常规检测项目,方法较多,以ISO 105系列标准检测使用较普遍。其考核的项目包括:耐水色牢度、耐汗渍色牢度、耐干摩擦色牢度,对婴幼儿使用的织物,增加耐唾液色牢度。我国国家标准中相应的方法标准是 GB/T 5713—1997《纺织品　色牢度试验　耐水色牢度》、GB/T 3922—1995《纺织品　耐汗渍色牢度试验方法》、GB/T 3920—2008《纺织品　色牢度试验耐摩擦色牢度》、GB/T 18886—2002《纺织品　色牢度试验耐唾液色牢度》。

6. pH 值的测定方法　在室温条件下通过玻璃电极测定试样水萃取液的 pH 值。目前我国国家标准中相应的方法标准是 GB/T 7573—2009《纺织品　水萃取液 pH 值的测定》。

7. 氯化酚的测定方法　目前氯化酚的测试方法是采用毛细管气相色谱（检测器选用电子捕获检测器）或采用气相色谱—质谱法检测其经乙酸化反应后的萃取液。我国国家标准中相应的方法标准是 GB/T 18414.1—2006《纺织品　含氯苯酚的测定　第 1 部分：气相色谱—质谱法》及 GB/T 18414.2—2006《纺织品　含氯苯酚的测定　第 2 部分：气相色谱法》。

8. 含氯有机载体含量的测定方法　含氯有机载体含量的测试方法是用有机溶剂对样品进行萃取，然后用气相层析电子检测法和气相层析质谱法进行定性和定量分析，其标准测试方法尚未公开。

9. 邻苯二甲酸酯类增塑剂的测定方法　邻苯二甲酸酯类增塑剂测试方法是采用有机溶剂对样品进行萃取，然后用气相层析质谱法进行分析但其标准测试方法尚未公开。

10. 有机锡化合物的测定方法　有机锡化合物的测试方法是采用气相层析质谱法测定提纯的提取物，其标准测试方法尚未公开。

11. 挥发性物质和气味的测定方法　挥发性物质和气味的测试方法是将样品置于规定的环境中，利用人的嗅觉来评定其气味情况。

（二）可生物降解纤维的检验

高分子材料的纺织纤维及织物可以借鉴塑料材料生物降解评价方法与标准，进行可生物降解性研究与评价。可生物降纤维，如涤纶、锦纶等，分子结构中含有酯基、酰胺基等对生物降解敏感的基团，但由于其大分子链的亲水性差，柔性差，并且聚合物的规整度和结晶度均较高，使得纤维结构紧密且疏水，水解降解困难，且在降解过程中，微生物或酶很难进入纤维内部进行反应，因而合成纤维难以在自然环境下生物降解，其降解周期非常长，预计其存在时间为 16 ~ 48 年，在人和动物体的降解时间则估计为 30 年。表 5 - 25 小结了纺织材料可生物降解性评价方法的研究情况。

表 5 - 25　纺织材料可生物降解性检验

纤维类别	检验方法		涉及标准
	试验方法	表征手段	
粘胶丝	活性污泥法（厌氧）	失重率，形态结构和结晶结构的变化	ASTM D 5210 - 92
醋酯纤维	土壤分解法（厌氧）	失重率，形态结构和结晶结构的变化	ASTM D 5526 - 94
聚酯纤维和锦纶 6	特定微生物或酶作用法	失重、纤维强度变化等	—

1. 各主要市场对可生物降解和可堆肥材料的要求 材料可生物降解性的评价方法各有优缺点,应根据实际情况合理选用,同时,还应根据各国家和市场对可生物降解材料的要求,对材料的可生物降解性做出合适的评价。美国联邦贸易委员会(FTC)对可生物降解产品和可堆肥产品均作了明确规定。若宣称产品或包装材料是可生物降解的,就应该有足够且可靠的证据证实该产品或包装材料废弃后在合理的较短时间内能完全分解为自然界中已有的元素。为避免对于消费者的欺瞒行为,可生物降解产品或包装材料应在两个方面达到一定的要求:

(1)产品或包装材料在所废弃的环境中的降解能力。

(2)产品在环境中的降解速度和程度。同样的,若宣称产品或包装材料是可堆肥的,就应该有足够且可靠的证据证实该产品或包装在适当的堆肥系统或家庭堆肥装置中,能安全、快速地分解为可用堆肥或转变为可用堆肥的一部分。为避免对于消费者的欺瞒行为,宣称应达到一定的要求。不合格的宣称具有欺瞒性,如产品在家庭堆肥装置不能安全地进行堆肥或宣称就产品填埋降解后的环境益处误导了消费者。美国材料与试验协会(ASTM)颁布的 ASTM D 6400 标准对可堆肥材料在堆肥过程中的崩解性和固有可生物降解性也做了明确的规定。崩解性要求:按 ASTM D 5338 或 ISO 16929 标准对材料进行为期 12 周的堆肥试验,得到的堆肥用 2mm 孔径的筛网进行筛选后,筛网上残留的残渣重量应不大于原干重的 10%。固有可生物降解性的要求见表 5-26。堆肥对植物生长无不利影响。

表 5-26　ASTM D 6400 标准对可堆肥材料的固有可生物降解性的要求

材　　料	测试周期	测试标准	要　　求
无放射性标记的材料	不超过 180 天	ASTM D 5338	单一聚合物加工而成的产品的生物降解率应≥60%;多种聚合物加工而成的产品的生物降解率应≥90%,且其中含量≥1%的组分的生物降解率应≥60%

注　放射性标记的材料的测试周期为不超过 365 天,其他要求相同。

2. 欧洲市场对可生物降解和可堆肥产品的要求 根据欧洲标准化委员会(CEN)颁布的 EN 13432 的规定,可堆肥材料应满足三个方面的要求:

(1)可生物降解性:按 EN 14046(或 ISO 14855)标准进行生物降解试验,在 6 个月内的好氧生物降解率要达到 90% 以上;按 ISO 15985 标准进行生物降解试验,在 2 个月内的厌氧生物降解率要达到理论值的 50% 或更多。

(2)崩解性:按 EN 14045 或 ISO 16929 标准对材料进行 3 个月的堆肥试验,得到的堆肥用 2mm 孔径的筛网进行筛选后,筛网上残留的残渣质量应不大于原干重的 10%。

(3)堆肥对植物生长无不利影响。

3. 国内市场对可生物降解和可堆肥产品的要求 GB/T 20197—2006《降解塑料的定义、分类、标志和降解性能要求》标准规定了对可生物降解和可堆肥塑料的技术要求,具体见表 5-27、

表 5 – 28。

表 5 – 27　GB/T 20197—2006 对可生物降解塑料的技术要求

材　料	试验方法	要　求
单一聚合物	GB/T 19277.1—2011、GB/T 19276.1—2003、GB/T 19276.2—2003、ISO 17556—2003、ISO 14853—2005、ISO 15985—2004	生物降解率应≥60%
混合物(有机成分应≥51%)	同上	生物降解率≥60%,且材料中含量≥1%的有机组分的生物降解率应≥60%

表 5 – 28　GB/T 20197—2006 对可堆肥塑料的技术要求

材　料	试验方法	要　求
单一聚合物	GB/T 19277.1—2011、GB/T 19811—2005	堆肥化生物降解率≥60%;崩解程度≥90%,堆肥质量符合《堆肥质量要求》国家标准的要求
混合物(有机成分应≥51%)	同上	堆肥化生物降解率≥60%,且材料中含量≥1%的有机组分的生物降解率应≥60%,崩解程度≥90%,堆肥质量符合《堆肥质量要求》国家标准的要求

(三)Lyocell 纤维原纤化程度的检验

Lyocell 纤维是最著名的生态纤维,是一种全新的纤维素纤维,具有强度高(与涤纶相仿)、干湿强度相近、收缩率低的特点,其他各项性能与棉及粘胶/棉纤维相似,因此一经面世即受到广泛欢迎。

原纤化现象是 Lyocell 纤维的重要特点之一,它一方面为开发特殊织物效果(如桃皮绒织物、清洁巾等)扩大市场提供了潜力,另一方面又限制了产品的应用(如仿真丝织物等),并且给加工工艺带来许多困难。要充分发挥 Lyocell 纤维原纤化特点的优势,就要求能够合理有效地控制原纤化程度。目前这已经成为 Lyocell 工艺开发中的重点工作之一。原纤化作用可以理解为湿态时,微纤在机械应力作用下沿着纤维纵向的开裂。

虽然对 Lyocell 纤维原纤化程度的评价没有一个统一的标准,但是各研究机构和工厂根据自己的需要,制订了很多评价方法。

1. 原纤化指数主观评价法　该方法以原纤化指数(Fibrillation Index,简称 FI)0 ~ 10 的纤维标准样卡为评价的标准,将待测试样与之比较而确定其原纤化指数,FI 值越大,原纤化程度越高。评价方法:在显微镜下将5 ~ 10 根经过原纤化处理的待测纤维与标准级别的纤维进行比较,确定各根纤维的原纤化指数,然后计算平均值,即得待测纤维的原纤化指数。该评价方法首先要将 Lyocell 纤维进行原纤化。对于织物的原纤化指数,可从织物上抽取纤维进行测试。原纤化指数可通过式(5-43)进行计算。

$$FI = \sum i / L \tag{5-43}$$

式中：$\sum i$ 表示原纤长度的总和；L 表示纤维长度。

原纤长度和纤维长度实际上是在二维图像下用光学显微镜估测的。但事实上，Lyocell 纤维的原纤化现象在整个纤维表面都有发生，因此需要一个三维下的更精确的计量方法。但目前对于建立三维图像下计算原纤化指数的代数模型尚有一些困难。用原纤化指数法测试的纤维原纤化指数示意图如图5-17所示。

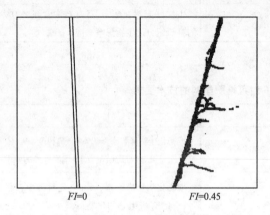

FI=0　　　　FI=0.45

图5-17　原纤化指数评定

2. 计算规定长度纤维上原纤数量的方法

将 8 根长 20mm 的纤维试样置于盛有 4mL 水，容积为 20mL 的试样瓶中，在实验室内用机械振荡器振荡处理9h，采用的机械振荡器是德国波思(Genhandt)公司制造的 RO-10 型振荡器，速度开关设定在 12 档。振荡处理后，在显微镜下数出每 0.276 mm 长纤维上原纤的数量，以此表征 Lyocell 纤维的原纤化程度。

3. 洗旧值法　未经交联剂处理或树脂整理的 Lyocell 染色织物经过多次洗涤后，表面变得灰白，色深值降低，而且其灰白程度明显高于经相同洗涤的粘胶、莫代尔(Modal)、棉等纤维素纤维织物，这种现象主要是由于 Lyocell 纤维易于原纤化而引起的。基于此，M. Nicolai、A. Nechwatal 和 K. P. Mieck 提出了如下洗旧值(VGR)的计算方法：

$$VGR = \left[(K/S_A - K/S_W)/(K/S_A) \right] \times 100\% \tag{5-44}$$

式中：K/S_A 表示经首次洗涤后织物的 K/S 值；K/S_W 表示经多次洗涤后织物的 K/S 值。

这种方法的洗涤温度为 40℃，所用洗涤剂为 DIN 26330 标准的 ECE 洗涤剂。研究表明，当染色织物湿磨损数小于1200、洗旧值大于3%时，洗旧值大小可以反映 Lyocell 纤维的原纤化程度，洗旧值越高，原纤化程度越大。

4. 简单着色法　在印染加工的实际生产中，中、深浓色(尤其是藏青、黑色、枣红、深棕和墨绿等)染色织物的原纤化程度很易由目测法粗略地评估，但白色 Lyocell 织物的原纤化程度较难用目测法评估，此时，用简单的着色试验法可帮助定性地粗略评估原纤化程度。取一小样，在 10g/L 的深色染料溶液中浸泡 1 min，然后用冷水冲洗、脱水、烘干，原纤化程度高的试样吸色或着色速度快于低原纤化或未原纤化的试样。不过，这种方法仅限于定性评估 Lyocell 织物的原纤化程度。

5.烧毛法　纤维或织物的原纤化表征方法到目前尚无公认的标准,一般用原纤化指数来表征纤维原纤化程度,虽能定量化,但仅反映局部纤维表面微小纤维的多少,实用性和可操作性较差,使工厂难以接受。一般工厂采用纤维素纤维烧毛评级方法,根据纤维或织物表面原纤化程度,采用5级9档制,在放大镜下观察纤维或织物表面的微小纤维,并进行评级。等级分类见表5–29,级数越小,原纤化现象越严重,原纤化程度越高。1级最低,原纤化现象最严重,5级最高,无原纤化现象。用类似烧毛评级方法来表征原纤化,此方法简便、快捷、易掌握,能反映纤维或织物整体表面光洁程度,易为工厂技术人员所接受。

表5–29　烧毛等级评定法

等　　级	表现形式	等　　级	表现形式
1级	表面长毛较多,较密	3—4级	表面短毛较稀
1—2级	表面长毛较多,较稀	4级	表面仅有较整齐的短毛
2级	表面长毛较少,短毛较密	4—5级	表面有绒毛感
2—3级	表面长毛较少,短毛较稀	5级	表面光洁
3级	表面几乎没有长毛		

6.磨毛法　以悬臂式搅拌机为基础,将钢辊(外径25mm,内径17mm,长150mm)插入搅拌机的钻夹头,并在钢辊表面均匀包覆一层砂纸。如图5–18所示,磨毛时,双手握持织物两端,施加张力使织物张紧,并使其能与转动的钢辊表面相切。

采用光学显微镜(型号为XSP–IOCA,上海光学仪器厂生产)观察织物试样的折边处,并通过CCD摄像头采集图像。每种织物各采集8张图片,由5人分别对其进行评价。在评价初级原纤化效果时主要对长度$\geqslant 1000\mu m$的原纤进行估计,$1000\mu m$以上的原纤最多的图片评为1分,较少的为0分,最少为的–1分,累加5人对织物8张图片的评分取平均值即为该织物的原纤均值。例如,8张图片中有n_1张图片评为1分,n_2张图片评为–1分,剩下$(8-n_1-n_2)$张为0分,则该组图片对应织物的原纤均值为$(n_1-n_2)/$

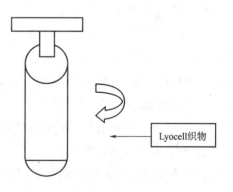

图5–18　磨毛操作示意图

40。在评价次级原纤化效果时,主要考虑长度为$500\sim 1000\mu m$的原纤,统计方法与初级原纤化的相同。

7.湿摩擦值测定方法　用量长度、称重量的方法制取各样品。将待测的样品理出一束,理顺,剪去两端不齐部分,测量长度;设定要分成的丝束的根数和纤度,即可计算出需要的重量并精确称取样品;将称定的样品按设定的根数分份,尽量做到均匀即可。由于湿态纤维摩擦值的测定无现成设备可利用,研究人员根据原纤化产生的条件,经多次实验,设计了如图5-19所示的测试装置。磨辊是直径为110.0mm的钢质圆辊,装在一无级调速的电动机上,磨辊的线速选定约6.0m/min;丝束在磨辊上的包绕角约90°。包绕用棉布为全棉府绸,并用水润湿。丝束一端固定,另一端打结后,加负荷9.4g,顺势搭在磨辊上,在丝束上加水若干滴,转动时可见表面稍有浮水。开动电动机同时用秒表计时,纤维断裂时停止计时。所测时间即为湿摩擦值。同一样品多次重复测定取平均值。

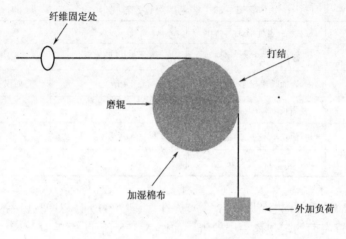

图5-20 湿摩擦值测试装置

(四)壳聚糖纤维含量的检验

壳聚糖纤维是以壳聚糖为原料制得的生物质纤维,用该类纤维织成的织物不仅具有良好的力学特性,而且由于它的抗菌性而具有奇特的医学特性。由于壳聚糖纤维的性价比较高,因此通常与其他纤维混合使用。山东华兴纺织集团提出了一种检验壳聚糖纤维含量的方法。

1. 检验原理

利用化学结构、相对分子质量和浓度已知的带电荷的电解质来测定壳聚糖的带电基团数量,用目测法来判定滴点终点。

胶体滴定法是一种测定水溶液中聚电解质带电基团的容量分析法。壳聚糖在稀酸中溶解,在氨基上结合酸分子或结合1个H^+而带上正电荷,形成带正电荷的聚电解质。聚电解质在水溶液中遇到带有相反电荷的聚电解质时,彼此之间会按一定的化学计量关系发生电中和反应,形成中性的缔合物,最终形成沉淀。

方法中阴离子聚电解质聚乙烯硫酸钾(Potassium Polyvinyl Sulfate,PVSK)作为滴定剂,用带正电荷的蓝色有机染料甲苯胺蓝为指示剂。利用甲苯胺蓝(Toluidine Blue,T.B)为指示剂是因为它带正电荷,在酸性溶液中不与壳聚糖发生电荷中和反应,但它可与带负电荷的聚乙烯硫酸钾结合,不过,这种结合滞后于正、负聚电解质之间的反应。在滴定终点前,溶液为蓝色,到达终点时,过量的聚乙烯硫酸钾立即与甲苯胺蓝反应,从而使溶液由蓝色变成紫红色,并生成絮状沉淀,由于颜色转变很灵敏,所以可以准确判定滴定的终点。

2. 检验步骤

(1)称取恒重且不大于2g待测纺织品,将其放置于锥形瓶中,加入1%的醋酸溶液100mL溶解,待用。在溶解过程中,最好搅拌4h,然后静置0.5h;这样可以使待测纺织品在醋酸溶液中充分溶解。

(2)称取步骤(1)的待用溶液放入另一个锥形瓶中,再加入去离子水,后加入甲苯胺蓝指示剂,待用。

(3)把磁力转子放入步骤(2)所述盛有待用溶液的锥形瓶中,再将所述锥形瓶放置在磁力搅拌器上;边搅动边将聚乙烯硫酸钾滴定液滴入,溶液由蓝色变为紫红色,在20s内不褪色并出现絮状沉淀物,即为滴定终点,读取聚乙烯硫酸钾滴定液的滴定体积 V_1。在滴入聚乙烯硫酸钾滴定液过程中,滴定速度最好控制在0.03mL/s,若滴定速度过快,往往会出现暂时的滴定终点现象。

(4)取去离子水,按上述同样的方法进行空白滴定,读取聚乙烯硫酸钾滴定液的滴定体积 V_2。

(5)按下式计算纺织品中壳聚糖纤维的含量:

$$W_1 = C \times f \times (V_1 - V_2) \times 0.001 \times 161.15 \times 100/W_3$$
$$W_2 = C \times f \times (V_1 - V_2) \times 0.001 \times 203.19 \times 100/W_3 \times (1 - D \cdot D)/D \cdot D$$
$$g = (W_1 + W_2)/W \times 100\% \qquad (5-45)$$

式中:C——聚乙烯硫酸钾滴定液的物质量的浓度,0.0025mol/L;

$\quad f$——聚乙烯硫酸钾滴定液的系数;

$\quad W_1$——待测物中壳聚糖纤维脱去乙酰基的纤维重量,g;

$\quad W_2$——待测物中壳聚糖纤维未脱去乙酰基的纤维重量,g;

$\quad V_1$——步骤(3)中聚乙烯硫酸钾滴定液的滴定量,mL;

$\quad V_2$——步骤(4)中聚乙烯硫酸钾滴定液的滴定量,mL;

$\quad W_3$——步骤(2)中称取的溶液的重量,在本发明中指5g;

$\quad W$——待测物的克数,g;

161.15——壳聚糖中一个糖单元的相对分子质量;

203.19——甲壳素中一个糖单元的相对分子质量;

$\quad D \cdot D$——壳聚糖纤维的脱乙酰度(Deacetylation Degree,缩写为 D·D);

$\quad g$——纺织品中壳聚糖纤维的含量,%。

参考文献

[1] 顾振亚,田俊莹,牛家嵘,等.仿真与仿生纺织品[M].北京:中国纺织出版社,2007.

[2] 胡金莲.形状记忆纺织材料[M].北京:中国纺织出版社,2006.

[3] 朱平.功能纤维及功能纺织品[M].北京:中国纺织出版社,2006.

[4] 姜怀.生态纺织的构建与评价[M].上海:东华大学出版社,2005.

[5] 纺织品技术规则与国际贸易编委会.纺织品技术规则与国际贸易[M].北京:中国纺织出版社,2004.

[6] 杨建忠,新型纺织材料及应用[M].上海:东华大学出版社,2003.

[7] 房宽峻.纺织品生态加工技术[M].北京:中国纺织出版社,2001.

[8] 吴震世.新型面料开发[M].北京:中国纺织出版社,1999.

[9] 国家进出口商品检验局检验科技司.出口服装质量与检验[M].北京:中国纺织出版社,1998.

[10] 肖为维.合成纤维改性原理和方法[M].成都:成都科技大学出版社,1992.

[11] 全国纺织品标准化技术委员会基础分会.GB/T 20944.1—2007 纺织品抗菌性能的评价第一部分:琼脂平皿扩散法[S].北京:中国标准出版社,2008.

[12] 张新民,周祯德,李红杰,等.评价阻燃纤维及其性能表征方法研究[J],上海标准化,2010,12:17－20.

[13] 朱正锋,齐大鹏.阻燃粘胶纤维的性能研究[J].中原工学院学报,2010(4):37－40.

[14] 毕鹏宇.纺织品负离子特性及测试系统研究[J].东华大学博士学位论文,2007(1):19－20.

[15] 顾晓华,李青山,周可富,等.负离子添加剂在纺织品中的应用[J].纺织科学研究,2004,1.

[16] 中华人民共和国海洋行业标准.HY/T 065—2002,聚偏氟乙烯微孔滤膜[S].北京:中国标准出版社,2002.

[17] 赖承钺,郑宽,赫丽萍.高分子材料生物降解性能的分析研究进展[J].化学研究与应用,2010(1):3－9.

[18] Li J F,Xu Z L,Yang H. Hydrophilic microporous PFS membranes prepared by PES/PEG/DMAc casting solutions [J]. Journal of Applied Polymer Science,2008,107:4100－4108.

[19] 吕晓龙.中空纤维多孔膜性能评价方法探讨.膜科学与技术[J].2011,2:13－15.

[20] 吕晓龙,马世虎,陈燚.一种多孔分离膜孔径及其分布的测定方法[J].天津工业大学学报,2005,2:23－25.

[21] 陈锐,李东旭.压汞法测定材料孔结构的误差分析[J].硅酸盐通报,2006,25(4):198－207.

[22] 林刚,周津,李新贵,等.微孔聚烯烃中空纤维膜的孔径测定[J].膜科学与技术,1997,17(3):48－54.

[23] Egbert Jakobs,Koros W J. Ceramic membrane characterization via the bubble point technique[J]. Journal of Membrane Science,1997,124:149－159.

[24] Rahimpour A,Madaeni S S,Mansourpanah Y. The effect of anionic,non-ionic and cationic surfactants on morphology and performance of polyethersulfone ultrafiltration membranes for milk concentration[J]. Journal of Membrane Science,2007,296:110－121.

[25] 中华人民共和国国家标准.GB/T 20103—2006,膜分离技术术语[S].北京:中国标准出版社,2006.

[26] 吴浩赟,无纺管增强型 PVDF 中空纤维膜的制备研究.天津工业大学硕士学位论文,2007,8.

［27］张亨.中空纤维膜研究进展［J］.化工新材料,2003,31(4):4-7.

［28］俞三传,高从锴.浸入沉淀相转化法制膜［J］.膜科学与技术,2000,20(5):36-41.

［29］张兴祥,王馨,吴文健,等.相变材料胶囊制备与应用［M］.北京:化学工业出版社,2009.

［30］顾晓华.聚乙二醇类固—固相变储能材料的制备及应用研究［C］.东华大学博士学位论文,2008,3:20.

［31］丁健,邹忆,蒋红.纺织材料可生物降解性评价方法的研究概述［J］.中国纤检,2011,23.

［32］翟黎莉.Lyocell 织物原纤化的研究及评价［D］.青岛大学硕士学位论文,2006,6(13):19-23.

［33］郭俊敏,邵惠丽,胡学超,等.用湿摩擦值法评价 Lyocell 纤维原纤化程度［J］.上海纺织科技,2002,30(1):51-52.